高等院校化学实验教学改革规划教材

高分子化学与物理实验

总主编　孙尔康　张剑荣

主　编　郭玲香　宁春花

副主编　姜　勇　李　利

编　委（按姓氏笔画排序）

孔　凡　朱亚辉　孙　莹　何　曼

张雪勤　张　玲　俞丽珍　郭晓晖

南京大学出版社

图书在版编目(CIP)数据

高分子化学与物理实验 / 郭玲香，宁春花主编.
--南京：南京大学出版社，2014.6
高等院校化学实验教学改革规划教材
ISBN 978-7-305-12636-9

Ⅰ.①高… Ⅱ.①郭… ②宁… Ⅲ.①高分子化学—实验—高等学校—教材 ②高聚物物理学—实验—高等学校—教材 Ⅳ.①O63-33

中国版本图书馆 CIP 数据核字(2013)第 310323 号

出版发行 南京大学出版社
社　　址 南京市汉口路 22 号　　　邮　编 210093
网　　址 http://www.NjupCo.com
出 版 人 左　健

丛 书 名 高等院校化学实验教学改革规划教材
书　　名 高分子化学与物理实验
总 主 编 孙尔康　张剑荣
主　　编 郭玲香　宁春花
责任编辑 刘　琦　吴　汀　　　编辑热线 025-83686531

照　　排 江苏南大印刷厂
印　　刷 南京京新印刷厂
开　　本 787×1092　1/16　印张 17.5　字数 426 千
版　　次 2014 年 6 月第 1 版　2014 年 6 月第 1 次印刷
ISBN 978-7-305-12636-9
定　　价 33.00 元

发行热线 025-83594756
电子邮件 Press@NjupCo.com
　　　　 Sales@NjupCo.com(市场部)

高等院校化学实验教学改革规划教材

序

化学是一门实验性很强的科学，在高等学校化学专业和应用化学专业的教学中，实验教学占有十分重要的地位。就学时而言，教育部化学专业指导委员会提出的参考学时数为每门实验课的学时与相对应的理论课学时之比，即(1.1～1.2)∶1，并要求化学实验课独立设课。已故著名化学教育家戴安邦教授生前曾指出："全面的化学教育要求化学教学不仅传授化学知识和技术，更训练科学方法和思维，还培养科学品德和精神。"化学实验室是实施全面化学教育最有效的场所，因为化学实验教学不仅可以培养学生的动手能力，而且也是培养学生严谨的科学态度、严密科学的逻辑思维方法和实事求是的优良品德的最有效形式；同时也是培养学生创新意识、创新精神和创新能力的重要环节。

为推动高等学校加强学生实践能力和创新能力的培养，加快实验教学改革和实验室建设，促进优质资源整合和共享，提升办学水平和教育质量，教育部已于2005年在高等学校实验教学中心建设的基础上启动建设一批国家实验教学示范中心。通过建设实验教学示范中心，达到的建设目标是：树立以学生为本，知识、能力、素质全面协调发展的教育理念和以能力培养为核心的实验教学观念，建立有利于培养学生实践能力和创新能力的实验教学体系，建设满足现代实验教学需要的高素质实验教学队伍，建设仪器设备先进、资源共享、开放服务的实验教学环境，建立现代化的高效运行的管理机制，全面提高实验教学水平。为全国高等学校实验教学改革提供示范经验，带动高等学校实验室的建设和发展。

在国家级实验教学示范中心建设的带动下，江苏省于2006年成立了"江苏省高等院校化学实验教学示范中心主任联席会"，成员单位达三十多个高校，并在2006～2008年三年时间内，召开了三次示范中心建设研讨会。通过这三次会议的交流，大家一致认为要提高江苏省高校的实验教学质量，关键之一是要有一个符合江苏省高校特点的实验教学体系以及与之相适应的一套先进的教材。在南京大学出版社的大力支持下，在第三次江苏省高等院校化学实验教学示范中心主任联席会上，经过充分酝酿和协商，决定由南京大学牵头，成立江苏省高等院校化学实验教学改革系列教材编委会，组织东南大学、南京航空航天大学、苏州大学、南京工业大学、江苏大学、南京信息工程大学、南京师范大学、盐城师范学院、淮阴师范学院、淮阴工学院、苏州科技学院、常熟理工学院、江苏警官学院、南京晓庄学院、南京大学金陵学院等十五所高校实验教学的一线教师，编写《无机化学实验》、《有机化学实验》、《物理化学实验》、《分析化学实验》、《仪器分析实验》、《无机及分析化学实验》、《普通化学实验》、《化工原理实验》、《大学化学实验》、《高分子化学与物理实验》、《化学化工实验室安全教程》和至少跨两门二级学科（或一级学科）实验内容或实验方法的《综合化学实验》系列教材。

该套教材在教学体系和各门课程内容结构上按照“基础—综合—研究”三层次进行建设。体现出夯实基础、加强综合、引入研究和经典实验与学科前沿实验内容相结合、常规实验技术与现代实验技术相结合等编写特点。在实验内容选择上，尽量反映贴近生活、贴近社会，与健康、环境密切相关，能够激发学生学习兴趣，并且具有恰当的难易梯度供选取；在实验内容的安排上符合本科生的认知规律，由浅入深、由简单到综合，每门实验教材均有本门实验内容或实验方法的小综合，并且在实验的最后增加了该实验的背景知识讨论和相关延展实验，让学有余力的学生可以充分发挥其潜力和兴趣，在课后进行学习或研究；在教学方法上，希望以启发式、互动式为主，实现以学生为主体，教师为主导的转变，加强学生的个性化培养；在实验设计上，力争做到使用无毒或少毒的药品或试剂，体现绿色化学的教学理念。这套化学实验系列教材充分体现了各参编学校近年来化学实验改革的成果，同时也是江苏省省级化学示范中心创建的成果。

在本套教材的编写过程中，难免会出现一些疏漏或者错误，敬请读者和专家提出批评意见，以便我们今后修改和订正。

编委会

前言

为了适应教学改革，更好地满足21世纪人才培养的需要，《高分子化学与物理实验》是在我们多年理论和实验教学与改革基础上，参考大量国内外有关高分子科学实验的教材、文献和著作，同时借鉴了兄弟院校已出版的教材和教改成果，为单独开设高分子科学专业实验编写的。教材编写过程中，按照“以学生为本，以能力培养为核心，知识、能力、素质协调发展”的实验教学理念，遵循“厚基础、强能力、广适应”的编写原则，选择了符合课程基本要求、代表性强、覆盖面广、教学效果良好的实验，将高分子化学实验与物理实验有机地结合，构成一个统一整体，力求做到“夯实基础、注重综合、强化设计”，使学生掌握高分子合成、结构与性能测试的基本技能与方法，培养学生的实验动手能力、综合设计能力和创新实践能力。

本书分为高分子化学实验与高分子物理实验两大部分，共分十二章。第一章介绍高分子化学与物理实验规程，包括实验室安全规范及学习要求。第二章阐述了聚合物合成及性能研究的实验基础，主要包括聚合反应机理、聚合方法、新的聚合理论和方法、高分子合成实验基本操作、实验方案选择与确定以及聚合物性能评价。第三章至第七章主要是高分子合成反应和聚合物的化学反应，涉及经典的自由基聚合、离子型聚合、配位聚合、逐步聚合、共聚合、开环聚合等聚合机理和典型的聚合方法。第八章至第十一章主要是高分子物理实验，以“高分子结构与性能关系”为主线，包括高分子材料的结构性质、溶液性质、力学性能、热性能，注重高分子材料的结构分析和性能测试研究方法。第十二章是综合性及设计性实验，主要包括一些体现学科发展的新技术、新方法和新材料的制备及其结构和性能研究，涉及高分子化学、高分子物理和高分子仪器等相关知识。附录部分列出高分子化学与物理实验常用的理化数据、方法及高分子科学实验文献知识。

参加本书编写工作的人员有(排名按章节先后)：东南大学郭玲香(第一章、第二章、实验19～23、实验26～28、实验31～32、实验46、实验56～60、附录1～5,11,12,14,17,18,20)；常熟理工学院宁春花(实验1、实验8、实验18、实验47～48、实验50、附录13)；东南大学郭晓晖(实验2～4、实验6、附录6～10)；常熟理工学院俞丽珍(实验5、实验52、实验54)；常熟理工学院朱亚辉(实验7、实验13)；东南大学张雪勤(实验9～12、实验14～15、实验24～25、实验51)；东南大学孙莹(实验16～17、实验55)；东南大学姜勇(实验29～30、附录15～16)；南京工业大学张玲(实验33)；东南大学孔凡(实验34～44、实验49、附录19)；南京师范大学李利(实验45)；东南大学何曼(实验53)。全书由郭玲香统稿，郭玲香和宁春花审阅，编写组定稿。

本书在编写过程中，南京大学陆云教授主审书稿，东南大学杨洪老师和姚琛老师提出了许多宝贵意见，盐城师范学院杨锦明老师在实验装置图绘制方面给予了热心帮助。东南大学化学化工学院、常熟理工学院化学与材料工程学院、南京工业大学材料科学与工程学院、南京师范大学化学与材料科学学院、江苏省高等院校化学实验教学示范中心联席会和南京大学出版社对本书的编写和出版给予了大力支持，在此一并表示衷心的感谢！在研究与编写过程中，得到江苏省教育厅高等教育教改研究课题资助(2013JSJG114)和东南大学教材出版基金资助。

本书编写的实验数量较多、覆盖面较广，可作为高分子材料与工程、材料科学与工程、材料化学、应用化学、化学工程与工艺、化学等专业的教学用书。限于编者水平有限，书中难免存在疏漏或不妥之处，敬请广大读者给予批评指正。

编　者

目 录

第一章　高分子化学与物理实验规程

高分子化学与物理实验是材料类、化学类、化工类、高分子材料科学与工程等专业必不可少的重要实践教学环节，是专业基础课理论与实践相结合的实验课程，是培养学生动手能力、实践能力和创新能力的一门主要课程。其教学目的是培养学生掌握高分子化学与物理实验的基本知识、基本实验操作及技术，使学生进一步深入理解和掌握高分子化学与物理的基本原理，了解高分子反应机理，系统完整地认识各类聚合反应，熟悉高分子合成的实验途径，掌握高分子结构与性能关系的基本原理；培养学生严谨的科学态度、科学思维方法和良好的实验习惯，使学生具备扎实的实验操作技能和初步的实验设计能力。

1.1　高分子化学与物理实验室安全规范

为了培养良好的实验习惯，保证高分子化学与物理实验正常进行，确保实验室安全，防止事故发生，实验者必须严格遵守高分子化学与物理实验室的规则。

(1) 实验者应学习和掌握实验室安全与急救常识，严格遵守操作规程，高度警惕，以预防为主，杜绝事故发生，确保实验人员人身安全和国家财产安全。

(2) 熟悉实验室水、电、燃气的阀门、消防器材、洗眼器与紧急淋浴器的位置和使用方法；熟悉实验室安全出口和发生紧急情况时的逃生路线。

(3) 实验室应有“废液、废气、废渣”三废处理措施，严禁随意排放超剂量的废液、废气、废渣。废弃的溶剂、试剂、废液及废渣禁止倒入水池，必须倒入指定的回收容器内。

(4) 实验室防火、防盗等安全设备应齐全，上下管道、电源、消防器材等必须保持完好无损，并进行定期检查，确保状态良好，使用方便。

(5) 电器设备使用时要严防触电，禁止用湿手、湿物接触电源，并严格控制实验用电。

(6) 凡做有毒、有恶臭气体的实验时，应在通风橱内进行操作；若长时间使用剧毒物质和强酸、强碱等腐蚀性药品时，要戴防护用具；使用易燃试剂，一定要远离火源。

(7) 实验室所有药品严禁入口，所用仪器和试剂均不得带出实验室，特别是用剩的毒性较大的试剂必须交还教师。实验不得直接用手取化学药品，避免有毒或腐蚀性药品触及皮肤和衣服；加热或倾倒液体时，切勿俯视容器，严防液滴飞溅导致事故。

(8) 节约水、电和其他消耗品，严格控制试剂用量，不得浪费；公用仪器、试剂和工具等使用完毕后应放回原处。必须经实验指导教师批准后，方可重做实验。

(9) 保持实验环境整洁干净，取用试剂要小心，防止试剂撒在实验台上，撒落的试剂要及时处理；防止皮肤直接接触实验试剂，否则应及时清洗；严防水银等有毒物质流失导致实验室污染，温度计破损及发生意外事故时要及时向教师报告并采取必要的措施。

(10) 爱护仪器设备，凡是损坏或遗失仪器、工具和设备者，应及时进行登记，如实填写报损单，并按规定予以赔偿。

(11) 保持实验室的良好秩序，严禁在实验室内进行通电话、戴耳机、吸烟或进食等与实验无关的活动。

(12) 实验结束后，应清洁所用过的仪器，整理干净实验台，将公用仪器摆放整齐，并要用自来水和肥皂把手清洗干净。实验记录需经教师审阅、签字后方可离开实验室。

(13) 值日生要做好清洁卫生工作，检查实验室安全，关好门、窗，检查水、电、燃气阀门，并经教师检查同意后方可离开实验室。

1.2 高分子化学与物理实验学习方法

高分子化学与物理实验课是在教师的指导下，学生根据给定实验路线通过动手操作来实现的。课程学习包括实验预习、实验操作和实验报告三部分。

(1) 实验前应认真预习，做到心中有数、有的放矢。通过预习应了解和完成如下内容：

① 明确实验目的和要求。

② 熟悉实验原理、所涉及的基础知识和合成路线。

③ 查阅有关文献，掌握实验所用试剂的物理化学性质。

④ 了解实验操作规程及具体步骤。

⑤ 清楚实验过程中各环节的安全注意事项，思考可能出现的问题和解决方法。

⑥ 仔细阅读实验仪器使用说明书，熟悉实验仪器的操作条件及仪器配套软件使用方法。

⑦ 完成预习报告。

(2) 实验过程应该用心操作、认真观察、如实记录。要求做到以下几点：

① 认真听指导教师的讲解，进一步明确实验操作要点和注意事项。

② 实验开始前，首先检查仪器是否完好无损，实验装置安装是否横平竖直，加入药品，调节实验条件。如实记录药品加入量和实验条件。

③ 实验过程中，应严格按照操作步骤进行实验，仔细观察实验现象，如实记录现象和相关数据，如反应开始时间和结束时间、反应体系颜色变化、黏度变化等。

④ 勤于思考，认真分析实验现象和相关数据，遇到疑难问题，应及时请教老师或与同学讨论，发现实验结果与理论结果不符，应仔细查阅实验记录，分析原因。

⑤ 及时进行产品后处理，记录相关数据，交给指导教师审核签字。

⑥ 实验结束，正确拆除实验装置，清理实验台面，清洗玻璃仪器，处理废弃化学试剂。

⑦ 制备用于表征的样品，为性能测试及结构表征做好准备。

⑧ 按照仪器操作规程和配套软件使用方法，正确使用仪器，记录测定条件和测试结果。按照仪器说明书清洁仪器，并处理废弃的实验样品和试剂。

⑨ 实验记录经指导教师审阅签字后，方可离开实验室。

1.3　高分子化学与物理实验安全知识

1.3.1　火灾预防常识

在高分子实验中，所用的溶剂大多是易燃的(表 1-1)，故着火是最可能发生的事故之一。导致着火的原因很多，但多数着火事故是加热或处理低沸点有机溶剂时操作不当引起的。

表 1-1　常见有机液体的易燃性

名称	沸点(℃)	闪点(℃)	自燃点(℃)
石油醚	40～60	－45	240
乙　醚	34.5	－40	180
丙　酮	56	－17	538
甲　醇	65	10	430
乙醇(95%)	78	12	400
二硫化碳	46	－30	100
苯	80	－11	
甲　苯	111	4.5	550
乙　酸	118	43	425

二硫化碳、乙醚、石油醚、苯和丙酮等的闪点都比较低，即使存放在普通冰箱内(冰室最低温度－18℃，无电火花消除器)也可能形成着火的气氛，故这类液体不得存贮于普通冰箱内。另外，低闪点液体的蒸气一旦接触红热物体的表面便会着火。其中，二硫化碳尤其危险，即使与暖气散热器或热灯泡接触，其蒸气也会着火，应该特别小心。为了防止着火，实验中必须注意以下几点：

(1) 严禁用敞口容器加热和放置易燃、易挥发的化学试剂，不准在密闭体系中用明火加热有机溶剂，当用明火加热易燃有机溶剂时，必须使用蒸气冷凝装置或合适的尾气排放装置。

(2) 尽量防止或减少易燃气体的外逸。处理和使用易燃物时，应远离明火，注意室内通风，及时将蒸气排出。

(3) 易燃、易挥发的废物严禁倒入废液缸和垃圾桶中，应倒入指定回收瓶内再集中处理。

(4) 金属钠严禁与水接触，废弃金属钠通常可用乙醇销毁。

(5) 实验室不得存放大量易燃、易挥发性物质。

(6) 不得在烘箱内存放、干燥有机物。

1.3.2　灭火常识

一旦不慎发生火灾，应沉着冷静，及时采取正确的措施，控制火势蔓延。首先，立即切断电源，移走易燃易爆物品；然后，根据易燃物的性质和火势，采取适当方法扑救。

1. 常用灭火器材

(1) 沙箱　将干燥沙子贮于容器中备用，灭火时，将沙子撒在着火处。干沙对扑灭金属起火特别安全有效。平时要经常保持沙箱干燥，切勿将火柴梗、玻璃管、纸屑等杂物随手丢入沙箱中。

(2) 灭火毯　通常用大块石棉布或玻璃纤维布作为灭火毯，灭火时包盖住火焰即可。沙子和灭火毯经常用来扑灭局部小火，必须妥善放置在固定位置，不得随意挪为他用，使用后必须归还原处。

(3) 灭火器　常见灭火器的性能及特点见表1-2。

表1-2　常用灭火器的性能及特点

灭火器类型	药液成分	适用范围及特点
二氧化碳灭火器	液态 CO_2	适用于扑灭电器设备、小范围的油类及忌水的化学药品的着火，不能用于扑灭金属着火。
泡沫灭火器	$Al_2(SO_4)_3$ 和 $NaHCO_3$	适用于油类着火，但污染严重，后处理繁琐。
四氯化碳灭火器	液态 CCl_4	适用于扑灭电器设备，小范围的汽油、丙酮等着火。不能用于扑灭活泼金属钾、钠的着火，因 CCl_4 高温下会分解，产生剧毒的光气，甚至爆炸。
干粉灭火器	主要成分是 $NaHCO_3$ 等盐类物质与适量的润滑剂和防潮剂	适用于扑灭油类、可燃性气体、电器设备、精密仪器、图书文件等物品的初期火灾。
酸碱灭火器	H_2SO_4 和 $NaHCO_3$	适用于扑灭非油类和电器着火的初期火灾。

其中二氧化碳灭火器是化学实验室最常使用、最安全的一种灭火器，其钢瓶内贮有 CO_2 气体。使用时，一手提灭火器，一手握在喷 CO_2 喇叭筒的把手上，打开开关，即有 CO_2 喷出。注意，喇叭筒的温度会随着喷出 CO_2 气压的降低而骤降，故手不能握在喇叭筒上，否则会被严重冻伤。CO_2 无毒害，使用后干净无污染。泡沫灭火器由 $NaHCO_3$ 与 $Al_2(SO_4)_3$ 溶液作用产生 $Al(OH)_3$ 和 CO_2 泡沫，灭火时泡沫把燃烧物质包住，使其与空气隔绝而灭火。因泡沫能导电，泡沫灭火器不能用于扑灭电器着火。因为泡沫灭火器灭火后的污染严重，火场清理工作繁琐，故一般非大火时不用。

2. 灭火方法

(1) 对容器内(如烧杯、烧瓶等)发生的局部小火，可用石棉布、表面皿或木块等盖住瓶口，火即可熄灭。

(2) 有机溶剂在桌面或地面上蔓延燃烧时，若火势不大，可用淋湿的抹布或沙子扑灭。

(3) 钠、钾等金属着火时，通常采用干燥的细沙覆盖。严禁用水和 CCl_4 灭火器，否则会导致猛烈的爆炸，也不能用 CO_2 灭火器。

(4) 若衣服着火，用石棉布把着火部位包起来，以灭火焰。化纤织物最好立即脱除。必要时可就地卧倒，或在地上滚动，防止火焰烧向头部，可另外在地上压住着火处，使其熄灭。切勿慌张奔跑，防止风助火势。

(5) 在反应过程中，若因冲料、渗漏、油浴着火等引起反应体系着火时，情况比较危险。有效的扑灭方法是用几层灭火毯包住着火部位，隔绝空气使其熄灭，必要时灭火毯上撒些细沙。

(6) 若火势较大，必须使用灭火器灭火。必须注意：不论使用哪一种灭火器，都是从火的周围向中心扑灭。大多数场合下水不能用来扑灭有机物的着火。因为水能和一些药品发生剧烈反应，水灭火时会引起更大的火灾甚至爆炸；而且大多数有机溶剂不溶于水并且比水轻，用水灭火时有机溶剂会浮在水上面，反而扩大火势。因此，高分子实验室一般不能用水灭火。

(7) 如火势不易控制，应立即拨打火警电话119！

1.3.3　爆炸防范及处理

1. 爆炸事故发生的主要原因

(1) 易燃易爆气体如氢气、乙炔等烃类气体、煤气和有机蒸气等大量逸入空气中，或易燃有机溶剂的蒸气压达到某一极限时，遇到明火即发生爆炸。因此，切勿将易燃溶剂倒入废物缸内，更不能用敞口容器盛放易燃溶剂。倾倒易燃溶剂应远离火源，并在通风橱内进行。

(2) 某些化合物本身容易发生爆炸，如过氧化物、多硝基化合物等，在受热或被敲击情况下均会发生爆炸。含过氧化物的乙醚在蒸馏时也有爆炸的危险。强氧化剂与一些有机化合物接触，乙醇和浓硝酸混合在一起，会引起剧烈爆炸。金属钠、钾遇水也易爆炸。

(3) 反应过于激烈而失去控制引起爆炸。

(4) 仪器安装不正确或操作错误时，也会引起爆炸。例如，在密闭体系中进行蒸馏、回流等加热操作；在加压或减压实验中使用不耐压的玻璃仪器，气体钢瓶减压阀失灵。

2. 爆炸事故的防范

爆炸的破坏力极大，必须严格加以防范，实验中应该严格遵守以下几点：

(1) 使用易燃易爆物品时，应严格按照操作规程执行，要特别谨慎。例如使用和制备氢气、乙炔等易燃、易爆气体时，必须在通风橱内进行，不得在其附近点火。

(2) 在用玻璃仪器组装实验装置之前，要先检查玻璃仪器是否有破损。

(3) 取出的试剂药品不得随便倒回贮备瓶中，也不能随手倾入废物缸内，应在征求指导教师意见后，再进行处理。

(4) 常压操作时，不能在密闭体系内进行加热或反应，要经常检查实验装置是否被堵塞。如发现堵塞，应停止加热或反应，将堵塞排除后再继续加热或反应。

(5) 反应过于剧烈时，应适当控制加料速度和反应温度，必要时应采取冷却措施。

(6) 在做高压或减压实验时，应使用防护屏或戴防护面罩。

(7) 不得让气体钢瓶在地上滚动，不得撞击钢瓶表头，更不得随意调换表头。搬运钢瓶时应使用钢瓶车。

1.3.4　化学药品中毒的预防措施及处理方法

化学药品的危险性不仅在于易燃易爆，还在于它们具有腐蚀性、刺激性、对人体的毒性，特别是致癌性，使用不慎会导致中毒。应该特别注意的是，在高分子实验中，实验者经常接触各种有机或无机化学试剂，而且在实验过程中常伴随着各种气体、蒸气、烟雾、粉尘等的产生，这些物质绝大多数对人体是有害的。因此，预防化学药品中毒非常重要。

1. 中毒预防措施

(1) 必须对实验室内有毒物品强化管理，专人保管，限量发放使用，并妥善处理剩余毒物和残毒物品。盛放化学试剂或化学药品的器皿均应及时贴上标签，注明物质的名称、浓度及配制日期。

(2) 实验过程中，尽量采用无毒或低毒物质代替剧毒物质。若必须使用有毒物品时，应事先充分了解其性质，并熟悉注意事项。

(3) 实验者要注意保持个人卫生和遵守防护规则。实验前必须了解药品性能，称量时应使用工具、戴乳胶手套，禁止用手直接取用任何化学药品，勿使有毒药品触及五官和伤口处。使用有毒药品时要穿专用工作服，除用药匙、量器外，还必须佩戴橡皮手套和防毒面具。实验室严禁吸烟、进食。有毒药品使用完毕或实验结束，必须马上清洗仪器用具，及时用肥皂将手彻底清洗干净。专用工作服单独存放，以免污染扩散。

(4) 涉及易挥发性、刺激性、恶臭和有毒的化学试剂，如 H_2S、NO_2、Cl_2、Br_2、CO、SO_2、SO_3、HF、浓硝酸、发烟硫酸、浓盐酸、乙酰氯等，必须在通风橱内进行操作，通风橱开启后，不得把头伸入通风橱内，并保持实验室通风良好。注意尽量防止吸入任何药品和溶剂蒸气，特别是有机溶剂。

(5) 反应过程中产生有毒废气时，应该在通风橱内进行操作，并加装气体吸收装置。例如二氧化硫等酸性气体可用氢氧化钠水溶液吸收；碱性气体用酸性溶液吸收。注意一些有害的化合物由于沸点低，反应中来不及冷却就以气体形式排出，应将其通入吸收装置，还可加装冷却阱。实验室要有良好的通风设施和排风设备。

(6) 接触强酸、强碱，若量大且时间较长，应佩戴防护眼镜、口罩、手套。长期使用发烟硫酸、硝酸、盐酸时，应带双层口罩，并用 2% 小苏打溶液或稀氨水浸润。

(7) 使用氢氰酸和氰化物时，必须密封操作，戴防毒面具、手套，穿胶质工作服等。严禁在酸性介质中使用氰化物。工作完毕后，应立即洗澡，更换所有衣服，防止毒物侵入皮肤。

(8) 使用汞或温度计、气压计等装有汞的仪器时，必须十分小心。若发生含汞器具破损，导致汞流失，汞珠洒落的地方应迅速撒上硫磺粉，使汞和硫磺形成毒性较小的硫化汞。

(9) 长期接触铅或铅盐时，应带多层口罩，定期服用维生素 C。

(10) 用吸管移取浓酸、浓碱、有毒液体时，应该用洗耳球吸取。禁止冒险品尝药品试剂，杜绝用鼻子直接嗅气体，而应该用手向鼻孔扇入少量气体。

2. *中毒处理方法*

化学药品中毒主要是通过呼吸道、消化道、皮肤和黏膜中毒三种途径，对人体造成危害，中毒主要处理方法如下：

(1) 化学毒物溅入口中尚未咽下时，应立即吐出，用大量水冲洗口腔；如已吞下，应根据毒物的性质给以解毒剂，并立即送医院救治。

(2) 对于强酸，先饮大量水，然后服用氢氧化铝膏、鸡蛋清；对于强碱，应先饮大量水，然后服用醋、酸果汁、鸡蛋清。不论是酸或碱中毒皆应再给以牛奶灌注，不要吃呕吐剂。

(3) 刺激剂及神经性毒物中毒时，先给牛奶或鸡蛋白使之立即冲淡和缓和，再用一大匙硫酸镁(约 30 g)溶于一杯水中催吐。有时也可用手指伸入喉部促使呕吐，然后立即送医院救治。

(4) 吸入毒性气体或蒸气中毒时，将中毒者移至室外，解开衣领及纽扣，使其呼吸新鲜空气。吸入少量氯气或溴者，可用碳酸氢钠溶液漱口。对休克者应施以人工呼吸，但不能用口对口法，然后立即将其送医院急救。

(5) 重金属盐中毒者，应先喝一杯含有几克硫酸镁的水溶液，然后立即就医。不要服催吐药，以免引起危险或使病情复杂化。砷和汞化物中毒者，必须紧急就医。

1.3.5　灼伤的预防及处理

化学灼伤主要是因为皮肤直接接触了高温、低温或强腐蚀性物质、强氧化剂、强还原剂，如浓酸、浓碱、氢氟酸、钠、溴等引起的局部外伤。为避免灼伤，在实验室里应该一直佩戴防护手套和护目镜(平光玻璃或有机玻璃眼镜)，防止眼睛受刺激性气体熏染，防止任何化学药品特别是强酸、强碱、玻璃屑等异物进入眼内。发生灼伤时应按下列要求处理：

(1) 实验室内应备有专用洗眼水龙头，以上这些物质一旦溅入眼睛中(金属钠除外)，应立即用大量水彻底冲洗，洗眼时要保持眼皮张开，可由他人帮助翻开眼睑，持续冲洗 15 分钟。忌用稀酸中和溅入眼内的碱性物质，反之亦然。对因溅入碱金属、溴、磷、浓酸、浓碱或其他刺激性物质的眼睛灼伤者，急救后必须迅速送往医院检查治疗。

(2) 皮肤被酸灼伤，先用大量水冲洗，再用 1%～2%的碳酸氢钠溶液冲洗，最后涂上烫伤膏。特别是被氢氟酸灼伤后，应先用大量水冲洗 20 min 以上，再用冰冷的饱和硫酸镁溶液或 70%酒精浸洗 30 min 以上；或用大量水冲洗后，用肥皂水或 2%～5%的碳酸氢钠溶液冲洗，用 5%的碳酸氢钠溶液湿敷。

(3) 皮肤被碱灼伤，先用大量水冲洗，再用 1%～2%的乙酸或硼酸溶液冲洗，然后再用水冲洗，最后涂上烫伤膏。

(4) 皮肤被溴灼伤时，应立即用大量水冲洗，再用 2%的硫代硫酸钠溶液洗至灼伤处呈白色，然后涂上甘油或鱼肝油软膏加以按摩，严重时要包上消毒纱布后就医。

(5) 被热水烫伤时，一般在患处涂上红花油，然后擦烫伤膏。

(6) 被金属钠灼伤时，可见的小块用镊子移走，再用乙醇擦洗，然后用水冲洗，最后涂上烫伤膏。

1.3.6　割伤、烫伤等外伤处理

1. 割伤

发生割伤后，应先取出伤口处的玻璃碎片，再用生理盐水将伤口洗净。轻伤可在洗净的伤口处贴上“创可贴”，可立即止血且易愈合；伤口较大时，用纱布包好伤口，再送医院。若割破静(动)脉血管，流血不止时，应先止血，尽快送医院救治。止血具体方法：在伤口上方 5～10 cm处用绷带扎紧或用双手掐住。

2. 烫伤

一旦被火焰、蒸气、红热的玻璃、铁器等烫伤时，立即将伤处用大量水冲淋或浸泡，迅速降温避免深度烧伤。若起水泡不宜挑破，用纱布包扎后送医院治疗。对轻微烫伤，可在伤处涂些鱼肝油、烫伤油膏或万花油后包扎。

1.3.7　安全用电

化学实验室经常使用大量电器设备，使用不当易发生人身伤亡事故。人体若通过 50 Hz、25 mA 以上的交流电时会产生呼吸困难的状况，通过 100 mA 以上电流时则会致死。因此，必须严格遵守以下安全用电规则，确保安全用电。

1. 防止触电

(1) 实验室中，不得使用裸露的金属电线，不得将电线的裸端代替插头连接电器或仪

器。已损坏的接头、插座、插头或绝缘不良的电线应及时更换。

(2) 电器设备的金属外壳必须接地,所有电源的裸露部分都应有绝缘装置。使用电器设备前,应检查线路连接是否正确。电器内外要保持干燥,不能有水或其他溶剂。

(3) 使用电器设备时,必须先接好线路再插上电源。不能用湿手或手拿湿物去插(或拔)插头,不能用潮湿的手接触电线、电门及一切电器设备。

(4) 电器使用完毕后,应先回复零位,关闭开关,切断电源。禁止使用完毕后仍将电器设备连接在电源上。

(5) 实验结束时,必须先切断电源,再去拔插头、拆线路。值日生完成值日后,应关闭总电源开关后方可离开实验室。

(6) 若遇人触电,应切断电源后再进行处理,不得在切断电源之前接触触电者。

(7) 电器、电线起火时,应立即切断电源。

2. 防止着火

(1) 保险丝型号与实验室允许的电流量必须相配。

(2) 负荷大的电器应接较粗的电线。

(3) 生锈的仪器或接触不良处,应及时处理,避免产生电火花。

(4) 如遇电线走火,切勿用水或导电的酸碱泡沫灭火器灭火,应立即切断电源,用沙或二氧化碳灭火器灭火。

(5) 电路中各接点要牢固,电路元件两端接头不能直接接触,以免烧坏仪器或产生触电、着火等事故。

3. 防止漏电

若仪器有漏电现象,可将仪器外壳接上地线,仪器即可安全使用。但应注意,若仪器内部和外壳形成短路导致严重漏电时,应立即检查修理;否则,将会烧坏保险丝或出现更严重的事故。

4. 触电事故急救

若遇人身触电事故,首先应迅速拉下电闸断电,用木棍将电线拨开。然后戴上橡皮手套、穿上胶鞋或脚踏干燥木板绝缘后,将触电者从电源上拉开,使触电者脱离电源。若触电者在高处,要注意断电后发生摔伤。触电者脱离电源后,若触电不严重可短时间内恢复;若触电严重要解开衣领,进行人工呼吸或给予氧气。触电者恢复呼吸后,要进行电灼伤急救。

1.3.8 废物的处理

1. 废液的处理

(1) 一般的废溶剂要分类倒入回收瓶中,废酸、废碱要分开放置。有机废溶剂分为含卤素有机废液和不含卤素有机废液,应交专业有机废液的单位集中处理。

(2) 因为小分子或者聚合物乳液都可能污染水质或发生破乳沉淀堵塞下水道。因此,切记不可将乳液倒入下水道。正确处理方法是将乳液破乳,分离出有机物后,再进一步处理。

2. 固体废物的处理

(1) 对于任何废弃固体物(如沸石、棉花、镁屑等)都不能倒入水池中,必须倒入教师指定的固体垃圾桶中,最后由值日生在教师的指导下统一处理。

（2）无机重金属化合物严禁随意丢弃，应在进一步处理后，将废液交专业回收单位处理。含镉、铅的废液加入碱性试剂使其转化为氢氧化物沉淀；含六价铬的化合物要先加入还原剂还原为三价铬，再加入碱性试剂使其沉淀；含少量汞、砷的废液可加入硫化钠使其沉淀。

（3）无毒聚合物应尽量回收。因为聚合物一般难以降解，若直接将聚合物丢弃将导致白色污染。有一定流动性的聚合物切记不能直接倒入下水道，以免堵塞。所合成的聚合物需要保留时，必须标明成分；不需要保留的应及时处理。

3. 易燃、易爆的废弃物（如金属钠）处理

应由教师处理，学生切不可自行处理。

1.3.9 实验室常备急救器具

（1）消防器材：干粉灭火器、四氯化碳灭火器、二氧化碳灭火器、沙、石棉布、毛毡、喷淋设备。

（2）实验室医药箱：医用酒精、碘酒、3%双氧水、饱和硼酸溶液、1%醋酸溶液、5%碳酸氢钠溶液、70%酒精、玉树油、烫伤油膏、万花油、药用蓖麻油、硼酸膏或凡士林、磺胺药粉、洗眼杯、消毒棉花、止血粉，创可贴、医用镊子、剪刀、纱布、药棉、棉签、绷带等。

1.4 高分子化学与物理实验报告要求及格式

实验报告既是学生实验工作的全面总结，也是教师评定学生实验成绩的主要依据。书写实验报告的目的是通过分析、归纳、总结实验数据、讨论实验结果，促使学生把实验获得的感性认识上升为理性认识。

实验报告的要求：① 用规定的实验报告书写；② 个人独立完成实验数据处理和实验报告；③ 语言通顺、图标清晰、分析合理、讨论深入，能够真实反映实验结果。

实验报告的主要内容包括：① 实验名称、学生姓名、学号和实验日期；② 实验目的和要求；③ 实验试剂、仪器、设备及装置图；④ 实验原理；⑤ 实验步骤；⑥ 实验原始记录；⑦ 实验数据处理结果；⑧ 实验结果分析、讨论；⑨ 实验指导书中的思考题；⑩ 实验心得与体会总结。

第二章 聚合物合成及性能研究的实验基础

研制一种新型的高分子材料，首先要根据对聚合物性能的要求，选择合适的单体、适宜的聚合机理和实施方法，依次完成聚合物的制备、分离与纯化、干燥、结构表征、性能测试与评价。因此，聚合物的合成及性能研究在高分子材料的发展中起着重要作用。

高分子材料合成及性能研究虽然是建立在化学合成实验技术基础之上的，但是具有自身的特点。例如，高分子化学实验通常需要在加热、搅拌、惰性气体条件下进行，在聚合反应实验之前，单体、溶剂、引发剂等一般需要经过常压蒸馏、减压蒸馏、水蒸气蒸馏等进行精制。然后根据具体反应和用量选择类型、大小合适的反应器，依据反应要求选择其他的玻璃仪器，并使用辅助器具稳固地连接不同仪器，完成实验装置的搭建。其次根据具体实验要求，采用加热或冷却方式，控制反应温度，并对反应体系进行搅拌，保持整个物料体系的均匀性，控制实验条件。可见，许多应用于高分子材料合成的方法和手段在有机化学实验中并不常见，反应的实施与控制方法、仪器设备要求也有所不同，聚合物的结构和组成分析也有其独特之处。

高分子化学与物理实验是一门研究高分子合成及其反应和聚合物性能的实验性科学，进行专门的高分子化学与物理实验技能的训练是十分必要的。本章简要地介绍聚合物合成及性能研究所涉及的主要实验基础。

2.1 聚合反应机理

2.1.1 聚合反应的分类

由低分子单体合成聚合物的反应总称为聚合反应，主要有两种重要的分类方法。

1. 按单体和聚合物结构变化分类

20 世纪 30 年代，Carothers 根据单体和聚合物结构的变化，把聚合反应主要分为加聚反应和缩聚反应两类。烯类单体 π 键断裂后，通过相互加成而形成聚合物的反应称为加聚反应。例如，氯乙烯经过加成聚合反应，合成聚氯乙烯。与单体相比，加聚物结构单元的元素组成（原子种类和数目）和单体相同，仅是电子结构（化学键方向和类型）有变化，加聚物的相对分子质量是单体相对分子质量的整数倍。烯类加聚物多属于碳链聚合物。单烯类聚合物为饱和聚合物，而双烯类聚合物（如聚异戊二烯）大分子中则留有双键，可进一步反应。带有两个或两个以上能够相互反应的官能团的单体之间连续、重复进行的，消去水、醇、氨或氯化氢等低分子副产物，生成聚合物的缩合反应称为缩合聚合反应，简称缩聚反应。例如，己二胺和己二酸经过缩聚反应，生成聚己二酰己二胺（尼龙-66）。聚酯、聚碳酸酯、酚醛树脂、脲醛树脂等都是由缩聚反应合成的。

随着高分子化学学科的不断发展，目前增加了一类环状单体的开环聚合。环状单体开环后，聚合形成线形聚合物的反应，称作开环聚合。杂环开环聚合物是杂链聚合物，其结构类似缩聚物；反应时无低分子副产物产生，又有点类似加聚。例如环氧乙烷开环聚合成聚氧乙烯、己内酰胺开环聚合成聚酰胺-6(尼龙-6)。除了以上三大类之外，还有多种聚合反应，如聚加成、消去聚合、异构化聚合等。这些聚合反应很难归入上述分类方案中，待化学科学发展到足够程度，再来考虑其归属问题。

2. 按聚合反应的机理分类

20世纪60年代，Flory根据聚合机理和动力学，将聚合反应分为逐步聚合反应和链式(连锁)聚合反应两大类。这两类聚合反应的转化率和聚合物分子量随时间的变化均有很大的差别。链式聚合与加聚反应、逐步聚合与缩聚反应虽然是从不同的角度进行分类，但两者在许多情况下经常混用。某些反应虽然单体和所得聚合物均相同，但由于反应历程不同，其聚合类型亦不相同。例如己内酰胺合成尼龙-6时，用碱作催化剂，属于链式聚合；用酸作催化剂，则属于逐步聚合。多数环状单体的开环聚合属于链式聚合。聚氨酯是由单体分子通过反复加成，使分子间形成共价键，逐步生成的聚合物，其反应机理是逐步增长聚合，因此称为聚加成反应或逐步加聚反应。但从更广的意义上讲，它与生成酚醛树脂的加成缩合反应、生成聚对二甲苯的氧化偶合反应等都属于逐步聚合。因此对聚合反应进行分类时通常需要兼顾聚合物结构和反应机理。因为Flory分类方法涉及聚合反应的本质，备受人们的青睐。目前，科学家们仍然习惯于从聚合反应历程对新的聚合反应进行分类，如活性聚合、开环聚合、异构化聚合、基团转移聚合等。

2.1.2　逐步聚合

逐步聚合是通过单体所带的官能团之间的相互反应逐步实现的。反应过程中，两种单体反应生成二聚体，二聚体与单体继续反应形成三聚体，三聚体与单体或二聚体之间反应形成四聚体，再继续反应形成五聚体、六聚体等。反应早期，单体转化率很高，但反应基团的反应程度却很低。随着低聚物之间继续相互反应，聚合物的相对分子质量逐渐增加。多数缩聚和聚加成反应属于缩聚反应。逐步聚合反应的一般特征是：① 通过单体官能团之间的反应逐步进行；② 每步反应的机理相同，反应速率和活化能大致相同，单体以及任何中间聚合体之间均可发生反应；③ 反应体系始终由单体和分子量递增的一系列中间产物组成，形成一个聚合物的反应大多需要数小时，产物两分子间都能发生反应；④ 聚合物的分子量是逐步增大的。根据参加反应的单体种类，逐步聚合可分为三种：将带有不同官能团且彼此能够相互反应的单体自身的缩聚反应称为均缩聚；将两种带有不同官能团的单体共同参与的缩聚反应称为混缩聚；在均缩聚反应中加入第二种单体或在混缩聚反应中加入第三种或第四种单体进行的缩聚反应称为共缩聚。按照聚合反应机理，逐步聚合反应分为缩聚反应和逐步加聚反应两大类。

1. 缩聚反应

缩聚反应根据聚合物的结构或官能度体系不同，可进一步分为线形缩聚和体形缩聚。

(1) 线型缩聚

线型缩聚的首要条件是参加聚合反应的单体都仅带有两个能够相互反应的官能团，即2-官能度或2-2官能度体系。聚合过程中，大分子链成线形增长，最终得到可溶、可熔的线形聚合物。

多数线型缩聚反应都是可逆平衡反应。对于平衡常数大的线型缩聚，整个聚合在达到所需相对分子质量时反应还未达平衡，这样的缩聚称为不平衡缩聚（平衡常数>10^3）；反之称为平衡缩聚（平衡常数<10^3）。对于平衡缩聚，先要通过排出小分子，使得平衡向着生成聚合物的方向移动，获得所需相对分子质量的聚合物；对于不平衡缩聚，产物相对分子质量的控制主要是通过调节单体配比来实现的。在实际生产中，往往采用某一种官能团过量的方法，使最终产物分子链端的官能团失去进一步反应的能力，以保证在后续的加工、使用过程中聚合物的相对分子质量稳定。

（2）体型缩聚

参加反应的单体中至少有一种含有两个以上可反应的官能团，单体的平均官能度大于2，形成2-3或2-4官能度体系，如甘油或季戊四醇与邻苯二甲酸酐的反应。在一定条件下，分子链在反应过程中不仅在线形方向缩聚，侧基也能缩聚，从多个方向进行增长，能够生成具有空间三维交联的、体形结构的聚合物，称为体型缩聚，例如酚醛树脂的合成。

体型缩聚的特点是分阶段进行，首先从线形缩聚物到生成支化的相对分子质量较低的预聚物；继而进一步反应，最终形成体型缩聚物。在体型缩聚反应中易产生凝胶现象，所以体型缩聚的关键是在聚合阶段控制反应停止于预聚物，防止凝胶的生成，在成型过程中，进一步使其反应形成体形聚合物。

2. 逐步加成聚合

单体分子通过反复加成，使分子间形成共价键，逐步生成高相对分子质量聚合物的过程，其聚合物形成的同时没有小分子的析出，称为逐步加成聚合反应。例如聚氨酯的合成、氧化偶联缩聚、自由基缩聚、分解缩聚、环化缩聚、开环缩聚等。

逐步聚合反应的所有中间产物分子两端都带有能够继续进行缩合反应的官能团，而且都是相对稳定的。当某种单体所含官能团的物质的量多于另一种单体时，聚合反应就无法再进行下去。目前，通过有目的地改造单体结构，使一些平衡逐步聚合转化为不平衡逐步聚合，可以实现所谓的活性化逐步聚合。采用的主要方法是提高单体反应活性，如用含有酰氯、二异氰酸酯基的单体；使参与反应的一种原料不进入聚合物结构，减少逆反应；在反应中形成更稳定的结构等。

2.1.3 链式聚合

链式聚合（连锁聚合）的特点是首先要通过加入引发剂（催化剂）产生活性中心R*，活性中心可以是自由基、阳（正）离子、阴（负）离子。链式聚合反应由链引发、链增长、链转移、链终止等基元反应组成，各基元反应的反应速率和活化能差别很大。链引发是形成活性中心的反应；链增长是大量单体通过与活性中心的连续加成，最终形成聚合物的过程；单体彼此间不能发生反应，活性中心失去活性称为链终止。多数烯类单体的聚合属于链式聚合。自由基聚合过程中，聚合物相对分子质量随着单体转化率的增加变化不大，形成一个高分子的反应实际上是在大约1 s甚至更短的时间内完成的。反应过程中，反应体系始终由单体、相对分子质量较高的聚合物和微量引发剂组成，不存在相对分子质量递增的中间产物。而活性阴离子聚合过程中，聚合物的分子量随着单体转化率的增大而线性增加。链式聚合按活性中心种类的不同，分为自由基聚合、阳离子聚合、阴离子聚合、配位聚合等。

1. 自由基聚合

自由基聚合的单体一般为具有吸电子取代基或共轭取代基的乙烯基化合物，如氯乙烯、苯乙烯、醋酸乙烯酯、甲基丙烯酸甲酯、丙烯酸酯类、丙烯腈、丁二烯、异戊二烯等。自由基聚合的活性中心一般是由引发剂分解产生的、具有单电子的自由基，可以采用引发剂引发、热引发、光引发、辐射引发等。实际中多采用引发剂引发，常用的引发剂有偶氮类（如偶氮二异丁腈、偶氮二异庚腈等）、过氧化物类（如过氧化二苯甲酰、过硫酸铵、过硫酸钾等）、氧化-还原类（如过硫酸盐-硫酸亚铁、过硫酸盐-亚硫酸钠或硫代硫酸盐、过氧化二苯甲酰/N,N-二甲基苯胺等）三种。

自由基聚合是典型的链式聚合反应，由链引发、链增长、链转移、链终止等基元反应组成，正常的链终止反应分为双基偶合终止和双基歧化终止两种。自由基聚合微观动力学特征是慢引发、快增长、速终止。链增长阶段多存在自动加速现象，产生的根本原因是聚合反应体系黏度的急剧增加。自动加速现象的出现可能会导致聚合反应速率迅速增加，反应体系的温度骤然升高，聚合物的相对分子质量增大和分散度变宽，如果控制不当，有可能严重影响产品质量，甚至发生局部过热，并最终导致爆聚和喷料等事故。自由基聚合过程中存在向单体、溶剂、引发剂、聚合物的链转移反应。链转移反应会导致聚合物的相对分子质量减小，产生支链，引发效率下降。但可利用链转移特性，在反应体系中加入链转移常数适当的物质，作为链转移剂来调节聚合物的相对分子质量。

2. 阳离子聚合

阳离子聚合是指活性中心为阳离子的链式聚合反应。阳离子聚合的单体为具有推电子取代基并能够形成具有一定稳定性的碳阳离子的乙烯基化合物、羰基化合物和含氧杂环化合物，如异丁烯、烷基乙烯基醚、苯乙烯、α-甲基苯乙烯、丁二烯、异戊二烯、甲醛、环醚等。阳离子聚合的引发剂为亲电试剂（即电子接受体），主要有 Lewis 酸（如 BF_3、$AlCl_3$、$SnCl_4$、$TiCl_4$、PCl_5、$ZnCl_2$，多用于高相对分子质量聚合物的合成）和质子酸（如 H_2SO_4、H_3PO_4、$HClO_4$、CF_3COOH、CCl_3COOH 等酸根亲核性不强的酸）。阳离子聚合多采用溶液聚合，溶剂一般为极性溶剂，如卤代烃等。

阳离子聚合的微观动力学特征是快引发、快增长、易转移、难终止。阳离子聚合向单体转移的链转移常数介于 10^{-2}～10^{-1}之间，远大于自由基聚合反应中向单体转移的链转移常数 10^{-5}～10^{-3}的数值范围。阳离子聚合虽然可以很方便地利用向单体的链转移来控制相对分子质量，但是由于反应活化能低，链转移严重，必须在极低的温度下进行才能够得到高相对分子质量的聚合物，否则只能得到低聚物。阳离子聚合工业应用的成功范例是聚异丁烯橡胶和丁基橡胶（异丁烯和少量异戊二烯的共聚物）的生产。

3. 阴离子聚合

阴离子聚合是以带负电荷的离子或离子对为活性中心的链式聚合反应。阴离子聚合的单体一般为具有较强吸电子取代基，同时又有 $\pi-\pi$ 共轭体系的烯类化合物、羰基化合物以及含氧或氮的杂环化合物，如苯乙烯、丙烯酸酯类、甲基丙烯酸甲酯、丙烯腈、丁二烯、异戊二烯、甲醛、环氧烷类、己内酰胺等。阴离子聚合的引发剂主要是 Lewis 碱和亲核试剂，碱金属、有机金属化合物以及阴离子都可以作为阴离子聚合的反应活性中心，例如萘钠、金属烷基化合物、金属氨基化合物、格氏试剂等，选择时要注意单体与引发剂的匹配。阴离子聚合多采用溶液聚合，所用溶剂一般为烷烃、芳烃，如正己烷、环己烷、苯等。由于阴离子活性中心与微量的极性杂质极易发生反应，导致阴离子活性中心失活，其聚合工艺比自由基聚合要复杂得多。因此，阴离子聚合对反应装置、实验技术与操作等要求严格，通常需要高度净化，完全隔绝空气、水分等杂质。目前阴离子聚合工业应用的成功范例为热塑性弹性体苯乙烯-丁二烯(SB)和苯乙烯-丁二烯-苯乙烯(SBS)的生产。

阴离子聚合的微观动力学特征是快引发、慢增长、难终止(可采用加入极性物质终止)。阴离子聚合在一定的条件下可实现无终止的活性计量聚合，即反应体系中所有活性中心同步开始链增长，不发生链终止、链转移等反应，活性中心长时间保持活性。阴离子聚合是目前实现高分子设计合成的最有效手段之一，例如能够制备相对分子质量分布极窄的聚合物、通过连续投料得到嵌段共聚物、通过聚合结束后的端基反应制备遥爪聚合物等。

4. 配位聚合

配位聚合是指单体分子的碳碳双键先在过渡金属催化剂活性中心的空位上配位、活化，形成某种形式的配位化合物(络合物)，随后单体分子相继插入过渡金属与碳键之间进行链增长的聚合反应。配位聚合属于离子聚合过程，也称为配位离子聚合，主要特点是能够合成立构规整性聚合物。按增长链端电荷性质，原则上分为配位阴离子聚合和配位阳离子聚合。实际上增长的活性链端所带的反离子经常是金属(Li)或过渡金属(Ti)，而单体常是在亲电性的金属原子上配位，故配位聚合大多属于阴离子型的。配位聚合最重要的催化体系是 Ziegler-Natta 催化剂，主要是指由元素周期表中ⅣB～ⅧB族过渡金属化合物与ⅠA～ⅢA族金属烷基化合物组成的二元体系，能够引发 α-烯烃、二烯烃、环烯烃的配位聚合。此外还有两种催化剂：① π-烯丙基镍($\pi-C_3H_5NiX$)催化剂专供引发丁二烯的顺式-1,4 和反式-1,4 聚合；② 烷基锂型催化剂主要用于均相溶液体系中引发二烯烃和极性单体。由于 Ziegler-Natta 催化剂易与空气和水发生副反应而失活，在实际应用中，其与离子型聚合有许多相似之处，要求体系密闭、去除空气和水，原料需要精制，反应需要在氮气保护下进行等。

目前，配位聚合已经成为生产立构规整性的聚烯烃、聚二烯烃的重要合成反应，例如高密度聚乙烯、等规聚丙烯、线性低密度聚乙烯、间规聚苯乙烯等合成塑料以及顺式聚丁二烯、顺式 1,4-聚异戊二烯、乙-丙嵌段共聚物等合成橡胶的生产。

5. 开环聚合

开环聚合是指具有环状结构的单体在某种引发剂作用下，开环后聚合形成线形聚合物的一类聚合反应。能够进行开环聚合的单体包括环烯烃、环缩醛、环酯(内酯)、环酰胺(内酰胺)、环醚、环硅氧烷、环硫化合物等环内含有一个或多个杂原子的杂环化合物。环状单体能否转变为聚合物，从热力学角度分析，取决于聚合过程中自由能的变化情况，与环状单体和线形聚合物的相对稳定性有关。一般而言，六元环相对稳定不能聚合，其他环烷烃的聚合活性为：三元环、四元环＞八元环＞五元环、七元环。环烷烃结构中不存在容易被引发剂进攻的键，因此环烷烃难于进行开环聚合。环醚、环酰胺、环酯及其他含有杂原子的环状单体提供了可接受引发剂亲核或亲电进攻的位置，因此动力学上比环烷烃更容易开环聚合。总之，三元环、四元环和七元环到十一元环的可聚合性高，而五元环、六元环的可聚合性低。实际上开环聚合一般仅限于九元环以下的环状单体。杂环开环聚合的引发剂分为离子型或分子型两类，离子型引发剂较活泼，例如阴离子引发剂 Na、RO^- 和阳离子型引发剂 H^+、BF_3；分子型引发剂活性较低，例如水只限于引发活泼单体。工业上已经生产的有聚己内酰胺、聚氧化乙烯、聚甲醛等。

开环聚合无小分子生成、无双键断裂，是一类独特的聚合反应，与缩聚反应和加聚反应并列成为第三大类聚合反应。大多数开环聚合属于离子型聚合，少数属于逐步聚合。开环聚合既有加聚反应的某些特征，也有缩聚反应的特征。开环聚合过程中只发生环的断裂，基团或杂原子由分子内连接变为分子间连接，并没有新的化学键和新的基团产生。开环聚合与链式聚合相比，两者的共同点是所合成的聚合物结构单元的化学组成与单体的化学组成完全相同；两者的区别是推动力不同。链式聚合的推动力是化学键键型的改变，大多数环状单体是按离子型聚合机理进行的，但开环聚合的推动力是单体环张力的释放。

开环聚合与逐步聚合反应相比较，两者的共同点是聚合物的相对分子质量随反应时间的延长而增大，均可用于制备杂链聚合物。两者的区别：开环聚合过程中没有小分子缩出，其推动力是单体环张力的释放，所合成聚合物的基团是单体分子中固有的；可自动地保持着官能团等物质的量，易制得高相对分子质量的聚合物。逐步聚合的推动力是官能团性质的改变，聚合条件比较苛刻；所合成聚合物的基团是由单体分子官能团的相互作用而形成的；只有在两种单体官能团等物质的量时，才能制得高相对分子质量的聚合物。此外，开环聚合可选择的单体比缩聚反应少，加上有些环状单体合成困难，因此由开环聚合所得到的聚合物品种受到限制。

6. 共聚合

共聚合是指两种或两种以上的单体共同参与的加成聚合反应，形成的聚合物分子链中含有两种或多种单体结构单元，称为共聚物。通过研究共聚合反应，可以测定单体和自由基的相对活性，研究单体结构与反应活性的关系，来控制共聚物的组成与结构，设计合成新的聚合物。采用共聚反应不仅能使有限的单体通过不同组合得到多种多样的聚合物，而且可以改进聚合物的性能和用途，满足人们的各种需要。因此共聚合的研究具有重要的理论和实践意义。共聚合反应多用于链式聚合，对于两种单体发生的缩聚反应则不采用“共聚合”这一术语。根据反应历程，共聚反应可分为自由基共聚、阴离子共聚、阳离子共聚三种。根据参加共聚反应的单体种类数目，共聚反应可分为二元共聚、三元共聚和多元共聚。对于二元共聚，根据两种结构单元在大分子链上排列方式的不同，共聚物一般分为无规共聚物（如氯乙烯-醋酸乙烯酯共聚物）、交替共聚物（如苯乙烯-马来酸酐共聚物）、嵌段共聚物（如 SBS 热塑性弹性体）和接枝共聚物（如抗冲聚苯乙烯）四类。

两种单体进行共聚反应时，因其化学结构不同，聚合活性有差异，共聚行为相差甚远，故共聚物组成与原料单体组成往往不同。共聚过程中，先后生成的共聚物组成也不一致，共聚组成是决定共聚物性能的主要因素之一，习惯上多用两种共聚单体的竞聚率来表征了两种单体的相对活性。同一种链自由基均聚和共聚链增长速率常数之比，称为竞聚率，即 $r_1 = k_{11}/k_{12}$，$r_2 = k_{22}/k_{21}$。竞聚率越大，说明该单体越容易均聚；竞聚率越小，说明该单体越容易共聚。常用单体二元自由基共聚的竞聚率见附录 12。

单体竞聚率的大小主要取决于单体自身结构。取代基对单体和自由基相对活性的影响主要有共轭效应、极性效应和位阻效应。共轭单体的活性比非共轭单体的活性大，非共轭自由基的活性比共轭自由基的活性大，单体活性次序与自由基活性次序相反，且取代基对自由基反应活性的影响比对单体反应活性影响要大得多，共轭作用相似的单体之间易发生共聚反应；当两种单体能形成相似的共轭稳定的自由基时，给电子单体与受电子单体之间易发生共聚反应，单体极性相差越大越有利于交替共聚，反之有利于理想共聚；当单体的取代基体积大或数量多时，空间位阻效应不可忽视。对于自由基共聚体系，取代基的共轭效应对单体活性的影响很大，共轭效应大的单体活性大；聚合反应速率和相应自由基活性一致，竞聚率几乎不受引发方式和引发剂种类的影响，受溶剂的影响很小。

与自由基共聚相比，离子型共聚对单体的选择性较高，能进行离子型共聚的单体要比自由基共聚的单体少得多，而且带有供电子基团的单体易于进行阳离子共聚，带有吸电子基团的单体易于进行阴离子共聚；对于离子型共聚，取代基的极性效应起着主导作用，极性大的单体活性大；聚合反应速率和单体活性一致；单体极性差别大时则不易共聚；活性中心的活性对引发方式、引发剂种类和溶剂的变化十分敏感。因此同一对单体采用不同的聚合机理共聚时，因为竞聚率差别很大，相应的共聚行为和共聚组成也会产生很大的差异。

2.1.4 可控活性自由基聚合

自由基聚合具有适用单体种类多、聚合方法广、聚合反应条件温和、易控制、易实现工业化生产等优点。在20世纪50～60年代，自由基聚合达到了鼎盛时期。然而自由基聚合易发生双基终止、存在链转移反应、产物分子量分布较宽且带有支链结构，因此传统自由基聚合很难较好地控制聚合物的微结构、聚合度和分散性。1956年美国科学家Swarc等提出了活性聚合的概念，活性聚合具有无转移、无终止、链引发速率远远大于链增长速率等特点。与传统的自由基聚合相比，活性聚合能够更好地控制分子结构，是实现分子设计、合成具有特定结构和性能聚合物的重要手段。但离子型活性聚合反应条件比较苛刻、适用单体较少，且只能在非水介质中进行，工业成本高，难以广泛实现工业化。鉴于活性聚合和自由基聚合各自的优缺点，高分子科学家们联想到如果自由基聚合能够得到控制，无转移、无终止、接近活性聚合，得到相对分子质量分布极窄、相对分子质量可控、结构明晰的聚合物，于是提出了可控活性自由基聚合(CRP)。

实现可控自由基聚合的关键要克服以下不足：一方面要避免各种链终止和链转移反应，尽可能延长自由基的寿命，使每一根大分子链都在同样条件下形成；另一方面要控制自由基的活性、生成速率与消失速率，使体系中自由基活性中心数目保持在一个可控的恒定值。用于引发的自由基因活性高，寿命一般很短(τ为零点几秒到几秒)，必须采取一定的措施避免自由基过早失活。可控活性自由基聚合适用的单体种类多、可以合成具有新型拓扑结构的聚合物、不同成分的聚合物以及在高分子或各种化合物的不同部分链接官能团，产物应用范围较广、工业化成本较低。目前实现可控活性自由基聚合，最常用的方法是原子转移自由基聚合(ATRP)和可逆加成-断裂链转移活性自由基聚合(RAFT)。

1. *原子转移自由基(ATRP)聚合*

以过渡金属配合物为催化剂，有机卤化物为引发剂，不饱和乙烯基单体进行的自由基聚合，具备有机合成反应中原子转移自由基加成反应的特征，称为原子转移自由基聚合(atom transfer radical polymerization，ATRP)，其基本原理如图2-1所示：

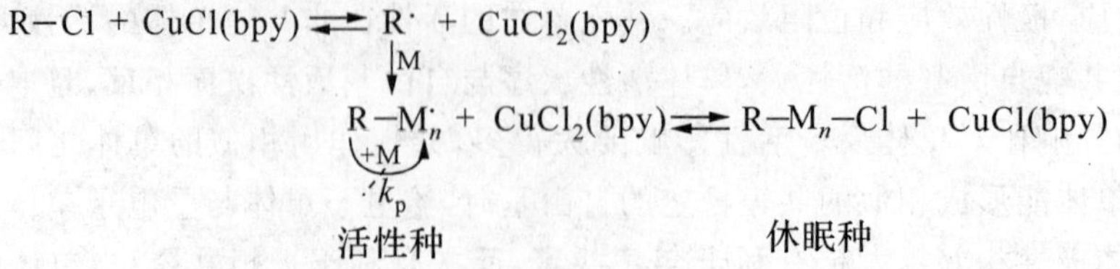

$$R{-}Cl + CuCl(bpy) \rightleftharpoons R^{\cdot} + CuCl_2(bpy)$$

$$\downarrow M$$

$$R{-}M_n^{\cdot} + CuCl_2(bpy) \rightleftharpoons R{-}M_n{-}Cl + CuCl(bpy)$$

$$(+M,\ k_p)$$

活性种　　　　休眠种

图2-1 原子转移自由基聚合原理

原子转移自由基聚合的核心：引发剂卤代烃 R—X 与单体中碳碳双键加成，加成物中 C—X 键断裂产生自由基引发聚合。包括卤原子从烃基卤化物到过渡金属络合物（盐），再从过渡金属络合物（盐）转移至自由基的反复循环的原子转移过程，伴随着自由基活性种（增长链自由基）和大分子有机卤化物休眠种之间的可逆转换平衡反应，并抑制自由基活性种浓度较低，减少增长链自由基之间的不可逆双基链终止副反应，有效地控制聚合反应。通过一个交替的“促活-失活”可逆反应，使得体系中的自由基浓度处于极低水平，迫使不可逆终止反应降低到最低程度，实现可控活性自由基聚合。由于这种聚合反应中的可逆转移包含着卤原子从卤化物到金属络合物，再从金属络合物转移到自由基的原子转移过程，且其反应活性种为自由基，所以称之为原子转移自由基聚合。

原子转移自由基聚合引发体系很多，常用的引发剂有 α-卤代苯基化合物、α-卤代羰基化合物、α-卤代腈基化合物等；卤素载体除了卤化亚铜以外，还有 Ru^{II}、Rh^{II}、Ni^{II}、Fe^{II} 等过渡金属卤化物；配体也有多种变化。该法还可以在水相、乳液聚合中进行。

原子转移自由基聚合最大的优点是适用单体范围广、聚合条件温和、分子设计能力强，可以合成无规、嵌段、接枝、星形和梯度共聚物、无规和超支化共聚物、端基功能聚合物等多种类型（共）聚合物。目前，应用原子转移自由基聚合，苯乙烯、二烯烃、（甲基）丙烯酸酯类等均可合成结构清晰和可控的均聚物，其分子量为 $10^4 \sim 10^5$，分子量分布窄，分子量分布指数为 1.05～1.5。因此，原子转移自由基聚合是比较有发展前途的聚合方法，值得深入研究的是如何提高聚合速率、降低聚合温度、进行溶液聚合、脱除过渡金属等问题。

2. 可逆加成-断裂链转移活性自由基聚合（RAFT）

传统自由基聚合体系中，不可逆链转移反应导致链自由基永远失活变成死的大分子、聚合度降低且无法控制。如果加入链转移常数高的特种链转移剂，如双硫酯，增长自由基 $P_n^{\cdot}$ 与链转移剂进行蜕化转移，有可能实现可逆加成-断裂转移活性自由基聚合。其聚合机理如图 2-2 所示。BPO、AIBN 等传统引发剂受热分解成初级自由基 $I^{\cdot}$，初级自由基引发单体聚合，生成增长链自由基 $P_n^{\cdot}$；增长链自由基 $P_n^{\cdot}$ 与双硫酯中 C═S 双键可逆加成，加成产物双硫酯自由基中 S—R 键断裂，形成新的活性种 $R^{\cdot}$，再引发单体聚合，如此循环，使聚合进行下去。可逆加成和断裂的综合结果，类似于增长链自由基向双硫酯转移。由于双硫酯的链转移常数很大，大部分的增长链自由基处于这个可逆过程中，使得只有可逆平衡中裂解出的增长链自由基才能与单体加成而增长，增长的自由基又可通过与双硫酯可逆的链转移平衡，从而控制活性增长链的数目保持在一个较低的水平，每根链的反应几率类似，表现出活性聚合的特征。分子量与转化率呈线性关系，分子量分布很窄，另外加入单体后可继续聚合，同时可进行分子结构的设计。

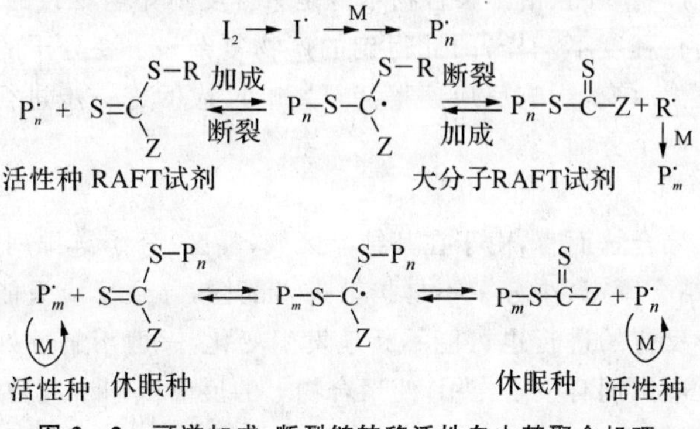

$$I_2 \longrightarrow I^{\cdot} \xrightarrow{M} P_n^{\cdot}$$

$$P_n^{\cdot} + S{=}C(S{-}R)(Z) \underset{\text{断裂}}{\overset{\text{加成}}{\rightleftharpoons}} P_n{-}S{-}\dot{C}(S{-}R)(Z) \underset{\text{加成}}{\overset{\text{断裂}}{\rightleftharpoons}} P_n{-}S{-}C({=}S){-}Z + R^{\cdot} \xrightarrow{M} P_m^{\cdot}$$

活性种 RAFT试剂　　　　大分子RAFT试剂　　$P_m^{\cdot}$

$$P_m^{\cdot} + S{=}C(S{-}P_n)(Z) \rightleftharpoons P_m{-}S{-}\dot{C}(S{-}P_n)(Z) \rightleftharpoons P_m{-}S{-}C({=}S){-}Z + P_n^{\cdot}$$

(M)　活性种　休眠种　　　　休眠种　活性种　(M)

图 2-2　可逆加成-断裂链转移活性自由基聚合机理

RAFT 技术成功实现可控活性自由基聚合的关键是找到高链转移常数的链转移剂双硫酯(RAFT 试剂)。双硫酯[ZC(S)S—R]中的 Z 是能活化 C═S 键与自由基加成的基团,如烃基、苯基等;R 是容易形成活泼自由基的基团,如异丙苯基等。双硫酯 RAFT 试剂的化学结构如下:

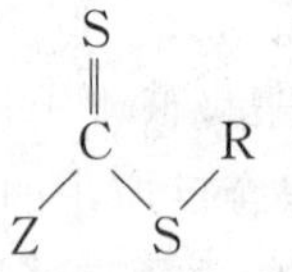

$$Z-C(=S)-S-R$$

单官能团双硫酯RAFT试剂

$$Z-CS_2-C(CH_3)_2-C_6H_4-C(CH_3)_2-CS_2-Z$$

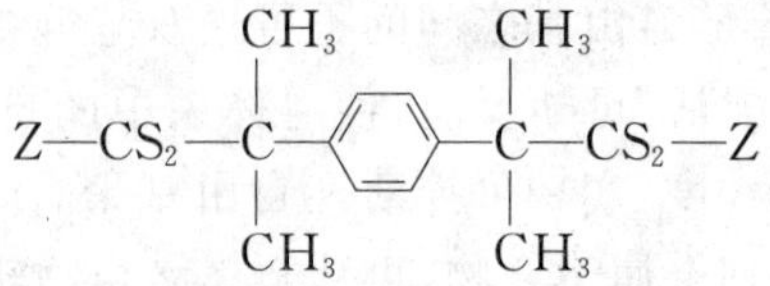

双官能团双硫酯RAFT试剂

RAFT 活性聚合自由基的突出优点是单体适用性广,除了苯乙烯类、丙烯酸酯类、乙烯基单体,还可适用于含有羧基、羟基、二烃基等特殊官能团的烯类单体的聚合。而且其分子设计能力强,可用来合成嵌段、接枝、星形共聚物,支化和超支化的高聚物。

2.1.5　聚合物的化学反应

研究聚合物的化学反应具有重要意义。一方面利用价廉的聚合物可以进行化学改性,提高其某种化学物理性能,或者在聚合物上引入特定的官能团,赋予其某种特殊的功能,如离子交换树脂、高分子试剂及高分子固载催化剂、化学反应的高分子载体、在医药、农业及环境保护等方面具有重要意义的可降解高分子等;另一方面利用聚合物化学反应有助于了解和验证高分子的结构。

聚合物的化学反应通常按照聚合物发生反应时聚合度及官能团的变化,可分为两大类:① 聚合物的相似转变,即聚合物仅发生侧链官能团的转变,而聚合度基本不变;② 聚合物的聚合度发生根本改变的反应,包括聚合度变大的化学反应(即反应中聚合物的相对分子质量显著上升,如交联、接枝、嵌段、扩链反应等)和聚合度变小的化学反应(即反应过程中聚合物的相对分子质量显著降低,如降解、解聚等)。

与小分子间化学反应的明显不同之处是聚合物的相对分子质量大,因而存在反应不完全、产物多样化等现象。产生的主要原因有扩散因素、溶解度因素、结晶度因素、概率效应、邻位基团效应。尽管聚合物的官能团能够与小分子的官能团发生类似的化学反应,但由于高分子聚合物的相对分子质量大,与小分子相比具有不同的结构特征,因而具有不同的特性:① 并非所有官能团都能参与反应,因此反应产物的分子链既带有起始官能团,也带有新生成的官能团,起始官能团和反应后生成的官能团难以进行分离,即使经过分离也难以得到含单一官能团的反应产物,并且由于聚合物本身是聚合度不完全一致的混合物,而且每条高分子链上的官能团转化程度不一样,因此得到的产物复杂;② 高分子的化学反应可能导致聚合物的物理性能发生改变,影响反应速率甚至影响反应的进一步进行。聚合物化学反应的影响因素主要包括两个方面:

1. 物理因素

对于部分结晶的聚合物而言,由于在其结晶区域(晶区)分子链排列规整,分子链间相互作用强,分子链之间结合紧密,小分子不易扩散进入晶区,导致反应只能发生在非晶区。聚合物的溶解性随化学反应的进行也可能不断地发生变化,一般溶解性好有利于反应。但如果沉淀的聚合物对反应试剂有吸附作用,使聚合物上的反应试剂浓度增大,反而会使反应速率增大。

2. 结构因素

由于高分子链之间存在不可忽略的相互作用,因此聚合物本身的结构对其化学反应性能有影响,这种影响称为高分子效应,又可分为两种。一种是邻基效应,包括位阻效应(由于新生成的官能团的立体阻碍,导致其邻近官能团难以继续参与反应)和静电效应(邻近基团的静电效应能够降低或提高官能团的反应活性);另一种是官能团孤立效应(概率效应),当高分子链上的相邻官能团成对参与反应时,由于成对基团的反应存在概率效应,即反应过程中间可能产生孤立的单个官能团,由于单个官能团难以继续反应,因而不能100%转化,只能达到有限的反应程度。

近年来聚合物的化学反应发展十分迅速,许多功能高分子都是首先合成基础聚合物,再通过进一步的聚合物化学反应实现的。

2.2　聚合方法

聚合方法是指完成一个聚合反应所采用的方法。从聚合物的合成来看,首先要研制聚合物的化学合成路线,主要是研究聚合反应机理、反应条件(如引发剂、溶剂、温度、压力、反应时间等);其次要研究聚合工艺条件,主要包括聚合方法、原料精制、产物分离及后处理。因此,高分子材料合成不仅要研究反应机理,还要选择聚合方法。聚合方法研究虽然与聚合反应工程密切相关,但与聚合反应机理关系也非常密切。聚合机理不同,所采用的聚合方法也不同。聚合机理相同而聚合方法不同时,体系的聚合反应动力学、自动加速效应、链转移反应等往往有不同的表现。因此,即使单体和聚合反应机理相同,但采用的聚合方法不同,所得产物的分子结构、相对分子质量及分子量分布等往往也会有很大差别。

一种聚合物可以通过几种不同的聚合方法进行合成,聚合方法的选择主要取决于所要合成聚合物的性质和形态、相对分子质量和相对分子质量分布等。现在实验及生产技术已发展到可以用几种不同的聚合方法合成出同样的产品,这时产品质量好、设备投资少、生产成本低、三废污染小的聚合方法将得到优先发展。

2.2.1　链式聚合的实施方法

链式聚合采用的聚合方法主要有本体聚合、悬浮聚合、溶液聚合和乳液聚合。由于自由基相对稳定,因而自由基聚合可以采用上述四种聚合方法。离子型聚合由于活性中心对水非常敏感,不能采用以水为介质的悬浮聚合和乳液聚合,多采用溶液聚合或本体聚合。逐步聚合采用的聚合方法主要有熔融缩聚、溶液缩聚、界面缩聚和固相缩聚。

1. 本体聚合

本体聚合是指单体本身在不加溶剂以及其他分散剂的条件下,由引发剂或直接在光、热等作用下引发的聚合反应。本体聚合体系主要由单体、引发剂组成,对于热引发、光引发或高能辐射引发的反应,则反应体系仅由单体组成。按照聚合物能否溶解于单体中,本体聚合分为均相聚合和非均相聚合(沉淀聚合)两类。均相聚合是指生成的聚合物能溶解在各自的单体中,例如苯乙烯、甲基丙烯酸甲酯、乙酸乙烯酯等单体的聚合。非均相聚合,也叫沉淀聚合,是指生成的聚合物不能溶解于其单体中,在聚合过程中不断析出,体系黏度不会明显增加，产品多为白色不透明颗粒。例如乙烯、氯乙烯的聚合。

本体聚合能否实施，主要取决于两个因素：一是单体的聚合热问题，各种单体在转化为聚合物时，所释放的热量差异很大；二是活性链与单体的反应能力。一般而言，聚合热小的单体或反应能力不十分活泼的单体比较容易实现本体聚合。

引发剂的选择既要考虑聚合反应本身的需要，还要求与单体有良好的相容性。由于多数单体是油溶性的，因此本体聚合多选用油溶性引发剂。自由基聚合多选用 BPO、AIBN 等。此外，根据需要再加入其他试剂，如相对分子质量调节剂、润滑剂等。

本体聚合的优点是体系组成简单、聚合产物纯净，特别适用于生产板材、型材等透明制品，反应产物可直接加工成型或挤出造粒。与其他聚合方法相比，本体聚合不需要产物与介质分离、介质回收等后续处理工艺，聚合装置及工艺流程相应简单、生产成本低。各种聚合反应几乎都可以采用本体聚合，如自由基聚合、离子型聚合、配位聚合等。缩聚反应也可采用，如固相缩聚、熔融缩聚一般都属于本体聚合。气态、液态和固态单体均可进行本体聚合，其中液态单体的本体聚合最为重要。

本体聚合的缺点是体系很黏稠，聚合热不易排除，温度难以控制。随着聚合反应不断进行，单体转化率逐渐提高，体系黏度不断增大，往往会出现自动加速效应，体系容易出现局部过热、副反应加剧，导致聚合物相对分子质量分布变宽、支化度加大、局部交联等；严重时会导致聚合反应失控，甚至产生爆聚。因此如何控制聚合热、及时地散热是本体聚合中一个至关重要的工艺问题。通常采用的方法有：① 在反应进行到较低转化率时，设法分离出聚合物；② 采用较低的反应温度，并用低浓度的缓慢引发剂，以保持聚合反应速度适中；③ 分成多步进行聚合，分批释放出聚合热；④ 用紫外光或辐射引发，使聚合能在较低的温度下进行，以利于热量的散发。

目前，采用本体聚合法合成的聚合物主要有聚甲基丙烯酸甲酯、聚苯乙烯、聚氯乙烯、高压聚乙烯、聚对苯二甲酸乙二醇酯等。

2. 溶液聚合

溶液聚合是将单体和引发剂或催化剂溶于适当溶剂中，在溶液状态下进行的聚合反应。溶液聚合体系主要由单体、引发剂或催化剂和溶剂组成。引发剂或催化剂的选择与本体聚合要求相同。溶液聚合有两种方式：一种是均相溶液聚合，即单体和生成的聚合物都能够溶解于溶剂中，得到聚合物的溶液；另一种是非均相溶液聚合，即生成的聚合物不溶于该溶剂，聚合物以沉淀形式析出，当聚合反应进行到一定程度后，滤出聚合产物，可在滤液中继续加入单体，再进行聚合。溶液聚合体系中溶剂的选择非常重要，溶剂要满足以下条件：① 对单体、引发剂和聚合物的溶解性好；② 链转移常数不大，避免向溶剂的链转移反应、限制聚合物的相对分子质量等不良影响；③ 沸点合适，能够满足聚合反应条件，通常在溶剂回流条件下进行聚合反应，以最大限度地移除聚合反应热；④ 还应兼顾到溶剂成本、毒性、回收成本、环境影响和储存安全等因素。

与本体聚合相比，溶液聚合为均相聚合体系，其优点如下：溶剂的加入有利于聚合热的排除，聚合反应容易控制；同时有利于降低反应体系温度和黏度，减弱凝胶效应。另外，生成的聚合物相对分子质量分布比较均匀，如果作为涂料或胶黏剂，则可直接使用，不需要进行溶剂的分离。溶液聚合的缺点是：溶剂的加入容易引起诱导分解、链转移等副反应；同时聚合产物和溶剂的分离、溶剂的回收和精制不仅增加了设备及成本，而且增大了工艺控制的难度。另外,溶剂的加入既降低了单体和引发剂的浓度,导致溶液聚合反应速率低于本体聚合,又降低了反应装置的利用率。因此,提高单体浓度是溶液聚合的关键要素之一。

溶液聚合存在两个最大的问题:一是有机溶剂对环境的污染;二是常常难以将溶剂从最终聚合物产品中彻底地除去,影响产物的使用性能。因此,无毒、便宜、易从聚合物中除去、易循环使用的超临界溶剂作为聚合反应溶剂引起了人们的极大兴趣。在均相溶液聚合中,由于生成的聚合物处于良溶剂中,聚合物链处于较伸展的状态,链增长活性末端被包裹的程度小,同时链段扩散较容易,易发生双基终止;若单体浓度不高,基本可消除自动加速作用,因而溶液聚合是实验室研究聚合机理及聚合反应动力学等的常用方法之一。

目前,溶液聚合在工程上常用于合成可直接以溶液形式应用的聚合物产品,如胶黏剂、涂料、油墨等,而较少使用以合成颗粒状或粉状产物。溶液聚合工业生产实例见表 2-1。

表 2-1　溶液聚合工业生产实例

单体	引发剂或催化剂	溶剂	聚合机理	产物特点与用途
丙烯腈	AIBN	硫氰化钠水溶液	自由基聚合	纺丝液
	氧化-还原体系	水	自由基聚合	配制纺丝液
醋酸乙烯酯	AIBN	甲醇	自由基聚合	聚乙烯醇、维尼纶纤维原料
丙烯酸酯类	BPO	芳烃	自由基聚合	涂料、胶黏剂
丁二烯	配位催化剂	正己烷	配位聚合	顺丁橡胶
	BuLi	环己烷	阴离子聚合	低顺式聚丁二烯
异丁烯	BF_3	异丁烷	阳离子聚合	相对分子质量低,用于胶黏剂、密封材料

3. 悬浮聚合

悬浮聚合是通过强力搅拌并在分散剂的作用下,把单体分散成无数的小液滴悬浮于水中,由油溶性引发剂引发而进行的聚合反应。正常的悬浮聚合体系中,单体和引发剂为一相,分散介质为另一相。在搅拌作用和分散剂保护作用下,单体和引发剂以小液滴形式分散于水中。聚合反应在单体液滴中进行,从单个的单体液滴来看,其组成及聚合机理与本体聚合相同,因此又常称作小珠本体聚合。若所生成的聚合物溶于单体,得到的产物通常为透明、圆滑的小圆珠;若所生成的聚合物不溶于单体,通常得到的是不透明、不规整的小粒子。

悬浮聚合体系主要由油溶性单体、油溶性引发剂、去离子水和分散剂组成。单体为油溶性单体,要求在水中的溶解性尽可能的小。引发剂为油溶性引发剂,选择原则与本体聚合相同。分散介质一般用去离子水,避免副反应。悬浮聚合控制的关键在于适宜的分散剂类型及用量、适宜的油水比(单体/水的体积比)、良好的搅拌。

悬浮聚合的分散剂主要分为水溶性高分子和难溶于水的无机化合物两类。水溶性高分子为两亲性结构,亲油的大分子链吸附于单体液滴表面,分子链上的亲水基团朝向水相,于是在单体液滴表面形成一层保护膜,具有保护液滴的作用,提高其稳定性。如聚乙烯醇、明胶、羟基纤维素等能够降低界面张力,有利于单体分散,一般用量约为单体量的 0.05%~0.2%。难溶于水的无机粉末主要吸附于液滴表面,例如碳酸盐、硫酸盐、滑石粉、高岭土、硅藻土等具有机械隔离作用,一般用量为单体量的 0.1%~0.5%,并且常与高分子分散剂复合使用，有时为了改善其润湿性，还可添加少量的阴离子型表面活性剂。分散剂的种类和用量根据聚合物的种类、颗粒的大小和形状要求而定，为了获得更好的分散效果，往往将几种分散剂复合使用。

水相/单体相的体积比一般控制在(4～1)：1之间。水量过大，聚合反应釜的利用率低；水量太低，则易造成体系黏度大、搅拌和传热困难，甚至导致聚合反应失控。

悬浮聚合体系是一个分散-凝聚的动态平衡体系，当达到中等单体转化率时(20%～60%)，单体液滴的黏性增大，凝聚倾向增强，是悬浮聚合的“危险期”，需特别注意保持良好的搅拌。在其他因素固定的前提下，搅拌速度太快，会导致聚合物珠粒太小甚至为粉末；搅拌速度太慢，会导致聚合物珠粒太大，易发生黏结成块，使聚合反应失败。一般加入单体后，由慢到快小心地调节搅拌速度，并注意观察单体液滴大小，当单体液滴大小符合要求后，才开始加热升温，并注意保持搅拌速度恒定，以获得粒度均匀的聚合物颗粒。当聚合物颗粒慢慢变硬后，搅拌不再特别重要，只要保证反应体系发生不爆沸即可。

悬浮聚合反应的优点是用水为分散介质，聚合体系黏度较低，导热容易，聚合反应易控制；单体小液滴在聚合反应后转变为固体小珠，产物易分离处理，粒状树脂可以直接用来加工；产物相对分子质量高于溶液聚合，与本体聚合接近，聚合产物分子量分布窄；聚合物纯净度高于溶液聚合而稍低于本体聚合；杂质含量低于乳液聚合产物，后处理工序比乳液聚合简单，生产成本较低。缺点是聚合物内包裹的少量分散剂难以除去，可能会影响聚合物的性能。悬浮聚合是重要的聚合方法，所生产的高分子占聚合物总产量的20%～25%，例如聚苯乙烯离子交换树脂、挤出与注塑级聚氯乙烯、苯乙烯-丙烯腈共聚物、挤出级偏二氯乙烯-氯乙烯共聚物、(甲基)丙烯酸酯类聚合物和聚乙酸乙烯酯等。悬浮聚合广泛应用的工业生产实例见表2-2。

表2-2 悬浮聚合工业生产实例

单体	引发剂	分散剂	分散介质	产物用途
苯乙烯	BPO	PVA	去离子水	珠状产品
氯乙烯	过碳酸酯-过氧化二月桂酰	羟丙基纤维素-部分水解PVA	去离子水	各种型材、电绝缘材料、薄膜
甲基丙烯酸甲酯	BPO	碱式碳酸镁	去离子水	珠状产品
丙烯酰胺	过硫酸钾	Span-60	庚烷	水处理剂

4. 乳液聚合

乳液聚合是指将不溶或微溶于水的单体在强烈的搅拌作用下，借助乳化剂的作用，与水形成乳状液，在水溶性引发剂引发下进行的聚合反应。乳液聚合体系主要由单体、引发剂、乳化剂和分散介质组成。单体为油溶性单体，一般不溶于水或微溶于水。引发剂为水溶性引发剂，对于氧化-还原引发体系，允许引发体系中某一组分为水溶性的。分散介质为去离子水，避免水中的各种杂质干扰引发剂和乳化剂的正常作用。

乳化剂是决定乳液聚合成败的关键组分。乳化剂分子是由亲水的极性基团和疏水(亲油)的非极性基团两部分组成。衡量乳化剂的亲水性和亲油性的强弱，可以用亲水亲油平衡值(HLB)来表示。HLB值越高，其亲水性越强；HLB值越低，其亲油性越强。根据极性基团的性质，乳化剂主要分为阴离子型、阳离子型和非离子型三大类。

阴离子型乳化剂是乳液聚合中最常用的乳化剂，例如脂肪酸钠 RCOONa（ $R=C_{11}\sim C_{17}$）、十二烷基磺酸钠 $C_{12}H_{25}Na$、烷基磺酸钠 RSO_3Na（ $R=C_{12}\sim C_{16}$）等。使用阴离子型乳化剂时，为使乳液体系稳定，不仅要选择合适的乳化剂，还必须注意保持聚合体系的 pH 值在碱性范围内。因此可在乳液聚合体系中加入缓冲剂，避免体系的 pH 值下降，常用的缓冲剂是一些弱酸强碱盐，如焦磷酸钠、碳酸氢钠等。

阳离子型乳化剂主要是一些带长链烃基的季铵盐，如十六烷基三甲基溴化铵、十二烷基胺盐酸盐等，在微乳液聚合中应用较多，其用量一般为单体量的 0.2%～5%。注意使用离子型乳化剂时，常加入适当的非离子型乳化剂，可使乳液体系更加稳定。

非离子型乳化剂化学稳定性好，不能离解为正离子、负离子，与其他类型乳化剂相容性好，一般不单独使用，常与离子型乳化剂合用，以改善乳液稳定性、粒径及其分布。常用的非离型乳化剂有聚乙烯醇、聚环氧乙烷等。近年来开发出一些新型乳化剂，例如聚醚壬基酚琥珀磺酸盐、乙氧基醇磺基琥珀酸二钠等含有非离子型亲水基和离子型亲水基的两性乳化剂，能够得到更小的乳胶颗粒。乙烯基磺酸钠、甲基丙烯酸聚醚等含有可聚合基团的反应型乳化剂，这类乳化剂是一种可与单体发生共聚反应的特殊乳化剂，所得到的乳液机械稳定性和对金属盐的稳定性都非常好，乳液的稳定性不受 pH 变化的影响，而且因乳化剂是高分子链的组成部分，还可以改善所得树脂的耐水性。

乳液聚合体系中，单体是以单体液滴和单体增溶胶束形式分散在水中的，采用水溶性引发剂，引发剂与单体处于两相，引发剂分解形成的活性中心只有扩散进入增溶胶束才能进行聚合。通过控制这种扩散，可增加乳胶粒内活性中心的寿命，故可得到高相对分子质量的聚合物，通过调节乳胶粒数量，可以调节聚合反应速率。因此，乳液聚合最大的特点是通过调节乳化剂浓度，强化乳化程度，可以同时实现提高聚合反应速率和增大聚合度的目的。乳液聚合的优点是以水为分散介质，安全廉价、体系黏度低、聚合热易扩散、聚合温度易控制；采用水溶性的氧化-还原引发体系，在较低温度下进行聚合，聚合反应速率较高，能获得高相对分子质量的聚合产物；聚合体系即使在反应后期黏度也很低，适于制备高黏性的聚合物。乳液聚合的缺点是聚合体系及后处理工艺复杂，如果要获得固体聚合物时，乳液需要经破乳、分离、洗涤、干燥等工序，生产成本较悬浮聚合高；产品中的乳化剂难以除净，影响聚合物的电学性能。乳液聚合除了适宜于合成高相对分子质量的合成橡胶以外，也是合成水性乳胶、水性涂料、胶黏剂等的好方法。乳液聚合工业生产实例见表 2-3。

表 2-3　乳液聚合工业生产实例

聚合物	引发剂	乳化剂	分散介质	产物用途
聚氯乙烯	过硫酸铵-亚硫酸氢钠	十二醇硫酸钠	去离子水	广泛应用于人造革、装饰材料、地板革、涂料、黏合剂、玩具等诸多材料和制品领域
聚醋酸乙烯酯	过硫酸铵	PVA	去离子水	用于木工、纸张、皮革的黏结及建筑装饰用胶
丁苯橡胶	氧化-还原引发体系	脂肪酸皂和歧化松香酸皂	去离子水	汽车轮胎及各种工业橡胶制品
氯丁橡胶	过硫酸钾	松香酸皂或烷基磺酸钠	去离子水	各种橡胶制品，可用于耐油胶管、胶带等

5. 不同链式聚合方法的比较

各链式聚合方法的具体比较见表 2-4。

表 2-4 不同链式聚合方法的比较

聚合方法	本体聚合	溶液聚合	悬浮聚合	乳液聚合
配方主要成分	单体、引发剂	单体、引发剂、溶剂	单体、油溶性引发剂、水、分散剂	单体、引发剂、水、水溶性乳化剂
聚合场所	本体内	溶液内	单体液滴内	增溶胶束和乳胶粒内
聚合机理	遵循自由基聚合机理，提高反应速率往往使相对分子质量降低	伴随着向溶剂的链转移反应，一般相对分子质量及反应速率较低	与本体聚合相同	能同时提高聚合反应速率和聚合物相对分子质量
生产特点	不易散热，可间歇生产或连续生产，设备简单，宜生产板材和型材	易散热，可连续生产，不宜生产干燥粉状或粒状树脂	散热容易，间歇生产，需要分离、洗涤、干燥等工序	易散热，可连续生产，制成固体树脂时需经凝聚、洗涤、干燥等工序
产物特征	聚合物纯净，宜于生产透明浅色制品，相对分子质量分布较宽	聚合液可直接使用	较纯净，可能会残留少量分散剂	可能会残留少量乳化剂和其他助剂

2.2.2 逐步聚合的实施方法

逐步聚合采用的聚合方法主要有熔融缩聚、溶液缩聚、界面缩聚和固相缩聚，都有广泛的应用。在实际应用中可以根据实际情况的不同，综合考虑反应热力学及动力学参数、反应物配比控制以及对最终产物的性能要求等各种因素，根据聚合方法的特点进行反应设计。

1. 熔融缩聚

熔融缩聚是指反应温度高于单体和缩聚物的熔点，使物料处于熔融状态下进行的聚合反应。熔融缩聚为均相反应，符合缩聚反应的一般特点，也是应用十分广泛的聚合方法。

熔融缩聚的特点：反应温度高（200～300℃），比生成的聚合物熔点高 10～20℃。高温有利于加快反应速率和排除反应生成的低分子副产物，使反应向大分子生成的方向进行。尤其是在反应后期，常采用在高真空条件下或薄层缩聚法。故要求单体和缩聚物的热稳定性好，凡是在高温下易分解的单体不能采用熔融缩聚方法；反应一般要在惰性气体保护下进行。由于反应温度高，在缩聚反应中经常发生各种副反应，如环化反应、裂解反应、氧化降解、脱羧反应等，因此为了避免聚合物的氧化降解，通常需要加入抗氧剂或通入惰性气体（如氮气）。对于参加熔融缩聚反应的单体要求严格的摩尔比。对于混缩聚来说，任何一种组分的稍微过量都会导致聚合物相对分子质量下降；熔融缩聚反应是一个可逆平衡的过程，在反应后期，常需要在高真空条件下进行，采用高真空度有利于排除低相对子分子质量的小分子，获得高相对分子质量的缩聚产物。由于缩聚反应大多数为可逆平衡反应，逆反应的存在使熔融缩聚产物的相对分子质量一般低于 30 000。熔融缩聚的反应温度一般不超过 300℃，因此制备高熔点的耐高温聚合物要采用其他方法。

熔融缩聚可采用间歇法或连续法。熔融缩聚在工业上的应用主要是合成涤纶树脂、酯交换法合成聚碳酸酯、聚酰胺等。

2. 溶液缩聚

单体、催化剂在适当溶剂中进行缩聚反应，制备高聚物的过程称为溶液缩聚。根据反应温度，可分为高温溶液缩聚和低温溶液缩聚。高温溶液缩聚采用高沸点溶剂，多数为平衡缩聚反应，单体多为二元羧酸、二元醇或二元胺等，主要用于合成芳香类聚酯和聚酰胺。低温溶液缩聚的反应温度一般在100℃以下，适用于高活性单体，如二元酰氯、二异氰酸酯等与二元醇或二元胺的反应。由于在低温下进行，属于不可逆缩聚反应。

溶液缩聚中溶剂的作用十分重要。首先溶剂有利于热交换，避免了局部过热现象，比熔融缩聚反应平稳缓和。其次，对于平衡缩聚反应，溶剂的存在有利于除去小分子，不需要真空系统，而且能够将与溶剂不互溶的小分子有效地排除在缩聚反应体系之外。例如合成聚酰胺，副产物为水，可选用与水亲和性小的溶剂，当小分子与溶剂能形成共沸物时，可以很方便地将其夹带出体系。第三，对于不平衡缩聚反应，溶剂有时能够作为小分子接受体，阻止小分子参与的副反应发生。例如二元胺和二元酰氯的反应，选用碱性强的二甲基乙酰胺或吡啶为溶剂，可与副产物 HCl 结合，有效地阻止了 HCl 与氨基生成非活性产物。此外，溶剂也有缩合剂作用，例如，制备聚苯并咪唑时，多聚磷酸既是溶剂又是缩合剂。因此，溶液缩聚选择溶剂时要注意以下几点：一是极性，由于缩聚反应单体的极性较大，多数情况下溶剂的极性增加有利于提高反应速率，获得高相对分子质量的聚合物；二是溶解性，选择良溶剂，尽可能地使体系为均相反应；三是溶剂化作用，如溶剂与产物生成稳定的溶剂化产物，会使反应活化能升高，降低反应速率；如果与离子型中间体形成稳定的溶剂化产物，可降低反应活化能，提高反应速率；四是副反应，溶剂的引入往往会产生一些副反应，在选择溶剂时要格外注意。

溶液缩聚反应具有以下特点：聚合反应温度比较低，常需活性高的单体，副反应少；反应平稳，有利于热交换，避免了局部过热，副产物能与溶剂形成共沸物被带走；聚合反应一般不需要加压或减压操作，反应温度较低，生产设备简单，且对反应设备要求不高；可合成热稳定性低的产品。反应体系中使用大量溶剂，溶剂可改变单体的活性及反应速率，但增加了溶剂的回收和处理工序，使工艺控制复杂，聚合物中的残留溶剂对产品性能产生影响，生产成本高，且存在三废问题。

溶液缩聚在工业上的应用规模仅次于熔融缩聚，许多性能优良的工程塑料都是采用溶液缩聚方法合成的，如聚芳酰亚胺、聚砜、聚苯醚等。对于一些直接使用溶液的产物，如油漆、涂料等也可采用溶液缩聚。

3. 界面缩聚

界面缩聚是指将两种单体分别溶于两种不互溶的溶剂中，再将这两种溶液倒在一起，在相界面处发生的缩聚反应。界面缩聚的聚合产物不溶于溶剂，在界面处析出。界面缩聚为非均相体系，从相态来看，可分为液-液和气-液界面缩聚；从操作工艺来看，可分为静态界面缩聚（不进行搅拌）和动态界面缩聚（需进行搅拌）。

界面缩聚的特点：界面缩聚为复相反应，需要将两种单体分别溶于两种不互溶的溶剂中。例如用界面缩聚法合成聚酰胺：将己二胺溶于碱水中，以中和反应中生成的 HCl，将癸二酰氯溶于氯仿；然后加入烧杯中，在两相界面处发生聚酰胺化反应，产物成膜；不断将膜拉出，新的聚合物可在界面处不断生成，并可抽成丝。界面缩聚是一种不平衡缩聚反应，无需抽真空，小分子副产物可被溶剂中某一溶剂相或溶剂相中某一物质吸收，反应速率快，几秒钟即可完成,产物的相对分子质量高;反应温度低,聚合物在界面上迅速生成;界面缩聚要求单体活性高,能及时除去小分子;产物相对分子质量主要与界面处的单体浓度有关,而与反应程度关系不大;界面缩聚反应速率受单体扩散速率控制,反应速率主要取决于反应区间的单体浓度,即不同相态中单体向两相界面处的扩散速率,反应速率常数高达 $10^4 \sim 10^5$ L/mol·s,故对单体纯度和当量比要求不严。

虽然界面缩聚已广泛用于实验室及小规模合成聚酰胺、聚砜、含磷缩聚物和其他耐高温缩聚物,常见的气-液和液-液界面缩聚体系见表 2-5。但由于界面缩聚要采用高活性的单体,并要使用大量溶剂并进行回收,成本高,设备利用率低,界面缩聚在工业上还未普遍应用。界面缩聚工业上的应用实例是合成聚碳酸酯,将双酚 A 钠盐水溶液与光气有机溶剂(如二氯甲烷)在室温以上反应,催化剂为胺类化合物;又如新型的聚间苯二甲酰间苯二酰胺的制备。

表 2-5 常见的气-液和液-液界面缩聚体系

缩聚产物	气-液界面缩聚		缩聚产物	液-液界面缩聚	
	气相单体	液相单体		有机相单体	水相单体
聚草酰胺	草酰氯	己二胺	聚酰胺	二元酰氯	二元胺
氟化聚酰胺	高氟乙二酰氯	对苯二胺	聚脲	二异氰酸酯	二元胺
聚酰胺	三氯化三碳	己二胺	聚磺酰胺	二元磺酰氯	二元胺
聚脲	光气	己二胺	聚氨酯	双氯甲酸酯	二元胺
聚硫脲	硫光气	对苯二胺	聚酯	二元酰氯	二元酚类
聚硫酯	草酰氯	丁二硫醇	环氧树脂	双酚	环氧氯丙烷

4. 固相缩聚

固相缩聚是指在原料(单体及聚合物)熔点或软化点以下进行的缩聚反应。固相缩聚大致分为三种:① 反应温度在单体熔点以下,这时无论单体还是反应生成的聚合物均为固体,因此是“真正的”固相缩聚。② 反应温度在单体熔点以上,但在缩聚产物熔点以下。反应分两步进行,先是单体以熔融缩聚或溶液缩聚的方式形成预聚物,然后在固态预聚物熔点或软化点以下进行固相缩聚。③ 体型缩聚反应和环化缩聚反应。这两类反应在反应程度较深时发生,进一步的反应实际上是在固态进行的缩聚。

固相缩聚的主要特点为:反应速率比熔融缩聚低得多,表观活化能大,往往需要几十个小时反应才能完成;为非均相反应,缩聚过程中单体由一个晶相扩散到另一个晶相,是一个扩散控制过程;一般存在明显的自催化作用,反应速率随着反应时间的延长而增加,直至最后因官能团浓度很小,反应速率才迅速下降。固相缩聚是在固相化学反应的基础上发展起来的,可制得高相对分子质量、高纯度的聚合物,高熔点的缩聚物和无机缩聚物,特别适合于在熔点以上极易分解的单体的缩聚(无法采用熔融缩聚)。例如用熔融缩聚法合成的涤纶树脂,相对分子质量较低,通常只用作衣料纤维,而固相缩聚法合成的涤纶树脂相对分子质量要高得多(30 000 以上),可用作帘子纤维和工程塑料。固相缩聚在理论上和实践上都有重要意义,已引起人们的关注,目前有许多问题尚处于研究阶段。

5. 不同逐步聚合实施方法的比较

各种逐步聚合实施方法的具体比较见表2-6。

表2-6　不同逐步聚合实施方法的比较

特点	熔融缩聚	溶液缩聚	界面缩聚	固相缩聚
优点	生产工艺过程简单，产物纯净，分离简单，生产成本较低，可连续生产，设备的生产能力高	溶剂可降低反应温度，避免单体和聚合物分解。反应平稳易控制，与小分子共沸或反应而脱除，聚合物溶液可直接使用	反应条件温和，反应不可逆，对单体配比要求不严格	反应温度低于熔融缩聚温度，反应条件温和
缺点	反应温度高，单体配比要求严格，要求单体和聚合物在反应温度下不分解。反应物料黏度高，小分子不易脱除。局部过热会有副反应，对设备密封性要求高	增加聚合物分离与精制、溶剂回收等工序，加大成本且有三废。生产高相对分子质量的产品须将溶剂脱除后进行熔融缩聚	必须用高活性单体，如酰氯，需大量溶剂，产品不易精制	原料需充分混合，要求有一定细度，反应速率低，小分子不易扩散脱除
适用范围	广泛用于制备大品种缩聚物，如聚酯、聚酰胺的聚合	适用于聚合物反应后单体或聚合物易分离的产品，如芳香族、芳杂环聚合物等	芳香族酰氯生产芳酰胺等特种性能聚合物	更高相对分子质量的缩聚物和难溶芳香族聚合物的合成

2.2.3　新型聚合方法

近年来，人们在已有的聚合方法基础之上研发出多种新的聚合方法，例如由悬浮聚合衍生出的微悬浮聚合、反相悬浮聚合；由乳液聚合发展出的反相乳液聚合、微乳液聚合、无皂乳液聚合、种子乳液聚合。而且利用现代科学技术也研制出一系列新的聚合方法，例如等离子体聚合、模板聚合、超临界聚合等。新型聚合方法均有自身的独特之处，许多机理尚不完全清楚，这里仅对一些发展得比较成熟的新型聚合方法给予简单介绍。

1. 微悬浮聚合

传统悬浮聚合中，聚合物的粒径与单体液滴粒径大致相同，一般在50～2 000 μm之间，而乳液聚合产物的粒度一般在0.1～0.2 μm之间。在微悬浮聚合中，聚合物的粒度一般为0.2～1.5 μm，与传统乳液聚合的单体液滴粒径相当，因此称为微悬浮聚合。能形成如此微小粒子的关键在于分散剂。以苯乙烯微悬浮聚合为例，分散介质为水、引发剂为BPO、分散剂为十二烷基硫酸钠，难溶助剂为C_{16}长链脂肪醇或长链烷烃。先将十二烷基硫酸钠和十六醇在水中搅拌形成复合物，一边搅拌一边加入单体和引发剂，进行聚合。复合物可使单体-水的界面张力降得很低，稍加搅拌，即可将单体分散成亚微米级的微液滴；同时复合物对微液滴或聚合物微粒的吸附保护能力强，防止聚并，阻碍了微粒间单体的扩散传递和重新分配，以至最终粒子数、粒径及分布与起始微液滴相当，有利于形成稳定的体系。采用油溶性引发剂时，直接引发液滴内的单体聚合，链引发和聚合均在微液滴内进行，反应机理与传统悬浮聚合相同，但产物粒径更接近乳液聚合产物，因此微悬浮聚合兼有悬浮聚合和乳液聚合的一些特征。

2. 反相悬浮聚合

与常规悬浮聚合相比，水溶性单体借助悬浮剂分散于非极性试剂中，采用水溶性引发剂的悬浮聚合体系称为反相悬浮聚合。反相悬浮聚合的常用单体有丙烯酰胺、丙烯酸、甲基丙烯酸、丙烯酸盐等。常用的非极性试剂有脂肪烃、芳烃等，如己烷、环己烷、煤油、甲苯、二甲苯等。反相悬浮聚合具有与传统悬浮聚合相同的特征，如聚合场所、动力学特征等。

3. 反相乳液聚合

与反相悬浮聚合相似，水溶性单体以非极性试剂为分散介质，形成油包水(W/O)体系的乳液聚合称反相乳液聚合。反相乳液聚合通常采用 HLB 值在 5 以下的非离子型油溶性表面活性剂作乳化剂，例如山梨糖醇脂肪酸酯(Span 60、Span 80 等)及其环氧乙烷加成物(Tween80)或二者的混合物。与传统乳液聚合相比，反相乳液聚合体系可选用水溶性和油溶性引发剂，乳化剂可以处于液滴的保护层，或者在有机相内形成胶束，单体扩散入内，形成增溶胶束，成核机理以液滴成核为主。反相乳液聚合的最终粒子粒径介于 100～200 nm 之间，主要通过降低油水界面张力来稳定粒子，因而粒子的稳定性不及传统乳液聚合，未来发展趋势是采用反相微乳液聚合。

4. 微乳液聚合

传统乳液聚合的液滴粒子直径为 10～100 μm，直径为 100～400 nm 时称小粒子乳液，当直径为 10～100 nm 时称微乳液。微乳液聚合乳化剂的用量一般为分散相的 15%～30%，助乳化剂一般采用 C_5～C_{10} 的脂肪醇。从热力学看，传统乳液聚合液滴随反应时间延长而增大，最终形成相分离的动力学稳定而热力学不稳定体系，微乳液聚合则为透明的、性质不随反应时间变化的热力学稳定体系。由于微乳液聚合为透明体系，可采用光引发。

对水溶性单体的反相微乳液聚合而言，由于克服了反相乳液聚合存在的稳定性差、易絮凝、粒径分布宽等问题，反相微乳液聚合在高吸水树脂、石油开采、造纸工业、水处理剂制备等领域具有更广阔的实际应用前景。

5. 无皂乳液聚合

无皂乳液聚合是聚合前不加或只加入微量乳化剂(其浓度小于临界胶束浓度)的乳液聚合。最简单的无皂乳液聚合体系由单体-引发剂-水构成。多采用可离子化的引发剂，例如阴离子型过硫酸盐和阳离子型偶氮烃基氯化铵盐。乳液由粒子表面的聚合物末端离子基团的静电作用和短链低聚物自由基终止物的表面活性作用而稳定。目前无皂乳液聚合普遍被认同的成核机理为“均相成核机理”和“低聚物胶束成核机理”，这类体系通常只能得到固含量为 10%的乳液。

无皂乳液聚合消除了亲水表面活性剂的影响，使聚合物具有较好的物理化学性能、机械性能和黏结性能，可以得到高性能的涂料和黏合剂。黏结性、耐水性和耐溶剂性是乳胶膜质量的重要指标。无皂乳胶膜的高黏结性显然与聚合物-基材界面上不存在乳化剂有关，而耐水性和耐溶剂性依赖于电解质和其他低分子物质在乳胶膜中的含量。降低引发剂浓度和提高聚合反应温度，有利于降低电解质含量、提高乳胶膜的耐水性。普通乳胶膜中因含有残留的低分子乳化剂，当与水或溶剂接触时，低分子物质可能被萃取出来而使乳胶膜中留下微孔，因而降低了耐水性和耐溶剂性。无皂乳胶膜中不残留普通的乳化剂，故能够提高乳胶膜的耐水性和耐溶剂性。另外，采用无皂乳液聚合来制备乳胶漆时，可以减少消泡剂用量。无皂乳液聚合还有利于改善涂膜光泽。无皂乳液聚合通过粒子设计，可用于制备单分散、表面清洁并带有各种官能团的聚合物粒子，在生物医学等领域具有广阔的应用前景。无皂乳液聚合研究的主要问题是如何提高乳液的稳定性和固含量。

6. 等离子体聚合

等离子体是指正负电荷数量和密度基本相等的部分电离的气体，是由电子、离子、原子、分子、光子或自由基等粒子组成的集合体。物理学上将等离子体定义为物质存在的第四种状态。利用等离子体中的电子、离子、自由基以及其他激发态分子等活性粒子使单体聚合的方法称为等离子体聚合。从 1960 年 Goodman 成功地进行了苯乙烯的低温等离子体聚合，制备出具有低导电率和优异耐腐蚀性的均匀、超薄聚合物膜，等离子体真正开始应用于高分子领域。高分子化学领域所用的等离子体往往是通过 13.56 MHz 的射频低气压辉光放电方式生成的约 5 eV 低温等离子体。等离子体聚合大致可分为等离子体聚合、等离子体引发聚合、等离子体表面改性三大类。等离子体引发聚合的引发反应在气相中进行，形成链后附于反应器壁上形成凝聚相，链增长和链终止反应在凝聚相中进行。等离子体表面改性是对聚合物表层的化学结构和物理结构进行有目的的改性，主要有表面刻蚀、表面层交联、表面化学修饰、接枝聚合、表面涂层等几种。

等离子体聚合的优点如下：① 易获得无针孔的薄膜；② 可制得具有新颖结构与良好耐药品性、耐热性和力学性能的聚合物；③ 聚合膜可形成三维网状结构；④ 聚合工艺过程简单、清洁，合成工艺简单；⑤ 可对物体进行涂层处理。等离子体聚合的缺点：① 聚合机理复杂，难以确定机理和定量控制；② 聚合物膜的结构十分复杂；② 难得到再现性的结果；③ 很难做成厚度较大的膜。等离子体聚合与常规聚合方法相比具有如下特点：① 等离子体聚合不要求单体有不饱和单元，也不要求含有两个以上的特征官能团，在一般情况下不能进行的或难以进行的聚合反应，等离子体聚合体系容易实现且反应速度很快；② 生成的聚合物膜具有高密度网络结构，网络的大小和支化度在某种程度上可以控制，膜的机械强度、化学稳定性和热稳定性很好。

从目前发展看，新型聚合方法与技术手段还在不断涌现，且与新的聚合机理、聚合装置以及相关学科的结合也日益紧密。例如超临界 CO_2 流体、离子液体正作为绿色化学反应介质代替有机溶剂；用酶催化聚合，可以在更温和的条件下得到结构更规整的聚合物；反应加工则将聚合物的合成与成型加工结合在一起。

2.3　实验仪器

实施化学反应、配制溶液、纯化物质以及各种分析测试都是在玻璃仪器中进行的，此外还需要一些辅助设施，如金属器具和电学仪器等。

2.3.1　实验常用玻璃仪器

高分子化学实验室常用的玻璃仪器一般用钾玻璃制成，如图 2-3 所示，分为磨口玻璃仪器(图 2-3(1)～(24))和普通玻璃仪器(图 2-3(25)～(31))两类。标准磨口玻璃仪器分为外磨接口和内磨接口，烧瓶基本上是内磨接口，回流冷凝管的下端是外磨接口。常用标准磨口玻璃仪器的规格编号有 10#、12#、14#、16#、19#、24#、29#、34#等。常用的标准磨口玻璃仪器有两个数字，如 10/30，10 表示磨口大端的直径为 10 mm，30 表示磨口的高度为 30 mm。高分子化学实验多用三颈烧瓶和四颈烧瓶，容量大小根据反应体积决定，烧瓶的容量一般为反应液体积的 1.5～3 倍。为了方便接口大小不同的玻璃仪器之间的连接，还有多种接口可以选择。

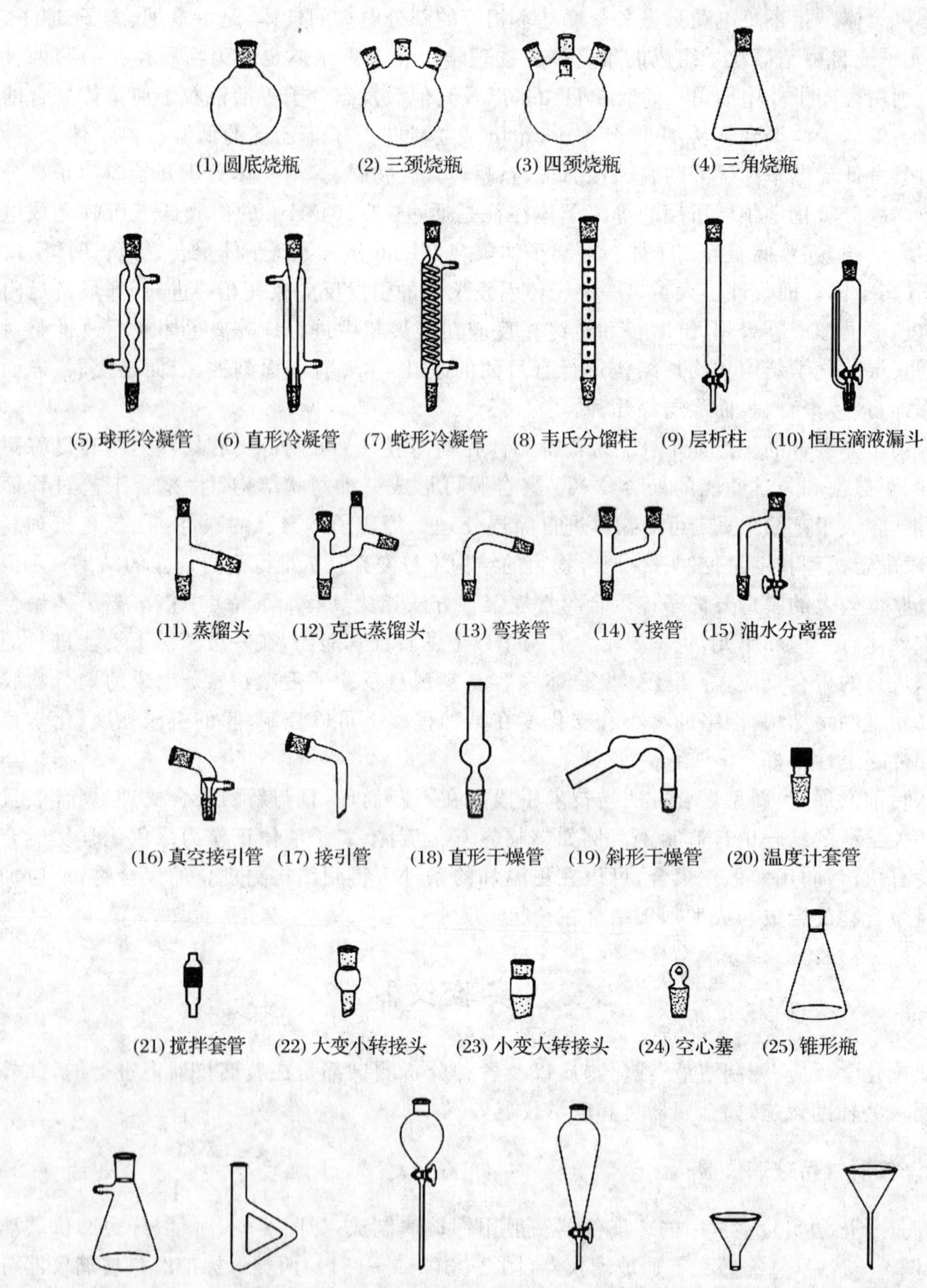

图 2-3 高分子化学实验常用玻璃仪器

2.3.2 玻璃仪器的洗涤、干燥和保养

与大多数无机和有机化学实验相比，玻璃仪器洁净与否及洁净程度直接影响到高分子合成实验的成败，故高分子合成实验对玻璃仪器的洁净程度有着更高的要求。玻璃仪器和化学器皿用后必须立即清洗，将洁净的玻璃器皿与仪器放在干燥器中备用，一些称量器具更要注意清洁。因此洗涤、清洁和干燥玻璃仪器是一项非常重要的工作。

1. 常用洗液

洗涤玻璃仪器和化学器皿时要根据沾污情况不同，选用不同的溶剂。碱性物质用稀的或浓的无机酸清洗；酸性物质用纯碱或苛性碱溶液清洗；有机物质常用乙醚、乙醇、丙酮、DMF 等有机溶剂洗液清洗；蒸馏以后的残渣最好溶解在初馏物中；反应后的树脂残渣可用 40%碱液加热洗去。常用的洗液如下：

(1) 合成洗涤剂或皂液

洗涤油污或有机物可用合成洗涤剂或皂液。通常先用水洗去尘土和水溶性污物；再用长柄毛刷或试管刷蘸上去污粉或洗涤剂(浓溶液)刷洗润湿的器壁，直至除去玻璃表面的污物为止；最后用自来水冲洗残留的洗涤剂，直至洗净为止。

(2) 铬酸洗液

铬酸洗液具有很强的氧化性，常用于洗涤口径小、细而长的、不宜用刷子刷洗的、沾有油污或有机物的、含有少量交联聚合物固体而不易清洗的玻璃仪器，如滴定管、移液管、容量瓶、膨胀计等。先倾去器皿内的水，缓慢加入洗液，旋转器皿，使洗液充分润湿沾有污物的器壁，几分钟后将洗液倒回洗液瓶中，先用自来水冲洗，再用蒸馏水清洗，然后干燥。如果洗涤后的玻璃器壁上仍沾有少量炭化残渣，需再加入少量洗液，浸泡一段时间，在小火上加热，直至冒出气泡，炭化残渣即可除去。注意若洗液颜色为绿色，说明洗液失效，不能再倒回洗液瓶中，应该弃去。

洗液的配制方法如下：方法一、称量 5 g 重铬酸钠或重铬酸钾置于 250 mL 烧杯中，加入 5 mL 水，然后缓慢加入 100 mL 浓硫酸，使溶液温度升温至 80℃，待其冷却后，贮存于带有磨口玻璃塞的在细口瓶内。方法二、将 100 mL 工业浓硫酸置于烧杯内，小心加热，一边搅拌，一边缓慢加入 5 g 重铬酸钾，待其完全溶解，再缓慢冷却后，贮存于磨口玻璃瓶内。

(3) 有机溶剂洗液

对于有机物质，常用的有机溶剂洗液有乙醚、乙醇、丙酮、DMF 等。当胶状或焦油状的有机污垢用上述洗液无法除去时，可选用有机溶剂浸泡，并加盖，避免有机溶剂挥发，且有机溶剂洗液应该回收重复利用。NaOH-乙醇是高分子合成实验玻璃仪器最有效的洗液(将工业酒精 10 kg 和工业烧碱 2 kg 放在塑料桶内搅拌均匀即可)，常用于聚合物合成、硅油浴烧瓶等器皿的洗涤。一般只需将脏玻璃仪器浸没于洗液中 12 h 左右(非常难洗的玻璃仪器常需浸泡 24 h 左右)，取出后用水冲洗即可。

2. 玻璃仪器的洗涤

(1) 新玻璃仪器的清洗

新购买的玻璃仪器表面常吸附有游离的碱性物质，先用 0.5%去污剂洗刷，再用自来水洗净；然后用 1%～2%盐酸溶液浸泡过夜(至少 4 h 以上)；最后用自来水冲洗，并在 100℃～120℃烘箱内烘干备用。

(2) 已用过的玻璃仪器的清洗

实验中已用过的玻璃仪器一般是先用水、洗衣粉刷洗。对于黏附在玻璃仪器上的残留沉淀物,可用洗刷玻璃用的特殊毛刷(浓酸、苛性碱等腐蚀性洗液不能用刷子)或采用超声波清洗器振荡清洗(浸泡在0.5%清洗剂中超声清洗,但比色皿不可超声清洗);最后用自来水彻底洗净残留的去污剂。洗涤玻璃器皿不能用沙子或去污粉,因为沙子或去污粉中含的细小坚硬颗粒,可能擦伤玻璃,特别是加热时将导致玻璃迅速龟裂。最好用无水纯碱代替去污粉。对于上述方法都无法处理的有机高分子化合物,可以用加热碳化的方法。

(3) 盛放过聚合物的玻璃仪器的清洗

盛放过聚合物的玻璃仪器常常比较难清洗,搁置过久会更加难洗,因此一定要养成仪器用毕及时清洗的良好习惯。仪器清洗时,首先要尽量除尽聚合物。一般是每次只加少量溶剂,非磨口仪器可用毛刷或去污粉擦洗。对于用一般酸碱难洗的残留物、容量瓶或膨胀计等污染面不易触及的玻璃仪器,用热硝酸或热洗液洗涤,效果会更好。切记必须安全操作,在通风橱中于水浴上加热盛有硝酸的仪器或者将装有洗液的仪器置于不锈钢盘或搪瓷盘中,一并放入烘箱内加热,最后用水反复冲洗干净。离子型聚合反应所使用的反应器要求更严格,清洗时应避免杂质的进入。

(4) 砂芯漏斗的清洗

砂芯漏斗使用完毕后应立即用水冲洗。滤板不太稠密的漏斗可用强烈的水流冲洗。把漏斗瓶颈与自来水龙头用橡皮管连接,然后放水。滤板较稠密的漏斗可借吸滤瓶在减压条件下,将水通过它进行冲洗。然后将滞留在小孔中的沉淀用适宜的溶剂洗净。

3. 玻璃仪器的干燥

高分子化学实验必须需要使用干燥的玻璃仪器,干燥方法主要有三种。

(1) 自然风干

自然风干是指将已洗净的玻璃仪器套在木板的斜木钉上或干燥架上,也可以将仪器倒立覆在几张滤纸上或带有排水沟的特制的桌子上,直接在空气中自然干燥几小时。自然风干是一种常用而简单的玻璃仪器干燥方法,但干燥速度较慢。

(2) 烘干

烘干是指将已洗净的玻璃仪器放入烘箱中干燥。应注意:一般要求玻璃仪器不带水珠,器皿口向上;带磨砂口玻璃塞的仪器,必须取出旋塞;带橡胶制品的玻璃仪器,橡胶制品在放入烘箱前必须提前取下;往烘箱中放置玻璃仪器,应该按照从上层到下层的顺序依次摆放。切记当烘箱已开始工作后,则不能往上层放置湿的玻璃仪器,以免水滴下落,导致下层热的玻璃器皿骤冷而破裂;烘箱内的温度保持100~120℃,烘干时间约0.5 h;待烘箱内的温度降至室温,方可取出玻璃仪器;切不可将烘得很热的玻璃仪器直接取出,以免骤冷,导致玻璃仪器破裂;从烘箱中取出仪器后,应该用干燥的空气流吹洗,避免冷却后水蒸气凝结在玻璃器皿上。

(3) 吹干

气流干燥器或电吹风吹入热的空气可将玻璃仪器快速干燥。为了加速干燥,玻璃仪器洗涤后先将水尽量沥干,用少量乙醇、乙醚或丙酮荡涤并倾出后,冷风吹干1~2 min,待大部分溶剂挥发后,再吹入热风直至完全干燥(有机溶剂易燃、易爆,故不能先用热风吹,且要远离明火)。吹干后,再吹冷风使仪器逐渐冷却。若任其自然冷却,有时会在器壁上凝结一层水汽。切记定量的玻璃仪器不能加热，常采取晾干或依次用少量酒精或乙醚刷洗后，再用温热的气流吹干。某些要特别干燥的实验装置，可以在装置调装好后，于高真空中加热除去玻璃仪器内壁吸附的水汽。

4. 玻璃仪器的维护保养

高分子化学实验玻璃仪器的种类多，只有掌握其性能、使用和保养方法，才能提高实验效率，避免不必要的损失。玻璃仪器的使用和保养应注意以下几点：

(1) 玻璃仪器应存放在洁净的环境中，注意防尘。

(2) 使用时应轻拿轻放，安装应松紧适度。

(3) 明火加热玻璃仪器(试管除外)时，要使用石棉网间接加热。

(4) 杜绝用高温加热不耐热的玻璃仪器，如吸滤瓶、普通漏斗、量筒等。

(5) 平底仪器(如平底烧瓶、锥形瓶)不耐压，不能用于减压体系。

(6) 广口容器(如烧杯)不能存放有机溶剂。

(7) 安装仪器时，磨口连接处不应受到歪斜的应力，以免仪器破裂。

(8) 一般使用时，磨口处无需涂润滑剂，以免污染反应物或产物。当减压蒸馏时，应在磨口处涂润滑剂(真空脂)，确保装置密封性好。

(9) 玻璃塞的使用及保养应注意：① 玻璃塞要轻开轻关，不能用力过猛；② 使用玻璃磨口塞时，应涂抹凡士林或真空脂，使仪器润滑、密封；③ 接触油类的玻璃塞用后，应立即擦洗干净，避免塞子被吸住；④ 如果油状物吸住玻璃塞，一般可用微火或电吹风缓慢加热(切勿用高温加热，避免仪器炸裂)，使油状物熔化后，再用木棒轻轻敲打塞子(要胆大细心)，使活塞打开；⑤ 如果玻璃塞长时间未用，尘土凝结在磨口塞上，要将磨口塞浸入水中几小时，切不可用力过猛，以免仪器破裂；⑥ 玻璃磨口塞内有灰尘和沙粒时，应先水冲洗，不能用力转动，以免损害磨口的紧密度；而且在擦洗时不能用去污粉，否则会导致磨口的紧密度受损，应该用清洁液冲洗；⑦ 玻璃塞洗净后，应在塞子和磨口连接处衬垫一张小纸条，防止磨口塞被吸住。

(10) 玻璃仪器使用完毕应及时拆洗，特别是标准磨口玻璃仪器放置时间太久，易粘连、难以拆开。遇到磨口塞或磨口部件发生粘连而不能拆卸时，可用下述方法处理修复：① 用小木块轻轻敲打磨口连接部位使之松动后，才可启开；② 将磨口竖立，向磨口缝隙间滴几滴甘油，若甘油能慢慢地渗入磨口，最终能使磨口松开；③ 将磨口玻璃仪器放入沸水中煮沸，使磨口连接部位松动；④ 带有磨口连接的密闭容器可用超声波清洗器浸渗处理。常用的浸渗液可以是有机溶剂(苯、乙酸乙酯、石油醚、煤油等)或稀薄的表面活性剂水溶液(如渗透剂琥珀酸二辛酯磺酸钠、水或稀盐酸)。

(11) 温度计使用时应注意：① 所测温度不能超过温度计的测量范围；② 温度计不能当搅拌棒使用；③ 不能把温度计长时间放在高温溶剂中，否则会导致水银球变形，读数不准；④ 温度计使用完毕，应慢慢冷却，特别是测量高温后，切不可立即用冷水冲洗，以免炸裂，尤其是水银球部位，应先冷却至室温，再用水冲洗并抹干，方可放回温度计盒内；⑤ 温度计水银球部位的玻璃很薄，易破损，万一温度计打碎后，水银球要用硫磺粉覆盖并汇集在一起处理，绝对不能把水银球冲到下水道中。

2.4 原料的分离和纯化

2.4.1 蒸馏

蒸馏是提纯化合物和分离混合物的一种十分重要的方法。高分子化学实验中经常使用蒸馏进行单体的精制、溶剂的纯化和干燥以及聚合物溶液的浓缩，根据待蒸馏物的沸点和实验需要，可使用不同的蒸馏方法。

1. 常压蒸馏

常压蒸馏就是在常压下将液态物质加热到沸腾变为蒸气，又将蒸气冷凝为液体这两个过程的联合操作，主要用于液体混合物中沸点相差较大的(30℃以上)不同组分的分离。当这种液体混合物进行蒸馏时，沸点较低者先蒸出，沸点较高者后蒸出，不挥发的组分留在蒸馏瓶内，从而实现分离和提纯的目的。常压蒸馏装置主要由烧瓶、蒸馏头、温度计、冷凝管、接尾管和接收器组成，如图 2-4 所示。切记整套蒸馏装置不可完全密闭，必须使接尾管支管与大气相通。

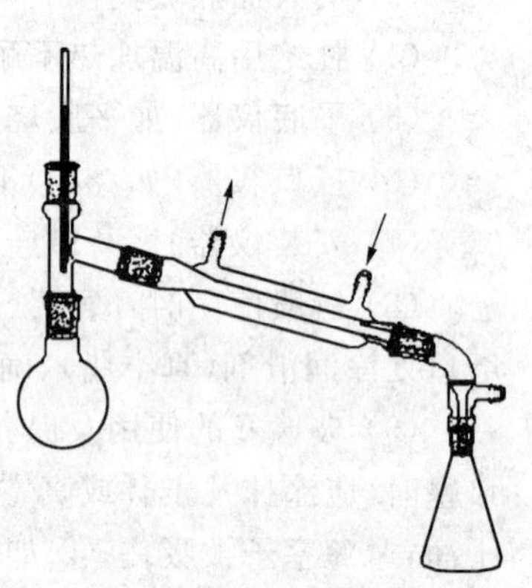

图 2-4 常压蒸馏装置

常压蒸馏过程应注意以下操作规程：

(1) 烧瓶的选择。要使被蒸馏液体占所选烧瓶容积的 1/3～2/3 为宜。

(2) 温度计位置。温度计水银球上边缘应与蒸馏头侧口的下边缘在同一水平线上。

(3) 冷凝部分。蒸馏沸点低于 140℃的有机液体时，用直形冷凝管，冷凝水应从冷凝管下口进入，上口流出，保证冷凝管夹层中充满水以及蒸气的逐步冷却。如果蒸馏液体沸点高于 140℃，宜采用空气冷凝管，以防水冷凝管破裂。

(4) 接收部分。接收瓶宜用锥形瓶或圆底烧瓶等细口仪器，不可用烧杯等广口仪器，减少挥发损失和着火的危险。如果蒸馏乙醚、丙酮、苯等挥发性大的液体，要用带有侧管的真空接引管，连上带有磨口的锥形瓶或圆底烧瓶，接引管侧管连一橡皮管通入水槽或室外。如果要求蒸馏系统必须严格无水，则应在支管后加置干燥管。当室温较高时，可将接收瓶放在冰水浴中冷却。

(5) 助沸物。为了防止液体暴沸，需要加 2～3 粒沸石，磁力搅拌也可以起到相同作用。如果蒸馏开始后，发现忘记加沸石了，应待被蒸馏液体稍微冷却之后再补加沸石，切记不能将沸石直接加入沸腾的液体中，以防暴沸。如果蒸馏过程中途中止，重新加热前应加入新沸石。因为原来沸石可能会因加热使细孔中的空气跑掉，冷却时又因吸附液体而失效。

(6) 加热。应先通冷凝水后再加热，要注意调节加热量，且蒸馏速度以控制馏出液的速度为(1～2)滴/s 为宜。

(7) 停止蒸馏。蒸馏结束后，应先停止加热，稍微冷却后，待馏出物不再继续流出时，取下接收瓶，妥善保存产物。

2. 简单分馏

如果要分离沸点相近的液体混合物，仅用一次蒸馏难以将各组分完全分离，必须要进行多次蒸馏才能获得较纯的组分，但这样既费时又造成液体损失较大。要获得良好的分离效果，通常采用分馏操作。利用分馏柱进行分馏的基本原理是利用气液平衡，使液体混合物在分馏柱中通过多次气-液平衡的热交换产生多次的汽化—冷凝—回流—汽化的过程，最终使沸点相近的两个组分得到较好的分离。分馏柱的作用就是使高沸点组分回流，低沸点组分得到蒸馏。常用的分馏装置与简单蒸馏装置相似，最大的区别就是在普通蒸馏装置中蒸馏头和烧瓶之间增加分馏柱，如图 2-5 所示。

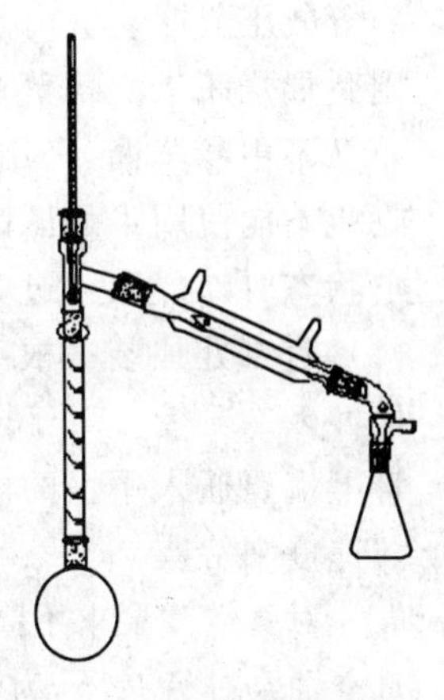
图 2-5　简单分馏装置

分馏的操作规程与简单蒸馏类似，不同之处如下：

(1) 分馏柱的选择相当重要，通常分馏柱越长或者分馏柱内装有可供气液接触的填料时，分馏效果越好。控制分馏柱适当回流比，防止液泛现象(回流液体在柱内聚集)的发生，否则，会减少液体和蒸气的接触面积或者使上升的蒸气将液体冲入冷凝管中，难以达到分馏效果。

(2) 所选热源的温度稳定性要求更高，最好是水浴或油浴。

(3) 装配实验装置时，烧瓶、分馏柱及温度计的轴线必须保证竖直。

(4) 分馏过程中，通常会在分馏柱外加一层保温材料，以减少分馏柱的热量损失。分馏要缓慢进行，分馏时蒸出液体的速率控制为 1 滴/(2～3)s，比简单蒸馏的速率要慢很多。

3. 减压蒸馏

在高分子化学实验中，常用的乙烯基单体沸点比较高，如苯乙烯的沸点为 145℃、甲基丙烯酸甲酯的沸点为 100.5℃、丙烯酸丁酯的沸点为 145℃，这些单体在较高温度下容易发生热聚合，因此不宜进行常压蒸馏。高沸点溶剂的常压蒸馏也很困难，降低压力会使溶剂的沸点下降，可以在较低的温度下得到溶剂的馏分。在缩聚反应过程中，为了提高反应程度、加快反应速度，需要将反应产生的小分子产物从反应体系中脱除，而且为了避免聚合物因高温下长时间受热被氧化、发黄，甚至分解，通常采用减压后再脱除小分子的方法。减压蒸馏特别适用于沸点较高或在常压蒸馏时未达沸点即已受热分解、氧化或聚合的液体的分离提纯。被蒸馏化合物的沸点不同，对减压蒸馏的真空度要求也不同。实际操作中可按需要配置不同的真空设备，例如较低真空度(1～100 kPa)可使用水泵，较高真空度(小于 1 kPa)必须使用油泵。

(1) 减压蒸馏装置

常用的减压蒸馏装置分为蒸馏、保护及测压、减压(抽气)三大部分，如图 2-6 所示。

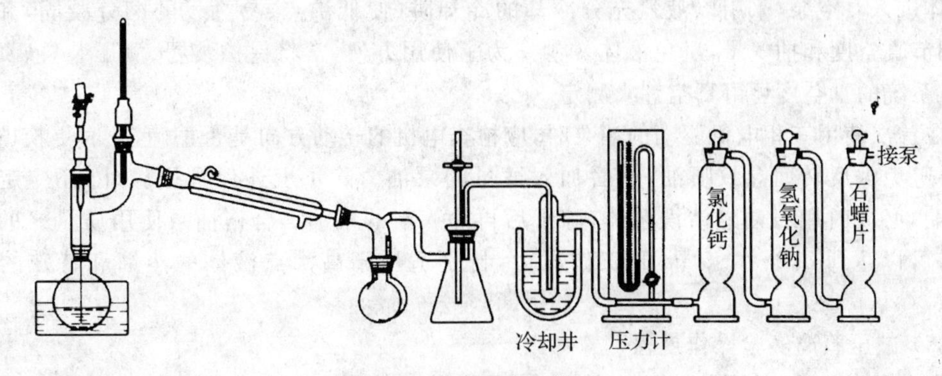

图 2-6　减压蒸馏装置

减压蒸馏装置由热源、圆底烧瓶(每次蒸馏量为蒸馏瓶容积的1/3～1/2,量少时可选用梨形烧瓶)、克氏蒸馏头、减压毛细管、温度计、冷凝管、真空接引管(若要收集不同馏分而又不中断蒸馏,采用三叉燕尾管)以及接收瓶等组成。减压蒸馏装置中的蒸馏烧瓶和接收瓶不能使用不耐压的锥形瓶等平底仪器和薄壁或有破损的仪器,以防止装置内处于真空状态时外部压力过大而引起的爆炸。而且圆底烧瓶上连接克氏蒸馏头(双颈,两个瓶口),直口处加装一根毛细管插入液面以下鼓泡,提供沸腾的汽化中心,防止液体暴沸时直接冲入冷凝管。对于阴离子聚合等使用的单体蒸馏时,要求绝对无水,因此要在减压毛细管上端要通入干燥的高纯氮气或氩气,或者不使用鼓泡装置,改用磁力搅拌并提高磁力搅拌速度来解决。

对真空度要求不高的情况下,可使用循环水真空泵抽真空;对真空度要求较高时,要用真空油泵进行减压,为了防止易挥发的有机溶剂、酸性物质或水汽进入油泵,在真空泵和蒸馏系统之间要顺次安装安全瓶、冷却阱、水银压力计和几个吸收塔,防止低沸点物质和腐蚀性气体进入真空泵,污染油泵用油、腐蚀机件、降低真空度。吸收塔通常有三个,第一个装无水氯化钙(或硅胶)吸收水汽,第二个装粒状氢氧化钠吸收酸性气体,第三个装石蜡片(或活性炭)吸收烃类气体。如果蒸馏物质中含有较多的挥发性物质,一般先用水泵减压蒸馏,然后改用油泵减压蒸馏,以减轻吸收塔的工作负荷。

真空泵是减压蒸馏的核心部分,应根据待蒸馏化合物的沸点选用适当的真空泵。循环式真空水泵结构简单、使用方便、维护容易,一般可获得1～2 kPa的真空度。由于水的蒸气压为水泵所能达到的最低压力,故实际的真空度与水泵的水温也有关,因此使用循环水泵保持水温较低时,可获得相应较高的真空度。苯乙烯、甲基丙烯酸甲酯、丙烯酸、丙烯酸丁酯等烯类单体的减压蒸馏可以使用循环式水泵。循环式水泵与真空装置之间最好安装安全瓶,必要时要装加干燥塔,防止因操作失误导致馏分抽到水泵中。为了维持良好的工作状态和延长使用寿命,循环式水泵每次使用完毕,最好能够及时更换水箱中的水。

真空油泵是一种比较精密的设备,其工作介质是特制的高沸点、低挥发的泵油,其效能取决于油泵的机械结构和泵油的质量。固体杂质和腐蚀性气体进入泵体都可能损伤泵的内部、降低真空泵内部构件的密合性;低沸点的液体与真空泵油混合后,会造成工作介质的蒸气压升高,降低真空泵的最高真空度。因此,要使油泵减压能够达到较高的真空度,首先要确保系统所有连接处的气密性;其次真空油泵使用时需要净化干燥吸收塔等保护装置,目的是除去可能进入泵中的低沸点溶剂、酸碱腐蚀性气体和固体微粒。为了更有效地防止腐蚀性气体进入真空泵,采用以液氮充分冷却的冷却阱(使低沸点、易挥发的馏分凝固)和安全瓶,调节真空度和抽气量,避免液体暴沸。为了使用方便,常将保护装置、测压装置、真空泵固定,系统的真空度可由真空计来测定。

在首次使用三相电机驱动的油泵时,应检查电机的转动方向是否正确,及时更换电线的相位,避免因反转而导致喷油,然后加入适量的泵油。除了上述保护措施外,还应定期更换泵油,必要时用石油醚清洗泵体,晾干后再加入新的泵油。合格油泵使用质量好的真空泵油,可以达到0.2～0.5 Pa的工作压力,特别适用于高沸点液体的蒸馏和特殊的聚合反应。

(2) 减压蒸馏实验操作规程

先启动真空油泵,调节三通活塞使系统逐渐与空气隔绝;继续调节活塞,使蒸馏系统与真空泵缓缓相通，调节毛细管进气量使其可以平稳地产生小气泡。最好使用带有活塞的封闭式水银压力计，测压时打开活塞，测压完毕关上活塞。当系统达到适宜的真空度时，才能开始加热，开始时加热量可略大，当蒸馏瓶瓶壁上出现回流迹象时立即减小加热量，防止暴沸。控制温度使馏分馏出速度为(1～2)滴/s 为宜。蒸馏完毕，应先移去热源，待液体冷却后，无馏分流出时，缓缓松开毛细管上螺旋夹，再缓慢调节安全瓶上三通活塞解除真空，使体系与大气相通。这一操作应特别小心，一定要慢慢地旋开活塞，使压力计中的水银柱缓缓地回复到原状。如果引入空气太快，水银柱上升迅速，可能产生冲破压力计玻璃管的危险。待内外压力平衡后，方可关闭真空泵及压力计的活塞，使水银柱恢复原状，拆除蒸馏装置。要获得无水的蒸馏物，仍需注意用干燥惰性气体由毛细管通入体系，直至恢复常压，并在干燥惰性气流下撤离接收瓶，迅速密封。

高分子化学实验常常需要使用大量的有机溶剂，而浓缩溶液或回收溶剂不仅繁琐耗时，而且长时间加热可能会造成化合物的分解，可以使用旋转蒸发仪进行减压蒸馏，回收或浓缩溶剂，从而提高工作效率。旋转蒸发仪的使用见第二章 2.10 聚合物的分离与纯化。

4. 水蒸气蒸馏

水蒸气蒸馏是分离提纯有机化合物的常用方法之一。能够用水蒸气蒸馏提纯的有机化合物必须具备以下条件：① 被提纯物难溶于水；② 共沸情况下与水不发生反应；③ 在 100℃ 左右有一定的蒸气压(一般不小于 1.33 kPa)。与常压蒸馏相比，水蒸气蒸馏需要一个水蒸气发生装置，并以水蒸气作为热源，被蒸馏物与水蒸气形成共沸气体，并经冷凝、静置分层后得到被蒸馏物。水蒸气蒸馏的优势在于当被分离的产物中存在大量黏度较大的脂状或焦油状物时，其分离效果比简单蒸馏或重结晶要好。在聚合物裂解和提纯中，符合上述条件并具有一定黏度的聚合物可以使用水蒸气蒸馏进行提纯。

(1) 水蒸气蒸馏装置

实验室最常用的水蒸气蒸馏属于外蒸气法，即利用从水蒸气管道中引来的外部水蒸气，使其通入盛有化合物的烧瓶内。水蒸气蒸馏装置如图 2-7 所示，主要包括水蒸气发生器、蒸馏部分(长颈圆底烧瓶或三颈瓶)、冷凝和接受部分。与简单蒸馏装置的不同之处在于增加了水蒸气发生器，通过蒸气导入管使蒸馏部分与水蒸气发生器相连。水蒸气发生器与蒸馏部分之间的导管应尽可能短，以减少水蒸气的冷凝。T 形管摆放呈水平方向，T 形管前蒸气导管的高度高于 T 形管后蒸气导管的高度，避免蒸气冷凝液在管中集聚、堵塞。蒸气导入管要正对烧瓶底中央，距瓶底约 3～5 mm，以保证水蒸气与被提纯物能够充分接触。

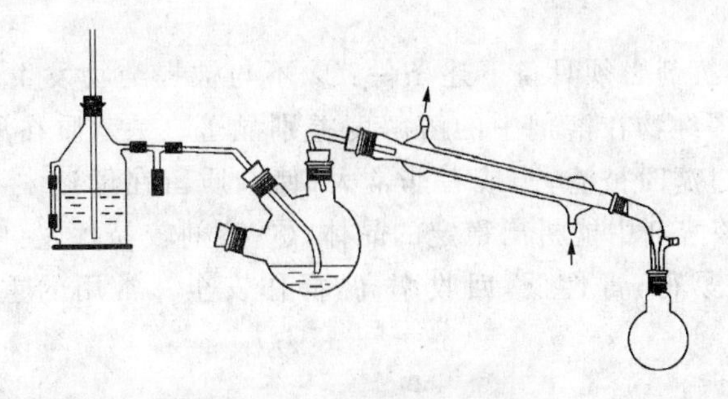

图 2-7　水蒸气蒸馏装置

(2) 水蒸气蒸馏实验操作规程

水蒸气发生器中的水量约占其容积的2/3～3/4,加入数粒沸石,选择功率较大的电炉加热。将待分离的混合物置于蒸馏烧瓶中(不超过烧瓶容量的1/3)。为了提高蒸馏速度,防止蒸馏烧瓶内水蒸气冷凝液不断增多,蒸馏烧瓶下方常需要进行辅助加热。松开T形管上的螺旋夹,加热水蒸气发生器,当有水蒸气从T形管的支管冒出时,开启冷凝水,再旋紧螺旋夹,让水蒸气通入蒸馏烧瓶中,进行水蒸气蒸馏。控制加热速度,使馏出液的速度为(2～3)滴/s。此时要注意调节水蒸气发生器的加热量不要太大,避免通入蒸馏烧瓶的水蒸气过多而使被蒸馏的混合物冲入冷凝管中。如果随着水蒸气被蒸出的物质室温下是固体,容易在冷凝管析出,应考虑使用空气作为冷却介质。如果已经析出固体并将冷凝管堵塞时,则需打开通气螺旋夹,用热吹风机将固体熔化流出后,再关闭通气螺旋夹,继续水蒸气蒸馏。水蒸气蒸馏中途需要中断或结束时,首先要打开通气螺旋夹,然后再停止加热,以免蒸馏烧瓶中的液体倒吸入水蒸气发生器。待馏出液变得清澈透明,没有油滴时,才可停止蒸馏。注意必须先旋开螺旋夹,使系统与大气相通,然后移开热源,避免发生倒吸现象。稍冷后关闭冷却水,取下接收瓶,拆卸装置,清洗与干燥玻璃仪器。

如果被蒸出的是固体产物可用抽滤回收,如果被蒸出的是液体产物可用分液漏斗分离回收,经进一步精制后,获得纯品。

2.4.2 重结晶

重结晶是提纯固体化合物最常用的方法之一,在高分子化学实验中,固体反应物和催化剂、引发剂等都要用重结晶方法进行提纯。固体有机化合物在溶剂中的溶解度和温度之间关系密切,一般溶解度随着温度升高而增大。若把固体粗产物溶解在热的溶剂中,使之饱和,冷却时,因溶解度降低,溶液变成过饱和,析出晶体。利用溶剂对被提纯物质及杂质的溶解度不同,通过加热溶解再冷却结晶,将杂质除去(溶解度很小的杂质在热过滤时除去,溶解度很大的杂质在冷却后留在母液中),从而实现固体物质的分离纯化。上述整个操作过程就是重结晶。重结晶一般仅适用于纯化杂质含量在5%以下的固体有机化合物。杂质含量较多时,可能会影响结晶生成的速度,甚至妨碍晶体的形成,有时会变成油状物,难以析出结晶,或者经过重结晶后得到的固体有机化合物仍有杂质,则需经过多步结晶才能提纯。这时可以用萃取、水蒸气蒸馏、减压蒸馏等方法处理,然后再用重结晶提纯。

提纯固体有机化合物的重结晶操作主要包括以下几个步骤。

1. 选择溶剂

重结晶所选择的溶剂必须具备下述条件:① 不与被提纯物发生化学反应;② 较高温度和较低温度下,被提纯物在溶剂中的溶解度差别显著;③ 杂质在所选溶剂中的溶解度非常小(使杂质在热过滤时被滤去)或者非常大(使杂质留在母液中不随被提纯物一同析出);④ 被提纯物在该溶剂中能析出稳定的晶体;⑤ 溶剂较易挥发,吸附在结晶表面上的溶剂易除去;⑥ 价廉易得,毒性低,回收率高,操作安全。常用的重结晶溶剂如表2-7所示。

表 2-7　重结晶常用的溶剂

溶剂名称	沸点/℃	密度/(g/cm^3)	与水混溶性*	易燃性**
水	100.0	1.00	+	0
甲醇	64.9	0.792	+	+
乙醇	78.0	0.804	+	++
冰醋酸	117.9	1.049	+	+
丙酮	56.2	0.791	+	+++
乙醚	34.5	0.714	－	++++
石油醚	60～90	0.640～0.650	－	++++
乙酸乙酯	77.1	0.901	－	++
二氯甲烷	40.0	1.325	－	0
三氯甲烷	61.7	1.480	－	0
四氯化碳	76.5	1.594	－	0
甲苯	111.0	0.867	－	++
四氢呋喃	64～66	0.887	+	+++
N,N-二甲基甲酰胺	153	0.950	+	+
二甲基亚砜	189	1.101	+	+

(*——+,－表示与水混溶性；**——+的多少表示易燃性程度的高低,0表示不易燃)

选择溶剂要根据“相似相溶”的原则,即溶质一般易溶于结构与其近似的溶剂中,极性物质较易溶于极性溶剂中,非极性物质较易溶于非极性溶剂中。溶剂及其用量可根据化学手册或文献资料中有关该化合物的溶解度参数来确定。没有文献资料的,溶剂及其用量则要通过实验方法决定。

单一溶剂的选择:取若干小试管,分别放入研细的待重结晶物质(约 0.1 g),分别加入 1 mL不同种类的溶剂,加热沸腾,至完全溶解,冷却后能析出最多量晶体的溶剂,认为是最合适的。有时在 1 mL 溶剂中尚不能完全溶解,可用滴管逐渐增加溶剂,每次 0.5 mL,并加热至沸腾。如果在 3 mL 热溶剂中仍不能全溶,认为此溶剂不合适。如果固体在热溶剂中能溶解,而冷却后无晶体析出,可用玻璃棒在试管中液面下刮擦,以及在冰水中冷却,若仍无晶体产生,说明该物质在此溶剂中的溶解度过大,则此溶剂也不适用。

如果某种物质在一些溶剂中的溶解度太大,而在另一些溶剂中的溶解度太小,选择不到合适的单一溶剂时,要选择混合溶剂。混合溶剂通常是由两种互溶的溶剂组成,其中一种对被提纯物的溶解度很大(称为良溶剂),而另一种对被提纯物的溶解度很小(称为不良溶剂)。常用的混合溶剂有水-乙醇、水-丙酮、水-乙酸、甲醇-水、甲醇-乙醚、甲醇-二氯乙烷、石油醚-苯、石油醚-丙酮、氯仿-石油醚、乙醚-丙酮、氯仿-乙醇、苯-无水乙醇。混合溶剂的选择及溶解度的测定方法与单一溶剂基本相同,在溶解步骤中可将被提纯物质直接溶于混合溶剂中,或者将被提纯物先溶于一定温度的良溶剂中,如有杂质可趁热滤去,若有色则加活性炭煮沸脱色后趁热过滤。再将不良溶剂缓慢加入此热溶液中,直至滤液出现混浊为止,加热混浊不再消失时;继续加入几滴良溶剂,使其恰好透明,然后将此混合物冷至室温,使晶体自溶液中析出。如果重结晶量大时,可先按上述方法,找出良溶剂和不良溶剂的比例,再将两种溶剂先混合好，按一般方法进行重结晶。

2. 溶解过程

温度的控制直接关系到被提纯物质在溶剂中的溶解度，尤其是聚合所用的热引发剂必须在低于 50℃的条件下进行溶解。若温度控制稍高，就会导致引发剂受热分解而失效。因此，溶解过程要特别注意温度的控制、溶解情况和饱和溶液的判断。如果在一定温度的溶剂中加入被提纯物质，不能完全溶解，可能是因为有的化合物溶解速度较慢，应搅拌一段时间再观察。此时要特别注意判断是否有不溶性杂质存在，既要避免加入过多的溶剂，又要防止因溶剂量不够，错把待重结晶的物质当成不溶性杂质。热过滤时，溶剂也会挥发一部分，而且溶剂的温度略有降低，因溶解度减少而使结晶析出，导致产品损失，因此溶解操作时溶剂量可比实际饱和溶剂量多 5%～10%。

3. 脱色及热过滤

当溶液中含有色杂质时要用活性炭脱色，其用量一般为干燥粗产品质量的 1%～5%，活性炭除吸附杂质外，也会吸附产品，因此活性炭加入量不能过多。注意活性炭不能加到已沸腾的溶液中，避免液体暴沸，甚至冲出容器。应该待溶液稍冷却后，才可加入活性炭，然后煮沸 5～10 min，再趁热过滤，除去活性炭。为了避免在过滤时溶液冷却、结晶析出，过滤操作必须尽可能地迅速完成，同时要设法保持被滤液体的温度，避免降温，可将漏斗事先在烘箱中烘热或用电吹风吹热。特别注意若被提纯物有上限温度要求时，不能把漏斗加热到温度太高，或也可以使用过滤专用的漏斗。

4. 冷却、结晶

热溶液冷却方式有两种：一种是快速冷却，将盛有滤液的锥形瓶置于冷水浴中快速冷却并剧烈搅动，可得到颗粒很小的晶体。虽然小晶体包含杂质较少，但其表面积大，吸附在表面的杂质较多。另一种是自然冷却。滤液依次在室温下、更低的温度下（如冷藏箱中）静置，使其缓缓冷却，析出的晶体大而均匀。大的晶体虽然内部含杂质较多一点，但晶体大、表面积小、吸附杂质少，容易用新鲜溶剂洗涤除去。

5. 抽滤、洗涤与干燥

结晶一段时间，如果观察没有更多的结晶析出时，把晶体从母液中分离出来，一般采用布氏漏斗和吸滤瓶进行抽滤（减压过滤），得到提纯物。晶体表面吸附的母液会玷污晶体，可用少量新鲜溶剂进行洗涤，减少溶解损失，一般重复洗涤 1～2 次即可。抽滤后的母液不可随意丢弃，若母液中不含大量溶质，可经蒸馏回收。如果母液中溶质较多，可以留存到下次重结晶时使用，以免浪费晶体。经提纯后晶体可采用多种方法进行干燥，但特别注意晶体的耐受温度。例如引发剂晶体的干燥必须在其热分解温度以下，若溶剂是乙醇，可先在室温下晾干，再于真空烘箱中常温干燥。

2.4.3 萃取和洗涤

在高分子化学实验的提纯方法中，萃取和洗涤也是很重要的精制手段。萃取和洗涤的操作是相同的，二者的区别在于萃取是从固体或液体混合物中提取所需要的物质；洗涤是用来洗去某一试剂或混合物中的少量杂质。在此，主要介绍在提纯反应物时所使用的方法。

当无法购买到满足要求的高纯度试剂或聚合反应所用的单体本身需要通过有机合成反应自制时，就需要用到萃取方法。萃取是利用物质在两种不互溶的溶剂中溶解度或分配比的不同而达到分离和提纯目的一种操作。液-液萃取用分液漏斗，其装置如图2－8所示。萃取选择的溶剂对被萃取物质的溶解度要大，溶剂在萃取后易于与该物质分离，且要尽量使用低沸点的溶剂。萃取方法用得最多的是从水溶液中萃取有机物，实际操作中常用的有机溶剂有乙醚、乙酸乙酯、二氯甲烷、氯仿、四氯化碳、苯、石油醚等。

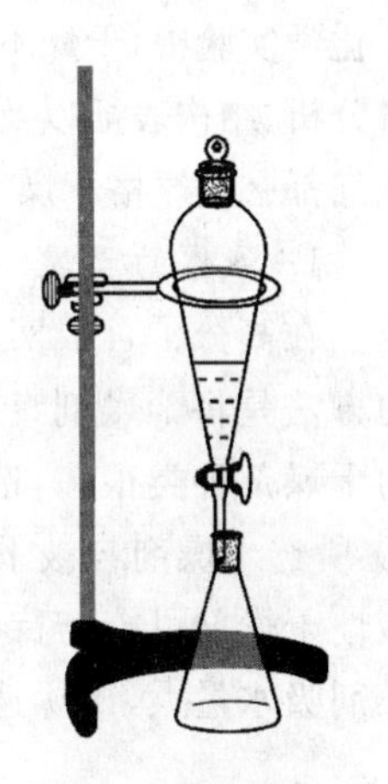

图2－8　液-液萃取（分液漏斗）

利用萃取剂与被萃取物之间发生化学反应，也可达到分离目的。在高分子化学实验中，一些带有多官能团的单体纯化时，主要是除去产品出厂时添加的阻聚剂，例如含有两个双键的交联剂。若采用蒸馏方法进行提纯，通常会因为长时间加热而聚合，得到的馏分很少。这时采用洗涤的方法除去其中的阻聚剂是非常有效的。利用碱液可与阻聚剂反应生成盐的性质，将5倍以上的碱液与待纯化的单体相混合，充分洗涤，静置分离，再用蒸馏水洗至中性，分离除水并加入干燥剂干燥，即可达到提纯的目的。

在萃取和洗涤时，特别是溶液呈碱性时，常常会产生乳化现象；有时由于溶剂互溶或两液相密度相差较小，使两液相很难明显分开；萃取过程中，有时会在界面附近产生一些絮状轻质沉淀，给分离造成困难。为了解决这些问题，可采用如下方法：① 长时间静置；② 加入少量电解质，增加水相密度或改变液体的表面张力；③ 有时可加入第三种溶剂；④ 将两液相一起过滤。

固体混合物中萃取所需的物质，需要长期浸泡后，采用过滤萃取方法。如果被提取的物质特别容易溶解，可以把研细的固体混合物放在有滤纸的玻璃漏斗中，用溶剂洗涤。如果萃取物质的溶解度很小，采用洗涤方法要消耗大量溶剂并需要很长时间，特别是聚合物的提纯，一般要采用效率较高的索式提取器来萃取，如图2－9所示。将被萃取的固体聚合物用滤纸包裹结实，置于抽提器中，可以同时提取几个样品，但要注意所放样品包的滤纸筒上端应低于虹吸管的最高处，使所有样品能有较好的提取效果。在圆底烧瓶中加入适当溶剂和沸石，溶剂最小量大于等于抽提器容积的1.5倍。加热使溶剂沸腾，溶剂蒸气沿着蒸气侧管上升至抽提器中，并经冷凝管冷却凝聚。液态溶剂在提取器中汇集，润湿聚合物并溶解其中的可溶性组分。当抽提器中的溶剂液面升高至虹吸管最高点时，所有液体从抽提器虹吸到烧瓶中，再次开始新一轮的溶解、提取过程。保持一定的溶剂沸腾速度，使抽提器大约每15 min被充满一次，聚合物多次被新蒸馏的溶剂浸泡，经过一定时间后，聚合物中可溶性杂质能完全被抽提到烧瓶中，在抽提器中只留下纯净的不溶性聚合物，可溶性组分残留在溶剂中。与溶解沉淀法相比，抽提法循环利用溶剂，不仅节省了溶剂，而且能得到纯化的聚合物。

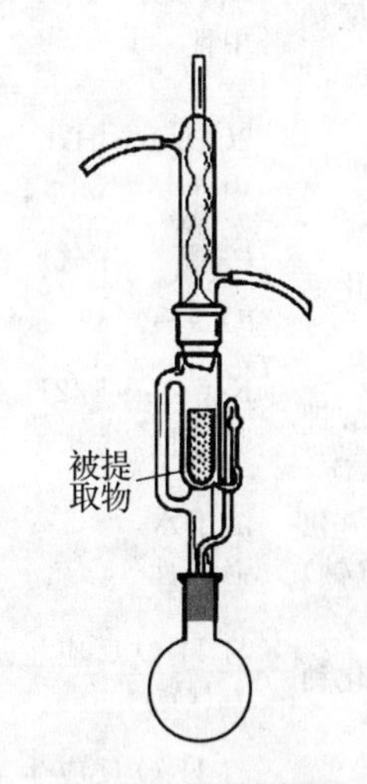

图2－9　固-液萃取（索氏提取器）

2.4.4　试剂的除水干燥

干燥是指除去附在固体或混杂在液体或气体中的少量水分，以及除去少量溶剂。在高分子化学实验中，干燥不仅是试剂在聚合反应之前的精制手段，而且也是聚合物制备、定性或定量分析、结构表征以及性能测试工作中的重要操作。尤其是离子型聚合中，所有反应体系中的试剂都必须严格干燥。干燥技术的优劣直接关系到实验质量的好坏以及实验的成败。

1. 液体的干燥

在高分子合成实验中，聚合反应之前，常需要除掉溶剂和聚合单体夹杂的水分，最常用的方法是将干燥剂直接加入液体有机化合物中，用以除去水分或其他有机溶剂。液体常用的干燥剂种类很多，选择干燥剂时，必须注意以下几点：① 干燥剂不溶于被干燥的液体中。② 所选干燥剂与被干燥液体不能发生化学反应或存在催化作用。特别注意酸性干燥剂或碱性干燥剂可能与待干燥试剂之间发生化学反应；氯化钙可与醇、酚、胺生成络合物。③ 干燥剂吸水量大、干燥速度快。④ 价格便宜。常用干燥剂的性能及应用范围如表 2-8 所示。

表 2-8 常用干燥剂的性能与应用

干燥剂	吸水作用	吸水容量	干燥速度	干燥效能	适用范围	禁用范围
硫酸镁	$MgSO_4 \cdot nH_2O$ $n=1,2,4,5,6,7$	1.05 按 n 为 7 计算	迅速	较弱	适用范围广，可干燥酯、醛、酮、腈、酰胺等不能用 $CaCl_2$ 干燥的化合物	
硫酸钠	$Na_2SO_4 \cdot 10H_2O$ 中性	1.25	缓慢	弱	有机液体的初步干燥，还需用效能高的干燥剂进一步干燥	
硫酸钙	$2CaSO_4 \cdot H_2O$ 中性	0.06	快	强	常用于硫酸钠(镁)干燥后，二次干燥除去微量水	
氯化钙	$CaCl_2 \cdot nH_2O$ $n=1,2,4,6$	0.97 按 n 为 6 计算	较快	中等	烃、卤代烃、醚、腈及中性气体等	醇、酚、胺、酰胺及某些醛、酮、酸等
碳酸钾	$K_2CO_3 \cdot 1/2H_2O$ 弱碱性	0.2	慢	较弱	醇、酮、酯、胺、腈、生物碱及杂环等碱性化合物	酸、酚及其他酸性物质
氢氧化钾(钠)	溶于水 强碱性	—	快速	中等	有机碱的初步干燥、气态胺和氨气的干燥	醇、酚、酯、醛、酮、酸、硫醇等
氧化钙	与 H_2O 反应生成 $Ca(OH)_2$	—	较快	强	中性和碱性气体、胺、醇、醚	醛、酮及酸性物质
P_2O_5	与 H_2O 反应生成 H_3PO_4	—	快	强	中性和酸性气体，以及烃、卤代烃及腈中痕量水	碱性物质、醇、胺、酮
浓硫酸			快	强	饱和烃、芳烃、卤代烃、中性和酸性气体	不饱和化合物、醇、酚、酮、碱性物质
金属钠		—	快	强	限于干燥醚、叔胺、烃类化合物中痕量水分，用时处理成钠珠或钠丝	
分子筛	多孔性结构的硅铝酸盐	约 0.25	快	强	适用于获得无水的溶剂或液体，吸水后的分子筛可在 350℃ 下活化后重新使用	不饱和烃

注意被干燥的液体中是否有明显的水分存在,若有,要尽可能地分离干净。根据上述条件,将适宜的干燥剂和被干燥液体一起置于干燥的锥形瓶内,用塞子塞紧(用金属钠作干燥剂时则例外,此时塞子中应插入一个无水氯化钙管,使氢气放空而水气不致进入)、振荡,静置 20～30 min,吸去水分,再将液体和干燥剂分离。一般 100 mL 有机试剂的干燥剂用量通常约为 1～10 g。如果干燥剂用量过多,会因吸附作用造成被干燥液体的损失;如果干燥剂用量太少,又达不到脱水的目的。干燥剂的颗粒既不宜过大也不能是粉状。若颗粒太大,表面积小,吸水量较小;若颗粒太小,呈粉状,吸水后易呈糊状,分离困难。干燥前,液体呈浑浊状,经干燥后变成澄清,且干燥剂无明显吸水现象(干燥剂不粘壁,无水氯化钙保持粒状,无水硫酸铜不呈蓝色,五氧化二磷不结块),可简单地作为水分基本除去的标志。

2. 固体的干燥

重结晶得到的固体常常含有水分或有机溶剂,应根据化合物的性质选择适当的干燥方法。常用的固体有机物干燥方法如下。

(1) 空气干燥(晾干)

对于不易吸湿的固态化合物,要除去其表面的溶剂,可采用自然晾干。用挥发性溶剂(如丙酮等)重结晶的固体,在室温下空气干燥就能获得较好的效果。其方法是将固体化合物薄薄地摊开,放在纸片上,用另一张纸片覆盖在上面,在空气中慢慢晾干。或者通过布氏漏斗减压抽滤以加速固体的干燥。

(2) 加热干燥

若固体化合物热稳定性好且熔点较高,可将其置于电热真空干燥箱(烘箱)内或红外灯照射下干燥。

(3) 干燥器干燥

对于易吸潮或在较高温度下干燥时会发生分解的固体聚合物可用干燥器干燥。干燥器有普通干燥器和真空干燥器两种。对于易分解、易吸湿或有刺激性气味的固体物质,需在真空干燥器中干燥。干燥样品时,根据样品中要除去的溶剂选择适宜的干燥剂,放在干燥器的底部。如果要除去水可选用五氧化二磷;如果要除去水或酸可选用生石灰;如果要除去水和醇可选用无水氯化钙;如果要除去乙醚、氯仿、四氯化碳、苯等可选用石蜡片。使用真空干燥器前必须试压,试压时用网罩或防爆布盖住干燥器,然后抽真空,关上旋塞放置过夜。解除真空时,开动旋塞放入空气的速度必须缓慢,以免吹散被干燥的物质。对于少量分析样品的干燥,尤其是除去结晶水或结晶醇,可以使用真空恒温干燥器(干燥枪)。使用时,将装有样品的小舟放入夹层内,连接盛有五氧化二磷干燥剂的曲颈瓶,开启旋塞,用水泵抽气。当抽到一定真空度时,关闭旋塞,停止抽气。

(4) 微波加热干燥

将盛有固体聚合物的烧杯置于中温微波炉中,启动开关,加热几分钟后,让其自然冷却或放入干燥器中冷却。

(5) 冷冻干燥

冷冻干燥的基本原理是在一定压力下,随着温度降低,水的蒸气压也降低,冰升华成水气而被除去。冷冻干燥适用于有生物活性的样品、受热时不稳定的物质,以及需要固定、保留某种结构形态的样品。具体方法是将待干燥的物质置于培养皿内,厚度近 1 cm,在低温或普通冰箱内冻成固体状态，然后放入真空干燥器内，干燥器内放有固体 NaOH、五氧化二磷。为了提高冷冻效果，干燥器外壁用冰盐浴保护，避免材料熔化产生泡沫而造成损失。干燥后应及时清理冷冻干燥机，避免溶剂的腐蚀。

3. 气体的净化干燥与吸收

实验室中制得的气体或来自钢瓶的压缩气体常含有若干杂质，因此，常用洗涤瓶或洗涤塔使气体通过适宜的液体或固体试剂层进行净化与干燥。

(1) 气体的净化

通用的洗涤瓶如图 2-10 所示。洗涤瓶的导入管与某种气体的来源连接并浸在洗液中，导出管与需要接受气体的仪器连接。待气体洗涤完毕，宜采用孔密的板片，在压力不大时，能够使气体很好的分散在液体中，增大两相的接触面积。一般根据气体的性质及杂质种类来选择吸收剂和干燥剂，见表 2-9。

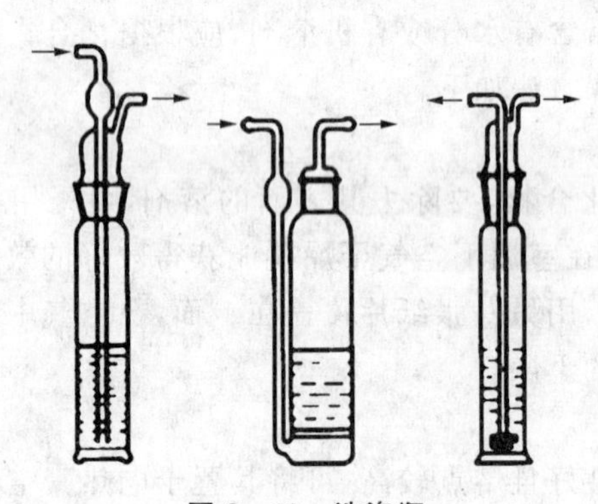

图 2-10　洗涤瓶

表 2-9　常用的气体吸收剂和干燥剂

气体	杂质吸收剂	干燥剂
O_2	—	浓 H_2SO_4、P_2O_5
H_2	$KMnO_4$ 或 KOH 饱和溶液	浓 H_2SO_4
N_2	邻苯三酚或氯化亚铜的碱性溶液	浓 H_2SO_4
CO_2	水	浓 H_2SO_4
CO	33%NaOH 溶液	浓 H_2SO_4 或 $CaCl_2$
Cl_2	$KMnO_4$ 饱和溶液	浓 H_2SO_4 或 $CaCl_2$
HCl	—	浓 H_2SO_4
H_2S	水	
NH_3	—	碱石灰或 CaO
SO_2	水	浓 H_2SO_4

(2) 气体的干燥

高分子实验中由储气钢瓶中导出的气体在参加反应之前往往需要干燥。气体的干燥主要有以下几种方式：① 在反应体系需要防止湿空气时，常在反应器连通大气的出口处装接干燥管，管内盛氯化钙或碱石灰；② 在洗涤瓶中盛放浓硫酸，化学惰性气体进入洗气瓶进行干燥。在洗气瓶的前后往往安装两只空的洗气瓶作为安全瓶；③ 干燥大量气体时要用吸收管和吸收塔，如图 2－11 所示。用装有固体填料的 U 形管（图(b)）和吸收塔（图(c)），在吸收管和吸收塔中放入固体干燥剂，需要干燥的气体从塔底部进入吸收塔，经过干燥剂脱水后，从塔的顶部流出。充填氯化钙或氢氧化钾的吸收塔常用于减压蒸馏。

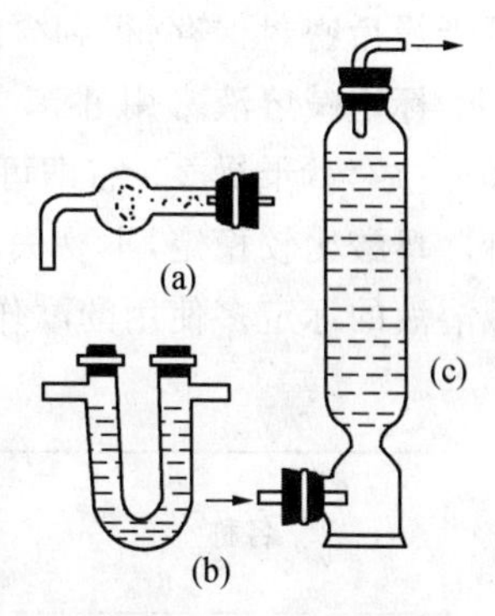

图 2－11　吸收管和吸收塔

(3) 有毒气体的吸收

无论是从实验者的安全考虑还是从环境保护出发，对反应中产生的刺激性甚至有毒的气体必须进行处理。最方便有效的方法是用吸收剂进行吸收。常见的气体吸收装置如图2－12所示。其中图(a)和(b)可用作少量气体的吸收装置。图(a)中反应器的导出管与漏斗颈管连接，漏斗放在装有吸收液体的烧杯中，烧杯中的玻璃漏斗应略微倾斜使漏斗口一半在水中，一半在水面上，避免形成密闭装置，这样不仅能防止气体逸出，也能防止水被倒吸至反应瓶中。图(b)是密闭性更好的简便吸收装置，用带有导气管的塞子盖好并装入吸收液的普通吸滤瓶。当有大量气体发生时，采用能连续供水的吸收装置，如图 2－12(c)所示。水从上端流入（可利用冷凝管流出的水）抽滤瓶中，在恒定的平面上溢出，粗的玻璃管恰好伸入水面，被水封住，防止气体逸入大气中。常用水、氢氧化钠或酸的稀溶液或浓溶液作为吸收液体。通常在反应瓶和吸收装置之间加一安全瓶，避免反应器内因压力变化，引起吸收液体倒吸进入反应瓶中，造成损失或严重事故。

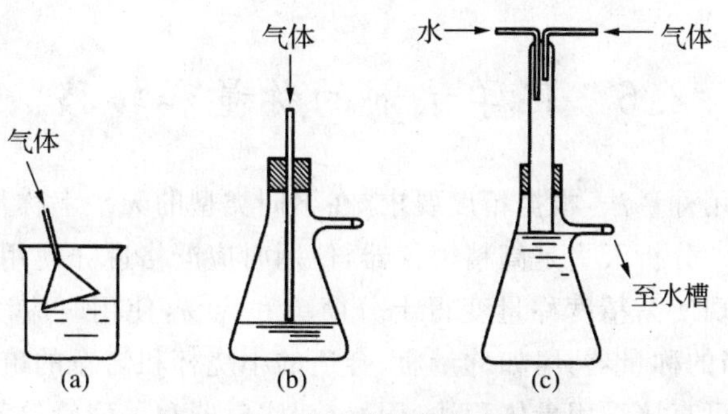

图 2－12　常见的气体吸收装置

2.5　标准溶液的配制

在高分子化学实验中，特别是一些缩聚反应，可以通过滴定法检测样品中的特征官能团含量，确定反应程度，例如醇酸树脂合成中酸值的测定；或是在得到聚合物后，用滴定方法确定其某种结构特征，例如环氧值、醇解度、缩醛度等。因此配制酸、碱标准溶液是进行高分子化学实验应掌握的基本操作。在高分子化学实验中所用到的有些标准溶液并非水溶液，比如滴定酸值所用的就是氢氧化钾的乙醇溶液，由于溶质不易溶解，配制时需充分静置后滤去沉淀，再标定其浓度。

酸标准溶液的标定一般采用无水碳酸钠和硼砂作为基准物。用碳酸钠作基准物时，要先在 180℃下干燥 2～3 h，置于干燥器内冷却，标定时用甲基橙作指示剂。用硼砂标定酸时，用甲基红作指示剂，硼砂的制备是在水中重结晶，50℃以下析出结晶，于 60％～70％的湿度下干燥后密封保存，得到含结晶水的($Na_2B_4O_7 \cdot 10H_2O$)基准物。

标定碱溶液常用邻苯二甲酸氢钾和草酸作为基准物。邻苯二甲酸氢钾不易吸水，在100～125℃干燥 2 h 后即可存入干燥器备用，干燥温度过高会引起其脱水生成邻苯二甲酸酐。草酸比较稳定，不易失去结晶水，但经光催化后会自动分解，必须于避光处妥善保存。碱溶液的标定多使用酚酞作为指示剂，表 2－10 列出了常用的酸碱指示剂。

表 2－10 常用的酸碱指示剂

名称	pH 变化范围	颜色		指示剂浓度(质量分数)
		酸色	碱色	
百里酚蓝(第一次变色)	1.2～2.8	红	黄	0.1%的 20%乙醇溶液
甲基黄	2.9～4.0	红	黄	0.1%的 90%乙醇溶液
甲基橙	3.1～4.4	红	黄	0.05%的水溶液
甲基红	4.4～6.2	红	黄	0.1%的 60%乙醇溶液
溴甲酚紫	5.2～6.8	黄	紫	0.1%的 20%乙醇溶液
酚红	6.7～8.4	黄	红	0.1%的 60%乙醇溶液
酚酞	8.0～9.6	无色	红	0.1%的 90%乙醇溶液
百里酚蓝(第二次变色)	8.0～9.6	黄	蓝	0.1%的 20%乙醇溶液
百里酚酞	9.4～10.6	无色	蓝	0.1%的 90%乙醇溶液

2.6 化学试剂的称量和转移

固体试剂基本采用称量法，根据精度要求，在不同类型的天平上称量，如托盘天平、分析天平和电子分析天平。分析天平是高精密仪器，使用时应严格遵守使用规则，平时还要妥善维护。电子天平的出现使高精度称量变得十分简单和容易，使用时应该注意天平的最大负荷。称量时，借助适当的称量器具，如称量瓶、合适的小烧杯和洁净的硫酸纸，避免试剂散失到托盘上。液体试剂可直接采用量体积法，用量筒、注射器和移液管等不同量具完成。气体量的确定较为困难，多采用流量计乘以通气时间来计算，对于存储在小型储气瓶中的气体可以采用称量法。

进行高分子合成反应时，不同试剂需要转移到反应装置中。一般应遵循先固体后液体的原则，可以避免固体粘在反应器瓶壁上，还可以利用液体冲洗反应装置。为了防止固体试剂散失，可以利用滤纸、硫酸纸等制成小漏斗，通过小漏斗缓慢地加入固体；当液体试剂需要连续加入时，要借助恒压滴液漏斗等装置；试剂加入速度要求严格时，可通过恒流蠕动泵来实现，流量可在几 μL/min～几 mL/min 内调节。气体的转移则较为简单，为了便于反应，通气管口应位于反应液面以下。

在高分子化学实验中，常常会用到许多对空气、湿气等非常敏感的引发剂，如碱金属、有机锂化合物和萘钠、三氟磺酸等离子型聚合的引发剂。在进行离子型聚合和基团转移聚合时，需要将绝对无水试剂转移至反应器内。这些化学试剂的量取和转移需要采取以下特殊的措施。

1. 碱金属(锂、钠和钾)

在一洁净的烧杯中盛放适量的甲苯或石油醚，将粗称量的碱金属放入溶剂中，用镊子和小刀将金属表面的氧化层刮去，快速称量并转移至反应器中，少量附着于表面上的溶剂可在干燥氮气流下除去。

2. 离子型聚合的引发剂

新制备好的引发剂应快速转移至干燥的试剂瓶中，密封保存于棕色干燥器中。使用时，少量液体引发剂可借助干燥的注射器加入，固体引发剂可预先溶解于适当溶剂中，然后再加入；较多量的引发剂可采用内转移法，如图 2-13 所示。

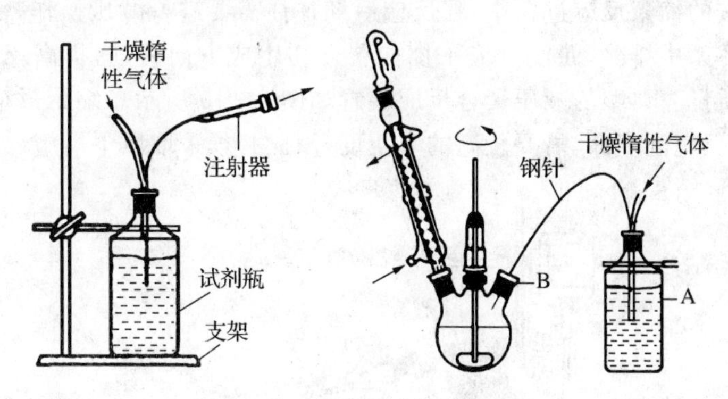

图 2-13 注射器法和内转移法

3. 无水溶剂

绝对无水的溶剂最好是采用内转移法进行，如图 2-13 所示。一根双尖中空的弹性钢针，经橡皮塞将溶剂储存容器 A 和反应器 B 连接在一起，容器 A 另有一出口与氮气管道相通，通氮气加压，即可将定量溶剂压入反应器 B 中。溶剂加入完毕，将针头抽出。

2.7 聚合反应常用装置

高分子化学与有机化学联系紧密，许多高分子合成反应是在有机合成实验基础上建立与发展起来的。大多数自由基聚合和高分子合成实验应用普通的实验装置即可实现，最常用的聚合反应典型装置包括反应器、回流冷凝管、连续加料、通入惰性气体等。然而，有些聚合反应装置需要根据不同单体及所用的聚合反应类型进行设计，有时还需要用到减压操作、高真空、无水无氧、封管聚合等其他聚合反应实验手段。

2.7.1 典型的聚合反应装置

绝大多数聚合反应使用普通的实验装置就可以完成，一般所涉及的操作包括加热、搅拌、回流冷凝、连续加料、通入惰性气体，所用反应器多为三颈烧瓶或四颈烧瓶，典型的聚合反应装置如图 2-14 所示。借用 Y 形管增加瓶口数量，反应可进行多种操作，聚合反应温度通过调节加热介质的温度来控制。对于除氧要求不十分严格的、在回流条件下进行的聚合体系，由于反应体系本身的蒸气可起到隔离空气的作用，反应开始后可停止通氮气。对于体系

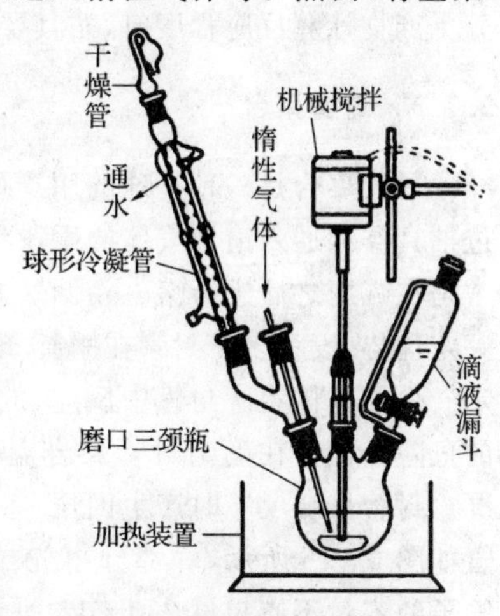

图 2-14 典型的聚合反应装置

黏度不大的溶液聚合体系也可以采用磁力搅拌器，可实现更好的体系密闭性，特别是对除氧除水要求严格的聚合反应，例如离子型聚合，此时冷凝管可置于反应器的中间口。如果多种物料一次性加入，可在反应器瓶口使用橡胶反口塞；如果不需要连续加料，可以实时监控反应温度。针对实际的具体反应，可根据需要对实验装置进行改进。

2.7.2 典型的减压聚合反应装置

聚酯或聚酰胺的缩聚反应过程中，在反应后期往往需要进行减压操作，使小分子副产物从高黏度的聚合体系中排除，促使反应平衡向聚合物生成方向移动，提高反应程度，增大聚合物的相对分子质量。典型的减压聚合反应装置如图 2－15 所示。缩聚反应的共同特点是反应体系黏度大、反应温度高、需要较高的真空度，因此必须采取以下措施。

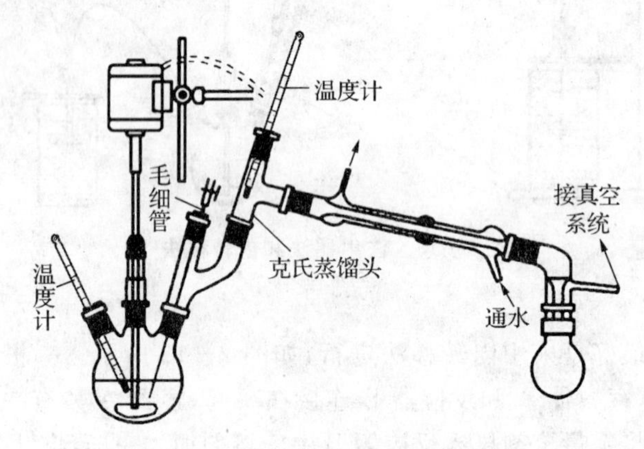

图 2－15 典型的减压聚合反应装置

(1) 需要强力机械搅拌，确保反应均匀，而且所使用的搅拌棒要有一定的强度，避免叶片在高速转动过程中被损坏。

(2) 为了避免缩聚反应体系中的物质在高温下被氧化，聚合反应需要在惰性气氛或真空中进行。某些反应为了防止单体的损失，减压操作一般在反应后期进行。

(3) 减压操作时，必须注意体系的密闭性，搅拌套管和活塞处要严格密封，通过收集小分子产物计算反应程度时，尤其要注意体系的密封性。

2.7.3 封管聚合

封管聚合是一种特殊的用于研究的聚合方法，一般投料量较少，可以通过抽真空和通入惰性气体的手段将聚合反应密闭于较纯净的空间中进行，常常是在减压之后进行熔融密封。封管聚合在研究聚合反应动力学方面具有一定优势，设计多个封管在平行条件下进行聚合，便于定时取样进行相关测定。少量单体置于封管中反应，放热量相应较少，可避免因密闭高压所产生的危险。但是在确定封管聚合温度时，必须考虑反应放热和气体产生的情况。封管聚合反应时产生内压，管子要采用普通硬质玻璃管制成，常见的封管如图 2－16 所示，一部分事先拉成细颈，有利于聚合时在此处烧融密封。管子的容量不应超过 250 mL，加入量不得超过容量的一半。细颈处也可改装为带活塞的三通，便于进行聚合前通惰性气体和减压操作。但是有细颈的

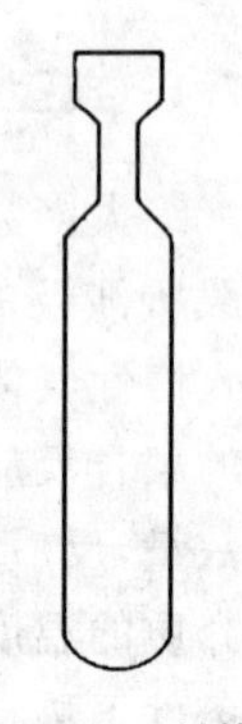

图 2－16 封管

封管在加料时比较麻烦,需要借助细颈漏斗。固体组分通过漏斗加入,然后撤去漏斗,抽空后在细颈处把管子封死。加入液体组分时,在加料前可将管子抽空,避免内壁的沾湿和挥发物的损失。加入引发剂后,将头部的支管处接上真空胶管,这时可将反应管抽空、充氮。接着装上接受器,加入单体。最后把头部装置向上拉起,其滴管高于细颈部,把管子封死。加料时必须小心,避免物料与容器的上部接触,否则部分化合物在封管时会分解,对聚合反应产生不利影响。

由于封管聚合是在密闭体系中进行,因此不适用于平衡常数低的熔融缩聚反应,但尼龙-6的合成以及许多自由基聚合反应可以采用封管聚合方法。

2.7.4 双排管除氧除水系统

高分子合成实验中的开环聚合、活性聚合以及设计合成规整结构分子链的聚合反应都需要严格的无水无氧或高真空条件,这些聚合反应可以设计和制作不同的实验装置来进行。目前被广泛应用的是双排管除氧除水系统,如图 2-17 所示,具有方便、灵活的特点。

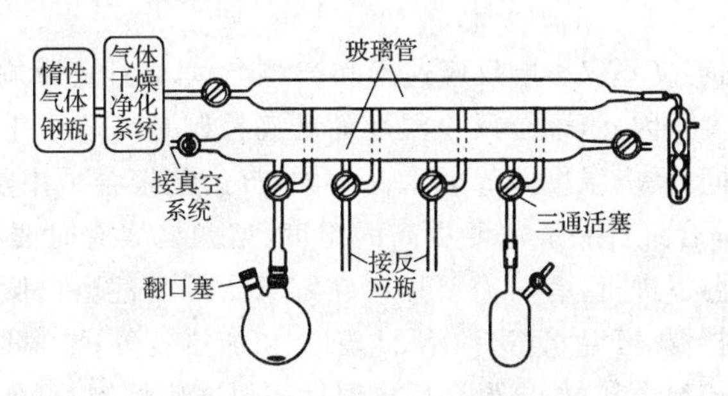

图 2-17 双排管除氧除水系统

双排管除氧除水系统的主体为两根玻璃管固定在铁架台上,分别与通气系统和真空系统相通,两者之间是通过多个三通活塞相连的。三通活塞的另外一个接口连接到反应瓶上,平时分别用一洁净干燥的烧瓶和一截弯曲的玻璃棒封闭出口。调节三通活塞的位置,可以使反应瓶处在动态减压、动态充气和压力恒定的状态。反应瓶可以设计成不同形状,如球形和圆柱形。反应瓶一般有两个接口,一个与双排管反应系统相连,可为磨口,也可以用真空橡胶管连接;另一个则是反应原料入口,可用翻口橡皮塞和三通活塞密封,物料可采取注射器法和内转移法加入(见图 2-13)。

2.7.5 气体的通入

许多情况下,氧气和水对聚合反应有显著的影响。例如对于阴离子聚合体系,反应体系如果接触到空气,将与氧气、二氧化碳、水汽反应,导致聚合终止;空气中的氧气对自由基聚合也可能产生一定的阻聚作用。开环聚合和配位聚合需要严格的无水无氧条件。因此高分子化学实验常常利用氮气和氩气等惰性气体排除空气,对聚合体系起到保护作用。这些惰性气体常用作保护气体,分别储存于压力钢瓶中。

根据使用场合,选择不同纯度要求的惰性气体。自由基聚合使用普通氮气,阴离子聚合则需要使用纯度为99.99%的高纯氮气和高纯氩气。向反应器中充入氮气,最好是反复交替的抽真空和通入氮气。简单地向反应器中通入氮气往往不容易将反应器内的空气完全排尽。有时为了保证聚合反应顺利进行，在气体进入反应系统之前，还要通过减压蒸馏使用的气体净化干燥塔，进一步除去气体的水汽、氧气等极少量可能影响反应的气体。氮气中极少量的氧气通过使用各种除氧剂去除，如固体的还原铜和富氧分子筛，在常压下即可使用。液体除氧剂有铜氨溶液、连二亚硫酸钠碱性溶液等，使用时置于简单气体干燥装置中，如图 2-18 所示。

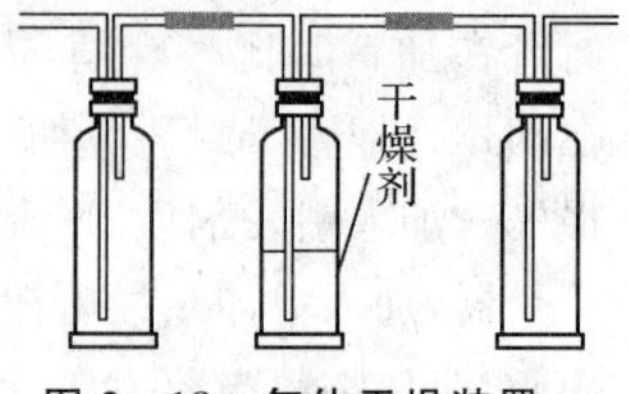

图 2-18 气体干燥装置

液体干燥剂（浓硫酸）置于中间的洗气瓶中，两边的洗气瓶可防止液体倒吸。气体通入反应装置之前可以经过一个缓冲瓶，可用抽滤瓶制作，可以避免气体导管置于反应液液面以下时，发生液体倒吸。观察计泡器，可以了解气流的大小，其内部装有液体石蜡、硅油和植物油等挥发性较小的液体，使体系和外界隔开。一般实验中为了方便观察气流大小，可在反应装置后部出口接一导管，通入水中计泡即可。

2.8 聚合反应温度的控制

对聚合反应而言，温度不仅影响反应速率和产物产率，而且还影响聚合物的相对分子质量及其分子量分布宽度。因此，聚合反应温度的准确控制是高分子化学实验至关重要的因素。聚合实施方法不同，反应温度差异较大。例如，自由基聚合采用热分解引发剂，聚合温度一般在 50℃以上；缩合聚合一般需要更高的温度，熔融缩聚有时要控制在 200℃以上；离子型聚合一般要在低温下进行，有时需要控制在零下十几度甚至更低。室温以上的聚合可以使用集热式磁力搅拌器、恒温水浴、油浴、电热套和加热装置；室温以下的聚合反应，可使用低温浴或适当的冷却剂冷却；如果聚合反应温度需要准确控制，可使用超级恒温水浴。一些高档的控温设备不仅能够精确控制温度、快速升温或快速降温，还可以实现计算机监控，实验室中常见的温度控制设备和方法有以下几种。

2.8.1 水浴加热

如果聚合反应温度需要控制在 0～100℃之间，采用水浴加热反应体系最为合适。水浴加热介质具有纯净、易清洗、安全等优点，利用加热圈加热介质，间接加热反应体系。水浴加热时，容器浸入水浴中，但容器不能触及水浴器壁或其底部。注意用到金属钾、钠以及无水操作时，绝对不能使用水浴加热。如果需要长时间水浴加热时，水浴中的水会不断蒸发，要注意及时补充添加热水，使水浴中的水面最好经常能够稍高于反应器内的液面，或者在水面上盖一层薄薄的甘油或液体石蜡，防止水蒸发速度太快。如果加热温度稍高于 100℃，可选用适宜的无机盐类饱和水溶液作为热溶液。

各种水浴加热设备的精度不同，一般的水浴控温精度在±(1～2)℃，较大的水浴需要附加机械搅拌或电磁搅拌，超级恒温水浴温度控制精度一般可达到±0.5℃。水浴加热设备的缺点是降温速度较慢，且不宜控制，较好的水浴配有冷却装置，降温时可通入冷却水或其他冷却介质，实现可控降温。

2.8.2 油浴加热

如果聚合反应温度需要控制在 100～250℃之间，需要选用油浴加热。油浴利用加热圈加热介质,间接加热反应体系,受热均匀,受热容器内的温度一般低于油浴温度20℃左右。油浴加热可控的温度范围取决于加热介质导热油的种类。常用的导热油有含氢硅油、液体石蜡、泵油等,其性质见表2-11所示。油浴的温度控制精度一般可达到±0.5℃,良好的控温都需要附加搅拌(机械搅拌或电磁搅拌)。油浴的降温也是比较困难的,需要降温时最快的方法是将反应瓶取出,如果是先升温后降温的反应,就只能采用两套加热设备。使用油浴加热,不存在加热介质的挥发问题,但玻璃仪器的清洗较困难,而且操作不当还会污染实验台面和其他设施。油浴长时间使用后,导热油会变得浑浊,黏度有所上升,必须及时更换导热油以免发生火灾。使用油浴加热反应时,油浴锅的附近应避免放置易燃物和易燃试剂,特别要注意加热介质的热稳定性和可燃性,最高加热温度不能超过其限定值。

表2-11　常见加热介质的性质

加热介质	最高使用温度(℃)	性质
水	100	洁净、透明、易挥发、易清洗、安全
甘油	140～170	洁净、透明、难挥发,温度过高时会分解
植物油	170～180	难清洗、难挥发,常加入1%的对苯二酚等抗氧剂,便于久用,但高温时有油烟
硅油	250	耐高温、透明、安全、价格高
石蜡油	200℃左右	温度稍高并不分解,但易燃烧
泵油	250	回收泵油多含杂质,不透明

2.8.3　电热套加热

电热套是一种外热式加热器,电热元件封闭于石棉等绝缘层内,并制成内凹的半球形,适合于圆底烧瓶的加热,外部一般为金属双层隔热外壳,适用于室温至300℃之间的各种反应。电热套不使用明火,具有热效应高和不易着火的优点,但是控温不够精确,反应体系受热不均匀。加热时应选择可调压(或可控温)的电热套,对于不可控温的电热套,可另加电子控温仪或调压变压器接在电热套上进行精确控温,最高温度可达400℃左右,是高分子化学实验室中一种简便、安全的加热器具。需要强调的是,反应瓶不能靠在电热套的底部,以免受热不均匀,反应瓶应与电热套需保持一定的距离,利用空气浴加热。当一些易燃液体(如酒精、乙醚等)洒在电热套上,有引起火灾的危险。

2.8.4　集热式磁力搅拌器

集热式磁力搅拌器是一种方便实用的外热式加热器,集水浴、油浴、磁力搅拌等功能于一体。其加热锅体采用不锈钢制成,加热介质可以是水或其他加热液体。其温度控制采用精度较高的PID温控仪表,能够很方便地调节和控制加热介质温度。磁力搅拌部分能够控制搅拌速度和强度,部分集热式磁力搅拌器还能准确控制搅拌器转速。

2.8.5　自制加热控温装置

当需要特殊的加热装置,或实验室不具备一定的条件时,就需要自制加热控温设备。首先要选择合适的容器,比如金属锅,加热乌式黏度计时则需用较大的玻璃缸以便观测;再选择合适的加热棒(确定功率大小),将加热棒的导线接在调压器上,来调节加热量;调压器的导线接入调制解调器;将节点温度计(导电表)的导线也接入调制解调器,来调节加热量。有些市售的控温仪将调压器和调制解调器合二为一,使用较方便。此外应加上机械搅拌或电磁搅拌,使得控温更准确,如图 2-19 所示。自制的加热装置尤其要注意安全问题,应在不通电的情况下进行接线,并且仔细检查导线和连接处的绝缘和接触情况,大功率的加热棒一定要使用相应较粗的导线,避免工作时过热而发生危险。

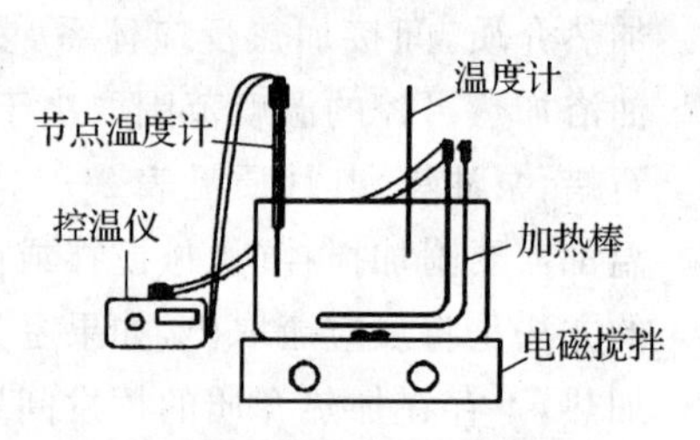

图 2-19 自制加热控温装置

2.8.6 冷却

离子型聚合反应往往要在低于室温条件下进行或者在更低的低温条件下进行。例如,为了避免副反应的发生,甲基丙酸甲酯的阴离子聚合要在-60℃以下进行。因此冷却也是实验中常采用的实验操作。超级恒温槽可以提供低温环境,并能准确控制反应温度,也可以通过恒温槽输送冷却液来控制反应温度。如果反应温度要控制在0℃附近,多采用冰水混合物作冷却介质。如果反应温度要控制在0℃以下,可以采用碎冰和无机盐的混合物作冷却介质。如果反应体系要控制在更低的温度,则必须使用干冰或液氮等更为有效的制冷剂。不同制冷剂的配制方法和使用温度范围如表 2-12 所示。配制冰盐浴时,应使用碎冰和颗粒状盐,并按一定比例混合。干冰或液氮作为制冷剂时,应置于浅口保温瓶等隔热容器中,以免制冷剂的大量损耗。注意制冷温度低于-38℃时,不能使用水银温度计,必须使用有机液体低温温度计。

表 2-12 常用制冷剂的组成及使用温度

制冷剂组成	冷却最低温度(℃)	制冷剂组成	冷却最低温度(℃)
碎冰或冰水	0	干冰+异丙醚	-60
甲酰胺+干冰	2	干冰+乙醇	-72
干冰+苯	5	干冰+乙酸丁酯	-77
干冰+环已烷	6	干冰+丙酮或氯仿	-78
干冰+1,4-二氧六环	12	干冰+丙胺	-83
干冰+对二甲苯	13	干冰+乙酸乙酯	-83
冰盐混合物	-5~-20	正丁醇+液氮	-89
干冰+乙二醇	-10	硝基乙烷+液氮	-90
氯化铵(1份)+碎冰(4份)	-15	已烷+液氮	-94
氯化钠(1份)+碎冰(3份)	-21	丙酮+液氮	-94
干冰+四氯化碳	-23	甲苯+液氮	-95
干冰+1,3-二氯苯	-25	甲醇+液氮	-98
六水合氯化钙(1份)+碎冰(1份)	-29	干冰+乙醚	-100

续表

制冷剂组成	冷却最低温度(℃)	制冷剂组成	冷却最低温度(℃)
干冰＋溴苯	－30	环己烷＋液氮	－104
干冰＋间甲苯胺	－32	乙醇＋液氮	－116
液氨	－33	乙醚＋液氮	－116
干冰＋乙腈	－41	正戊烷＋液氮	－131
干冰＋间二甲苯	－47	异戊烷＋液氮	－160
干冰＋丙二酸二乙酯	－50	液态空气	－192
六水合氯化钙(1.4份)＋碎冰(1份)	－55	液氮	－196
干冰＋正辛烷	－56		

2.8.7　温度的测定和调节

酒精温度计和水银温度计是最常用的测温仪器。温度计的量程受其凝固点和沸点的限制，酒精温度计可在－60～100℃范围内使用，水银温度计可测定的最低温度为－38℃，最高使用温度在300℃左右。低温的测定可使用有机溶剂制成的温度计，甲苯温度计可测温度最低可达－90℃，正戊烷温度计可达－130℃。为了便于观察，常在溶剂中加入少量有机染料，这种温度计由于有机溶剂传热较差和黏度较大，往往需要较长的平衡时间。

控温仪兼有测温和控温两种功能，但是所测温度往往不准确，需要用温度计进行校正。较简单的温度控制方法是调节电加热元件的输入功率，使加热和热量散失达到平衡，这种方法存在准确性不高和安全性较低的缺点。使用温度控制器，例如控温仪和触点温度计能够准确有效地控制反应温度。控温仪的温敏探头置于加热介质中，所产生的电信号输入到控温仪中，并与所设置的温度信号相比较。当加热介质未达到设定温度时，控温仪的继电器处于闭合状态，电加热元件通电加热；当加热介质温度高于设定温度时，继电器断开，电加热元件停止工作。触点温度计需要与一台继电器连用，工作原理同上，都是利用继电器控制电加热元件的工作状态来达到控制和调节温度的目的。

要获得良好的恒温系统，除了使用控温设备外，选择适当的电加热元件功率、电加热介质等也是必不可少的。

2.9　聚合反应的搅拌

化学实验离不开搅拌，尤其是高分子化合物具有高黏度特性，因此搅拌在高分子化学实验中是不可缺少的技术。搅拌不仅能使反应物混合均匀，而且有利于反应体系的热量散发和传导，促使反应过程中传热和传质均匀，避免发生局部过热、甚至产生爆聚，有利于反应正常进行。实验室常用的搅拌方式通常分为电磁搅拌和机械搅拌两种。

2.9.1　电磁搅拌器

电磁搅拌器是通过电动机带动磁体旋转，磁场变化来带动反应器中的磁子旋转，起到搅拌的作用。磁子内核是磁铁，外面包裹着聚四氟乙烯外壳，可防止磁铁被腐蚀、氧化和污染反应体系，使用时直接放在反应瓶中。磁子的形状有圆柱形、锥形、椭圆形等多种形式，磁子大小约 10 mm、20 mm、30 mm，也有更长的，如图 2-20 所示。可以根据磁子的形状和大小来选择适用的各种容器（平底容器或圆底容器）。电磁搅拌通常可以通过调节磁力搅拌器的搅拌速度来控制反应体系的搅拌情况，适合于黏度较小或量较少的反应体系。有的电磁搅拌同时配有加热装置，在搅拌的同时进行电加热。对于不带加热装置的电磁搅拌器，可以自制加热控温装置，包括加热容器、加热棒、温度计和节点温度计，根据情况选择水浴加热或油浴加热。

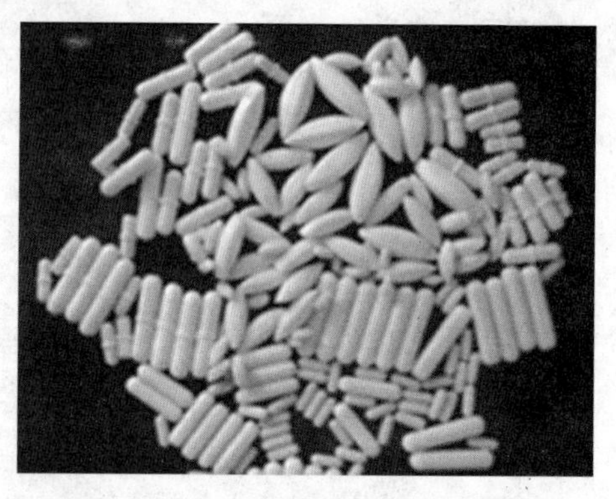

图 2-20 各种不同形状的搅拌磁子

2.9.2 机械搅拌器

当反应体系黏度较大，例如自由基本体聚合和熔融缩聚反应，磁力搅拌器不能带动磁子转动。当反应容器中物料量较多时，磁子不能使整个体系充分混合均匀。进行乳液聚合和悬浮聚合时，需要强力搅拌使单体相在分散介质中分散成微小液滴。这些情况必须使用机械搅拌器。

机械搅拌器由马达、搅拌棒和控速部分组成，其中搅拌棒有很多种形状，如图 2-21 所示。锚式搅拌棒搅拌效果良好，常用于反应釜，但不适应于烧瓶中的搅拌。工业生产中采用的锚式搅拌棒还设计了多维立体的各类形状，以提高搅拌效果。活动叶片式搅拌棒可以很方便地放入反应瓶中，搅拌时由于离心作用，叶片自动处于水平状态，是实验室中最常用的搅拌棒。这种搅拌棒有玻璃和不锈钢两种材质，玻璃搅拌棒适用范围广，但容易折断和损坏；不锈钢材质的搅拌棒不易损坏，但不适用于强酸、强碱环境。外壳是聚四氟乙烯的金属搅拌棒经久耐用，便于清洗，而且大多做成叶片可活动的锚式搅拌棒，搅拌力度大，混合效果好，颇受欢迎。

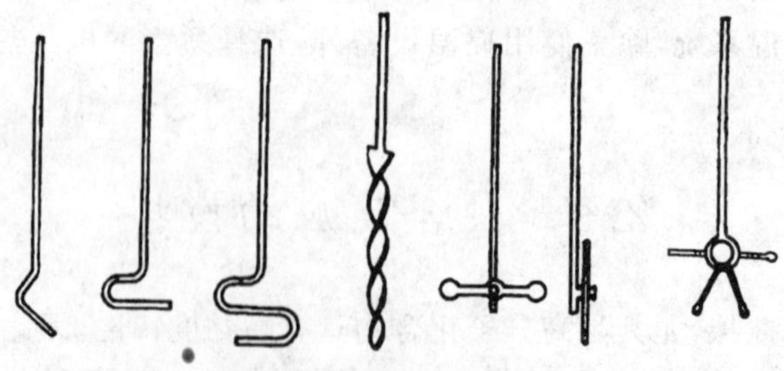

图 2-21 常用的搅拌棒

搅拌马达与搅拌棒的连接处可以采用两种连接方式。一种是使用配套的金属连接头，这种连接头一般不适用于玻璃搅拌棒，连接时将连接头下部的螺栓旋紧即可；另一种是用橡胶管连接，可以连接各种搅拌棒，若搅拌棒过细，还需要在橡胶管上固定铁丝等紧固件，这种连接方式的优点是能够避免因安装不完全垂直而产生应力，导致搅拌棒折断。

为了使搅拌棒能平稳转动，需要在搅拌棒与反应器连接处装配适当的搅拌套管，搅拌套管也有密封作用，防止反应器中蒸气外逸或发生不安全事故。实验室常用的搅拌套管有标准磨口玻璃搅拌套管、橡胶塞制成的搅拌套管和聚四氟乙烯搅拌套管。前两种主要用于密封要求不高的场合，使用时在搅拌棒套管上加一段较长的、与搅拌棒紧密配合的真空橡胶管，使搅拌棒刚好插入，并用少量的甘油润滑；使用聚四氟乙烯搅拌套管时，可在搅拌棒与搅拌套管的衔接处缠上一些生料带以提高密封性。如果需要在高真空条件下进行搅拌操作，就要使用紧密磨砂的搅拌套管、带液封的玻璃搅拌套管或自制套管以提高密封效果。

机械搅拌器一般配有调速装置，没有调速装置的也可自配调压器，较好的搅拌器可以准确显示搅拌速度。普通搅拌器实际转速可用市售的光电转速计来测定，只需将一小块反光铝箔粘在搅拌棒上，将光电转速计对准铝箔的平行位置，通过发射红外线测速，即可直接从转速计显示屏上读数。

2.9.3　实验装置的装配

装配仪器装置时，选用的玻璃仪器和配件都要洁净、干燥，否则会影响产品的质量和产量；选用的仪器大小适当，例如反应物总量占圆底烧瓶容量的1/2～2/3之间。装配仪器时遵循的一般规则如下。

在安装搅拌装置时，首先要确保电动机的转轴绝对垂直，再将配好导管的搅拌棒置于转轴下端的搅拌棒夹具中，拧紧夹具的旋钮。调节反应器的位置，使搅拌棒与瓶口垂直，并位于反应瓶口中心，再将搅拌套管塞入反应瓶中。可从整个装置的各个角度观察水平和垂直情况，确保搅拌平稳。然后可将搅拌器开到最低挡，检查搅拌棒在反应瓶中的搅拌情况，及时调整搅拌棒处于能够平稳转动的最佳位置和效果。实验中要特别注意高分子反应体系的高黏特性和分散特点，需要将搅拌叶尽量靠近反应器瓶底，以实现最佳的搅拌效果。搅拌装置安装好后，才能在反应器的其他瓶口装配冷凝管、温度计等其他玻璃仪器。装入温度计和氮气导管时，应该关闭搅拌，仔细观察温度计和氮气导管是否与搅拌棒有接触，再调节它们的高度。最后重新检查和调节搅拌装置的水平和垂直情况，将搅拌器开到低挡，检查搅拌棒是否能够平稳转动。

实验操作前，应仔细检查仪器装配是否严密，保证反应物不受损失，避免挥发性易燃液体的蒸气溢出，致使着火、爆炸或中毒等事故发生；安装仪器时，遵循从下到上、从左到右的顺序。反应完毕，应按照相反的顺序及时拆除仪器，并将玻璃仪器洗净晾干，防止仪器粘连损坏。

2.9.4　其他分散设备

除了高分子化学实验室最常用的电磁搅拌和机械搅拌设备以外，在进行强力分散、乳化等实验时，还要用到一些特殊的分散设备。例如具有高速剪切功能的高速乳化机，具有一定分散效果的超声波清洗机和具有较强分散效果的超声波细胞破碎机等。以上设备使用比较简单，选择适当的功率和转速即可。带探头的设备一般是放入容器中直接进行分散乳化，应注意防止被分散液外溅，以及高速分散或超声波产生的热量引起被分散液发生聚合反应等变化。超声波清洗机是在容器外部通过介质（通常是水）进行超声分散的，很多超声波清洗机还带有加热装置，可以同时作为水浴使用。

2.10 聚合物的分离与纯化

在高分子合成实验研究中，除了本体聚合反应能够获得较为纯净的聚合物外，其他聚合方法所得产物中都含有大量反应介质、引发剂及其分解产物、分散剂或乳化剂以及未反应完全的单体。因此，为了得到纯净的聚合物，必须将产物中的小分子杂质除去。共聚反应时，除了预期产物外，还会有均聚物生成，甚至可能还有未能完全反应的单体残留在产物中，此时需要把聚合物与小分子，以及不同的聚合物进行分离，且聚合物共混物之间的分离更为复杂。聚合物常用的分离和纯化方法主要有以下几种。

2.10.1 洗涤法

洗涤法是最简单的聚合物精制方法，选择仅能够溶解小分子单体、引发剂和杂质的、不能溶解聚合物的溶剂(聚合物的不良溶剂)，反复洗涤聚合物，来达到提纯的目的。例如悬浮聚合法合成的产物相当于本体聚合形成的较纯净的聚合物，但颗粒表面常常附着有分散剂，可采用洗涤方法除去分散剂，再过滤，获得较为纯净的产品。对于其他聚合方法合成的产品，使用洗涤法精制往往存在较大的问题。对于颗粒较小的聚合物而言，包裹的杂质较少，洗涤效果还可以；但是对于颗粒较大的聚合物而言，洗涤法难以除去颗粒内部夹杂的杂质，精制效果不理想，而且单体的良溶剂在大多数情况下也是聚合物的良溶剂，欲将聚合物中残余的单体除去，不通过聚合物的溶解和不良溶剂的浸泡是很难达到效果的。

洗涤法一般只作为辅助的精制方法，聚合物的进一步提纯要选择其他分离方法；用其他纯化方法提纯后的聚合物，也可用聚合物的不良溶剂进一步洗涤纯化。

2.10.2 溶解沉淀法

溶解沉淀法是分离精制聚合物最常用的方法。将聚合物溶解于溶剂中，然后将聚合物溶液加入到对聚合物不溶而与溶剂能互溶的溶剂中(聚合物沉淀剂)，使聚合物缓慢地沉淀析出，可观察到体系由透明溶液到出现白色沉淀的过程，并可回收沉淀析出的聚合物。为了使聚合物沉淀完全，此过程可反复进行。这种方法的关键在于选择溶剂与沉淀剂，所选溶剂与沉淀剂应该能够较容易地从聚合物中除去预期杂质。例如未反应完全的单体、残留引发剂以及各种分解产物。该方法最为重要的是要使相对分子质量较低的聚合物完全沉淀下来。分离两种高分子混合物时，可选择对其中一种高分子试样为良溶剂，而对另一种高分子试样为沉淀剂的溶剂进行再沉淀。

所分离聚合物的精制效果和外观的影响因素主要有溶液浓度、沉淀剂加入速度、混合方法、沉淀温度等。若聚合物溶液浓度过高，则溶剂和沉淀剂的混合性较差，沉淀物呈橡胶状，易包裹较多的杂质，精制效果差；若聚合物溶液浓度过低时，聚合物呈微细粉状，精制效果较好，但分离困难。因此聚合物浓度必须选择适当。同时，沉淀过程中还应注意搅拌方式和搅拌速度。沉淀时，通常聚合物溶液在强烈搅拌下滴加到4～10倍的沉淀剂中，为了使聚合物以片状，而不是以油状或团状沉淀出来，聚合物溶液的浓度一般不超过10%。聚合物溶液要避免选择高沸点的溶剂，特别是对于橡胶状或黏性的试样。因为溶剂在试样干燥过程中难以除去，会导致误差。聚合物中残留的溶剂和沉淀剂可以用真空干燥法除去，但需要较长的时间。如果聚合物对溶剂的吸附性较强或在沉淀过程中容易结团，滴加方法通常难以使聚合物得到很好的分离，而要将聚合物溶液以细雾状喷射到沉淀剂中沉淀。

2.10.3　抽提法

抽提法是精制聚合物的重要方法之一，采用溶剂萃取聚合物中的可溶部分，实现分离和提纯的目的，一般在索氏抽提器(图 2-9)中进行。抽提法不仅用于提纯聚合物，而且用于分离聚合物。例如将未交联的聚合物与交联的聚合物分离，选择聚合物的良溶剂进行抽提，可实现未交联的聚合物或杂质与交联聚合物的分离。总之，抽提法用于分离或精制聚合物时，首先必须得到固态聚合物，再进行抽提纯化，抽提后的不溶性聚合物以固体形式存在于抽提器中，再进行干燥即可。如果溶剂中可溶性的聚合物也是需要的，必须采用适当的沉淀剂或者通过旋转蒸发直接将溶剂除去，并经纯化后得到纯净的组分。

2.10.4　旋转蒸发法

旋转蒸发是在旋转蒸发仪上完成的，可快速简便地浓缩溶液，蒸出溶剂。旋转蒸发仪如图 2-22 所示。待蒸发的溶液置于梨形烧瓶中，在马达的带动下烧瓶旋转，在瓶壁上形成薄薄的液膜。提高了溶剂的挥发速度，同时可以通过水泵减压，降低溶剂的沸点，使其在短时间内达到浓缩蒸除溶剂的目的。溶剂的蒸气经过冷凝，形成液体流入接收瓶中。冷凝部分常用蛇形回流冷凝管，为了起到良好的冷凝效果，可用冰水作为冷凝介质。进行旋转蒸发时，梨形烧瓶中液体量不宜过多，大约为烧瓶容量的 1/3 即可。梨形烧瓶和接收瓶与旋转蒸发仪的接口处涂抹真空脂，用烧瓶夹固定。装置调整好后，启动旋转马达，开动水泵，关闭活塞，打开冷凝水进行旋转蒸发，必要时可将梨形烧瓶用水浴进行加热。旋转蒸发一般用于溶剂量较少的溶液浓缩和蒸发，常常用于反应原料的精制和制备以及聚合物的提纯分离，在完全蒸除溶剂时，要注意加热水浴的温度不可过高，防止其中需要的产品变性或氧化。

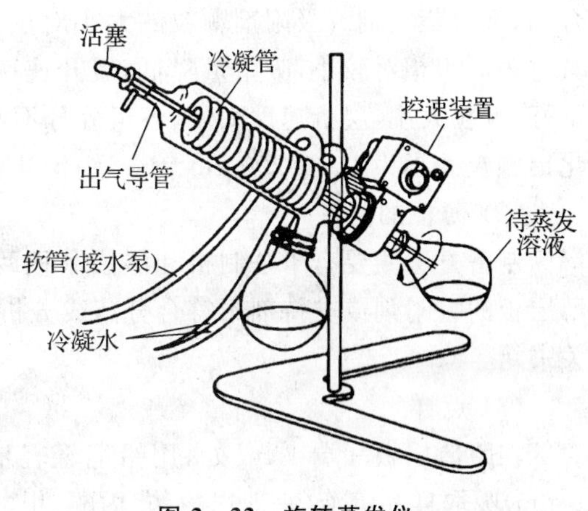

图 2-22　旋转蒸发仪

2.10.5　层析法

与小分子混合体系相比，溶解度相近的聚合物共混物之间的分离更为复杂，上述典型的纯化方法难以实现分离目的，可采用层析法。层析法的基本原理是利用混合物各组分在固定相和流动相中分配平衡常数的差异，当流动相流经固定相时，由于固定相对各组分的吸附和溶解性能不同，吸附力较弱或溶解度较小的组分在固定相中移动速度快，经过反复多次平衡后，促使各组分在固定相中形成了分离的“色带”，从而得到分离。层析法既能用于混合物的分离纯化，又能广泛用于鉴定产物的纯度、跟踪反应以及对产物进行定性和定量分析。最常用的方法有薄层色谱和柱色谱。

1. 薄层色谱

薄层色谱(TLC)又称薄层层析,是一种重要的快速分离和定性分析微量物质的实验技术,具有设备简单、操作方便而快速的特点。薄层色谱是在洁净的玻璃片上均匀涂一层吸附剂或支持剂,制成薄层板,待干燥活化后,将样品溶液点样,置于层析容器中并用合适的溶剂展开,实现分离后,进行分析。薄层色谱可用于样品精制、化合物鉴定、跟踪反应进程和柱色谱的先导(为柱色谱摸索最佳条件)。薄层色谱按分离机制不同可分为吸附薄层色谱、分配薄层色谱、离子交换薄层色谱等,最常用的为吸附薄层色谱,其操作规程如下。

(1) 薄层色谱的吸附剂和支持剂

吸附薄层色谱常用的吸附剂是氧化铝和硅胶,分配薄层色谱常用的支持剂为硅藻土和纤维素。氧化铝分为氧化铝 G、氧化铝 HF_{254} 及氧化铝 GF_{254}。氧化铝的极性比硅胶强,适用于分离极性小的化合物。硅胶是无定形多孔物质,略具酸性,适用于酸性和中性物质的分离和分析,常用的硅胶分为以下几种:硅胶 H,不含黏合剂;硅胶 G,含黏合剂(煅石膏,$2CaSO_4 \cdot H_2O$);硅胶 HF_{254},含荧光物质,可用于波长 254 nm 紫外光下观察荧光;硅胶 GF_{254},既含黏合剂,又含荧光剂。吸附剂颗粒的大小对层析速率、分离效果均有明显的影响。颗粒太大,其总表面积相对较小,吸附量降低,展开速率快,层析后组分的斑点较大,不集中,分离效果不好;颗粒太小,层析速度太慢,各组分分不开,效果也不好。一般干法铺层所用的硅胶和氧化铝颗粒大小为 150~200 μm 较合适;湿法铺层则要求 200 μm 以上。

(2) 薄板的制备

制备方法主要有干法制板和湿法制板两种。目前可以直接购买已制好的薄层板,如果薄层板的吸附剂或支持剂不符合分离或分析的要求,需要自制薄层板,其制备方法可查阅相关书籍。

(3) 点样

在距薄层板一端 1 cm 处,用铅笔轻轻地画一条线,作为起点线。用毛细管(内径小于 1 mm)吸取样品溶液(一般以氯仿、丙酮、甲醇、乙醇、苯、乙醚或四氯化碳等作溶剂,配成 1% 的溶液),垂直地轻轻接触到薄层板的起点线上,称为点样。若溶液太稀,待第一次点样干后,再点第二次,每次点样都应在同一圆心上。点的次数依样品溶液浓度而定,一般为 2~3 次。若样品的量太少,则有的成分不易显出;若量太多则易造成斑点过大,互相交叉或拖尾,分离效果不好。点样后斑点直径以扩散成为 1~2 mm 的圆点为度。若为多处点样时,则点样间距为 1~1.5 cm。

(4) 薄层色谱展开剂的选择

与柱层析洗脱剂的选择一样,主要根据样品的极性、溶解度、吸附剂的活性等因素筛选,凡溶剂的极性越大,则对化合物的洗脱力越大。一般选择溶剂的极性比样品极性小些。如果极性太大,对样品的溶解度太大,则样品不易被吸附剂吸附;如果极性太小,则溶液体积增加,使“色带”分散。因此,展开剂或洗脱剂常采用混合溶剂。展开剂的选择有时需要经过反复试验,可用吸有溶剂的毛细管在涂有吸附剂的载玻片上每隔 1 cm 点板,溶剂会扩散成一个圆点,根据扩散的形状判断展开剂是否合适,如图 2-23 所示。

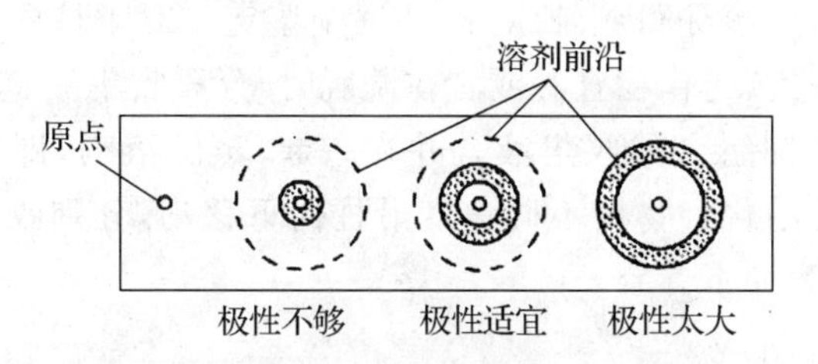

图 2-23　选择展开剂的同心圆方法

(5) 薄层色谱的展开

薄层色谱的展开需要在密闭的容器(层析缸)中进行。先将展开剂放入层析缸中,液层高度约 0.5 cm,在层析缸中衬一滤纸,使展开剂蒸气饱和 5～10 min。再将点好样品的薄板放入层析缸中进行展开。注意展开剂液面的高度应低于样品斑点。在展开过程中,样品斑点随着展开剂向上迁移,当展开剂前沿至距薄层板上边缘约 0.5 cm 时,立刻取出薄层板,用铅笔或小针画出溶剂前沿的位置,平放晾干后即可显色。

(6) 薄层色谱的显色

如果化合物本身有颜色,展开后即可直接观察到相应的斑点。如果化合物本身无色,只有通过显色才能使斑点显现。常用的显色方法有显色剂法和紫外光显色法。具体方法如下:在用硅胶(氧化铝)GF_{254} 薄层板分离后,于紫外光下观察荧光吸收斑点。也可用硅胶(氧化铝)G 薄层板分离后,置于碘缸中显色。许多化合物都能与碘形成棕色斑点。但当碘蒸气挥发后,棕色斑点即消失(自容器中取出后 2～3 s 即消失),所以应立即标出斑点位置。还可以在用硅胶(氧化铝)G 薄层板分离后,趁展开剂尚未挥发前用显色剂喷至显色。不同类型的化合物需选用不同的显色剂。显色后,记下各斑点中心位置,通常用比移值(R_f值)表示物质移动的相对距离:

$$R_f = \frac{\text{溶质色斑最高浓度中心至原点中心的距离}}{\text{展开剂前沿至原点中心的距离}}$$

R_f值随分离化合物的结构、薄层板、吸附剂、展开剂的性质以及温度等因素的不同而变化。当温度等实验条件固定时,每种化合物的 R_f值都为一个特定常数,可作为定性分析的依据。故在相同条件下分别测定已知和未知化合物的 R_f值,再进行对照,即可确定是否为同一物质。

2. 柱色谱

柱色谱又称柱层析(colum chromatography),是通过色谱柱(层析柱)来实现分离、提纯少量化合物的有效方法。柱层析也分为吸附柱色谱和分配柱色谱,所用的固定相和支持剂与薄层色谱相同。一般薄层色谱常作为柱色谱的先导,即薄层色谱首先判定混合物的展开位置,再将混合物通过柱色谱分离得到组分单一的产品。实验室中最常用的是吸附柱色谱。

柱色谱的装置如图 2-24 所示。液体样品从柱顶加入,当溶液流经吸附柱时,各组分同时被吸附在柱的上端,然后从柱顶加入洗脱剂洗脱,当洗脱剂流下时,由于固定相对各组分吸附能力不同,各组分以不同的速度沿柱下移,于是出现不同层次。若是有色物质,溶质在柱中自上而下根据对吸附剂亲和力的大小分别形成若干色带,则在柱上可以直接看到色带,如图 2-25 所示。继续用洗脱剂洗脱时,已经分开的溶质按照吸附能力的强弱从柱上分别洗脱,即吸附能力最弱的组分随洗脱剂首先流出,吸附能力强的后流出,用锥形瓶分别收集各组分，然后分别将洗脱剂蒸除得到纯组分，并逐个鉴定。对于柱中不显色的无色物质，可用紫外光照射后所呈现的荧光作检查。或者在洗脱时，分段收集一定体积的洗脱液，通过薄层色谱逐个鉴定，再将相同组分的收集液合并在一起，蒸除溶剂，即得到单一的纯净物质。如此，具有不同吸附能力的化合物按不同速度沿柱向下移动，分别收集，即可得到分离的各组分。柱层析的操作规程如下。

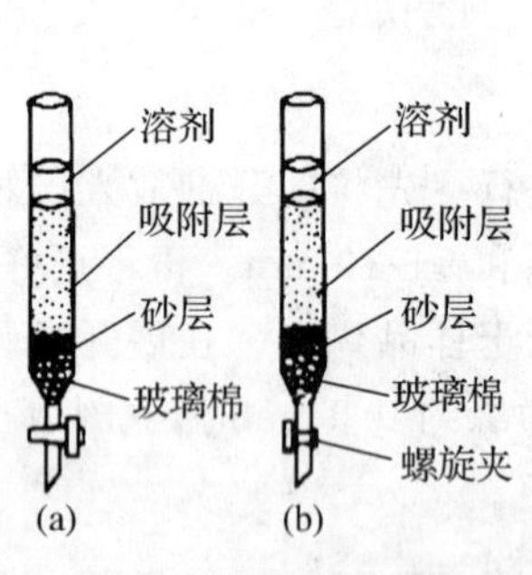

图 2-24 常用的柱色谱

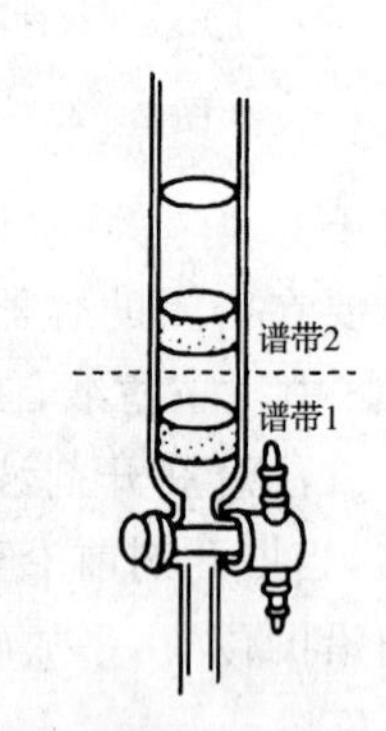

图 2-25 柱色谱色带

(1) 柱色谱吸附剂的选择

柱色谱吸附剂的种类很多，吸附剂的选择取决于被分离聚合物的种类。常用的吸附剂有氧化铝、硅胶和淀粉等。氧化铝对极性化合物吸附能力强；硅胶则比较温和，适用于大多数聚合物；淀粉适用于对酸、碱都敏感的天然聚合物的分离。大多数吸附剂都强烈吸附水，因此造成吸附剂的活性降低。通常采用加热的方法使吸附剂活化，但无水氧化铝的活性太强，有时会导致某些化合物分解，还可能使极性强的化合物难以解吸下来，因此氧化铝的干燥要酌情处理。

吸附剂的吸附能力与颗粒大小有关，颗粒太粗，流速快分离效果不好；颗粒太小，流速慢。吸附剂的颗粒大小通常以 100～150 目为宜。而且吸附剂的吸附能力还取决于被吸附物质的结构。化合物的吸附性与其极性成正比，化合物分子中含有极性较大的基团时，吸附性也较强。氧化铝对各种化合物的吸附性按以下次序递减：酸和碱＞醇、胺、硫醇＞酯、醛、酮＞芳香族化合物＞卤代物＞醚＞烯＞饱和烃。

(2) 洗脱剂的选择

通常根据被分离物中各组分的极性、溶解度和吸附剂活性，来选择洗脱剂。首先，所选的洗脱剂必须能够将样品中各组分溶解。如果被分离的样品不溶于洗脱剂，那么各组分可能会牢固地吸附在固定相上，不能随流动相移动或移动速度非常缓慢。其次，洗脱剂的极性要小于样品中各组分的极性。否则会因为洗脱剂在固定相上被吸附，导致样品一直保留在流动相中。一般洗脱剂的选择是通过薄层色谱实验来确定的，某种展开剂能将样品中各组分完全分开，即可作为柱色谱的洗脱剂。

极性溶剂对于洗脱极性化合物是有效的，非极性溶剂对于洗脱非极性化合物是有效的。色谱柱的展开首先使用极性最小的溶剂，使最容易脱附的组分分离，然后逐渐增加洗脱剂的极性，使极性不同的化合物按照极性从小到大的顺序从色谱柱中洗脱下来。常用洗脱剂的极性及洗脱能力按如下顺序递增：己烷和石油醚＜环己烷＜四氯化碳＜三氯乙烯＜二硫化碳＜甲苯＜苯＜二氯甲烷＜氯仿＜乙醚＜乙酸乙酯＜丙酮＜正丙醇＜乙醇＜甲醇＜水＜吡啶＜乙酸。如果分离复杂组分的混合物，某种单一展开剂达不到所要求的分离效果时，可考虑选用混合展开剂。所用洗脱剂必须纯净和干燥，否则会影响吸附剂的活性和分离效果。

(3) 色谱柱的大小和吸附剂用量

吸附柱色谱的分离效果不仅依赖于吸附剂和洗脱剂的选择，且与色谱柱的大小和吸附剂用量有关。一般要求色谱柱中吸附剂用量为待分离样品量的 30～40 倍，需要时可增至 100 倍。色谱柱的柱高和直径之比一般为 10∶1。吸附柱的大小、吸附剂用量和样品量之间的关系如表 2-13 所示。装柱可采用湿法和干法两种方法，而且湿法装柱比干法装柱更紧密均匀。色谱柱中吸附剂的填装要均匀、无气泡、无裂缝，并与柱顶表面保持水平。

表 2-13　色谱柱大小、吸附剂用量和样品量之间的关系

样品量/g	吸附剂用量/g	色谱柱直径/mm	柱高/mm
0.01	0.3	3.5	30
0.10	3.0	7.5	60
1.00	30.0	16.0	130
10.00	300.0	35.0	280

2.10.6　聚合物胶乳的分离及纯化

乳液聚合能够得到较稳定的聚合物胶乳，乳胶粒表面包覆着一定量的乳化剂。要得到纯净的聚合物，首先必须将聚合物与水分离，常用的方法是破乳。破乳是向胶乳中加入电解质、有机溶剂或其他物质，破坏胶乳的稳定性，使聚合物凝聚。可以根据乳化剂种类来选择破乳剂，离子型乳化剂一般选用带有反离子的电解质即可破乳，必要时还可加热或加快搅拌破坏其稳定性。破乳后要用大量的水多次洗涤聚合物，以除去聚合物中残留的乳化剂。

对于体系中不含乳化剂或含微量乳化剂的聚合物乳液，如果要将聚合物与水分离，乳胶粒粒径大于＞300 nm 的乳液可选择离心沉降法，使用高速离心机(转速大于 1 000 r/min)进行离心分离。离心前需将离心管称重配平再放入离心机，多次离心可以洗涤原乳液溶解在水相中的杂质。如果固含量较高又难以破乳，还可以选择直接蒸发水分的方法。先得到固态聚合物，再通过抽提等方法进一步纯化。如果只需要除去聚合物胶乳中的小分子乳化剂和无机盐，可以采用半渗透膜制成的渗析袋进行分离。

2.11　聚合物的分级与干燥

2.11.1　聚合物的分级

聚合物相对分子质量具有一定的分布宽度，常用多分散性系数($PDI = \overline{M_w}/\overline{M_n}$)来表示聚合物相对分子质量的分布宽度。除了活性阴离子聚合可制备出多分散性系数接近于 1 的某些聚合物以外，大多数聚合体系要想获得相对分子质量单分散性聚合物，聚合物的分级是必不可少的。把相对分子质量不同的组分进行分离的过程称为聚合物的分级。根据分级原理，聚合物分级主要有三类：① 基于在溶剂中的溶解度和溶解速度的差异进行分级；② 利用色谱法分级；③ 通过沉降分级。常用方法主要有沉淀分级、梯度淋洗分级、凝胶渗透色谱分级、超速离心法、电子显微镜法等几种。

1. 沉淀分级

当温度恒定时，对于某一溶剂而言，聚合物存在一个临界相对分子质量。相对分子质量低于该值的聚合物能以分子状态分散在溶剂中，称为聚合物溶解。相对分子质量高于该值的聚合物则以聚集体形式悬浮于溶剂中。沉淀分级就是在一定温度下，向聚合物溶液(浓度为0.1%～1%)中缓慢加入一定量的沉淀剂，直到溶液浑浊不再消失。静置一段时间后，等温沉淀析出相对分子质量较高的聚合物。采用超速离心法分离沉淀出的聚合物，再向其余的聚合物溶液中补加沉淀剂，重复上述操作即可得到不同级分的、单分散性聚合物样品。该方法的缺点是要求聚合物溶液很稀，而且沉淀相析出需要很长时间。

2. 梯度淋洗分级法

梯度淋洗分级是在惰性载体上沉淀聚合物样品，用一系列溶解能力不同依次增加的液体逐步萃取。具体方法是：将聚合物首先沉积在玻璃珠、二氧化硅等惰性载体上，填充在柱子中，用组成不断改变的溶剂-非溶剂配制的混合溶剂来淋洗柱子，一般萃取剂从100%非溶剂到100%溶剂，液体混合物在氮气的压力下通过柱子，把聚合物分子洗脱分离，按级分收集聚合物溶液。沉淀色谱法就是利用溶剂梯度和温度梯度二者的结合来进行分级的。

3. 凝胶渗透色谱分级

凝胶渗透色谱(GPC)法是一种较简便而有效的分级方法，主要采用一支盛有孔径大小分布不同的多孔凝胶颗粒的管柱，如图2-26所示。该方法是基于多孔性凝胶粒子中大小不同的空间可以容纳大小不同的溶质(聚合物)分子的原理来分离聚合物分子的。

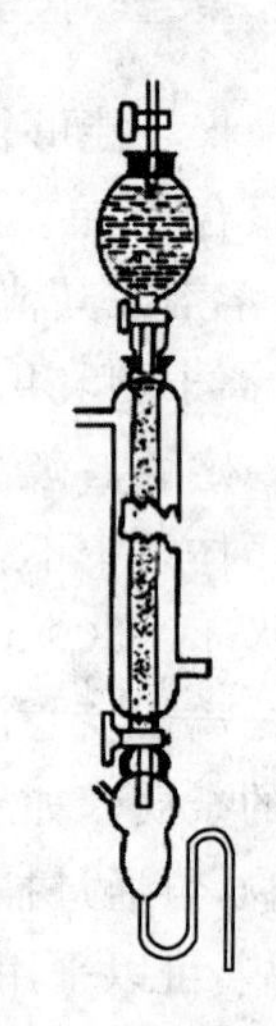

图2-26 凝胶渗透色谱柱

交联的有机物或无机硅胶作为填料，例如交联聚苯乙烯(苯乙烯-二乙烯基苯共聚物)或多孔凝胶，这种填料具有一定的孔结构，孔的大小取决于填料的制备方法。将聚合物溶液注入凝胶渗透色谱柱中，用同一溶剂连续淋洗，溶剂分子与小于凝胶微孔的聚合物组分就扩散到凝胶微孔中。聚合物相对分子质量越小，其在溶液中的线团粒度越小，渗透进入凝胶或多孔填料孔隙中的几率越大，而且停留时间越长；聚合物相对分子质量越大，其在溶液中的线团粒度越大，不能或只能部分渗透到凝胶微孔中。因此相对分子质量越大的级分能够通过凝胶颗粒间的缝隙，迅速穿过色谱柱，越早被洗提出来；相对分子质量越小的级分在色谱柱中停留时间越长，越晚被洗提出来。因此，聚合物按照相对分子质量从大到小的顺序，随着洗提液的先后收集次序而被分级。

除凝胶渗透色谱分级法以外，其他两种方法都是基于聚合物溶解度与其相对分子质量相关的原理，因此聚合物分级只是对于化学结构单一的聚合物而言的。对于不同支化程度的聚合物和共聚物样品，其溶解度并不仅仅取决于分子量的大小，还与其化学结构与组成相关，这些聚合物要先确定化学结构和组成，再按照分子量大小或化学组成来进行分级。

4. 超速离心法

在高速离心力场中，聚合物沉降速度是相对分子质量大小的函数，借此可分析其相对分子质量级分的分布。

5. 电子显微镜法

直接观察从高浓度稀释溶液中沉淀析出的孤立大分子线团的大小与数量，来计算聚合物相对分子质量大小及其分子量分布宽度。

2.11.2　聚合物的干燥

聚合物的干燥是将聚合物中残留的溶剂（如水和有机溶剂）除去的过程。最普通的干燥方法是将样品置于红外灯下烘烤，但是可能会因温度过高导致样品被烤焦，而且含有有机溶剂的聚合物不宜采用这种方法，因溶剂挥发在室内会造成一定危害。对于热稳定性好的固体聚合物可以放在烘箱内干燥。注意烘干温度和时间的选择，温度过高会导致聚合物氧化甚至裂解，温度过低，则所需要时间过长。而且加热的温度绝对不能超过该聚合物的玻璃化转变温度，以免固体变色或分解。

聚合物干燥最适宜的方法是真空干燥，可以利用真空烘箱进行。将聚合物样品置于真空烘箱密闭的干燥室内，减压并加热到适当温度，能够快速、有效地除去残留溶剂。为了防止聚合物粉末样品在恢复常压时被气流冲走和固体杂质飘落到聚合物样品中，可以在盛放聚合物的容器上加盖滤纸或铝箔，并用针扎一些小孔，便于溶剂挥发。

真空干燥之前，确保聚合物样品所含的溶剂量不是太多，否则会腐蚀烘箱和真空泵。如果溶剂量较多时，可用旋转蒸发法浓缩，也可以在通风橱内自然干燥一段时间，待大量溶剂除去后，再置于真空烘箱内干燥。而且要在真空烘箱与真空泵之间连接干燥塔，来保护真空泵，真空烘箱使用完毕后也应及时清理，减少腐蚀。真空干燥时，易挥发的溶剂可以使用水泵减压，难挥发的溶剂使用油泵减压。一些需要特别干燥的样品在恢复常压时可以通入高纯惰性气体，避免水气的进入。当待干燥的聚合物样品量非常少时，可以利用简易真空干燥器。干燥器底部装入干燥剂，利用抽真空的方法除去聚合物样品中的低沸点溶剂。

冷冻干燥是在低温高真空下进行的减压干燥，适用于有生物活性的聚合物样品，以及需要固定、保留某种状态下聚合物结构形态的样品干燥。在进行冷冻干燥前一般要将样品事先放入冰箱于－30～－20℃下冷冻，再置于已处于低温的冷冻干燥机中，快速减压干燥，干燥后应及时清理冷冻干燥机，避免溶剂的腐蚀。

2.12　聚合反应的监测

要了解一个聚合反应的进行程度，就需要测定不同反应时间时，单体的转化率或官能团的反应程度。常用的测定方法有质量法、化学滴定法、膨胀计法、色谱法和光谱分析法。

2.12.1　质量法

聚合反应进行到一定时间后，从反应体系中取出一定质量的反应混合液，采用适当的方法分离出聚合物并称重。可以选用沉淀法快速分离出聚合物，但是低聚体难以沉淀析出，并且在过滤和干燥过程中也会造成损失；也可以采用减压干燥的方法除去未反应的单体、溶剂和易挥发的成分，但是耗时较长，而且会有低分子质量的物质残留在聚合物样品中。

2.12.2 化学滴定法

缩聚反应中常采用化学滴定法测定残余官能团的数目，由此还可以获得聚合物的平均分子量。对于烯类单体的聚合反应，可以采用滴定碳碳双键浓度的方法来确定单体转化率。酸值、羟值、环氧值、胺值、双键含量、异氰酸酯基、游离甲醛含量的具体化学滴定测试方法见附录13。

2.12.3 膨胀计法

烯类单体在聚合过程中，由于聚合物密度高于单体浓度而发生体积收缩，同时单体与相应聚合物混合时，体积变化不明显。因此烯类单体聚合时，单体的转化率和反应体系体积之间存在线性关系。假设初始单体质量为 m_0，单体和聚合物的密度分别为 ρ_m 和 ρ_p，反应一段时间后聚合体系的体积为 V_t，则单体的转化率 C_v 满足如下关系式：

$$C_v = \frac{V_0 - V_t}{m_0(1/\rho_m - 1/\rho_p)} \tag{2-1}$$

为了跟踪聚合过程中反应体系的体积变化，聚合反应在膨胀计中进行。膨胀计的形状、大小和毛细管的粗细可根据聚合反应体系的体积变化和所要求的精度来确定。聚合过程中，膨胀计必须是无泄漏，聚合体系中无气泡产生，严格控制反应温度。在低转化率条件下，聚合体系黏度低，热量传递容易，可以不用搅拌；但在乳液聚合体系中搅拌必不可少。

2.12.4 色谱法

色谱法是一种简单、迅速而有效的方法，特别适用于共聚合体系。从聚合体系中取出少量聚合混合物，用沉淀剂分离出聚合物，就可以用气相色谱或液相色谱测定不同单体的相对含量。在相同色谱工作条件下，通过作工作曲线可以得到绝对量。

2.12.5 光谱分析法

由于单体和聚合物的结构不同，光谱具有各自的特征。例如可以利用红外光谱中特征吸收峰吸光度的相对强度变化，确定相应官能团的相对含量，进一步确定单体与聚合物的比例，从而得到单体转化率。值得注意的是绝对量也是通过作工作曲线得到的。核磁共振谱也常常用于测定聚合反应进行的程度，特别适用于烯类单体的聚合反应。例如，测定苯乙烯聚合反应的单体转化率，以苯环氢的质子峰作为内标，测定碳碳双键质子峰的相对移动高度，即可求得单体的转化率。光谱分析法也适用于共聚体系。

2.13 物理常数的测定

在高分子化学实验中，确定反应温度和提纯方法以及分析实验结果等经常要用到一些化合物的基本物理常数。虽然许多化合物的基本物理常数在手册中都可以查到，但是在实验之前通常用测定物性的方法来判定反应原料的纯度。例如，固体有机化合物的纯度通过测定熔点来确定，液体化合物的纯度通过测定折射率来确定。因为沸点与外界压力密切相关，杂质对沸点的影响也没有规律性，因此，一般很少通过测定沸点来判断某种液体化合物的纯度。对于分离提纯、分子设计和实验结果分析，液体的密度也是一个十分重要的基本物理常数指标。比旋光度是光学活性化合物特有的物理常数之一，含有不对称手性中心的化合物的旋光度在手册和文献上多有记载，对于所合成的旋光性聚合物通过测定其旋光度，可以鉴定光学活性物质的纯度和含量。下面分别介绍熔点、密度、折射率和旋光度的测定方法。

2.13.1　熔点的测定

熔点是固体有机化合物非常重要的物理常数之一，通常是指晶体物质受热由固态转变为液态时的温度。因为纯净的固体有机化合物一般都有固定的熔点，故测定熔点可鉴定有机物的纯度。纯度较低的化合物和高分子化合物则有熔程，即从开始熔解到全部熔解的温度区间。但是混有杂质时，会导致熔点下降、熔程增大。熔点的测定方法主要有两种：一种方法是毛细管法，即利用装有样品的毛细管在 Thiele 管（又称 b 形管）中加热来测定熔点。另一种方法是显微熔点测定仪直接测定法，如图 2－27 所示。将微量待测样品晶粒置于洁净且干燥的载玻片上，并再盖一块载玻片，放在加热台上。调节反光镜、物镜和目镜，使显微镜焦点对准样品，开启加热器，接通电源，先快速后慢速加热，温度升高到接近熔点时，控制温度上升的速度为（1～2）℃/min。通过目镜观测样品的熔解情况，当晶体样品的尖角和棱边开始变圆、有液滴出现时，说明样品已经开始熔化，记录热台上温度计显示的读数，即为初熔温度。样品逐渐熔化直至完全变成液体，记录全熔温度。测定熔点的操作过程，注意升温速度不能太快，否则在样品熔解的瞬间难以及时准确地读出温度。

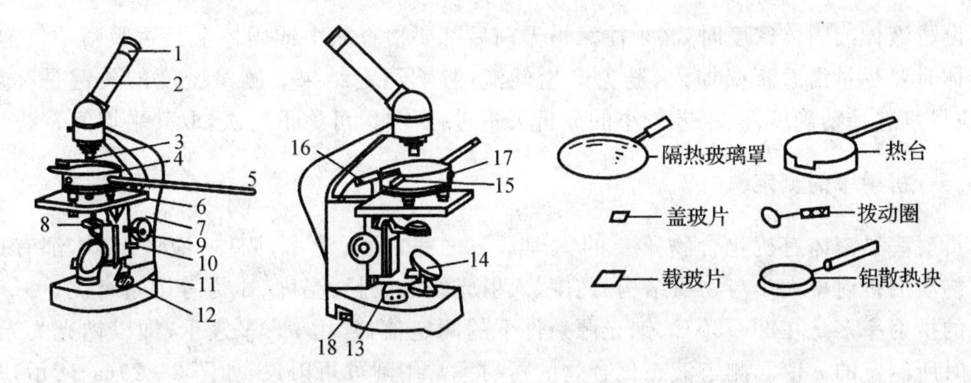

1－目镜；2－棱镜检偏部件；3－物镜；4－热台；5－温度计；6－载热台；7－镜身；8－起偏振件；9－粗动手轮；10－止紧螺钉；11－底座；12－波段开关；13－电位器旋钮；14－反光镜；15－拨动圈；16－上隔热玻璃；17－地线柱；18－电源插座

图 2－27　显微熔点测定仪

2.13.2　物质密度的测定

常见聚合物和化学试剂的密度在手册上都可以查到，但是当需要确定自己所合成的聚合物的物性时，要通过实验来测定其密度。比重瓶是最简便的密度测定仪器，由平底磨口玻璃瓶和毛细管组成，如图 2－28 所示。测量液体密度时，先用分析天平准确测量空比重瓶的

质量 m_0，将待测液体加入至毛细管顶部，恒温一段时间后，将毛细管处溢出的液体用滤纸擦去，再称量其质量 m_1，倒出瓶中液体，将比重瓶洗净。用同样的方法称量水的质量 m_h，则可计算该液体的密度 ρ_l：

$$\rho_l = \frac{m_1 - m_0}{m_h - m_0} \cdot \rho_h \tag{2-2}$$

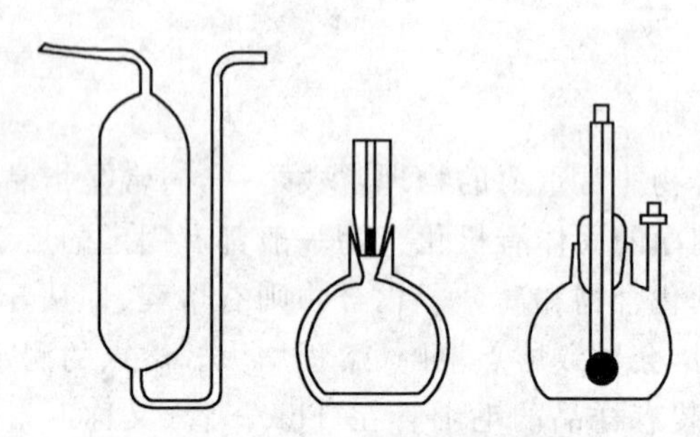

图 2-28 液体密度测定仪器

测定固体密度时，一般也用水作参比，但固体不能与水发生任何反应，不溶解也不溶胀，也可采用其他已知密度的液体作为参比。用上述同样方法，称取空比重瓶质量 m_0，加入约占比重瓶容积 1/5～1/3 的待测固体，称重 m_2，再于瓶内加水至毛细管顶部，恒温称重 m_3，再通过加纯水的质量 m_h，则可计算固体的密度 ρ_s：

$$\rho_s = \frac{m_2 - m_0}{(m_h - m_0) - (m_3 - m_2)} \cdot \rho_h \tag{2-3}$$

测量液体或固体密度时，必须注意恒温前后都要检查瓶中或固体上是否吸附了气泡，加入液体时要尽量沿着瓶壁加入，避免产生气泡，影响测定结果。测量密度的关键是称重操作，应尽量选择精确度高、误差较小的分析天平进行称量，可称重三次，取其平均值。

2.13.3 折射率的测定

折射率是液体有机化合物重要的物理常数之一，即折光率，固体、液体、气体都有折射率。物质的折射率大小与物质结构、纯度、入射光线的波长、温度、压力等因素有关。一般文献上的折射率多是在20～30℃、钠光源条件下的测定值，常用 n_D^{20} 来表示，即以钠光为光源，20℃时所测定的 n 值。测定液态化合物的折射率常用阿贝折射仪，如图 2-29(a)所示，其精度可以达到 0.000 1，折射率的量程为 1.300 0～1.700 0，所需样品量极少(1～2 滴)。

阿贝折射仪需要进行校正后才能用于测定。在测量折射率之前，先要通过恒温水浴的循环水系统将阿贝折射仪恒温，同时调节反光镜使视野处于亮场。待温度恒定至所需温度时，松开锁钮，开启辅助棱镜，将待测的液体均匀地滴至辅助棱镜上，要求液体无气泡并充满视场，立即旋紧棱镜锁紧扳手，转动反射镜使视场最亮。轻轻转动左侧刻度盘，并在右镜筒内找到明暗分界线或彩色光带，再转动消色散调节旋钮，直至清晰地观察到明暗分界线；再转动棱镜调节旋钮，使明暗分界线恰好通过“十”字交叉点，如图 2-29(b)所示，从读数望远镜中读出此温度下的折射率。一个样品重复 2～3 次。一般在测样品折射率之前，要先测蒸馏水的折射率，进行仪器校正。

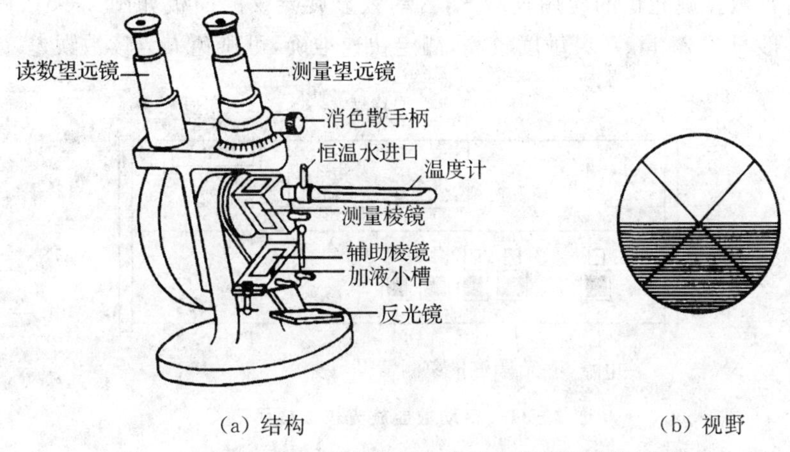

(a) 结构　　(b) 视野

图 2-29　阿贝折射仪的结构及目镜视野(临界角)

2.13.4　旋光度的测定

某些物质是手性分子,能使偏振光的振动平面旋转一定角度,使偏振光振动平面向右旋转的物质称为右旋体,使偏振光振动平面向左旋转的物质称为左旋体。当偏振光通过具有光学活性的物质时,由于光学活性物质的旋光作用,其振动方向会发生偏转,所旋转的角度 α 称为旋光度。

旋光度的测定可以鉴定光学活性物质的纯度和含量。物质的旋光度除了与物质的结构有关外,还与测定时溶液的浓度、溶剂、温度、旋光管长度和所用光源的波长等因素有关。因此常用比旋光度$[\alpha]_{\lambda}^{t}$来表示物质在一定条件下的旋光性。比旋光度是旋光性物质特有的物理常数之一,只与分子结构有关,可以通过旋光仪测定物质的旋光度,再经过计算求得。比旋光度的表示通常需要标明测定时所用的溶剂,比旋光度与旋光度的关系如下:

$$[\alpha]_{\lambda}^{t}=\frac{\alpha}{l\times c} \tag{2-4}$$

式中:$[\alpha]_{\lambda}^{t}$ 为旋光性物质在 t℃、光源波长为 λ 时的比旋光度,一般用钠光作为光源,此时的比旋光度用$[\alpha]_{D}^{t}$ 表示;α 为旋光仪直接测得的旋光度(°);t 为测定时的温度,℃;λ 为光源波长,nm;l 为旋光管长度,dm;c 为溶液的质量浓度,g/mL。

物质的旋光度采用旋光仪测定。主要有直接目测旋光仪和自动数显旋光仪两种,其基本结构包括一个钠光源、起偏镜、盛液管(旋光管)、检偏镜,如图 2-30 所示。

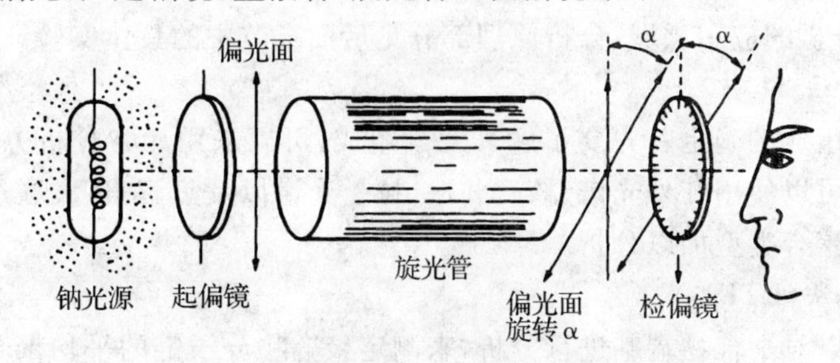

图 2-30　目测旋光仪基本结构示意图

目前，自动数显旋光仪的应用较广泛，自动数显旋光仪的面板如图 2-31。其特点是样品用量少(一般只需 20 mg)，灵敏度较高，测定快速准确，可避免人为读数误差。

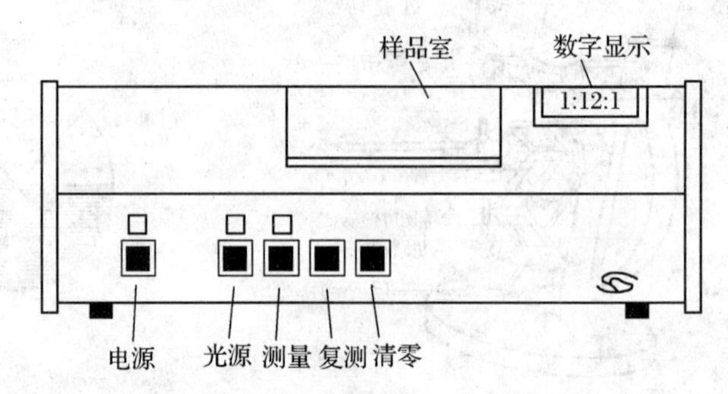

图 2-31 自动数显旋光仪面板示意图

测定时，首先准确称取 20 mg 待测样品，溶于 2 mL 已知溶剂中，配制成待测样品溶液，溶液必须澄清透明，否则应过滤，以免偏差。将长 5 cm 的旋光测定管(有 0.5 mL 和 1 mL 两种规格)用样品溶液清洗三次，然后装满全管。另取一根相同规格的旋光测定管，以所用溶剂清洗三次，然后在旋光测定管中装满溶剂。

接通电源，打开旋光仪电源开关，钠光灯预热 5 min，钠光灯发光正常后即可开始测定。首先将装有溶剂的旋光管置于仪器中进行测定，读数三次以上，求出平均值。取出溶剂测定管，调零，再将装有待测样品溶液的旋光管置于仪器中进行测定，读数三次以上，求出平均值。在测定的数值中，对于偏差较大的数据，在计算中应予以剔除。以样品测定的平均值减去或加上溶剂测定的平均值，即得该物质的旋光度。再按上述公式计算该物质的比旋光度。

2.14 聚合物的性能评价

高分子合成反应结束后，聚合物从反应体系中分离出来并经适当的提纯后，得到纯净的聚合物样品。为了证实实验结果的正确性，需要进一步研究聚合物，不仅要了解聚合物的结构，而且要对聚合物的某些性能进行测试，即对聚合物进行结构表征及性能测试。大多数聚合物材料的化学和物理性质可以分为三大类：结构性质、溶液性质和固态性质。结构性质包括组成(元素组成、结构单元组成)、单分子结构和聚合物聚集态结构；溶液性质包括相对分子质量及其分子量分布、溶解性、流变性等；固态性质包括热性能、稳定性、抗老化性、力学性质等。由于聚合物的结构较复杂，而且不同结构的同种聚合物所反映出的性能差别较大。因此需要借助很多方法和手段对结构和性能进行分析。在此简要介绍一些常用的聚合物测试手段，侧重于分析的应用领域，分析原理部分见后面章节中的具体实验。

1. 元素分析法

聚合物化学组成的确定首先要了解其元素组成，可以采用元素分析方法进行。聚合物结构单元的测定可以使用红外光谱、核磁共振、拉曼光谱以及热解-色质联用等方法，并结合单体和所进行的聚合类型加以分析。

2. 红外光谱法(FTIR)

红外光谱可以对聚合物端基进行分析，来测定聚合物分子链的平均聚合度和支化度，同时对聚合物结构单元中的官能团进行表征，可以帮助分析未知聚合物的结构；通过比较同种聚合物的完全非结晶样品和高结晶度样品的红外光谱，可以帮助测定聚合物的结晶度；聚合物分子结构的变化、链的构型、链的构象等变化也可以用红外光谱进行测试分析。

3. 核磁共振波谱法(NMR)

核磁共振波谱可以进行聚合物的相对分子质量测定、组成分析、动力学过程分析、结晶度分析、相变分析，特别是聚合物的立构规整性和序列结构分析等工作。

4. 凝胶渗透色谱法(GPC)

聚合物的相对分子质量测定可以采取多种手段，膜渗透压法和气相渗透法可以测得聚合物的数均相对分子质量，光散射法可以测得聚合物的重均相对分子质量，超速离心法可以同时获得数均相对分子质量和重均相对分子质量。化学滴定等端基分析法也可以得到聚合物的数均相对分子质量，例如用核磁共振分析端基数量，这种方法对于相对分子量较低的聚合物而言可信度较高。实验室常用凝胶渗透色谱法(体积排阻色谱)和黏度法来确定聚合物的相对分子质量，但需要用已知相对分子质量的同种聚合物作为基准物，才能得到所合成聚合物的相对分子质量的绝对值。而且凝胶渗透色谱法(GPC)可以同时测定聚合物的数均相对分子质量和重均相对分子质量，通过计算得到聚合物相对分子质量分布宽度。凝胶渗透色谱法可测定聚合物溶液溶质的线团尺寸，但对于嵌段共聚物和接枝共聚物而言，因共聚物的自胶束化行为，往往造成实验值与理论值偏差较大。

5. 热分析方法

为了研制新型的高分子材料与控制聚合物的质量和性能，测定聚合物的熔融温度、玻璃化转变温度、混合物和共聚物的组成、热历史以及结晶度等参数是必不可少的。在这些参数的测定中，热分析是主要的分析工具。特别是差示扫描量热法(DSC)在聚合物中的应用非常广泛，如取向度的估算、固化反应的动力学研究等。

6. 电子显微镜法

电子显微镜法主要包括扫描电子显微镜法(SEM)和透射电子显微镜法(TEM)。通过电子显微镜法可以研究聚合物大分子的形态和聚集态结构，研究纤维织物的结构及其缺陷特征，研究聚合物多向复合体系的结构等。

7. 表面分析能谱法

表面分析能谱是采用光束、电子束、粒子束等对固体表面进行激发，使之相应地释放出光、电子、粒子、中子等，通过对其能量分布进行检测与分析，即可确定原物质的结构组成。较常见的表面分析能谱有十几种，在高分子研究中应用较多的是X射线能谱分析仪(XPS)。XPS可以进行高分子材料表面元素组成的分析、高分子材料元素的定量分析、高分子的结构分析、高分子粘接界面的研究以及高分子材料特种表面的研究。

8. X射线衍射和散射法

X射线衍射仪可以用于测定聚合物的聚集态结构参数，比如结晶度和取向度，也可以用于测定高分子材料的微晶大小。

第三章　自由基聚合

实验 1　膨胀计法研究苯乙烯自由基聚合微观动力学

一、实验目的

(1) 掌握膨胀计的原理和使用方法。

(2) 掌握膨胀计法研究本体自由基聚合微观动力学的原理和实验方法。

(3) 验证聚合速率与单体浓度间的动力学关系式。

二、实验原理

因为单体密度小于聚合物密度,因此在聚合过程中体系体积不断收缩。当一定量单体聚合时,体积的变化与转化率成正比。如果将这种体积的变化放在一根直径很小的毛细管中观察,灵敏度将显著提高。这种通过测定一定量单体在聚合时体积收缩速率的变化来研究动力学、求解动力学参数的方法称为膨胀计法,它是研究聚合微观动力学和测定动力学参数的常用方法。

单体转化率 $C(\%)$ 与聚合时体系体积收缩率呈线性关系,表示如下:

$$C\% = \frac{[M]_0 - [M]_t}{[M]_0} \times 100\%$$

$$C\% = \frac{\Delta V_t}{V} \times 100\%$$

$$\Delta V_t = V_0 - V_t = \Delta h \times A = (h_0 - h_t)A$$

$$V = V_m - V_p = V_m - V_m \frac{\rho_m}{\rho_p} = V_m\left(1 - \frac{\rho_m}{\rho_p}\right)$$

$$C\% = \frac{(h_0 - h_t)A}{V_m\left(1 - \frac{\rho_m}{\rho_p}\right)} \times 100\% \tag{1-1}$$

式中,$[M]_0$、$[M]_t$ 分别为聚合前和 t 时刻单体浓度,ΔV_t 为体系体积收缩值,V_0、V_t 分别为聚合体系初始和 t 时刻体积,V_m 为单体体积,V_p 为聚合物体积,h_0 为聚合前毛细管中液面刻度值,h_t 为 t 时刻毛细管中液面刻度值,Δh 为 t 时间内毛细管中液面刻度收缩值,A 为毛细管截面积。

因此,通过记录 t 时刻的 h_t 值,可作出聚合初期单体转化率对时间的关系曲线,初步观测出聚合初期聚合速率的变化情况。

聚合初期,综合反应速率常数 k 的实验测定:

$$R_p = k_p\left(\frac{fk_d}{k_t}\right)^{1/2}[I]^{\frac{1}{2}}[M] \tag{1-2}$$

根据聚合反应总速率方程,可知聚合速率与引发剂浓度平方根成正比,与单体浓度一次方成正比,因此可将上式简化如下:

$$R_p = -\frac{\mathrm{d}[M]}{\mathrm{d}t} = k[I]^{\frac{1}{2}}[M] \tag{1-3}$$

聚合初期假定引发剂浓度$[I]$变化很小,可近似看作常数,则:

$$R_p = -\frac{\mathrm{d}[M]}{\mathrm{d}t} = k'[M] \tag{1-4}$$

积分后得:

$$\ln\frac{[M]_0}{[M]} = k't \tag{1-5}$$

从实验中测出不同时间的单体浓度$[M]$值,以$\ln([M]_0/[M])$对t作图,可得到一条直线,根据直线斜率求得k',从而计算得到聚合初期的综合反应速率常数k,且由此可验证聚合初期聚合反应速率与单体浓度之间的动力学关系式。

聚合初期的平均聚合速率:

$$\overline{R}_p = \frac{\frac{[M]_0}{[M]}}{\Delta t} \tag{1-6}$$

本实验以苯乙烯为单体,过氧化二苯甲酰为引发剂合成聚苯乙烯,并通过膨胀计测定苯乙烯自由基聚合反应的聚合速率。

已知:$[M]_0 = (\rho_s/M_s)\times 10^{-3}\ \mathrm{mol\cdot L^{-1}}$;$\rho_s = 0.905\ \mathrm{g\cdot mL^{-1}}$;$\rho_{PS} = 1.062\ \mathrm{g\cdot mL^{-1}}$;$M_s = 104\ \mathrm{g\cdot mol^{-1}}$;$V_0 = 15\ \mathrm{mL}$;毛细管直径0.8 mm。

三、仪器与药品

1. 仪器

胶头吸管、烧杯(50 mL、100 mL)、玻璃棒、温度计(100℃)、细线、铁夹台及铁夹、膨胀计、数显恒温水浴槽、秒表、直尺(1 m)、洗耳球、精密天平(0.000 1 g)、电吹风。

2. 药品

过氧化二苯甲酰(BPO)、苯乙烯、甲苯、N,N′-二甲基甲酰胺(DMF)。

四、实验步骤

在分析天平上准确称取50 mg过氧化二苯甲酰,并放入洁净干燥的100 mL烧杯中,加入10.80 g精制苯乙烯,用玻璃棒搅拌溶解成均一透明的溶液。然后小心将溶液装入膨胀计中(图1-1),将膨胀计固定在夹具上[1],下部容器浸入75～80℃恒温水浴槽中。单体受热体积膨胀,使得毛细管内液面不断上升,及时吸掉膨胀出的液体。当液面稳定不动时,达到了热平衡(大约需要20～40 min),记下此时毛细管内液面高度h_0。当液面开始下降时,记录此时间为t_0。此后,每隔1 min记录一次,记录时间为90～120 min。

实验结束,小心地从恒温水浴中取出膨胀计,将其中溶液倒入指定废液回收瓶,并用甲苯洗涤膨胀计 2～3 次，放入烘箱中干燥，洗涤液倒入指定废液回收瓶。对于难以清洗的膨胀计可使用 DMF 少量多次清洗，然后再用甲苯洗涤 2～3 次。

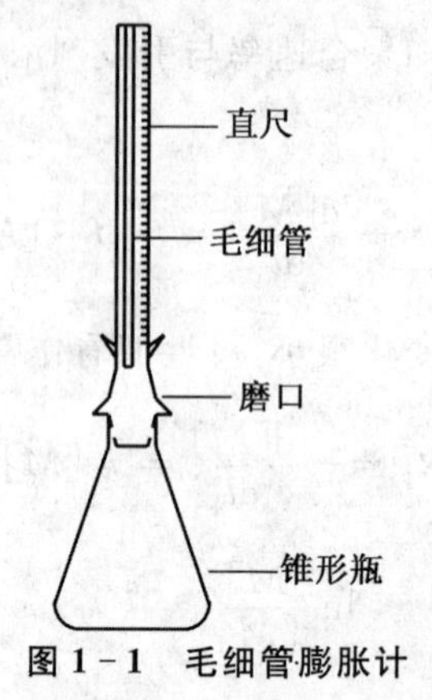

图 1-1 毛细管膨胀计

本实验约需 5 h。

【注释】

[1] 膨胀计预先与直尺用橡皮筋固定好。

五、数据记录及处理

1. 按下表记录实验数据，并绘制聚合初期单体转化率对时间的关系曲线，对聚合初期聚合速率的变化情况加以说明。

t	h_t	Δh	ΔV_t	$C\%$

2. 按下表记录实验数据，绘制 $\ln([M]_0/[M])$ 与 t 的关系曲线，求解聚合初期的综合反应速率常数 k，并验证聚合反应速率与单体浓度之间的动力学关系式。

t	Δh	ΔV_t	$[M]$	$\ln([M]_0/[M])$

3. 计算聚合初期的平均聚合反应速率。

六、思考题

(1) 根据实验过程，分析哪些因素会影响实验结果的精确度？

(2) 对于高转化率情况下的自由基聚合反应能用这种方法研究吗？为什么？

(3) 膨胀计放入恒温水浴中，为什么先膨胀后收缩？

实验 2　甲基丙烯酸甲酯的本体聚合

一、实验目的

1. 用本体聚合的方法制备有机玻璃(PMMA),了解聚合原理和特点,特别是了解温度对产品性能的影响。

2. 掌握有机玻璃制备技术,要求制品无气泡、无损缺、透明光洁。

二、实验原理

单体甲基丙烯酸甲酯(MMA)既可以进行自由基聚合,又可以进行阴离子聚合,本实验是以过氧化二苯甲酰(BPO)为引发剂进行自由基聚合。甲基丙烯酸甲酯通过本体聚合可以制得聚甲基丙烯酸甲酯(PMMA),俗称有机玻璃。其反应如下:

$$n\,H_2C{=}\underset{\underset{COOCH_3}{|}}{\overset{\overset{CH_3}{|}}{C}} \xrightarrow{\text{引发剂}} \left[H_2C - \underset{\underset{COOCH_3}{|}}{\overset{\overset{CH_3}{|}}{C}} \right]_n$$

聚甲基丙烯酸甲酯具有庞大的侧基,为无定形固体,最突出的特点是具有高度的透明性,比重小。故其制品比同体积无机玻璃制品轻巧很多,同时又具有一定的耐冲击强度和良好的低温性能,是航空工业与光学仪器制造工业的重要原料。

本体聚合又称块状聚合,是在没有任何介质存在下,单体本身在微量引发剂下聚合或者直接用热与光、辐射线照射引发聚合。该方法的优点是体系组成和反应设备比较简单,成品无需后处理,产品也比较纯净,这个优点对要求透明度或电性能好的聚合物尤为重要。各种规格的板棒、管材等制品均可直接聚合而成。但是自由基本体聚合反应较难控制,这是由于本体聚合不加分散介质,聚合反应到一定阶段后体系黏度大,易产生自动加速现象,聚合反应热也难以导出,故造成局部过热,导致反应不均匀,使聚合物分子量分布加宽,产品变黄并产生气泡,从而使聚合物破损。在灌模聚合中若控温不好,体积收缩不均,还会导致聚合物光折射率不均匀且产生局部皱纹。这些弊端在一定程度上限制了本体聚合在工业上的应用。为了克服以上缺点,常采用分段聚合法,即工业上常称的预聚合和后聚合,先在聚合釜内进行预聚合,后将聚合物浇注到制品型模内,再开始缓慢后聚合成型,整个过程分制模、制浆、灌浆聚合和脱模几个步骤。预聚合不仅可以缩短聚合反应的诱导期,并使"凝胶效应"提前到来,以便在灌模前排出较多的聚合热,以利于保证产品质量。而且可以减少聚合时体积收缩,因为甲基丙烯酸甲酯由单体变成聚合物后密度相差甚大(前者 0.94,后者 1.19),因而在聚合时产生体积收缩,体积要缩小 20%~22%。如果聚合热未经有效排除,各部分反应便不一致,收缩也不均匀,从而导致裂纹和表面起皱现象发生。通过预聚合可使收缩率小于 12%,另外浆液黏度大,可减少灌模的渗透损失。工业生产中一般是通过降低引发剂浓度,严格控制不同阶段的反应温度,及时排出聚合热。

三、仪器与药品

1. 仪器

四颈瓶、回流冷凝管、电动搅拌器、恒温水浴、温度计、量筒、试管、烧杯、氮气瓶。

2. 药品

甲基丙烯酸甲酯(新蒸)、过氧化二苯甲酰(精制)。

四、实验步骤

1. 预聚合

准确称取 0.15 g 过氧化二苯甲酰[1],50 g 甲基丙烯酸甲酯(换算成体积用移液管量取),混合均匀,加入带有搅拌器、冷凝管、温度计和导气管的 250 mL 四颈瓶中。开动冷却水,通氮气,采用恒温水浴并开动搅拌,升温至 75～80℃,20～30 min 后取样。若预聚物具有一定黏度[2](转化率 7%～10%[3]),则移去热源,搅拌下冷却至 50℃左右。

2. 浇注灌模

取试管若干只,分别进行灌注,灌注高度一般为 5～7 cm(灌注过多会造成压力过大,有可能使气泡不易逸出,留在聚合物内)。

3. 后聚合

静置片刻,在 40℃的水浴中或烘箱中聚合约 20 h(注意控制温度不能太高,否则易使产物内部产生气泡,局部过热甚至会产生爆聚。若用烘箱一定要注意烘箱的温度控制情况),或在室温中直至硬化。硬化后,在沸水中熟化 1 h,使反应趋于完全。

4. 制得成品

撤出试管,可得到一只透明度高、光洁的圆柱形聚甲基丙烯酸甲酯试管形状的棒材。若浇注时放入花鸟之类,则为市售之"人工琥珀"。

【注释】

[1] 本实验所用过氧化物类引发剂受到撞击、强烈研磨极易燃烧、爆炸。取用盛引发剂的容器时,要轻拿、轻放,取用时洒落的试剂要及时收拾干净。

[2] 预聚液黏度变化的监测是本实验的难点,由于没有仪器进行定量测量,主要靠实验者耐心细致的观察和体会。比如用玻璃棒蘸取少量预聚物,溶液从逐滴到呈线性流动,说明黏度明显增加;或用玻璃棒蘸一滴溶液在指尖,两指摩擦,注意其拉丝现象随黏度不同的变化。

[3] 预聚合的转化率太低,则固化、熟化阶段难以控制;转化率太高则可能直接导致爆聚。

五、思考题

(1) 本体聚合的特点是什么? 为何要预聚合?

(2) 聚合为什么要采取分段加热,即先高温、后低温、再高温的工艺?

(3) 制品中的"气泡"、"裂纹"等是如何产生的? 如何防止?

(4) 反应中为何要通氮气?

(5) 进行本体浇铸聚合时,如果预聚阶段单体转化率偏低会产生什么后果?

实验 3　醋酸乙烯酯的溶液聚合

一、实验目的

(1) 通过醋酸乙烯酯的溶液聚合，增强对溶液聚合的感性认识，进一步掌握溶液聚合的反应特点。

(2) 掌握聚醋酸乙烯酯的聚合方法。

二、实验原理

溶液聚合为单体、引发剂(或催化剂)溶于适当溶剂中进行聚合的过程，一般具有反应均匀、聚合热易散发、反应速度及温度易控制、分子量分布均匀等优点。缺点是单体被稀释、聚合反应速度慢、产物分子量较低。该方法的一个突出特点是在聚合过程中存在向溶剂的链转移反应，在不同程度上导致产物的分子量降低。而且各种溶剂的链转移常数相差很大，一般要根据聚合物分子量的要求选择合适的溶剂。另外还要注意溶剂对聚合物的溶解性能，选用良溶剂时，所形成的聚合物溶于溶剂，反应为均相聚合，可以消除凝胶效应，聚合反应遵循正常的自由基聚合动力学规律。若选用沉淀剂时，所形成的聚合物不溶于溶剂，反应为非均相聚合，称为沉淀聚合或淤浆聚合，凝胶效应显著。因为溶液聚合使用和回收大量昂贵、可燃、甚至有毒的溶剂，不仅会增加生产成本和设备投资、降低设备生产能力，而且会造成环境污染。如要制得固体聚合物，还要配置分离设备，增加洗涤、溶剂回收和精制等工序。因此溶液聚合在工业上常用于合成可直接以溶液形式应用的聚合物产品，如胶黏剂、涂料、油墨等，而较少用于合成颗粒状或粉状产物。

醋酸乙烯酯(VAc)可采用乳液或溶液等方法进行聚合。如果所得聚醋酸乙烯酯(PVAc)用作涂料或胶黏剂，则采用乳液聚合方法；如果所得聚醋酸乙烯酯要进一步醇解制备聚乙烯醇，则采用溶液聚合。聚醋酸乙烯酯进一步醇解，可制得聚乙烯醇。聚乙烯醇适宜制造维尼纶纤维。制备聚醋酸乙烯酯时，控制分子量是关键。根据反应温度、引发剂、溶剂类型等反应条件的不同，可得到分子量从 2 000 到几万的聚醋酸乙烯酯。

由于醋酸乙烯酯的自由基活性较高，在溶液聚合时引入溶剂，大分子自由基和溶剂易发生链转移反应，使聚合物分子量降低。大部分反应发生在乙酰基的甲基处，形成支链或交联产物。所以在选择溶剂时，必须考虑溶剂对单体、聚合物、分子量的影响，选取适当的溶剂。反应温度也是聚合反应的一个重要因素，随着温度升高，聚合反应速度加快，聚合物分子量降低。同时升温引起链转移反应速度增加，也会使聚合物分子量降低。所以必须选择适当的反应温度。

本实验以乙醇为溶剂，以过氧化二苯甲酰为引发剂，醋酸乙烯酯进行溶液聚合，制得聚醋酸乙烯酯。聚合反应如下：

$$n\,H_2C{=}\underset{\displaystyle OCOCH_3}{\underset{|}{CH}} \xrightarrow{\text{引发剂}} \left[CH_2-\underset{\displaystyle OCOCH_3}{\underset{|}{CH}} \right]_n$$

选用乙醇作溶剂的主要原因如下:一是由于乙醇毒性小;二是由于聚醋酸乙烯酯能溶于乙醇,聚合反应中活性链对乙醇的链转移常数较小;而且在醇解制取聚乙烯醇时,加入催化剂后在乙醇中经侧基转化反应,可直接进行醇解。

三、仪器与药品

1. 仪器

四颈瓶、回流冷凝管、电动搅拌器、恒温水浴、温度计、量筒、烧杯、氮气瓶、移液管、表面皿。

2. 药品

醋酸乙烯酯(新蒸,沸点73℃)、无水乙醇、过氧化二苯甲酰。

四、实验步骤

1. 在洁净干燥的、装有搅拌器、冷凝管、温度计和导气管的250 mL四颈瓶中,分别加入50 g新鲜蒸馏的醋酸乙烯酯[1](换算成体积用移液管量取)、10 mL无水乙醇[2]和0.25 g过氧化二苯甲酰(先用5 mL乙醇配成溶液)。

2. 通氮气,开动搅拌,在氮气保护下,水浴加热进行反应,温度控制在65～70℃之间[3],使其回流。注意观察反应液黏度变化,并保证整个体系封闭性。反应维持3 h结束,得透明的黏状物[4]。加入50 mL乙醇,温度维持在70～75℃,搅拌0.5 h,使其成为均匀的溶液,停止搅拌。

3. 迅速取下反应瓶,称取3～4 g反应液于已称重的表面皿上。先在通风橱中用红外灯加热,使溶剂大部分挥发,再在真空烘箱中烘干至恒重,得到无色玻璃状的聚合物。计算固含量,以实测固含量与理论固含量之比值可估算聚合转化率[5]。

【注释】

[1] 醋酸乙烯酯有麻醉性和刺激作用,高浓度蒸气可引起鼻腔发炎,因此在实验时须保持通风。

[2] 醋酸乙烯酯的溶液聚合也可以用其他溶剂,工业上用甲醇作溶剂。考虑实验室安全,实验采用乙醇作溶剂。与甲醇作溶剂相比,采用乙醇作溶剂的单体转化率略低一些。

[3] 本实验用乙醇作溶剂,水浴温度不能高于乙醇沸点78℃,控制在70℃左右为宜。否则因为局部受热,乙醇大量挥发,回流增大使体系中溶剂减少,不能及时带走反应热,导致反应失败。

[4] 反应后期,聚合物极黏稠,搅拌阻力较大,可以加入少量乙醇。

[5] 工业生产中反应时间较长,能保证较高的转化率。因教学实验受时间限制,故聚合转化率不高,对下一步醇解可能会产生影响。改进方法是在聚合后,将溶剂和未反应单体减压蒸除,再配成溶液,然后醇解。

五、思考题

(1) 引发剂和溶剂的用量对聚合物分子量、聚合速率有何影响?

(2) 如何选择溶剂?实验中为何以乙醇为溶剂?

(3) 温度对聚合反应有何影响?

实验4　苯乙烯的悬浮聚合

一、实验目的

(1) 了解苯乙烯自由基悬浮聚合的基本原理,掌握悬浮聚合的实施方法,了解配方中各组分的作用,较全面地了解低温悬浮聚合法的聚合过程和优缺点。

(2) 通过对聚合物颗粒均匀性和大小的控制,了解分散剂、升温速度、搅拌形式、搅拌速度等对悬浮聚合的影响。

二、实验原理

悬浮聚合是指通过强力搅拌并在分散剂的作用下,把不溶于水的单体分散成无数小液滴悬浮于水中,由油溶性引发剂引发而进行的聚合反应。悬浮聚合的优点表现在大量的聚合热被非溶剂吸收,能确保聚合反应均匀顺利进行,产物为珠状,减少了由于产物的硬、黏弹等性质所产生的不易粉碎的困难。缺点是黏附于产物表面的添加剂难以除净,产物不够纯净。悬浮聚合是由烯类单体制备高聚物的重要方法之一,在工业中被广泛用于生产聚苯乙烯。聚苯乙烯是一种透明的无定型热塑性高分子材料,其分子量分布较宽,由于流动性能好,可用于模压注射制品,所加工的制品有较高的透明度和良好的耐热性、电绝缘性。

本实验以水为分散介质,聚乙烯醇为悬浮剂,油溶性过氧化二苯甲酰为引发剂,苯乙烯按自由基反应机理进行悬浮聚合。聚合反应如下:

$$n\ H_2C{=}CH(C_6H_5) \xrightarrow{BPO} \left[\!-H_2C-CH(C_6H_5)-\right]_n$$

在聚合过程中,苯乙烯借助机械搅拌作用,单体以细小的液滴悬浮于介质中,每个小液滴相当于一个独立的小本体聚合体系。为了防止单体聚合后的珠粒凝结成团,在水中加入适量的悬浮剂聚乙烯醇(PVA)。由于苯乙烯悬浮聚合以水为分散介质,聚合热可以迅速排除,因而反应温度容易控制,生产工艺简单,制成的成品呈透明均匀的颗粒状,产品不经过造粒可直接成型加工。悬浮聚合产率的大小、成品颗粒大小是否均匀与悬浮剂的种类、用量及搅拌速度有关,因此严格控制搅拌速度和聚合温度是实验成功的关键。

三、仪器与药品

1. 仪器

四颈瓶(250 mL)、回流冷凝管、电动搅拌器、恒温水浴、温度计、量筒、烧杯、氮气瓶、布氏漏斗、吸滤瓶。

2. 药品

苯乙烯、聚乙烯醇、过氧化二苯甲酰。

四、实验步骤

1. 在洁净干燥的装有搅拌器、冷凝管、温度计和导气管的 250 mL 四颈瓶中，加入 0.30 g聚乙烯醇和120 mL 蒸馏水，开启冷却水，搅拌，并加热至 75～80℃(若溶解困难，可升温至 90℃，而后冷却)，待聚乙烯醇全部溶解后[1]，停止加热。通数分钟氮气后，将溶有 0.30 g过氧化二苯甲酰(称量时采用塑料匙或竹匙，避免使用金属匙)的 45 mL 苯乙烯加入四颈瓶内，调节搅拌速度[2]，通氮气[3]，加热，数分钟内升温到 83℃(注意升温的滞后现象)。

2. 聚合温度控制在 83～85℃[4]，反应 2～3 h，反应过程中缓慢通氮气，体系始终保持正压，在反应瓶中可以观察到有逐步沉降的聚合物珠状颗粒，反应 2 h 后间歇取样，观察瓶中粒子硬化情况[5]。待珠状聚合物基本成形并不再发黏后，逐渐升温至 90℃，在 90℃下反应 1.5 h，粒子完全硬化后，再升温(煮沸，水浴温度可达 100℃)，强化 0.5 h，停止加热，撤去水浴，搅拌下冷却到 50℃以下，停止搅拌。

3. 拆下反应瓶，将悬浮液倒入盛有约半杯水的 400 mL 烧杯内。用倾滗法除去上层水，再加热水洗涤，倾去水，这样反复洗涤数次后抽滤，自然干燥至恒重，称量并计算产率。

【注释】

[1] 聚乙烯醇难溶于水，必须待其完全溶于水后，才可以加入单体。

[2] 聚合过程中，不宜随意改变搅拌速度，反应一个多小时后，体系中分散的颗粒变得发黏，这时搅拌速度如果忽快忽慢或者停止，都会使颗粒粘在一起或粘在搅拌器上形成结块，导致反应失败。所以反应时搅拌要迅速且均匀，使单体能形成良好的珠状液滴，但搅拌过于激烈时，易生成沙粒状聚合体；搅拌速度太慢时，易生成结块，附着在反应器内壁或搅拌棒上。是否能获得均匀的珠状聚合物与搅拌速度的控制有着密切关系。

[3] 注意氮气导管应伸到反应液液面以下，由于四颈瓶容积小，氮气量开始应当适当开大些，其后可小些。

[4] 严格控制温度是这个阶段实验成败的关键，此时聚合热逐渐放出，油滴开始变黏，一旦温度升高，还没有硬化的黏稠状聚合物珠粒会黏结抱团，严重时则可能爆聚，导致实验失败。如果聚合过程中发生停电或聚合物粘在搅拌棒上等异常情况，应及时降温终止反应并倾出反应物，以免造成仪器报废。

[5] 取试样粒子观察硬化程度时，吸管要紧贴瓶壁，不要碰到搅拌器上。用长吸管吸取一些浆液放入盛了水的烧杯中，观察粒子的沉浮情况，若能沉到水底，说明反应程度至少已达 70%左右。取出粒子在玻璃板上以指甲压之，可以看出它的硬化程度。

五、思考题

(1) 要想得到粒径均匀、尺寸大小理想的聚合物球粒，实验操作中应掌握好哪些因素？

(2) 为什么反应结束后，不能立即停止搅拌？

(3) 苯乙烯的悬浮聚合过程中，为什么会出现大结块？如何避免呢？

(4) 粒子硬化的时间和哪些因素有关？从理论上说明缩短反应时间可采取的方法以及可能出现的问题。

实验5　甲基丙烯酸甲酯的自乳化聚合

一、实验目的

(1) 学习乳液聚合的原理和方法，熟悉制备甲基丙烯酸甲酯乳液的实验技术。

(2) 了解自由基乳液聚合引发剂选用的原则。

二、实验原理

乳液聚合就是单体在乳化剂和机械搅拌的作用下，在水中分散成稳定乳液状态进行的聚合反应(图5-1)。乳液聚合的优点：水作分散介质，传热控温容易；可在低温下聚合；聚合反应速率快，分子量高；可直接用于聚合物乳胶的场合。乳化剂是一类可使互不相溶的油和水转变成难以分层的乳液的物质，属于表面活性剂。乳化剂分子通常由亲水的极性基团和亲油的非极性基团两部分组成。常规乳液聚合一般采用阴离子乳化剂。

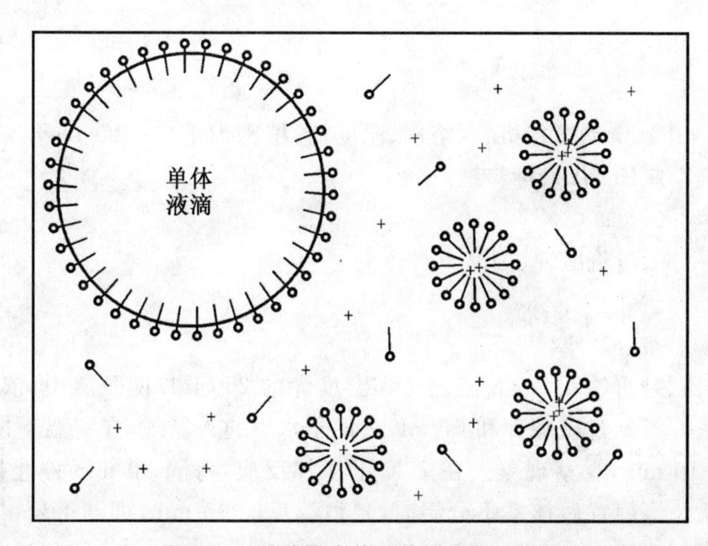

图5-1　乳液聚合体系分散阶段示意图

乳液聚合体系：极小部分单体以分子状态分散于水中；小部分单体可进入胶束的疏水层内，使胶束体积增大形成增溶胶束；大部分单体经搅拌形成细小的液滴，周围吸附了一层乳化剂分子，形成带电保护层，乳液得以稳定；水溶性引发剂在水相中分解成初级自由基，引发水中的极微量单体形成短链自由基；形成的短链自由基被增溶胶束捕获；进入增溶胶束的自由基进一步引发其中单体聚合，形成分子量较大的聚合物乳胶粒。

乳液聚合引发剂选用的原则：根据聚合方法、聚合条件选择半衰期适当的引发剂，如水溶性的过硫酸盐，半衰期为8.3 h(70℃)。

甲基丙烯酸甲酯(MMA)自乳化聚合反应原理如下：

$$\mathrm{KO{-}\overset{O}{\underset{O}{\overset{\|}{\underset{\|}{S}}}}{-}O{-}O{-}\overset{O}{\underset{O}{\overset{\|}{\underset{\|}{S}}}}{-}OK \longrightarrow 2\,K^{\oplus}\,{}^{\ominus}O{-}\overset{O}{\underset{O}{\overset{\|}{\underset{\|}{S}}}}{-}O\cdot}$$

$$\mathrm{K^{\oplus}\,{}^{\ominus}O{-}\overset{O}{\underset{O}{\overset{\|}{\underset{\|}{S}}}}{-}O\cdot + CH_2{=}\overset{CH_3}{\underset{COOCH_3}{\overset{|}{\underset{|}{C}}}} \longrightarrow K^{\oplus}\,{}^{\ominus}O{-}\overset{O}{\underset{O}{\overset{\|}{\underset{\|}{S}}}}{-}O{-}CH_2{-}\overset{CH_3}{\underset{COOCH_3}{\overset{|}{\underset{|}{C}}}}\cdot}$$

$$\xrightarrow{\mathrm{MMA}} \underbrace{\mathrm{K^{\oplus}\,{}^{\ominus}O{-}\overset{O}{\underset{O}{\overset{\|}{\underset{\|}{S}}}}{-}O}}_{\text{亲水端}}\underbrace{\mathrm{{-}\!\left[CH_2{-}\overset{CH_3}{\underset{COOCH_3}{\overset{|}{\underset{|}{C}}}}\right]_{n}\!{-}CH_2{-}\overset{CH_3}{\underset{COOCH_3}{\overset{|}{\underset{|}{C}}}}\cdot}}_{\text{憎水端}}$$

三、仪器与药品

1. 仪器

四瓶颈(250 mL)、电动搅拌机、水浴锅、温度计、精密天平(0.000 1 g)、量筒(100 mL)、球形冷凝管、玻璃小瓶(5 mL)、标签纸。

2. 药品

甲基丙烯酸甲酯、过硫酸钾、去离子水。

四、实验步骤

在装有搅拌器、球形冷凝管、滴液漏斗和温度计的 250 mL 四颈瓶中,依次加入 16 mL 甲基丙烯酸甲酯、0.27 g 过硫酸钾和 67 mL 去离子水。通入氮气,在室温下搅拌 30 min,停止搅拌,静置 5～10 min,观察现象。在 75℃下搅拌反应,每隔 30 min 停止搅拌,静置 5～10 min,观察现象。当静置后体系不分层时,再恒温反应 30 min,即制得聚甲基丙烯酸甲酯的简单乳液。

将上述制得的乳液,装入贴有标签纸的玻璃小瓶,放在指定位置,储存观察一周,并做好记录。将剩下的反应液倒入指定的回收瓶,反应瓶用肥皂粉及自来水清洗干净。

本实验约需 4 h。

五、思考题

(1) 过硫酸盐引发剂为什么能进行自乳化聚合?有何局限性?

(2) 反应体系在室温下搅拌 30 min,静置 5～10 min 后,观察有何现象?若继续搅拌 30 min,又有何现象?为什么?

实验 6　苯乙烯的乳液聚合

一、实验目的

(1) 了解乳液聚合的特点及各组分的作用,尤其是乳化剂的作用。

(2) 掌握聚苯乙烯胶乳的制备方法,以及用电解质凝聚胶乳的方法。

二、实验原理

聚苯乙烯树脂是一种无色透明的热塑性塑料,属于无定形高分子聚合物。聚苯乙烯大分子链的侧基为苯环,大体积苯环侧基的无规排列决定了聚苯乙烯的物理化学性质,如透明度高、刚度大、玻璃化温度高、性脆等。聚苯乙烯主要分为通用级聚苯乙烯(GPPS,俗称透苯)、抗冲击级聚苯乙烯(HIPS,俗称改苯)和发泡级聚苯乙烯(EPS)。

乳液聚合是指在乳化剂的作用下,借助机械搅拌,使单体在水中分散成乳状液,由水溶性引发剂引发而进行的聚合反应。乳液聚合是在增溶胶束内进行的聚合反应,产品为聚合物胶乳。乳液聚合体系主要由单体、分散介质(水)、乳化剂、引发剂等组成,有时还根据需要加入适量的分子量调节剂、pH 缓冲剂及电解质等其他辅助试剂,它们的比例大致如表 6-1:

表 6-1　乳液聚合体系试剂比例

水(分散介质)	60%～80%(占乳液总质量)	单体	20%～40%(占乳液总质量)
乳化剂	0.1%～5%(占单体质量)	引发剂	0.1%～0.5%(占单体质量)
调节剂	0.1%～1%(占单体质量)	其他	少量

乳化剂是乳液聚合中的主要组分,当乳化剂水溶液超过临界胶束浓度时,开始形成胶束。在一般乳液配方条件下,由于胶束数量极大,胶束内有增溶的单体,所以在聚合早期链引发与链增长绝大部分在胶束中发生,以胶束转变为单体-聚合物颗粒。乳液聚合的反应速度和产物相对分子质量、反应温度、单体浓度、引发剂浓度和单位体积内单体-聚合物颗粒数目等有关,而体系中最终有多少单体-聚合物颗粒主要取决于乳化剂和引发剂的种类和用量。当反应温度、单体浓度、引发剂浓度、乳化剂种类一定时,在一定范围内,乳化剂用量越多、反应速度越快,产物相对分子质量越大。乳化剂的另一作用是减少分散相与分散介质间的界面张力,使单体与单体-聚合物颗粒分散在介质中形成稳定的乳浊液。

乳化剂是决定乳液聚合成败的关键,乳化剂分子是由非极性的烃基和极性基团两部分组成的。根据极性基团的性质,乳化剂主要分为阴离子型、阳离子型、两性型及非离子型几类。阴离子型乳化剂的乳化效率高,可制成细粒乳液,但乳液体系不够稳定,聚合时需要调节 pH 并经常注意 pH 的变化,pH 介于 10～12 之间时乳液比较稳定。乳液体系中可加入缓冲剂如焦磷酸钠,避免体系 pH 下降。非离子型乳化剂如聚氧乙烯辛基苯基醚(OP-10)对 pH 变化不敏感,可以采用阴离子型及非离子型复合乳化剂。

乳液聚合的优点是:聚合速度快、产物相对分子质量高;使用水作分散介质,易于散热、温度易控制、费用低;由于聚合形成稳定的乳液体系黏度不大,故可直接用于涂料、黏合剂、织物浸渍等。如需要将聚合物分离,除使用高速离心外,亦可将胶乳冷冻,或加入电解质将聚合物凝聚后进行分离,经净化干燥后,得到固体状产品。乳液聚合的缺点是:产物中常带有未洗净的乳化剂和电解质等杂质,所得产物的色泽较差、透明度不高、纯度较低、介电性能较差,不宜用作电绝缘制品。但是乳液聚合为提高聚合物相对分子质量而不降低聚合速率提供了一条有效途径,因而在工业生产中得到了广泛应用,特别是在合成橡胶工业中应用得最多。例如丁苯橡胶、丁腈橡胶、聚丙酸酯类涂料和黏合剂、聚乙酸乙烯酯胶乳等产品都是用乳液聚合方法生产的。

本实验采用最典型的乳液聚合配方,即以十二烷基磺酸钠和聚氧乙烯辛基醚为乳化剂,过硫酸钾为引发剂,不溶于水的单体苯乙烯进行乳液聚合,生成的聚苯乙烯溶于单体中,故可视为理想的乳液聚合体系。

三、仪器与药品

1. 仪器

电动搅拌器、恒温水浴、三颈瓶(250 mL)、回流冷凝管、温度计、量筒、移液管、烧杯、布氏漏斗、抽滤瓶、真空水泵。

2. 药品

苯乙烯、过硫酸钾、十二烷基磺酸钠、聚氧乙烯辛基醚、去离子水、饱和氯化钙溶液。

四、实验步骤

1. 胶乳的制备

在装有温度计、搅拌器、回流冷凝管的 250 mL 三颈瓶中加入 60 mL 去离子水(或蒸馏水)、0.35 g 十二烷基磺酸钠和 0.5 g 聚氧乙烯辛基醚,搅拌使乳化剂混合均匀,水浴加热。当乳化剂溶解后,升温至 80℃左右时,快速加入 0.3 g 过硫酸钾[1],搅拌使之完全溶解,并用剩余的 25 mL 蒸馏水将附着在瓶壁上的引发剂冲至反应瓶内,加入 15 g 苯乙烯单体,迅速升温至 85～90℃进行反应,维持此温度继续反应 3～4 h[2]。反应结束后,停止加热,待冷却至 30～40℃时即可出料。

2. 胶乳的后处理

产物可直接应用,也可经破乳后得到固体产品。将产物倒入 400 mL 烧杯中,边搅拌边加入 20～30 mL 饱和氯化钙溶液进行破乳,直至无聚合物析出[3,4]。待乳液凝聚后抽滤,并用热水冲洗 1～2 次,滤干,在 60℃下烘箱中烘干,称量并计算产率。

3. 乳液的质量检验

制得乳液的质量检验一般包括固含量、pH、黏度、粒度、最低成膜温度及稳定性测定,可根据需要选做。本实验进行固含量的测定。

固含量的测定:将培养皿洗净、烘干至恒重后称重,在培养皿内取乳液 3～4 g,放至烘箱中或在红外灯下烘至恒重,观察是否成膜,计算固含量。根据实测固含量与理论固含量之比值可估算聚合转化率。

【注释】

[1] 过硫酸盐为引发剂时,过硫酸盐热分解产生 HSO_4^- 离子。故在非缓冲溶液中进行该反应时,由于

HSO_4^- 离解出 H^+ 导致溶液的 pH 降低，促进过硫酸盐的热分解反应，使得反应易出现凝胶。要保持碱性环境，一般可适量加入 $NaHCO_3$、焦磷酸钠、KOH 或 NaOH 等。

[2] 通过观察反应瓶中乳液是否出现浅蓝色乳光，可判断乳液聚合是否发生。如果出现浅蓝色乳光，表明乳液中已经存在一定尺寸的乳胶粒子，反应已引发；如果 15 min 内无明显变化，可以适当加入少量引发剂，直至反应引发；如果乳液发黄，可以考虑在体系中通入氮气。

[3] 产品的粒度与反应温度有关，反应温度高时产物粒度小，反应温度低时产物粒度大。

[4] 如果乳液聚合反应所得的产物产率较低，主要是由于未反应苯乙烯的存在，破乳后的产物难以过滤洗涤，可适当延长反应时间。如果乳液聚合反应所得的产物产率较高，则破乳明显且容易进行。

五、思考题

(1) 根据乳液聚合的动力学机理，解释乳液聚合为何能同时实现聚合速率较高和相对分子质量较高？

(2) 乳液聚合中如果采用油溶性引发剂，结果会怎样？

(3) 在乳液聚合中，若采用自来水作为分散介质，对聚合会有什么影响？

实验 7　苯乙烯-顺丁烯二酸酐共聚物的制备

一、实验目的

(1) 了解苯乙烯-顺丁烯二酸酐交替共聚合的反应原理，及该共聚物的工业用途。

(2) 学习苯乙烯-顺丁烯二酸酐交替共聚合的方法。

二、实验原理

苯乙烯与顺丁烯二酸酐的共聚反应是以甲苯为溶剂，偶氮二异丁腈(AIBN)为引发剂进行的溶液聚合，由于生成的聚合物不溶于溶剂而沉淀析出，因而又称沉淀聚合。

苯乙烯与顺丁烯二酸酐共聚反应式如下：

$$n\,CH_2{=}CH(C_6H_5) + n\,HC{=}CH\ (\text{顺丁烯二酸酐，环中 } C(=O){-}O{-}C(=O)) \xrightarrow{AIBN} \left[\!-CH_2{-}CH(C_6H_5){-}HC{-}CH{-}\right]_n\ (\text{HC、CH 连于酸酐环 } C(=O){-}O{-}C(=O))$$

当苯乙烯(M_1)和顺丁烯二酸酐(M_2)的竞聚率 $r_1 \to 0$，$r_2 \to 0$ 时，这两种单体的均聚倾向极小，互相共聚的倾向极大，最后形成一种交替排列的共聚物，共聚物组成为 $F_1 = 1/2$。苯乙烯-顺丁烯二酸酐共聚的竞聚率分别为 $r_1 = 0.04$，$r_2 = 0.015$，$r_1 \cdot r_2 = 0.000\,6$。若两者以 1∶1(物质的量的比)投料，则得到的是接近交替共聚的产物。

苯乙烯与顺丁烯二酸酐的共聚物也称苯马树脂。苯马树脂具有良好的耐热性及优良的机械性能，但耐冲击性能较差。为了改善耐冲击性能，可在聚合过程中加入橡胶。若将苯马树脂进行皂化、磺化、半酯化或胺化，可合成水溶性或亲水性树脂，可应用于颜料分散剂、皮革处理剂、印刷油墨、黏合剂、乳化剂、润滑剂及上浆剂等。

三、仪器与药品

1. 仪器

四颈瓶(150 mL)、回流冷凝管、水浴锅、搅拌器、温度计、量筒、烧杯等。

2. 药品

苯乙烯、顺丁烯二酸酐、偶氮二异丁腈、甲苯、石油醚、蒸馏水等。

四、实验步骤

反应装置如图 7－1 所示,在装有搅拌器、温度计、恒压滴液漏斗及回流冷凝管的 150 mL 四颈瓶中加入 4.9 g (0.05 mol)顺丁烯二酸酐和40 mL甲苯,升温至 50℃,不断搅拌使顺丁烯二酸酐溶解。

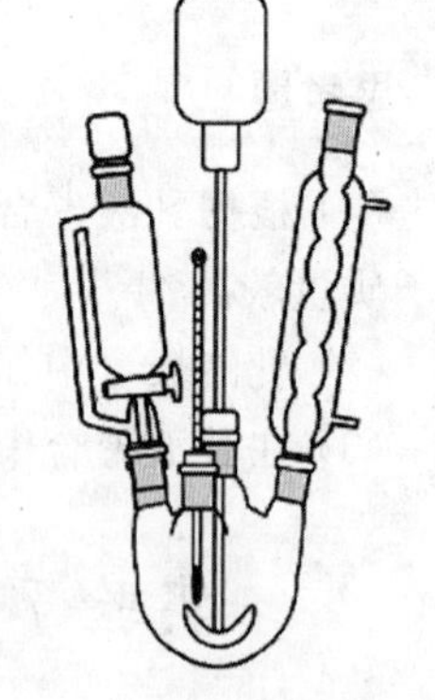

图 7－1 苯乙烯-顺丁烯二酸酐共聚反应装置

量取 5.8 mL(0.05 mol)苯乙烯于 100 mL 烧杯中,同时加入 0.1 g 偶氮二异丁腈和 20 mL 甲苯,搅拌均匀后,用表面皿盖好备用。

控制反应温度在 75～78℃,将上述配好的苯乙烯混合溶液在 20～30 min 内均匀地、逐批加入四颈瓶中。然后在该温度下保温 20 min,继续升温至 85℃反应 1 h,聚合过程中会有大量聚合物沉淀析出。直至反应不再有沉淀析出,反应完毕。冷却后,将四颈瓶中反应物进行抽滤,先用石油醚洗涤产品[1],再用 60℃热水洗涤产品,得到苯乙烯-顺丁烯二酸酐共聚物。将产物在 80℃下干燥 30 min,称重,计算产率。通过红外光谱仪表征产品结构。本实验约需 4 h。

【注释】

[1] 洗去未反应的单体和残留溶剂。

五、思考题

(1) 根据已学过的高分子化学理论知识,推断本实验所合成的共聚物中苯乙烯和顺丁烯二酸酐两种结构单元的摩尔分率。

(2) 苯乙烯为什么要分步加入到反应瓶中?

实验 8 甲基丙烯酸甲酯、苯乙烯悬浮共聚合

一、实验目的

(1) 了解悬浮共聚合的反应机理及配方中各组分的作用。

(2) 了解不同分散剂的制备及其作用。

(3) 了解悬浮共聚合的实验操作及聚合工艺特点。

二、实验原理

在聚合反应中，单体以小液滴状悬浮于分散介质中的聚合反应称为悬浮聚合，又称珠状聚合。悬浮聚合体系由单体、油溶性引发剂、分散剂和水组成。悬浮聚合中搅拌速度的控制和分散剂的种类及用量是非常关键的影响因素，直接影响聚合物粒子的大小、形状和粒度分布等。分散剂一般分为有机高分子化合物和无机化合物两类。其中有机高分子化合物有聚乙烯醇、纤维素钠等，主要包裹在聚合物颗粒外层，起到保护颗粒的作用，分散效果好，但是由于相对分子质量大而难以除净；无机化合物有磷酸钙、碳酸镁、硫酸钡等，主要起机械隔离作用，由于是小分子分散剂，在聚合后期易于除去。

甲基丙烯酸甲酯-苯乙烯共聚物(MS)是制备透明高抗冲性塑料甲基丙烯酸甲酯-丁二烯-苯乙烯共聚物(MBS)的原料之一。它可通过改变甲基丙烯酸甲酯与苯乙烯的含量，调节MS共聚物的折射率，使其与MBS中接枝的聚丁二烯折射率相匹配，从而达到制备透明MBS的目的。MS共聚物分子质量要达到13万～15万才能加工成具有一定物理机械性能的产品，其结构式为：

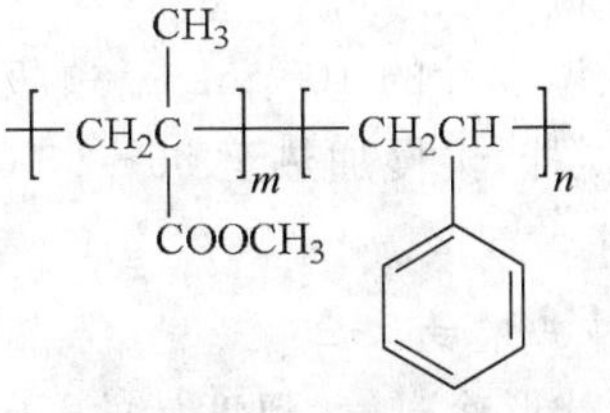

$$\left[CH_2\overset{\displaystyle CH_3}{\underset{\displaystyle COOCH_3}{C}} \right]_m \left[CH_2\underset{\displaystyle C_6H_5}{CH} \right]_n$$

MS共聚物不仅具有聚苯乙烯良好的加工流动性和低吸湿性，还具有聚甲基丙烯酸甲酯的耐候性和优良的光学性能。它的折射率为1.56，透明度与聚苯乙烯相近，是一种透明、无毒的热塑性塑料。MS树脂的冲击强度比聚苯乙烯高，热变形温度与聚甲基丙烯酸甲酯相近，MS树脂与其他高分子树脂的相容性好，是一种很好的改性剂。

甲基丙烯酸甲酯(M_1)和苯乙烯(M_2)的竞聚率分别为$r_1=0.46$，$r_2=0.52$，$r_1\times r_2<1$，属于有恒比点的非理想共聚。通常情况下，共聚物的组成将随着转化率的上升而发生变化，最终共聚物具有很宽的化学组成分布。但是当甲基丙烯酸甲酯和苯乙烯在恒比点0.47∶0.53(物质的量的比)投料时，共聚物组成与投料比相同，是一恒定值。理论上，按恒比点组成投料，所形成的MS共聚物化学组成的均一性相当好。

三、仪器与药品

1. 仪器

三颈瓶(100 mL、250 mL、500 mL)、球形冷凝管、量筒(100 mL)、锥形瓶(100 mL)、三角漏斗、温度计(100℃)、电动搅拌器、恒温水浴、抽滤装置。

2. 药品

甲基丙烯酸甲酯、苯乙烯、过氧化二苯甲酰(BPO)、硬脂酸、去离子水、氯化钙($CaCl_2$)、磷酸三钠(Na_3PO_4)、氢氧化钠(NaOH)、聚乙烯醇1799(PVA)。

四、实验步骤

1. 分散剂的制备

(1) 无机分散剂的配制

① $CaCl_2$ 溶液的配制　将 6 g $CaCl_2$ 放入 500 mL 三颈瓶中，加入 165 mL 去离子水，搅拌使之溶解，呈无色透明溶液，备用。

② Na_3PO_4 和 NaOH 溶液的配制　将 6 g Na_3PO_4 和 0.8 g NaOH 放入 400 mL 烧杯中，加入 165 mL 去离子水，搅拌使之溶解，得无色透明溶液，备用。

③ 无机分散剂的配制　将三颈瓶中 $CaCl_2$ 溶液在水浴上加热溶解至水浴沸腾，另将盛有 Na_3PO_4 和 NaOH 溶液的烧杯放于热水浴中，边搅拌边用滴管将此溶液连续滴加至三颈瓶中(约 20～30 min)。然后在沸腾的水浴中保温 0.5 h，停止反应，反应后的悬浮剂为乳白色混浊液。用滴管取 1 mL 悬浮剂放入干净的试管中，加入 10 mL 去离子水，摇匀，静置 0.5 h，如无沉淀即为合格，备用。制得的悬浮剂要在 8 h 内使用，如有沉淀即不能再用，须另行制备。

(2) 有机高分子分散剂的配制

在装有搅拌器、球形冷凝管、温度计的 100 mL 三颈瓶内加入 6 g PVA(1799)和 55 mL 去离子水，浸泡 10 min 后，开动搅拌，慢慢加热至 85～95℃，使 PVA 溶解后，再自然降温至 50℃以下，呈无色透明溶液，备用。

2. 甲基丙烯酸甲酯与苯乙烯共聚合反应

方法一：(1) 在装有搅拌器、球形冷凝管、温度计的250 mL三颈瓶内加入 50 mL 去离子水和 22 mL 无机分散剂。(2) 分别称取 4 g 甲基丙烯酸甲酯和 5 g 苯乙烯，混合均匀，加入 0.7 g 硬脂酸和 0.3 g BPO 使其溶解，一同加入三颈瓶中。(3) 升温，控制加热速度，使体系温度快速升至 75℃，然后以 1℃/min 的速度升温至 80℃，并保温 1 h；再以 5℃/min 的速度升温至 90℃，反应 1 h。吸取少量反应液滴入盛有清水的烧杯中观察，如有白色沉淀产生，应继续升温至 110～115℃，保温 1 h，使单体完全转化为聚合物，聚合反应结束。(4) 取出三颈瓶，将反应物全部倒入 500 mL烧杯中，静置片刻，待珠粒完全下沉后，倒掉上层液体，滴入适量的稀盐酸，使体系 pH 在 2 左右，静置。以同样的方法用自来水洗 4～5 次，再用去离子水洗两次(每次用量约 50 mL)，过滤，在 50℃下干燥后，称重。

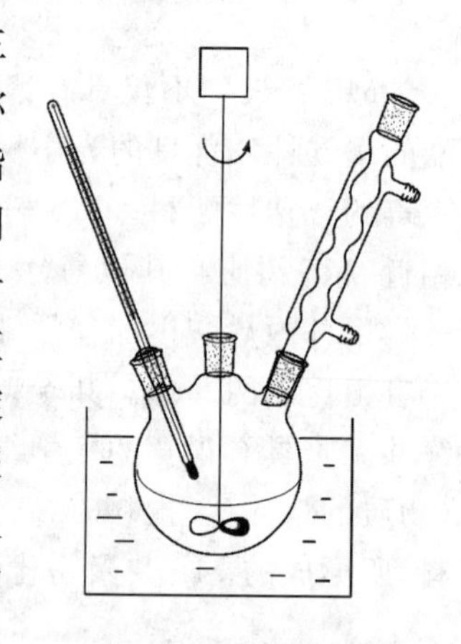

图 8-1　甲基丙烯酸甲酯与苯乙烯共聚合装置图

本方法约需 6 h。

方法二：(1) 将 0.3 g BPO、4 g 甲基丙烯酸甲酯和 5g 苯乙烯加入 100 mL 锥形瓶中，轻轻摇动至溶解后，加入装有搅拌器、回流冷凝管和温度计的 250 mL 三颈瓶中。(2) 再将 15 mL 2% PVA(1799)溶液和 130 mL 去离子水加入三颈瓶中，搅拌、加热，并控制升温速度。(3) 在 1 h 内，使体系温度升至 85～90℃，并维持在此温度下，聚合反应 1.5～2 h，如有白色沉淀产生，应继续升温至 95℃，保温 1 h，使单体完全转化为聚合物，聚合反应完毕。(4) 将反应液冷却至室温后，过滤分离，反复水洗后，在 50℃下干燥后，称重。

本方法约需 6 h。

五、思考题

(1) 悬浮聚合的原理及各组分的作用是什么？根据自己的实验情况，如何得到产率高、质量好的产品？

(2) 如何控制悬浮聚合产物颗粒的大小？

(3) 两种单体的比例对悬浮聚合有何影响？

(4) 悬浮聚合需要注意什么？

第四章 离子聚合与配位聚合

实验9 苯乙烯的阳离子聚合

一、实验目的

(1) 加深对阳离子聚合基本原理的认识和理解。

(2) 掌握阳离子聚合的实验方法。

(3) 了解阳离子聚合中催化剂的作用原理。

二、实验原理

阳离子聚合是由阳离子引发而产生聚合反应的总称。双键碳原子上带有较强给电子基团的某些烯类单体可以进行阳离子聚合，某些环醚，如环氧乙烷、环氧丙烷、四氢呋喃等也能进行阳离子聚合。在阳离子聚合中，链增长活性中心为阳离子。阳离子聚合的引发剂(催化剂)一般都是亲电试剂，引发方式主要有两种：一种是阳离子引发；另一种是电荷转移配合物引发。如 HCl、H_2SO_4、CF_3CO_2H 等都可以提供 H^+ 引发阳离子聚合，BF_3、$AlCl_3$、$SbCl_5$、$FeCl_3$ 等 Lewis 酸也可以作为阳离子聚合的引发剂。当聚合体系在非常纯净、绝对无水的条件下，单用 Lewis 酸作引发剂，除了乙烯基醚类单体外其他单体往往不发生聚合，只有在加入共引发剂后聚合才能发生。这是因为 Lewis 酸与共引发剂先形成不稳定的配合物，这种配合物进一步分解出烷基阳离子，产生真正的活性中心才能引发单体聚合。可作共引发剂的化合物有水、醇、某些酸、醚和卤代烷等。

阳离子活性链由于不能发生双分子终止反应，较易发生链转移，反应形式多样，所以链转移是活性链终止的主要方式。阳离子聚合对杂质极为敏感，杂质既可加速聚合反应，又可对聚合反应起阻碍作用，还能起到链转移或链终止的作用，使聚合物相对分子质量下降。因此，进行阳离子聚合时，需要精制所用的溶剂、单体和其他试剂，还需对聚合体系进行彻底干燥。

本实验以苯乙烯为单体，苯为溶剂，三氟化硼乙醚[$BF_3O(C_2H_5)_2$]为催化剂，单体及溶剂内残存的少量水为共引发剂，进行阳离子聚合。

三、仪器与药品

1. 仪器

双口烧瓶(100 mL)、烧杯(250 mL)、注射器(1 mL、15 mL 2 支)、双排管系统、布氏漏斗、抽滤瓶。

2. 药品

苯乙烯、苯、三氟化硼乙醚[$BF_3O(C_2H_5)_2$]、甲醇、纯氮(99.99%)。

四、实验步骤

将干净的 100 mL 双口烧瓶在烘箱中烘干，取出后趁热塞上翻口橡皮塞，连接到抽真空系统上，交替进行抽真空、充氮气三次，以除尽烧瓶中的空气。用注射器向反应瓶中一次性加入 12 mL 苯、15 mL 苯乙烯和 0.2 mL $BF_3O(C_2H_5)_2$[1]，轻轻摇动烧瓶，使反应物混合均匀。因为反应速率较快，注意温度变化，当感到烧瓶有些烫手时，把烧瓶放入事先准备好的冷水中，但不能把温度降得太低，保持温度在 40℃左右[2]。待反应平稳后，反应 1.5～2 h，然后将聚合物溶液倒入装有 150 mL 甲醇的烧杯中，一边搅拌一边慢慢倒出(勿将溶液溅到手上)[3]。用 5 mL 苯冲洗烧瓶，冲洗液一并倒入烧杯中，搅拌一段时间后，聚合物呈疏松状沉淀[4]。用布氏漏斗抽滤，晾干后，置于 70～80℃烘箱内，干燥约 2 h 至恒重，称量，计算产率。

【注释】

[1] $BF_3O(C_2H_5)_2$ 放久了有较深的颜色，要重新蒸馏，收集 124～126℃的馏分。

[2] 当室温在 20℃时，加入催化剂后迅速发生反应，温度上升得很快。由于是密闭体系，不能让温度升得太高，以免发生危险，当感到有些烫手时，把烧瓶浸入冷水中一会儿，再拿出来。若夏天做这个实验，因气温高，反应会更激烈，当把溶剂和单体放入烧瓶后，烧瓶应在冰水中降温，当温度降到低于 20℃时，再加入催化剂。

[3] $BF_3O(C_2H_5)_2$ 有剧毒，遇水后会分解出 HF，搅拌时不要把溶液溅到手上。

[4] 通过搅拌，若聚合物仍不能成为疏松状沉淀，可将黏稠状物转入烧瓶中，加入甲醇后盖紧塞子，用力反复振荡。经反复振荡后，若还有黏稠状物存在，可先将已经形成的疏松沉淀物倒出，再加入一定量的甲醇继续振荡，直至全部形成疏松沉淀。

五、思考题

(1) 为什么引发剂与共引发剂比例不当会浪费引发剂？

(2) 阳离子聚合反应有什么特点？反应中影响聚合物分子量的因素有哪些？

(3) 阳离子聚合为什么必须在低温下进行？

实验 10　丙烯腈的阴离子聚合

一、实验目的

(1) 了解阴离子聚合的原理及特点，学习低温聚合操作方法。

(2) 掌握甲醇钠引发丙烯腈阴离子聚合的方法。

二、实验原理

阴离子聚合是以带负电荷的离子或离子对为活性中心的一类连锁聚合反应。阴离子聚合的单体一般是带吸电子取代基的乙烯基单体、羰基化合物和杂环化合物。阴离子聚合根据引发剂种类的不同，反应的具体操作有所差别。

以碱金属为引发剂时：为了增加碱金属颗粒的比表面积，在聚合过程中通常先把金属与惰性溶剂加热到金属的熔点以上，剧烈搅拌，然后冷却得到金属微粒，再加入聚合体系，属于非均相引发体系。

以碱金属与不饱和或芳香化合物的复合物为引发剂时：以萘钠为例，先将金属钠与萘在惰性溶剂中反应后形成配合物，再加入聚合体系引发聚合反应，属于均相引发体系。

阴离子加成引发：包括金属氨基化合物（$MtNH_2$）、醇盐（RO^-）、酚盐（PhO^-）、有机金属化合物（MtR）、格氏试剂（RMgX）等。一般先合成引发剂再加入反应体系中。如醇（酚）盐一般先让金属与醇（酚）反应制得醇（酚）盐，再加入聚合体系引发聚合反应。

本实验是以石油醚为溶剂，以甲醇钠为引发剂，丙烯腈单体进行阴离子聚合，其反应机理如下。

链引发反应：

$$CH_3ONa + H_2C{=}\underset{\displaystyle CN}{\underset{|}{CH}} \longrightarrow CH_3O{-}CH_2{-}\underset{\displaystyle CN}{\underset{|}{CH^-}}\ Na^+$$

链增长反应：

$$CH_3O{-}CH_2{-}\underset{\displaystyle CN}{\underset{|}{CH^-}}\ Na^+ + n\ H_2C{=}\underset{\displaystyle CN}{\underset{|}{CH}} \longrightarrow CH_3O{-}\!\left[CH_2{-}\underset{\displaystyle CN}{\underset{|}{CH}}\right]_n\!{-}CH_2{-}\underset{\displaystyle CN}{\underset{|}{CH^-}}\ Na^+$$

链终止反应：

$$CH_3O{-}\!\left[CH_2{-}\underset{\displaystyle CN}{\underset{|}{CH}}\right]_n\!{-}CH_2{-}\underset{\displaystyle CN}{\underset{|}{CH^-}}\ Na^+ + HCl \longrightarrow CH_3O{-}\!\left[CH_2{-}\underset{\displaystyle CN}{\underset{|}{\overset{\displaystyle H}{\overset{|}{C}}}}\right]_n\!{-}CH_2{-}\underset{\displaystyle CN}{\underset{|}{CH_2}} + NaCl$$

聚合反应的速率取决于单体浓度、引发剂浓度及反应温度。聚合物的分子量取决于单体浓度和引发剂浓度。

三、仪器与药品

1. 仪器

恒温磁力搅拌器、恒温油浴、冰盐浴、三颈烧瓶（125 mL）、锥形瓶（50 mL）、回流冷凝管、磨口三通活塞、布氏漏斗、抽滤瓶、注射器（1 mL、5 mL、20 mL 各 1 支）。

2. 药品

丙烯腈（新蒸）、无水甲醇、95％乙醇、金属钠、石油醚、甲苯。

四、实验步骤

1. 甲醇钠的制备

量取 25 mL 无水甲醇，倒入带有回流冷凝管的 125 mL 圆底烧瓶中，水浴加热。待甲醇回流后，从冷凝管上端慢慢加入切成小块的金属钠 2 g[1]，加完后继续回流反应 1 h。停止加热，得到无色的甲醇钠溶液，冷却备用。

2. 丙烯腈的聚合[2]

在一带有翻口塞、磁力搅拌子的 50 mL 锥形瓶中加入 20 mL 石油醚，开动搅拌器，用注射器加入 5 mL 丙烯腈。然后将锥形瓶置于冰盐浴中，并保持冰盐浴的温度在－10℃以下[3]。用注射器加入第 1 步制得的甲醇钠溶液 1 mL[4]，观察反应，反应约 45 min 后，加入

5 mL乙醇，继续搅拌 10 min 后，终止反应。将产物抽滤，用少量乙醇洗涤，再用去离子水洗至中性，抽干后在 60℃烘箱中烘干，称重并计算产率。

【注释】

[1] 金属钠用干燥的镊子取出，放在干燥洁净的瓷板上用干净的小刀切，并用滤纸擦净金属钠表面的煤油，钠表面必须保持表面清洁。若表面有黄色物质需要切去，动作要快，避免钠被氧化。

[2] 所有仪器必须洁净并绝对干燥，反应体系必须保持无水无氧条件。

[3] 采用冰-丙酮或冰-氯化钙(质量比为 1.5：1)作制冷剂，且冰块体积要略小，并要和氯化钙混合均匀。若有条件可采用制冷机在低温浴中进行实验。

[4] 丙烯腈阴离子聚合，甲醇钠作引发剂，浓度为 2～5 mol/L。

五、思考题

(1) 试讨论本实验中的丙烯腈阴离子聚合是否为活性聚合？

(2) 如果实验中除氧、除水不够彻底，对反应将有什么影响？

实验 11　苯乙烯的配位聚合

一、实验目的

(1) 了解齐格勒-纳塔(Ziegler-Natta)催化剂的组成、性质及催化原理。

(2) 掌握无水低温操作技术。

二、实验原理

配位聚合是指烯类单体的碳碳双键(C ═C)首先在过渡金属引发剂活性中心上进行配位、活化，形成某些形式($\sigma-\pi$)的配位化合物，随后单体分子插入过渡金属(Mt)与碳(C)键中进行链增长形成大分子的过程，又称插入聚合或齐格勒-纳塔(Ziegler-Natta)聚合。单体在配位过程中具有立体定向性，所以聚合产物多具有立构规整性。通过选择不同的催化剂和聚合条件可以制备特定立构规整的聚合物。高分子工业中的许多重要产品(如高密度聚乙烯、等规聚丙烯、顺丁橡胶和异戊橡胶等)都是采用配位阴负离子聚合反应制备的。

最常用的配位聚合催化剂是由过渡金属化合物和有机金属化合物组成的 Ziegler-Natta 引发剂。Ziegler-Natta 引发剂体系是由元素周期表中第ⅣB 族至第ⅧB 族过渡金属化合物和第ⅠA 族至ⅢA 族金属烷基化合物组成的二元体系，都具有引发 α-烯烃进行配位聚合的活性。其中，第一组分是过渡金属化合物，通常是卤化物，称为主催化剂。过渡金属的电负性需要在 1.7 以下，以 Ti、V、Cr、Zr 为佳，最常用的是 Ti，例如 $TiCl_4$、$TiCl_3$。第二组分为有机金属化合物，又称助催化剂，金属的电负性通常在 1.5 以下，以原子或离子半径较小者为佳，如 Be、Al、Zn 等，工业上常用烷基铝，如 $AlEt_3$、$Al(i-Bu)_3$、$AlEt_2Cl$ 等。Ziegler-Natta 催化剂能使 α-烯烃、共轭二烯烃及某些带极性基团的单体在较低压力和温度下进行定向聚合。

本实验以四氯化钛-三异丁基铝为催化剂进行苯乙烯的定向聚合。

三、仪器与药品

1. 仪器

四颈烧瓶(250 mL)、搅拌器、真空抽排体系、恒压滴液漏斗、注射器(10 mL 和 0.5 mL 各 1 支)、布氏漏斗、吸滤瓶。

2. 药品

苯乙烯、四氯化钛、三异丁基铝、正庚烷、丙酮、甲醇、丙酮溶液(含 2% HCl)。

四、实验步骤

所用仪器均经充分干燥,在 250 mL 四颈烧瓶上安装好搅拌器(注意搅拌器的密封)、两个恒压滴液漏斗和真空抽排体系。抽真空、通氮气交替进行三次以除去体系中的空气。

在继续通氮气情况下,用注射器向烧瓶中加入 10 mL 无水正庚烷[2]及 0.13 mL 四氯化钛[3]。用干冰-丙酮将烧瓶内的溶液冷却到 −50℃以下,通过恒压滴液漏斗滴加 1.8 mL 三异丁基铝及 50 mL 无水正庚烷配成的溶液,约 20 min 滴加完毕。此时温度降至 −65℃以下,撤去冷浴,使其自然升温至室温,室温下继续搅拌 30 min,即完成配位聚合催化剂的制备。

通过另一只恒压滴液漏斗向烧瓶中滴加 100 mL 苯乙烯[1],约 30 min 滴完,体系迅速变红,并且颜色不断加深,最终变为棕色。再升温至 50℃并维持 3 h。除去热源,关闭氮气,缓慢滴加 70 mL 甲醇以分解催化剂。滴加完毕后,继续搅拌 20 min,用布氏漏斗抽滤得到固体。将固体产物用 200 mL 含 2% HCl 的丙酮溶液洗涤,然后再用布氏漏斗过滤,抽干。滤液浓缩后缓慢倒入甲醇中,析出沉淀。过滤,沉淀用蒸馏水洗涤,在 60℃真空干燥箱中烘干,称量,计算产率[4]。

【注释】

[1] 苯乙烯使用前需要蒸馏。减压蒸馏苯乙烯时,直接用恒压滴液漏斗接收,保证充分干燥。

[2] 正庚烷用金属钠干燥,精制的正庚烷应置于干燥器中或压入钠丝存放。

[3] 因为先加入的四氯化钛溶液量太少,应采用新月形搅拌叶片,并尽量使其接近瓶底,从而保证搅拌效果。

[4] 将聚合物放在索氏提取器中用丁酮提取,可以分离出无定形部分,并测得其定向度。

五、思考题

(1) 反应体系及使用的试剂为什么必须要充分干燥?

(2) 简述反应物颜色变深的原因。

(3) 为什么要用含 2% HCl 的丙酮溶液洗涤聚合液?

第五章　逐步聚合

实验 12　聚醚型聚氨酯弹性体的合成

一、实验目的

(1) 通过聚氨酯弹性体的制备，了解逐步加聚反应的特点。

(2) 学习调节 A、B 嵌段比例的方法，制备不同性能的弹性体，初步掌握 AB 型嵌段共聚物的结构特点。

二、实验原理

聚氨酯是指主链含—NHCOO—重复单元的一类聚合物，一般是以二异氰酸酯与末端基含有活泼氢的化合物之间的反应为基础，生成含有游离异氰酸根的预聚物，再经扩链制得的。如果末端基含有活泼氢的化合物是低分子量(1 000～2 000)的聚醚或聚酯，可以使聚合物链有一定的柔性。聚氨酯可以写成结构为 AB 型嵌段共聚物，其中 A 为聚醚或聚酯的软段，B 表示异氰酸根与低分子量扩链剂二元醇或二元胺反应生成的链节，为硬段。改变软段的类型，如采用聚醚二醇制得的聚氨酯比用聚酯二醇制得的聚氨酯具有更好的抗水解性，但抗氧化性略差。硬段 B 能使大分子之间的作用力增强，内聚能增大，提高聚合物的强度。采用不同的二异氰酸酯及扩链剂可以改变极性基团的性质，使聚合物的机械强度发生变化。

本实验以 1,4-丁二醇为扩链剂、N,N-二甲基甲酰胺(DMF)为溶剂，用分子量为 900 的端羟基聚四氢呋喃(PTMG)与 4,4′-二苯基甲烷二异氰酸酯(MDI)进行逐步加成聚合反应，合成聚氨酯弹性体。

三、仪器和药品

1. 仪器

密闭式搅拌器 1 套、油浴、干燥箱、四颈瓶(250 mL)、冷凝管、滴液漏斗。

2. 药品

端羟基聚四氢呋喃(PTMG)、4,4′-二苯基甲烷二异氰酸酯(MDI)、1,4-丁二醇、纯氮(99.99%)、N,N-二甲基甲酰胺(DMF)、2,6-二叔丁基对甲酚(BHT，又称抗氧剂 264)。

四、实验步骤

在 250 mL 洁净干燥的四颈瓶上，安装密闭式搅拌器、带有干燥管的回流冷凝管、滴液漏斗、导气管。向四颈瓶中加入 16.7 g MDI，通氮气，升温至 60℃，这时 MDI 熔化。滴加 30 g PTMG[1]，滴加完毕，用少量 DMF 溶剂将滴液漏斗冲洗干净，继续保持在 60℃下反应 1 h，得到无色透明预聚体溶液。通过滴液漏斗缓慢加入溶有 2.4 g 1,4-丁二醇的 45 mL DMF,当黏度增加时适当加快搅拌速度,升温至 80℃反应 3 h[2]。反应结束时,加入溶有 0.5 g BHT 的 5 mL DMF,搅拌均匀后把反应物倒入一个事先做好的模具上[3],溶液层厚度为 4～5 mm,趁热将模具放入真空干燥箱中,用真空泵抽空以排除溶液内的气泡。气泡排净后,拿出晾干。接着放入鼓风干燥箱中,于 80℃干燥 24 h。最后放入真空干燥箱于 70℃干燥24 h,制得聚醚型聚氨酯弹性体。

【注释】

[1] PTMG 在室温下为蜡状,预先将其放入滴液漏斗,并用电吹风加热使其熔化。

[2] 反应后期,若反应液黏度过大,可根据具体情况补加适量 DMF,搅拌均匀。

[3] 模具是一个长、宽分别为 15 cm 和 12 cm 的玻璃板,周围粘上较硬的纸条。

五、思考题

(1) 在合成聚氨酯过程中,如反应体系进水,会发生哪些反应?写出相关反应式。

(2) 按本实验用的原料,写出与合成聚醚型聚氨酯有关的化学反应式。

(3) 与均聚物相比,嵌段共聚物的相转变温度及力学性能有哪些特点?

实验 13 线型缩聚反应及脂肪族聚酯的合成

一、实验目的

(1) 通过低相对分子质量聚酯的合成,了解平衡常数较小的聚酯类缩聚反应特点。

(2) 了解影响平衡缩聚的因素及控制方法。

(3) 制备相对分子质量为 2 000～3 000 的聚酯。

二、实验原理

低分子量聚己二酸乙二醇酯(PEA)是由己二酸与过量乙二醇进行酯化反应,生成的饱和聚酯多元醇,是合成聚酯型聚氨酯的一种羟基树脂。

PEA 是一种生物降解性能良好的脂肪族聚酯树脂,结晶度低、分子链段柔软。但相对分子质量较低的 PEA 热稳定性能及物理机械性能较差,大大限制了其在降解材料领域中的应用。近年来,高分子量 PEA 已成为可降解高分子材料研究的热点之一。

聚酯类熔融缩聚反应的平衡常数 $K\approx4$,属于平衡缩聚反应。影响聚酯反应程度和聚酯相对分子质量的因素除单体结构外,还包括反应条件(如原料配比、反应温度、压力、催化剂及反应时间等因素)。反应温度升高可以加快反应速度、缩短反应达到平衡所需的时间,并且有利于去除反应过程中所生成的小分子,使反应向聚酯生成的方向进行。但是,反应温度的确定尚需考虑原料的沸点、熔点和热稳定性。降低压力无疑有利于去除反应过程中所生成的小分子,使反应向着生成聚酯的方向进行,但压力的确定尚需考虑压力对原料配比的影响。使用催化剂可以大大加快反应速度、缩短反应时间。延长反应时间可以提高反应程度,从而提高聚酯相对分子质量。但反应时间太长将影响聚合物的色泽和质量,并且长时间高温反应将使聚酯氧化变质,因此反应时间的长短也要适当。综上所述,合成聚酯的工艺条件要求初始反应温度不能太高,一般比单体的熔点高 5～10℃,还需保证原料配比准确。随着反应的进行,聚酯相对分子质量逐步增加,物料的熔点也逐渐增高,反应温度应不断提高,但最高温度不能超过 250℃。随着反应的进行,还应不断降低压力,从而在较短的时间内获得预定相对分子质量的聚酯。反应程度 p、官能团摩尔比 r 与聚酯聚合度 $\overline{X}_n$ 之间关系如下:

$$\overline{X}_n = \frac{1+r}{1+r-2rp}$$

本实验以己二酸和乙二醇为原料,合成低相对分子质量(2 000～3 000)的聚酯。反应式如下:

$$n\,\mathrm{HOOC{-}(CH_2)_4{-}COOH} + n\,\mathrm{HO{-}CH_2CH_2{-}OH} \rightleftharpoons \mathrm{HO}\!\left[\!\overset{\displaystyle O}{\overset{\|}{C}}\mathrm{-(CH_2)_4-}\overset{\displaystyle O}{\overset{\|}{C}}\mathrm{-O-CH_2CH_2-O}\right]_n\!\mathrm{H} + (2n-1)\mathrm{H_2O}$$

三、仪器与药品

1. 仪器

四颈烧瓶(250 mL)、电动搅拌器、分水器、电热套、真空系统。

2. 药品

己二酸、乙二醇、对甲苯磺酸、十氢化萘。

四、实验步骤

在装有温度计、搅拌器和分水器[1](上方装有回流冷凝管)的 250 mL 四颈瓶中,加入 15.5 g(0.25 mol)乙二醇,36.9 g(0.25 mol)己二酸[2]和 10mL 十氢化萘,用电热套加热至反应物熔融后,加入 0.15 g 催化剂对甲苯磺酸。

当温度升高至 140℃左右,开动搅拌器。约 15 min 内升温至(160±2)℃,并保持此温度,记录第一滴水析出的时间,每隔 10 min 记录一次析出的水量。待析出水量不再增加时,继续升温。在大约 20 min 内使体系温度升至(200±2)℃,并在此温度下反应 1.5 h,每隔 10 min记录一次析出的水量。待析出水量不再增加时,继续反应 30 min。

将反应装置改成减压系统,放出分水器的水,在(200±2)℃、1.3 kPa(100 mmHg)压力下反应 0.5 h,同时记录在此条件下的析出水量。停止加热,当温度下降至 120℃时,停止搅拌并去掉真空系统,出料。物料经真空过滤,得到透明微黄色黏稠液体,即为聚酯。

聚酯的相对分子质量和羟值的测定按照附录 13。

本实验约需 5 h。

【注释】

[1] 分水器中装满十氢化萘。

[2] 乙二醇,相对分子质量 62,为黏稠带有甜味的液体,熔点 −19℃,沸点 197℃。己二酸,相对分子质量 146,为白色结晶,熔点 135℃。

五、思考题

(1) 根据聚酯反应的特点,说明本实验采取这种实验步骤和实验装置的原因。

(2) 试计算本实验条件下聚酯的理论相对分子质量,并与实际相对分子质量比较,说明产生误差的原因。

实验 14 涤纶树脂的制备

一、实验目的

(1) 了解线型缩聚的原理及特点。

(2) 掌握酯交换法制备聚对苯二甲酸乙二醇酯的方法。

二、实验原理

聚对苯二甲酸乙二醇酯即涤纶(PET),有时也称聚酯,常温下具有优良的机械性能和耐磨性能,耐酸碱及多种有机溶剂,吸湿性小,电绝缘性好。涤纶除可制作纺织品外,还可制作帘子线、化工滤布、电影胶片、录音磁带的片基、光盘基材、耐热绝热漆、轴承、齿轮等。

工业上制造涤纶树脂的主要方法如下:

1. 酯交换法

反应分两步进行。第一步将 1∶2.5(物质的量比)的对苯二甲酸二甲酯(DMT)和乙二醇(EG)加入酯交换反应器,以锰、锌、钙或钴等的乙酸盐为催化剂,于 150~210℃进行酯交换反应。当馏出的甲醇量为理论量的 85%~90%时,可认为酯交换反应完毕,生成对苯二甲酸二乙二醇酯(BHET)。第二步,以 Sb_2O_3 为催化剂,BHET 于 270~280℃进行熔融缩聚,为排出小分子,反应在 66~133 Pa 的真空条件下进行,得到聚对苯二甲酸乙二醇酯(PET)。

2. 直接酯化法

通常将对苯二甲酸(TPA)与乙二醇(EG)配成浆状物,加入酯化反应器中。在催化剂作用下,加压或常压下,于 220~240℃直接酯化,生成 BHET。BHET 在高温、高真空条件下,熔融缩聚合成 PET。

3. 环氧乙烷加成法

对苯二甲酸(TPA)和环氧乙烷(EO)反应,直接合成 BHET,再缩聚得到聚合物。该方法通常需要 EO 过量较多,反应温度为 100~130℃,反应压力为 1.96~2.94 MPa,使用的催化剂通常为脂肪胺或季铵盐。

本实验采用酯交换法制备 PET。

三、仪器和药品

1. 仪器

熔融缩聚装置 1 套,如图 14-1 所示。

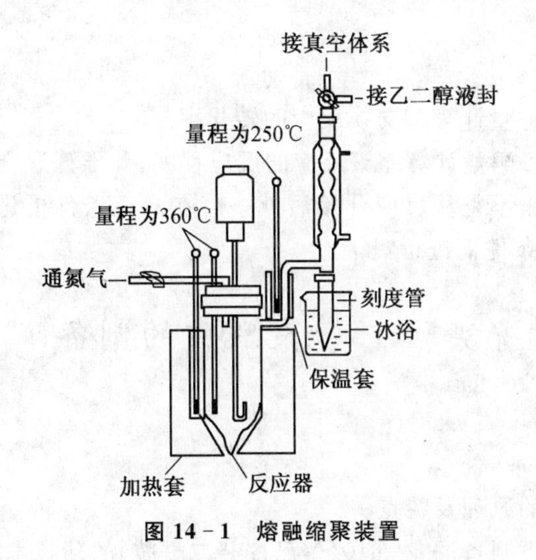

图 14-1 熔融缩聚装置

2. 药品

对苯二甲酸二甲酯(DMT)、乙二醇(EG,新蒸)、$Zn(Ac)_2$、Sb_2O_3。

四、实验步骤

1. 酯交换反应

按图 14-1 装好仪器,检查系统是否漏气,要求系统余压不超过 4 mmHg 才可投料。依次将 DMT(7.5 g)、$Zn(Ac)_2$(0.003 g)、Sb_2O_3(0.003 g)加入反应管内,再用移液管把乙二醇(5.3 mL)沿搅拌棒加入反应管,装好仪器后抽真空、通氮气,重复操作 3 次,以排除体系中的空气。除氧操作完成后,将三通活塞接通乙二醇液封并保持通氮气。整个反应过程在氮气保护下进行,氮气流速控制在 2~3 个气泡/秒(通过乙二醇液封观察)。当温度高于 100℃时减小流速,以免将升华的 DMT 带出反应系统。冷凝管通水,开始加热,当反应系统内温度约 140℃时,保温套温度保持在(64±2)℃,此时反应物开始熔化。开动搅拌,并逐步提高搅拌速度,迅速升温至 165~170℃。当冷凝管口有液体滴出时,表明酯交换反应开始,升高温度至 190~194℃,继续反应至数分钟内无液体滴出,表明酯交换反应结束。酯交换反应时间约为 1.5 h,记录蒸出甲醇的体积,取出刻度管,将甲醇倾倒后重新装上。

2. 缩聚反应

将反应温度升至 240℃,保温套温度升至(190±5)℃,此时又有液体蒸出,待液体蒸出速度减慢后,将反应温度逐步提高至 270~275℃,停止通氮气,先在低真空度条件下进行反应。随着液体蒸出速度的降低,逐步提高真空度,直至高真空(余压小于 4 mmHg 以下)。高真空度条件下反应至数分钟内没有液体蒸出时为止。缩聚反应时间约为 1.5 h,记录蒸出液体的体积,停止搅拌,准备抽丝。

3. 抽丝(纺丝)

停止抽真空,通氮气保持系统正压,反应管温度维持在 270~280℃。数分钟后,将反应管底部的尖端夹断,若无熔体流出,可用酒精灯适当加热反应管尖端。待熔体流出成丝后,将丝引至转动着的抽丝卷筒上进行抽丝。

五、思考题

(1) 根据蒸出的甲醇量计算酯交换反应的转化率。

(2) 根据蒸出的乙二醇量计算缩聚反应的反应程度，并推算聚合物 PET 的数均聚合度。

(3) 为什么熔融缩聚不是从反应开始后就一直在真空条件下进行，而是逐步由常压到低真空度再到高真空度条件下进行？

实验 15 聚酰胺的制备

一、实验目的

(1) 学习界面缩聚的原理及特点。

(2) 掌握一种低温下制备尼龙-610(聚己撑癸二酰胺)的新技术。

二、实验原理

界面缩聚是缩聚反应的一种特殊实施方式，是指将两种单体分别溶解于互不相溶的两种溶剂中(通常是水和有机溶剂)形成水相和溶剂相，将两种溶液混合后，仅在两相界面处发生的缩聚反应。界面缩聚具有以下特点：① 必须采用高活性的单体，反应通常在有机相一侧进行。聚合物不溶于溶剂，在界面处析出，其分子量与总的反应程度无关。② 聚合仅取决于界面处反应物的浓度，对单体配比要求不严。③ 反应温度低，通常在室温下进行，可避免因高温所导致的副反应。在聚合反应过程中，在界面上形成的聚合物膜会对分布于界面两侧的单体产生一定阻碍，使得聚合反应主要发生在扩散到界面的单体与增长链之间，而且低温下副反应少，有利于得到高分子量的聚合物。聚合物通过沉淀析出或以聚合物膜、聚合物丝的形式连续拉出，容易分离。④ 界面缩聚是非均相缩聚反应，反应速率受单体扩散速率控制。

常见的界面缩聚工艺包括静态界面缩聚和动态界面缩聚两种方法。不搅拌的界面缩聚可以在实验中直观地反映界面聚合的原理和特点，通过多次观察界面的形成和聚合的发生，掌握界面缩聚的方法和影响因素。本实验利用不搅拌的低温界面缩聚(即静态界面缩聚)技术来制备尼龙-610。己二胺与癸二酰氯反应式如下：

$$n\mathrm{H_2N(CH_2)_6NH_2} + n\,\mathrm{Cl\overset{\overset{\displaystyle O}{\|}}{C}(CH_2)_8\overset{\overset{\displaystyle O}{\|}}{C}Cl} \longrightarrow \mathrm{H{+}NH(CH_2)_6NHCO(CH_2)_8CO{+}_{\mathit{n}}Cl} + (2n-1)\mathrm{HCl}$$

三、仪器和药品

1. 仪器

烧杯(100 mL、50 mL 各 1 个)、量筒(50 mL、20 mL 各 1 个)、玻璃搅拌棒、培养皿、镊子、氯化钙干燥管、圆底烧瓶(100 mL)。

2. 药品

己二胺、癸二酸、氯化亚砜、氢氧化钠、四氯化碳、1% HCl 水溶液、丙酮。

四、实验步骤

1. 癸二酰氯的制备

将 20 g 癸二酸(0.1 mol)和 40 g 氯化亚砜(0.33 mol)加入到 100 mL 圆底烧瓶中。搭置回流装置,并在回流冷凝管上方装氯化钙干燥管和出气管,出气管接氯化氢气体吸收装置。加入两滴二甲基甲酰胺(DMF),即有大量气体生成,加热回流,反应 2 h 左右,直至无 HCl 气体放出。将回流装置改为减压蒸馏装置,快速蒸馏,收集 124℃(66.66 Pa)馏分或 142℃(266.6 Pa)馏分,得到无色的癸二酰氯。

2. 界面缩聚制备尼龙-610

在 100 mL 烧杯中加入 2.52 g 己二胺(0.02 mol)、3.0 g 氢氧化钠(0.075 mol)和 50 mL 蒸馏水,搅拌使固体溶解,配成水相。在 250 mL 干燥的锥形瓶中加入 2.4 g 癸二酰氯(0.01 mol)和 50 mL 无水四氯化碳,振摇使两者混合均匀,配成有机相。沿着烧杯壁将水相溶液缓缓倒入有机相溶液中,立即在两相界面处形成半透明的薄膜,此即尼龙-610。用玻璃棒小心将界面处的聚合物拉出,并缠在玻璃棒上,直至癸二酰氯反应完毕。用 3%的 HCl 溶液洗涤聚合物以终止聚合,再用蒸馏水洗涤至中性,于 80℃真空干燥,得到聚合物,称重。

3. 尼龙-610 的性能测试

尼龙-610 属于结晶聚合物,可以通过拉伸等方法将其培养成晶体。利用 DSC 测定其熔点等相转变温度和结晶度,利用偏光显微镜观察其晶体形貌,利用万能拉力机测定其力学性能,并与非晶态聚合物做比较。

【注释】

本实验所用试剂对皮肤有刺激性,如果不慎溅到皮肤上应立即用大量清水清洗,并用肥皂和水冲洗。化学药品应在通风橱中使用,应避免长时间呼吸这些蒸气。氢氧化钠腐蚀很强,应特别注意防止溅入眼中,处理时最好戴上防护眼罩。

五、思考题

(1) 在不搅拌界面缩聚实验中,要使实验成功,主要需要做到哪几点?

(2) 界面缩聚中为什么要形成两相?界面的作用是什么?

(3) 反应中加入氢氧化钠的目的是什么?反应完后加 1% HCl 的作用是什么?

(4) 反应有机相中若有一些乙酰氯杂质(如 CH_3COCl)存在,实验结果将如何?

第六章　开环聚合

环状单体在某种引发剂或催化剂的作用下开环，形成线形聚合物的反应，称作开环聚合。开环聚合的单体主要有环醚、环缩醛、环内酯、环酰胺、环硅烷等。与缩聚反应相比，开环聚合过程中无小分子的生成，大部分开环聚合物属于杂链高分子；与烯烃加聚相比，开环聚合时无双键的断裂，仅由环转变成线性聚合物，无副产物生成，是一类较为独特的聚合反应。开环聚合的推动力主要是环张力的释放，能否开环及聚合能力的大小取决于环和线性结构的相对稳定性。环的大小、构成环的元素（碳环或杂环）、环上取代基等对开环的难易都有影响。键的变形程度愈大，环的张力能和聚合热愈大；聚合自由焓越负，环的稳定性愈低，愈易开环聚合。环烷烃在热力学上开环聚合能力的顺序为：三元环，四元环＞八元环＞五元环，七元环。开环聚合绝大部分是属于链式聚合，只有少数杂环的开环聚合属于逐步聚合反应类型，开环聚合的反应机理随引发剂的不同有很大差别。

实验16　环氧氯丙烷的开环聚合

一、实验目的

(1) 学习阳离子型开环聚合的原理。

(2) 掌握开环聚合的实验操作。

二、实验原理

醚属 Lewis 碱，环醚的氧原子易受阳离子进攻，一般可进行阳离子开环。许多用于乙烯基单体阳离子聚合反应的引发剂也可用于环醚的阳离子开环聚合，包括 Lewis 酸、强质子酸、碳阳离子源/Lewis 酸复合体系等。在质子酸引发的环氧氯丙烷的阳离子开环聚合体系中加入醇类化合物可减少环化低聚物的生成。其聚合反应机理为“活性单体机理”，聚合体系的阳离子不位于增长链末端，而是在单体分子上。其反应过程如下所示：

$$\text{环氧氯丙烷} + H^+ \longrightarrow \text{质子化环氧氯丙烷}(\overset{+}{O}H) + R{-}OH \longrightarrow RO{-}CH_2CH(CH_2Cl)\overset{+}{O}H_2$$

$$\xrightleftharpoons{\text{环氧氯丙烷}} RO{-}CH_2CH(CH_2Cl)OH + \text{质子化环氧氯丙烷}(\overset{+}{O}H) \longrightarrow RO{+}CH_2CH(CH_2Cl)O{+}_n$$

聚环氧氯丙烷醚（PECH）是聚氨酯产品的重要原料，不仅可与聚氨酯等材料复合制成综合性能优良的胶黏剂，而且与吡啶等叔胺反应后可制备得到兼具破乳和絮凝性能的高效水处理剂以及通过结构改性可获得聚醚类的高分子液晶材料。

本实验以乙二醇(EG)为起始剂，进行环氧氯丙烷(ECH)阳离子聚合。单体环氧氯丙烷(ECH)属于三元环，极为活泼，均聚或共聚时副反应较多，易发生分子内的向高分子的链转移("回咬"反应)形成冠醚或发生链转移形成小分子齐聚物。副反应产物两者可占总质量分数的30%～40%，可影响 PECH 的相对分子质量($\overline{M}_n$)及其分布、平均官能度($\overline{f}$)，因此控制 PECH 的$\overline{M}_n$ 及$\overline{f}$对产品的性能有着重要的影响。

三、仪器与药品

1. 仪器

三颈瓶(500 mL)、机械搅拌器、冷冻设备、真空设备、温度计、直形冷凝管、玻璃棒。

2. 药品

乙二醇、环氧氯丙烷、二氯甲烷、三氟化硼四氢呋喃络合物。

四、实验步骤

在装有搅拌器和温度计的 500 mL 三颈瓶中加入 200 mL 二氯甲烷(溶剂)、3 mL 三氟化硼四氢呋喃络合物(催化剂)和 3 mL 乙二醇(起始剂)。搅拌 0.5 h 后，分数次缓慢加入 90 mL环氧氯丙烷。反应过程中剧烈放热，小心控制反应温度在－20℃进行聚合，约 8 h 后结束反应，得到微黄色透明黏液状聚环氧氯丙烷多元醇产物。将粗产物水洗一次，在 1 333 Pa真空度抽真空 48 h，除去小分子挥发物，然后用适当溶剂萃取出反应副产物环醚，得到较纯的 PECH。

五、思考题

(1) 阳离子开环聚合为何宜在低温下进行?

(2) 催化剂用量对环氧氯丙烷阳离子开环聚合有何影响?

实验 17　己内酰胺的开环聚合

对于环酰胺单体，开环聚合研究最多的是己内酰胺。工业上在 250～270℃的高温条件下，以水(0.1%～10%)为引发剂，由己内酰胺连续聚合生成尼龙-6 的反应，称为水解聚合，属于逐步聚合机理。己内酰胺在进行阴离子开环聚合时，当体系中加入乙酸酐或乙酰氯等一些酰基化试剂时，反应在 150℃下只需几分钟即可完成，故称"快速聚合"。同时，由于反应放热只有 13.4 kJ/mol，本体聚合升温不高，因此可发展为单体浇注聚合，称为铸型尼龙。铸型尼龙是被广泛使用的热塑性塑料，具有机械程度高、尺寸稳定性好、耐磨性好、自润滑作用好、结晶度高、相对分子质量高等优点。而由质子酸或 Lewis 酸引发的阳离子聚合，由于转化率和聚合物相对分子质量都比较低，最高分子量只能达到一万至两万，且还有许多副反应，因此没有真正的应用价值。

实验 17.1　己内酰胺的水解开环聚合

一、实验目的

（1）学习水解开环聚合的原理。

（2）掌握己内酰胺水解开环聚合制备尼龙-6 的实验方法。

二、实验原理

己内酰胺在催化剂量的水（0.1%～10%）、ω-氨基己酸或苯甲酸存在的情况下，可进行逐步的开环聚合。其反应过程如下所示：

$$\underset{\text{N H}}{\bigcirc}\!=\!O + H_2O \rightleftharpoons NH_2(CH_2)_5COOH$$

$$\underset{\text{N H}}{\bigcirc}\!=\!O + H^+ \rightleftharpoons \underset{\overset{\oplus}{N}H_2}{\bigcirc}\!=\!O$$

$$\underset{\overset{\oplus}{N}H_2}{\bigcirc}\!=\!O + \sim\sim NH_2 \rightleftharpoons \overset{\oplus}{N}H_3(CH_2)_5CONH\sim\sim$$

$$\underset{\text{N H}}{\bigcirc}\!=\!O + \overset{\oplus}{N}H_3(CH_2)_5CONH\sim\sim \longrightarrow \underset{\overset{\oplus}{N}H_2}{\bigcirc}\!=\!O + NH_2(CH_2)_5CONH\sim\sim$$

环酰胺开环聚合反应主要由开环、缩合和加成三个平衡反应所组成。己内酰胺首先水解开环生成 ω-氨基己酸；其次，在酸催化条件下环酰胺被质子化，形成质子化的环酰胺；随后，质子化的环酰胺被增长链的末端氨基亲核进攻，形成铵离子，引发聚合。当将 ω-氨基己酸与水一起加入时，反应体系中一开始就存在伯胺基和羧基，不必等内酰胺水解产生这些基团。

三、仪器与药品

1. 仪器

三颈瓶（100 mL）、机械搅拌器、真空设备、氮气体系 1 套、加热设备、温度计、导气管、直形冷凝管、玻璃棒。

2. 药品

己内酰胺、ω-氨基己酸、环己烷、甲醇、五氧化二磷。

四、实验步骤

首先将己内酰胺用环己烷重结晶两次，于室温下经五氧化二磷真空干燥处理 48 h 后使用。将机械搅拌器、温度计、导气管和直形冷凝管装配在三颈瓶上，对反应瓶抽真空、充氮气重复三次以除去反应瓶中的空气。在氮气保护下，将 18 g 己内酰胺和 2 g ω-氨基己酸加入反应瓶中，用加热套或高温油浴锅加热至反应体系熔融。于 140℃下开动机械搅拌器，将反应体系不断升温至 250℃，继续反应 5 h，生成几乎无色的高黏度熔融物。用玻璃棒蘸取聚合物熔体，能够慢慢拉出长丝。趁聚合物处于熔融状态，迅速将产物倒入烧杯中冷却。所得到的聚己内酰胺的熔点为 216℃，聚合物中含有少量未反应的己内酰胺单体和低聚物，可用热水和甲醇进行抽提去除。

五、思考题

(1) 反应体系中加入 ω-氨基己酸的作用是什么？

(2) 如何改善水解聚合以使其在较低温度下进行聚合？

实验 17.2　己内酰胺的阴离子开环聚合

一、实验目的

(1) 了解强碱催化己内酰胺阴离子开环聚合的原理。

(2) 掌握阴离子开环聚合制备聚己内酰胺（尼龙-6）的方法。

二、实验原理

在阴离子开环聚合中，常用的引发剂主要是碱金属、碱金属的氢化物、碱金属的氢氧化物、碱金属的酰胺化物及有机金属化合物等。碱金属作催化剂，己内酰胺进行阴离子聚合，反应过程如下所示。

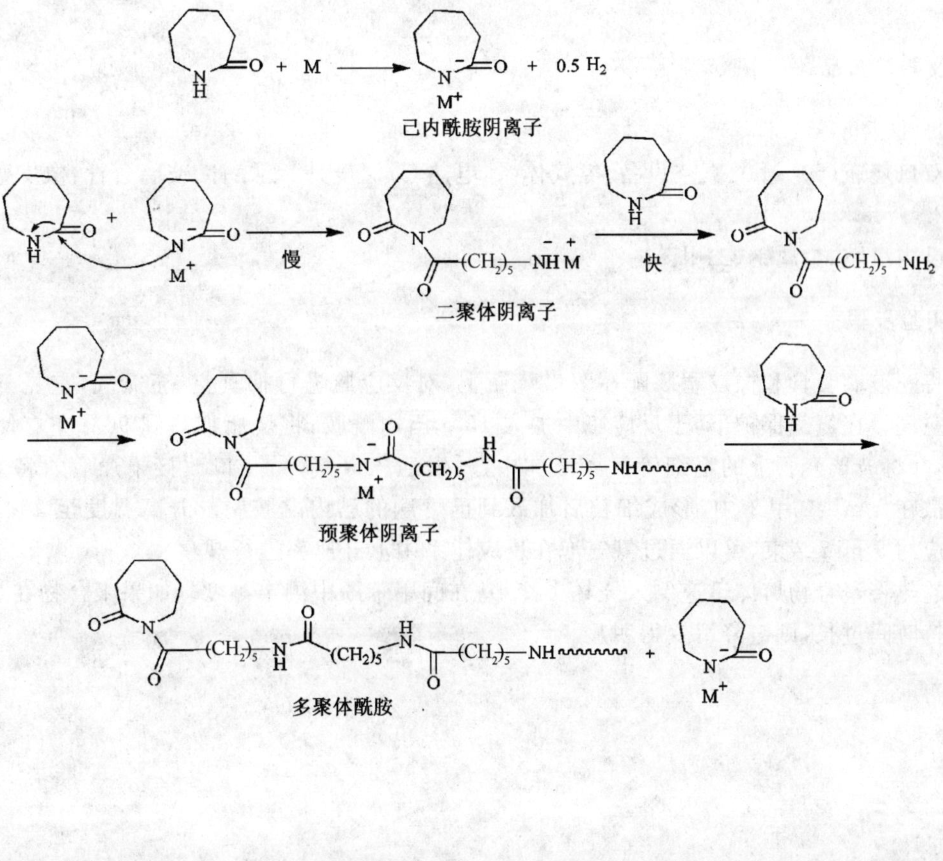

+ M ⟶ + 0.5 H_2

己内酰胺阴离子

慢　快

二聚体阴离子

预聚体阴离子

多聚体酰胺

首先己内酰胺与碱金属反应生成己内酰胺阴离子；然后己内酰胺阴离子与己内酰胺单体反应，使单体开环生成活泼的二聚体伯胺阴离子活性种。二聚体伯胺阴离子无共轭效应，活性较高，容易夺取单体上的质子而发生链转移反应，形成二聚体和己内酰胺阴离子。二聚体中环酰胺上的氮原子受两侧羰基的影响，使得环酰胺键活性显著增加，有利于低活性的己内酰胺阴离子的亲核进攻，容易被开环引起链增长。如此反复，链不断增长。

当反应体系中加入一些酰基化试剂(酰氯、酸酐、异氰酸酯等)作为活化剂时，己内酰胺单体与酰化试剂反应可生成酰基化的 N－酰基内酰胺，从而可以缩短反应诱导期，提高反应速率。其聚合反应过程如下所示：

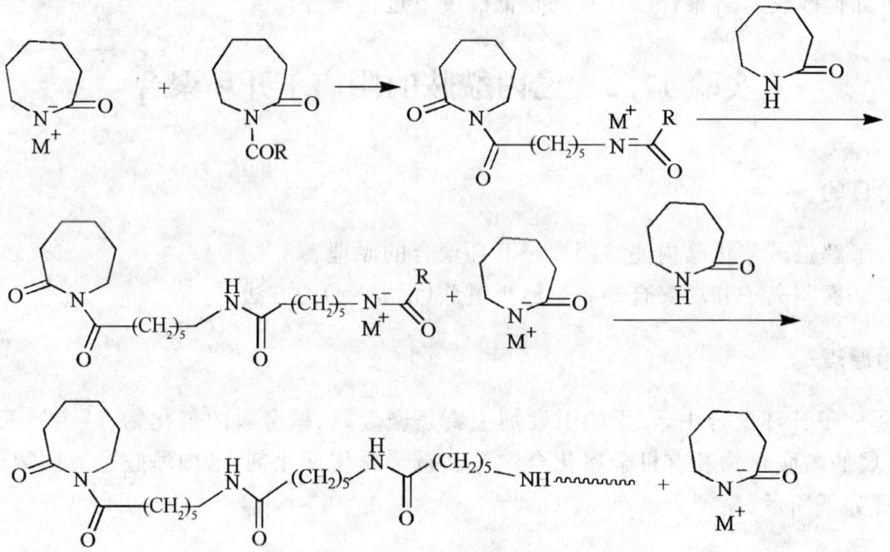

三、仪器与药品

1. 仪器

双口烧瓶(50 mL)、真空设备、氮气体系、电热套、温度计、干燥管、玻璃套管、橡皮塞。

2. 药品

己内酰胺、金属钠、二甲苯。

四、实验步骤

将一玻璃套管和橡皮塞装配在双口烧瓶上，对反应瓶进行抽真空、充氮气，重复三次以去除空气。在氮气保护下，于反应瓶中加入 15 g 己内酰胺，将烧瓶加热到 90℃左右使单体熔融，并将玻璃套管上的毛细管插入液体中，缓慢通入氮气，另一口改接干燥管。将 0.1 g 钠分散在 5 mL 二甲苯中，形成细粒后加入到已熔融的己内酰胺中。升高温度至 260℃，聚合反应约 5 min 结束，可以通过氮气泡在反应体系中上升速率进行观察。

趁热将聚合物熔体迅速倒入烧杯中冷却，在间甲苯酚中测定黏度。如果聚合物在 260℃下保持时间过长，则链降解变得明显。

五、思考题

(1) 比较己内酰胺水解开环聚合与阴离子开环聚合有何不同?

(2) 影响阴离子开环聚合的因素有哪些?

实验 18　四氢呋喃阳离子开环聚合

一、实验目的

(1) 通过四氢呋喃的阳离子开环聚合，了解阳离子开环聚合反应的原理，掌握其聚合方法。

(2) 通过测定聚四氢呋喃的相对分子质量和羟值，确定产物官能度。

二、实验原理

四氢呋喃(THF)是一种无色液体，能溶于水、乙醇、乙醚、脂肪烃、芳香烃、丙酮、苯等溶剂，有毒。四氢呋喃为五元环的环醚类化合物。其环上氧原子具有未共用电子对，为亲电中心，可与亲电试剂如 Lewis 酸、含氢酸(如硫酸、高氯酸、醋酸等)发生反应进行阳离子开环聚合。但四氢呋喃为五元环单体，环张力较小，聚合活性较低，反应速率较慢，须在较强的含氢酸引发作用下才能发生阳离子开环聚合。经试验证明，四氢呋喃在高氯酸(醋酸酐存在下)或 21%发烟硫酸引发作用下，可合成相对分子质量为 1 000～3 000 的聚四氢呋喃。其聚合反应式如下：

$$n\ \text{(四氢呋喃环)} \xrightarrow{HX} \left[OCH_2CH_2CH_2CH_2 \right]_n$$

聚四氢呋喃又称聚丁二醚(PTMG)[1]，低分子质量(<2 000)端羟基聚酯是制备各种聚氨酯的重要原料。

三、仪器与药品

1. 仪器

三颈烧瓶(100 mL、500 mL)、恒压滴液漏斗(100 mL)、球形冷凝管、蒸馏装置、电热套、低温温度计(−50～50℃)、温度计(0～100℃)、分液漏斗(250 mL)、烧杯(250 mL)、电子天平、冰箱。

2. 药品

四氢呋喃、醋酸酐、高氯酸、氢氧化钠、甲苯、21%发烟硫酸[2]、甲醇、碳酸钠、去离子水。

四、实验步骤

1. 引发剂制备

在装有搅拌器、温度计、滴液漏斗的 100 mL 三颈烧瓶中，加入 25 g 醋酸酐。冷却至(−10±2)℃[3]，在低速搅拌下缓慢滴加 1.6 g 高氯酸，温度控制在(2±2)℃。滴加完毕，再搅拌 5～10 min，即制成引发剂(金黄色)，放入冰箱中备用。

2. 聚四氢呋喃的合成

方法一:在装有搅拌器、温度计、滴液漏斗的500 mL三颈烧瓶中,加入105 g四氢呋喃,并冷却至(−10±2)℃,在搅拌下加入上述引发剂,温度控制在(2±2)℃。滴加完毕,在(2±2)℃下继续反应2 h(缓慢搅拌),再升温至(10±2)℃,反应2 h,再将体系冷却至(5±2)℃,滴加40%的NaOH水溶液[4],使体系pH为6~8。改为蒸馏装置,蒸出未反应的四氢呋喃,收集65~67℃的馏分(回收)。再改为回流装置,继续加热,使体系温度保持在116~120℃,强烈搅拌4~5 h,反应完毕。当物料温度降至50℃以下时出料,将反应物料倒入250 mL大烧杯中。本方法约需10 h。

方法二:在装有搅拌器、温度计、滴液漏斗的500 mL三颈烧瓶中,加入20 mL四氢呋喃。在冰盐浴中冷却,使反应瓶内温度降至0℃以下(以−2℃为宜)。在搅拌下滴加4 g发烟硫酸(21%),滴加速度以保持反应液温度为(0±2)℃为准。滴加完毕,在0℃下继续反应1.5 h,反应液逐渐变黏稠,加入5 mL甲醇和30 mL水,反应终止。本方法约需2 h。

3. 聚四氢呋喃后处理

方法一:在反应物料中加入30 mL甲苯、25 mL蒸馏水,并用醋酸酐或氢氧化钠水溶液调节体系的pH为7~8。将上层物料倒入250 mL分液漏斗中,分去下层水,用蒸馏水洗涤4~5次(每次加蒸馏水15~25 mL)至体系的pH为7。改为蒸馏装置,蒸出甲苯-水,收集110.6℃的馏分(回收),即得到端羟基聚四氢呋喃。将产物置于真空干燥箱中,在温度50~60℃、压力21.3 kPa(160 mmHg)条件下,真空干燥脱水3 h,称重,计算产率。

方法二:将上述反应装置改成蒸馏装置,加热,当反应瓶内液体温度为100℃时,常压蒸馏1~2 h,趁热将反应瓶内液体倒入分液漏斗中,分去下层水。加入30 mL 5%碳酸钠溶液中和,分层后,将上层油层进行抽滤,并用水洗涤3次。产物在温度50~60℃、压力21.3 kPa(160 mmHg)条件下,真空干燥脱水3 h,称重,计算产率。

4. 聚四氢呋喃相对分子质量测定

端羟基聚四氢呋喃相对分子质量的测定方法参见实验23。

5. 聚四氢呋喃羟基的测定

聚四氢呋喃端羟基的测定方法参见附录13。

【注释】

[1] 聚四氢呋喃为白色蜡状固体,当温度超过室温时会变成透明液体。

[2] 发烟硫酸的浓度是根据在100%的硫酸中所含的“自由态SO_3”含量来表示其强度。21%发烟硫酸是指100%的硫酸中含有21%的自由态SO_3。

[3] 体系的低温控制可采用熔融氯化钙-冰体系、氯化钠-冰体系。根据温度要求二者按一定比例混合,冰块小些,氯化钠多些体系的温度较低。

[4] 在滴加40% NaOH时,需注意滴加速度。开始时需缓慢滴加,随着终止反应的进行,反应速度减慢,可以加快滴加速度。但注意不能使体系的温度超过40℃。否则,由于反应剧烈,物料有冲出的危险。

五、思考题

(1) 阳离子开环聚合有何特点?

(2) 阳离子聚合时,为什么不能有水?为什么需要在低温下进行?

第七章　聚合物的化学反应

实验 19　聚乙烯醇的制备

一、实验目的

(1) 了解聚乙酸乙烯酯的醇解反应原理、特点及醇解程度的影响因素。

(2) 掌握聚乙烯醇制备的一般方法和高分子化学反应的基本原理。

二、实验原理

聚乙烯醇(PVA)不能直接通过单体聚合得到，而是通过聚乙酸乙烯酯(PVAc)醇解(或水解)反应来制得的。由于醇解法制得的聚乙烯醇精制容易、纯度较高、产品性能较好，因此目前工业上多采用醇解法制聚乙烯醇。聚乙酸乙烯酯的醇解可以在酸性或碱性条件下进行。酸性醇解时，由于痕量级的酸很难从聚乙烯醇中除净，而残留的酸会加速聚乙烯醇的脱水作用，使产物变黄或不溶于水。因此工业上多采用碱性醇解法制备聚乙烯醇。

本实验以甲醇为醇解剂，NaOH 为催化剂，聚乙酸乙烯酯在 NaOH-甲醇溶液中进行醇解反应。主要反应如下：

$$\left[\underset{\displaystyle OCOCH_3}{CH_2\underset{|}{C}H}\right]_n + n\,CH_3OH \xrightarrow{NaOH} \left[\underset{\displaystyle OH}{CH_2\underset{|}{C}H}\right]_n + n\,CH_3COOCH_3$$

以上醇解过程实际上是甲醇与聚乙酸乙烯酯之间进行了酯交换反应，聚乙酸乙烯酯的结构发生变化。这种使高分子结构发生改变的化学反应，叫作高分子化学反应。在主反应中，NaOH 仅起催化剂的作用，但 NaOH 还可能发生以下两个副反应：

$$CH_3COOCH_3 + NaOH \longrightarrow CH_3COONa + CH_3OH$$

$$\left[\underset{\displaystyle OCOCH_3}{CH_2\underset{|}{C}H}\right]_n + n\,NaOH \longrightarrow \left[\underset{\displaystyle OH}{CH_2\underset{|}{C}H}\right]_n + n\,CH_3COONa$$

当含水量较大时，上述两个副反应非常显著，将消耗大量的 NaOH，导致 NaOH 对主反应的催化效能降低，醇解反应不能完全进行。为了尽量避免上述副反应，物料的含水量一般应该严格控制在 5%以下。聚乙酸乙烯酯的醇解反应机理类似于低分子酯与醇之间的酯交换反应。聚乙酸乙烯酯醇解反应生成的聚乙烯醇不溶于甲醇，呈絮状物析出。聚乙烯醇可作为悬浮聚合的分散剂，也可用作制备维纶纤维的原料。为了制备不同醇解度的聚乙烯醇，应选择合适的工艺条件。

1. 聚合物浓度

聚合物浓度对醇解反应影响颇大。实践证明其他条件不变时，随着聚合物浓度的增加，醇解度降低。当聚合物浓度太低，溶剂的损失和回收工作量很大，故工业生产中聚合物浓度一般为22%。

2. NaOH 用量

实验证明碱用量过高，对醇解速度、醇解度影响不大，但会增加体系中乙酸钠含量，影响产品质量。工业生产中 NaOH 用量为聚乙酸乙烯酯的12%。

3. 反应温度

提高反应温度会加速醇解反应进行，缩短反应时间。当反应温度提高时，伴随醇解反应的副反应也相应加速，导致碱的消耗量增加，使聚乙烯醇中残存的乙酸根量增加，影响产品质量。因此，工业生产中醇解温度为45～48℃。

4. 相变

聚乙酸乙烯酯溶于甲醇，而聚乙烯醇不溶于甲醇。随着反应不断进行，反应体系从均相转变为非均相。各种反应条件都会影响该相变发生的时间，从而影响醇解反应的难易和醇解度的高低。因此，当反应体系刚出现胶冻时，必须强力搅拌使胶冻分散均匀，保证醇解反应顺利进行。

三、仪器与药品

1. 仪器

搅拌器、加热装置、三颈瓶(250 mL)、温度计(100℃)、抽滤装置、真空泵、回流冷凝管。

2. 药品

聚乙酸乙烯酯、无水甲醇、NaOH。

四、实验步骤

在装有搅拌器和球形冷凝管的250 mL三颈瓶中，加入90 mL无水甲醇，并在搅拌下缓慢加入剪成碎片的15 g聚乙酸乙烯酯，加热回流搅拌使其溶解[1]。将溶液冷却至30℃，加入3 mL NaOH-甲醇溶液(5%)，升温并控制温度在45℃进行醇解反应。当体系中出现胶冻时，立即强烈搅拌[2]，打碎胶冻，继续搅拌0.5 h，再加入4.5 mL NaOH-甲醇溶液(5%)，反应温度仍控制在45℃，反应0.5 h。升温至65℃，继续反应1 h。待反应混合物冷却至室温将其倒出，用布氏漏斗抽滤，得到白色沉淀聚乙烯醇。用10 mL甲醇洗涤三次，将抽滤所得产品于50～60℃真空干燥箱中干燥，称重。

【注释】

[1] 溶解 PVAc 时要先加甲醇，搅拌下缓慢将聚乙酸乙烯酯碎片加入，否则将黏成团，影响溶解。

[2] 搅拌的好坏是本实验成败的关键，反应过程中要密切注意体系变化。聚乙烯醇不溶于甲醇，随着醇解反应的进行，聚乙酸乙烯酯大分子上的乙酰氧基(CH_3COO—)逐渐被羟基(—OH)所取代。当醇解度达到60%时，大分子从溶解状态变成不溶解状态，体系的外观发生突变，出现一团胶冻。此时应立即强烈搅拌，把胶冻打碎分散，才能使醇解反应进行完全。否则胶冻内包裹的聚乙酸乙烯酯不能醇解完全，导致实

验失败。

五、思考题

（1）为什么会出现胶冻现象？胶冻对醇解有什么影响？

（2）聚乙烯醇的制备过程中，醇解度的影响因素有哪些？为了获得较高的醇解度，实验过程中要控制哪些条件？

（3）如果聚乙酸乙烯酯干燥不彻底，仍含有未反应的单体和水，试分析醇解过程中会发生什么现象？

实验 20　聚乙烯醇缩甲醛的制备及分析

一、实验目的

（1）以聚乙烯醇和甲醛为原料制备聚乙烯醇缩甲醛胶水，掌握聚乙烯醇缩醛化的实验技术和反应原理，了解聚合物化学反应原理。

（2）熟悉聚乙烯醇缩甲醛的分析检测方法。

二、实验原理

聚乙烯醇缩甲醛树脂在工业上被广泛用于生产胶黏剂、涂料、化学纤维，其中聚乙烯醇缩甲醛是最重要的品种之一，是化学纤维“维尼纶”和“107”建筑胶水的主要原料。聚乙烯醇缩甲醛又称 107 胶，为无色透明溶液，易溶于水，具有黏结力强、黏度大、耐水性强、成本低廉等优点，已被广泛用作多种壁纸、纤维墙布、瓷砖粘贴、内墙涂料的黏合剂等，是我国合成胶黏剂的大宗品种之一。但由于该产品游离甲醛含量过高，危害人体健康，许多地方法规禁止使用聚乙烯醇缩甲醛胶做室内装修。然而，以 107 胶为主体制得的外墙涂料对墙面具有黏附力强、遮盖力强、硬度高、耐光性和耐水性良好、成本低等优势，得以广泛应用。

在酸性催化剂作用下，聚乙烯醇与甲醛环化脱水，缩合生成聚乙烯醇缩甲醛。其反应机理如下：

$$CH_2O + H^+ \rightleftharpoons \overset{+}{C}H_2OH$$

$$\sim\!\sim CH_2\underset{\displaystyle OH}{\underset{|}{CH}}-CH_2-\underset{\displaystyle OH}{\underset{|}{CH}}\sim\!\sim + \overset{+}{C}H_2OH \underset{\text{极慢}}{\overset{\text{缓慢}}{\rightleftharpoons}} \sim\!\sim CH_2\underset{\displaystyle OC^+H_2}{\underset{|}{CH}}-CH_2-\underset{\displaystyle OH}{\underset{|}{CH}}\sim\!\sim + H_2O$$

$$\sim\!\sim CH_2\underset{\displaystyle OC^+H_2}{\underset{|}{CH}}-CH_2-\underset{\displaystyle OH}{\underset{|}{CH}}\sim\!\sim \underset{\text{极慢}}{\overset{\text{迅速}}{\rightleftharpoons}} \sim\!\sim CH_2\underset{\displaystyle O}{\underset{|}{CH}}-CH_2-\underset{\displaystyle O}{\underset{|}{CH}}\sim\!\sim + H^+ \quad (O-CH_2-O)$$

聚乙烯醇缩甲醛的合成反应式为：

$$\sim\sim CH_2CH(OH)CH_2CH(OH)\sim\sim + HCHO \xrightarrow{HCl} \sim\sim CH_2\underset{O-CH_2-O}{CHCH_2CH}\sim\sim + H_2O$$

（聚乙烯醇缩甲醛）

聚乙烯醇是水溶性高聚物，分子中的仲羟基活性较高，而聚乙烯醇缩甲醛不溶于水。由于几率效应，聚乙烯醇中邻近羟基成环后，中间往往夹杂着一些无法成环的孤立羟基，因此甲醛与聚乙烯醇的缩醛化反应不能完全。随着反应不断进行，缩醛化程度逐渐增加，反应初期的均相体系逐渐转变为非均相体系。本实验是合成水溶性聚乙烯醇缩甲醛胶水，反应过程中必须控制较低的缩醛度，使体系保持均相。若反应过于猛烈，则会造成局部缩醛度过高，导致胶水中存在不溶物，影响胶水质量。因此，反应过程中，必须严格控制催化剂用量、反应温度、反应时间及反应物比例等因素。

聚乙烯醇缩甲醛分子中的羟基是亲水性基团，而缩醛基是疏水性基团。控制一定的缩醛度（已缩合的羟基量占初始羟基量的百分率），可使生成的聚乙烯醇缩甲醛既有较好的耐水性，又有一定的水溶性。为了保证产品的稳定性，缩醛化反应结束后，用氢氧化钠调节胶水的 pH 至中性。

用水蒸气蒸馏法破坏聚乙烯醇缩甲醛的缩醛键，生成小分子甲醛，收集产物并测定产物中游离甲醛含量，即可确定聚乙烯醇缩甲醛的缩醛度。一般游离甲醛量少，表明缩醛度高，反之表明缩醛度低。其化学反应式如下：

$$\sim\sim CH_2\underset{O-CH_2-O}{CH-CH_2-CH}\sim\sim + H_2O \xrightarrow[\text{加热}]{+H^+} \sim\sim CH_2CH(OH)CH_2CH(OH)\sim\sim + HCHO$$

$$HCHO + Na_2SO_3 + H_2O \longrightarrow H_2C(OH)SO_3Na + NaOH$$

三、仪器与药品

1. 仪器

机械搅拌器、恒温水浴锅、三颈瓶（250 mL）、水蒸气蒸馏装置、温度计（100℃）、球形冷凝管、锥形瓶（250 mL）、量筒（100 mL、10 mL）。

2. 药品

聚乙烯醇（PVA1799）、甲醛溶液（38%）、硫酸溶液（98%，40%，0.05 mol/L）、盐酸（2.5 mol/L）、氢氧化钠溶液（8%）、亚硫酸钠溶液（0.5 mol/L）、标准 HCl 溶液（0.2 mol/L）、麝香草酚酞液、蒸馏水。

四、实验步骤

在装有机械搅拌器、温度计、球形冷凝管的 250 mL 三颈瓶中，加入 100 mL 蒸馏水、10 g 聚乙烯醇，搅拌，升温加热至 90℃，待聚乙烯醇完全溶解。降温至 70℃，缓慢滴加 4 mL 甲醛溶液[1]，搅拌 15 min，再滴加 2.5 mol/L 盐酸溶液，调节反应体系 pH 为 1～3，90℃下继续搅拌，反应约 1 h，反应体系逐渐变稠。当体系中出现气泡或者有絮状物产生，立即加入

1.5 mL氢氧化钠溶液(8%)，调节体系的 pH 为 8～9[2]。冷却后降温出料，获得无色透明黏稠液体，即聚乙烯醇缩甲醛胶水。

聚乙烯醇缩甲醛的分析：将 1.00 g 聚乙烯醇缩甲醛加入到圆底烧瓶中，加入 150 g 硫酸(40%)，进行水蒸气蒸馏，用锥形瓶收集馏出液 250 mL，此时聚乙烯醇缩甲醛已全部溶解。汲取 25 mL 馏出液，加麝香草酚酞液两滴，用稀碱调节至中性。加入 20 mL 亚硫酸钠溶液(0.5 mol/L)，混合后静置 10 min，再加入一滴麝香草酚酞液，以 0.05 mol/L 硫酸滴定至终点，记录硫酸用量 V_2。以 20 mL 亚硫酸钠溶液(0.5 mol/L)做空白实验，记录硫酸用量 V_1，计算样品中甲醛的质量分数和聚乙烯醇缩甲醛的缩醛度，计算公式如下：

$$w_{\mathrm{HCHO}} = \frac{(V_1 - V_2) \times c \times 30}{m \times 1\,000} \times \frac{250}{25.00} \times 100\%$$

式中，V_1、V_2 分别为空白滴定和胶水滴定时所消耗的硫酸溶液体积，单位为 mL；m 为试样质量，单位为 g；c 为硫酸的摩尔浓度，单位为 mol/L；30 为甲醛的相对分子质量。

【注释】

[1] 甲醛是无色、具有强烈气味的刺激性气体，其 35%～40%的水溶液称作福尔马林。甲醛是原浆毒物，能与蛋白质结合，吸入高浓度甲醛后会出现呼吸道的严重刺激和水肿，皮肤直接接触甲醛可引起皮炎、色斑、坏死。实验中注意勿吸入甲醛蒸气或与皮肤接触。

[2] 由于缩醛化反应的程度较低，胶水中尚有未反应的甲醛，产物往往有甲醛的刺激性气味。反应结束后胶水的 pH 调至弱碱性可防止分子链之间氢键含量过大、体系黏度过高，缩醛基团在碱性条件下较稳定。

五、思考题

(1) 试讨论缩醛化反应的机理及催化剂的作用。

(2) 聚乙烯醇缩甲醛的水溶性随缩醛度的增加而下降，当缩醛度达到一定值后产物完全不溶于水，为什么？

(3) 为什么最终产物的 pH 要调到 8～9？试讨论缩醛对酸和碱的稳定性。

实验 21　强酸型阳离子交换树脂的制备及其交换量的测定

一、实验目的

(1) 通过苯乙烯和二乙烯基苯共聚物的磺化反应，了解功能高分子的制备方法。

(2) 了解离子交换树脂的制备方法，掌握离子交换树脂体积交换量的测定方法。

二、实验原理

离子交换树脂是一种含有离子官能团、部分离子可与溶液中带同性电荷的离子进行交换、具有交联结构的合成树脂，通常为球形颗粒。离子交换树脂可用于原子能工业、海洋资源、化学工业、食品加工、分析检测、水处理、环境保护等众多领域。

离子交换树脂通常由三部分组成：交联的具有三维结构的网络骨架；连接在网络骨架上

的功能基团；功能基团上吸附着的可交换离子。通过一定条件，使可交换离子与同类型离子进行反复交换，能够达到浓缩、分离、提纯的目的。离子交换树脂的合成路线大多是首先合成高分子骨架，然后再通过某些化学反应引入可进行离子交换的离子基团；少数情况下是利用带有可进行离子交换基团的单体直接合成。

通常离子交换树脂不溶于水和溶剂，是交联高分子。能离解出阳离子并能与外界阳离子进行交换的树脂称为阳离子交换树脂，而能离解出阴离子并能与外界阴离子进行交换的树脂称为阴离子交换树脂。例如，阳离子交换树脂能与溶液中的阳离子交换：

$$RSO_3^- H^+ + Na^+ Cl^- \longrightarrow RSO_3^- Na^+ + H^+ + Cl^-$$

式中，R 代表树脂母体，最常见的树脂母体是苯乙烯和二乙烯基苯的共聚物。

根据酸性强弱，阳离子交换树脂又可分为强酸型及弱酸型树脂。一般把磺酸型离子交换树脂称为强酸型，羧酸型离子交换树脂称为弱酸型，磷酸型离子交换树脂介于两者之间。

悬浮聚合法是制备离子交换树脂的重要实施方法。悬浮聚合法中，影响颗粒大小的主要因素有分散介质(一般为水)、分散剂和搅拌速度。一般用水量与单体的比值介于 2～5 之间，水量太少单体难以充分分散；水量太多，反应容器必须增大，给生产和实验带来困难。分散剂用量通常为单体的 0.2%～1%，量过多易产生乳化现象。离子交换树脂对颗粒粒度要求比较高，搅拌速度的控制是制备粒度均匀的球状聚合物极为重要的因素，所以严格控制搅拌速度，制得粒度合格率较高的树脂，是实验中需要特别注意的问题。凝胶型苯乙烯基阳离子交换树脂的合成工艺流程如图 21-1 所示。

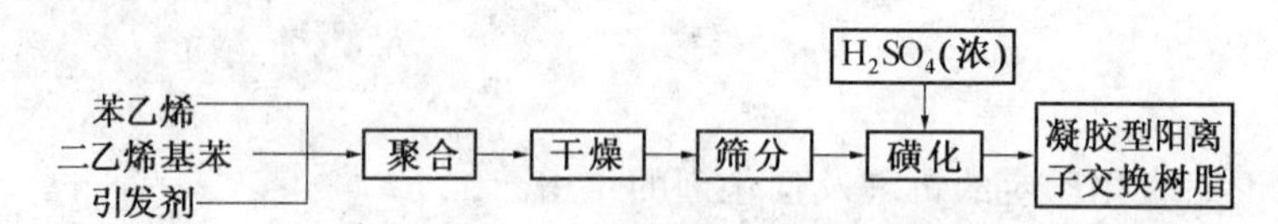

图 21-1 凝胶型苯乙烯基阳离子交换树脂的合成工艺流程

本实验以苯乙烯和二乙烯基苯为单体，过氧化二苯甲酰为引发剂，聚乙烯醇或羟乙基纤维素为分散剂，水为分散介质，采用悬浮聚合法，制备苯乙烯和二乙烯基苯的珠状聚合物，俗称白球。反应式如下：

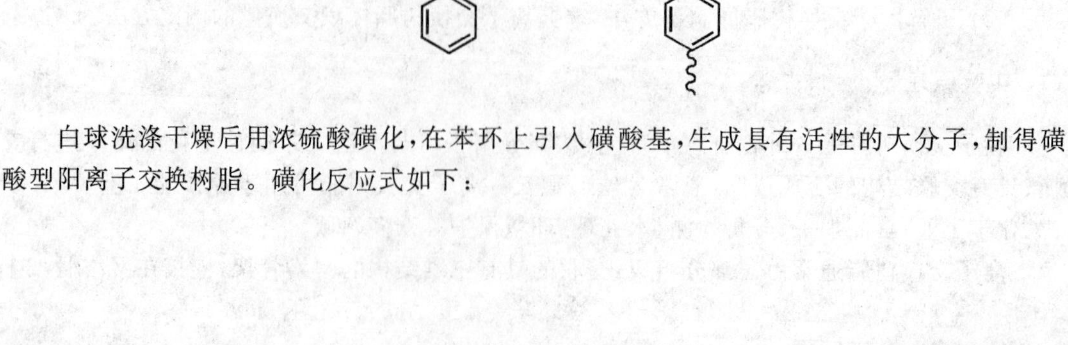

$$n\ \text{C}_6\text{H}_5\text{—HC}=\text{CH}_2 + m\ \text{H}_2\text{C}=\text{CH—C}_6\text{H}_4\text{—HC}=\text{CH}_2 \xrightarrow[\text{悬浮聚合}]{\text{BPO}} \text{交联共聚物}$$

白球洗涤干燥后用浓硫酸磺化，在苯环上引入磺酸基，生成具有活性的大分子，制得磺酸型阳离子交换树脂。磺化反应式如下：

$\sim CH_2-CH(C_6H_5)-CH_2-CH(C_6H_4-CH\sim)-[CH_2-CH(C_6H_5)]_n- \xrightarrow[\text{磺化反应}]{\text{浓}H_2SO_4} \sim CH_2-CH(C_6H_5)-CH_2-CH(C_6H_4-CH\sim)-[CH_2-CH(C_6H_4SO_3H)]_n-$

$\xrightarrow{NaOH} \sim CH_2-CH(C_6H_5)-CH_2-CH(C_6H_4-CH\sim)-[CH_2-CH(C_6H_4SO_3Na)]_n-$

磺化后的树脂称为H型离子交换树脂，交换基团为$-SO_3H$基，该树脂储存稳定性较差。通常采用NaOH处理，此过程为转型。转型后的树脂中，可交换基团为$-SO_3Na$，提高了交换树脂的储存稳定性。

离子交换树脂一般采用交换容量表示可交换离子与外界离子的交换能力。工业中交换容量的单位有两种，一种是每克干树脂可交换离子的毫摩尔数，称为质量交换容量(mmol/g)；另一种是每毫升湿树脂可交换离子的毫摩尔数，称为体积交换容量(mmol/mL)。离子交换树脂交换容量的测定反应如下：

$-CHCH_2-(C_6H_4SO_3H) + NaCl \longrightarrow -CHCH_2-(C_6H_4SO_3Na) + HCl$

将H型离子交换树脂与过量的NaCl溶液反应，产生HCl，然后用NaOH标准溶液滴定所产生的HCl，树脂的质量交换容量的计算公式如下：

$$E = \frac{NV}{m}$$

式中：E——离子交换树脂的质量交换容量，mmol/g；

N——NaOH标准溶液的浓度，mol/L；

V——样品消耗NaOH标准溶液的体积，mL；

m——离子交换树脂样品的质量，g。

三、仪器和药品

1. 仪器

搅拌器、电热套、电子天平、三颈瓶(250 mL)、球形冷凝管、布氏漏斗、吸管、瓷盘、烧杯(400 mL、250 mL)、量筒、表面皿、培养皿、标准筛(30～70目)。

2. 药品

苯乙烯(St)、二乙烯基苯(DVB)、过氧化二苯甲酰(BPO)、聚乙烯醇(PVA)水溶液(5%)、次甲基蓝水溶液(0.1%)、二氯乙烷、硫酸银固体、浓H_2SO_4(93%)、NaOH溶液

(10%、0.1 mol/L、1 mol/L)、丙酮、HCl 溶液(1 mol/L)、氯化钠溶液(1 mol/L)、甲基橙指示剂、酚酞指示剂、去离子水。

四、实验步骤

1. 苯乙烯-二乙烯基苯(poly(ST-co-DVB))聚合物珠状小球的合成

在装有搅拌器、温度计和球形冷凝管的 250 mL 三颈瓶中加入 100 mL 蒸馏水、5 mL 聚乙烯醇水溶液(5%)、1 mL 次甲基蓝水溶液[1],开动搅拌器并缓慢加热,升温至 40℃,停止搅拌。将预先配置好的 0.4 g BPO、40 g St 和 10 g DVB 的混合物加入三颈瓶中。开动搅拌器(初始搅拌速度要慢),待单体全部分散后,用吸管(不要用尖嘴玻璃管)吸出少量油珠放到表面皿上,观察油珠大小。如油珠偏大,可缓慢加速。过一段时间后继续检查油珠大小,如仍不合格,继续加速,如此调整油珠大小,直到合格为止[2]。待油珠大小符合要求后,迅速升温至 80~85℃,维持恒定搅拌速度,使聚合反应继续进行 2~3 h。用吸管取少量反应液放到表面皿中观察,若得到的珠粒很快沉到底部,将温度升高到 90~95℃,继续反应 2.5 h 左右[3],使珠粒进一步硬化,提高单体转化率,直至反应体系的淡蓝色褪去,停止加热,搅拌冷却至室温。反应液进行真空抽滤,并用 80~85℃的热水洗涤三次,再用蒸馏水洗涤两次[4],抽滤,制得 poly(ST-co-DVB)白球。将白球于 80℃真空干燥至恒重,冷却后,称重计算产率。

2. poly(ST-co-DVB)共聚小球的磺化

将上述步骤制得的白球经 30~70 目的筛子筛分,取 20 g 大于 30~70 目的白球加入干燥的装有搅拌器、球形冷凝管、温度计的 250 mL 三颈瓶中,加入 20 mL 二氯乙烷[5],慢速搅拌使白球充分溶胀。再逐渐升温至 70℃(1 h 内),加入 0.2 g 硫酸银固体,逐渐缓慢滴加 38 mL浓 H_2SO_4(93%),20 min 内滴加完毕。升温至 80℃[6],继续反应 3 h,磺化反应结束。用冷水浴将反应物冷却至 35℃以下,向其中逐渐滴加 100 mL 水,此时温度控制在 35℃以下,防止球形树脂的破裂。然后取下反应瓶,静置后,倾去上层酸液,将磺化产物转移至 500 mL烧杯中,每次加 200~300 mL 水洗涤几次,每次洗涤都需要充分搅拌,再用 10% NaOH 溶液洗涤一次,并放置 30 min,以充分抽提珠子内部的酸。接着用 20 mL 丙酮浸泡两次,以抽提其中的二氯乙烷。最后用大量蒸馏水将小球反复洗涤,直至中性,过滤,将得到的磺化小球在 80℃下干燥至恒重,并放在干燥器中密闭储存。

3. 离子交换树脂交换容量的测定

将 10 g 干燥的磺化小球放入 400 mL 烧杯中,加入一定量的 HCl 溶液(1 mol/L),搅拌约 5 min,倒去上层的 HCl 溶液,用去离子水洗涤 3 次,再分别用 NaOH 溶液(1 mol/L)和 HCl 溶液(1 mol/L)依次洗涤。将树脂转入布氏漏斗,用 200 mL HCl 溶液(1 mol/L)淋洗。然后将树脂转入 400 mL 烧杯中,用去离子水洗涤,直至中性。再移至布氏漏斗,用去离子水洗涤,直至洗出液对甲基橙指示剂呈中性橙色为止,抽干。将树脂放入培养皿,于 105℃下干燥至恒重。再于干燥器中冷却至室温。

准确称取干燥的离子交换树脂 0.5 g,放入 250 mL 烧杯中,加入 100 mL 氯化钠溶液(1 mol/L),静置 90 min[7],树脂由 H 型转变为—SO_3Na 型。加入 3 滴酚酞指示剂,用 NaOH 标准溶液(0.1 mol/L)滴定至终点。做平行试验,并计算离子交换树脂的质量交换容量。

【注释】

[1] 次甲基蓝为水溶性阻聚剂，其作用是防止体系内发生乳液聚合，若水相内出现乳液聚合会影响产品外观。

[2] 油珠的粒度大小根据需要而定。

[3] 白球制备过程中，搅拌速度始终需要保持稳定，避免任意调整搅拌速度和停止搅拌，防止小球不均匀或发生黏结。

[4] 用水洗小球的目的是为了除去 PVA。

[5] 为了使磺化反应能够深入白球内部，采用二氯乙烷作溶胀剂，二氯乙烷能使白球充分溶胀而本身不会与浓硫酸起反应。

[6] 树脂磺化反应时温度不宜过高，反应后产物倒入冷水的速度不能太快，否则会导致树脂破裂。

[7] 测定树脂交换容量时，树脂与氯化钠的反应时间要充分，否则会导致数据产生偏差。

五、思考题

(1) 比较聚合物的磺化反应与小分子磺化反应的异同。

(2) 磺化时，为何要加入二氯乙烷？

(3) 计算本实验所制备白球的交联度。

第八章　聚合物溶液的性质

实验22　黏度法测定聚合物的相对分子质量

一、实验目的

(1) 掌握黏度法测定聚合物相对分子质量的基本原理。

(2) 掌握聚合物稀溶液黏度测定的实验方法和数据处理方法。

二、基本原理

聚合物相对分子质量的测定方法有很多种,各种方法均有各自的优缺点和适用范围,不同方法得到的统计平均相对分子质量的意义也不相同。黏度法是一种相对方法,适用于测量相对分子质量在 $10^4 \sim 10^7$ 范围内的聚合物,具有仪器简单、操作便利、测定和数据处理周期短、实验精度较高等优点。黏度法若与其他方法配合使用,还可以研究高分子在溶液中的尺寸、形态以及高分子与溶剂分子之间的相互作用能等特性。因此黏度法在高分子研究中应用非常广泛。

黏度是流体分子间相互吸引而产生阻碍分子间相对运动能力的量度,即流体流动的内部阻力。纯黏度反映了溶剂分子间的内摩擦力效应。聚合物稀溶液的黏度主要反映了液体分子之间因流动或相对运动所产生的内摩擦阻力。内摩擦阻力数值越大,表明溶液的黏度越大。内摩擦阻力是黏度法测定聚合物相对分子质量的依据。内摩擦阻力与聚合物结构、溶剂性质、溶液浓度、温度和压力等因素有关。一般采用下列几种参数表示。

(1) 相对黏度 η_r:在相同温度条件下,溶液黏度 η 与纯溶剂黏度 η_0 的比值,又称为黏度比,公式如下:

$$\eta_r = \eta / \eta_0 \tag{22-1}$$

相对黏度是一个无量纲的量,随着溶液浓度的增加而增加。对于低剪切速率下,聚合物溶液的相对黏度值一般大于1。在溶液较稀时,$\rho \approx \rho_0$,相对黏度可近似地看成溶液流出的时间 t 与纯溶剂流出时间 t_0 的比值。

(2) 增比黏度 η_{sp}:表示溶液黏度 η 比纯溶剂黏度 η_0 增加的倍数,又称为黏度相对增量。增比黏度属于无量纲的量,与溶液的浓度有关,公式如下:

$$\eta_{sp} = \frac{\eta - \eta_0}{\eta_0} = \eta_r - 1 \tag{22-2}$$

(3) 比浓黏度 η_{sp}/c:表示单位浓度的溶质所引起的黏度增大值,又称为黏数,其单位为浓度的倒数,一般用 mL/g 表示。

$$\frac{\eta_{sp}}{c}=\frac{\eta_r-1}{c} \tag{22-3}$$

(4) 对数黏度 $\ln\eta_r/c$：表示聚合物溶液相对黏度的自然对数与其浓度的比值，又称为比浓对数黏度。它的值也是浓度的函数，单位为浓度的倒数，一般用 mL/g 表示。

$$\frac{\ln\eta_r}{c}=\frac{\ln(1+\eta_{sp})}{c} \tag{22-4}$$

(5) 特性黏度[η]：定义为比浓黏度 η_{sp}/c 或对数黏度 $\ln\eta_r/c$ 在聚合物溶液无限稀释时(浓度趋于0)的外推值。特性黏度又称为极限黏度，其值与浓度无关，其量纲是浓度的倒数。

$$[\eta]=\lim_{c\to 0}\frac{\eta_{sp}}{c}=\lim_{c\to 0}\frac{\ln\eta_r}{c} \tag{22-5}$$

特性黏度[η]的大小受下列因素影响：① 分子量。线形或轻度交联的聚合物相对分子质量增大，[η]增大；② 分子形状。分子量相同时，支化分子的形状趋于球形，[η]较线形分子的小；③ 溶剂特性。聚合物在良溶剂中，大分子较伸展，[η]较大；而在不良溶剂中，大分子较卷曲，[η]较小；④ 温度。在良溶剂中，温度升高，对[η]影响不大；而在不良溶剂中，若温度升高，使溶剂变为良好，则[η]增大。

实验证明，对于给定的聚合物在给定的溶剂和温度条件下，[η]的数值仅与聚合物的相对分子质量有关，[η]与$\overline{M}_\eta$ 的关系服从 Mark-Houwink 公式：

$$[\eta]=K\cdot\overline{M}_\eta^{\alpha} \tag{22-6}$$

式中：K、α 与温度、聚合物种类和溶剂性质有关。K 值受温度影响明显，而 α 值主要取决于高分子线团在溶剂中舒展的程度。对于大多数聚合物来说，α 值一般介于 0.5～1.0 之间。线形柔性链大分子在良溶剂中，线团松懈，α 接近于 0.8～1.0；在 θ 溶剂中，高分子线团紧缩，$\alpha=0.5$；在不良溶剂中，$\alpha<0.5$。对给定的聚合物-溶剂体系，一定的相对分子质量范围内 K、α 为常数。一些常见聚合物的 K、α 值可从有关手册中查到或参见附录 17。

不同于低分子，聚合物溶液甚至在极稀的情况下，黏度仍然较大。一定温度下，聚合物稀溶液的黏度与浓度的关系，通常用以下经验公式表示。

哈金斯(Huggins)方程：

$$\frac{\eta_{sp}}{c}=[\eta]+K'[\eta]^2c \tag{22-7}$$

克拉默(Kraemer)方程：

$$\frac{\ln\eta_r}{c}=[\eta]-K''[\eta]^2c \tag{22-8}$$

对于给定的聚合物在一定的溶剂和温度下，K'、K''应为常数。其中 K' 为哈金斯(Huggins)常数，表示溶液中高分子间和高分子与溶剂分子间的相互作用，K'值一般说来对分子量并不敏感。以 η_{sp}/c 和 $\ln\eta_r/c$ 分别对 c 作图，得到两条直线，分别外推至浓度 $c\to 0$，可得到它们共同的截距，即特性黏度[η]，如图 22-1 所示。

因为用外推法测定特性黏度[η]时，每个样品至少要测定 5 个点，较为费时，有时为了快速测定聚合物的分子量或样品量较少，可以采用一点法来计算[η]。一点法计算[η]的理论基础是在线形柔性链高分子良溶剂体系中，K'的值为 0.3～0.4，$K'+K''=0.5$。那么，式(22-7)和式(22-8)联立，得出一点法求$[\eta]$的公式：

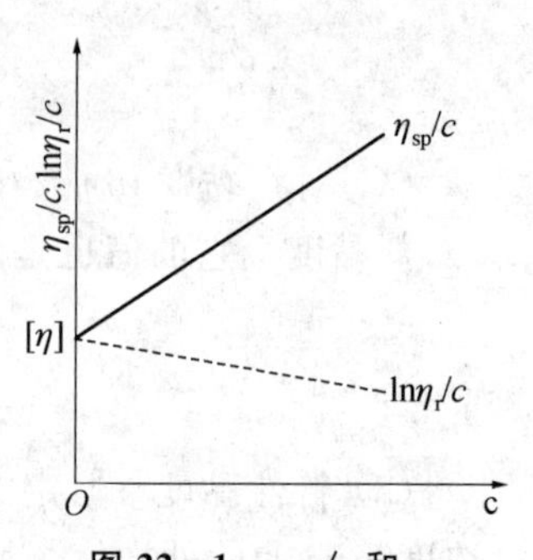

图 22-1 η_{sp}/c 和 $\ln\eta_r/c$ 与 c 的关系图

$$[\eta]=\frac{\sqrt{2(\eta_{sp}-\ln\eta_r)}}{c} \quad (22-9)$$

即由聚合物溶液在某个浓度 c 时的 η_r 和 η_{sp}，可直接求出聚合物的$[\eta]$。

可见，用黏度法测定聚合物稀溶液的相对分子质量，关键在于求得$[\eta]$。测定液体黏度的常用方法主要有三类：① 毛细管黏度计，即测定液体在毛细管里的流动速度；② 落球式黏度计，即圆球在液体中落下的速度；③ 旋转式黏度计，即液体在同轴圆柱间对转动的阻碍。毛细管黏度计测定聚合物溶液的相对黏度最方便，而其中乌氏黏度计最为常用，如图 22-2 所示。其特点是溶液的体积对测量没有影响，所以测试在黏度计内采取逐步稀释，得到不同浓度的溶液的方法，称为稀释法。

实验方法是在恒温条件下，用同一支黏度计测定几种不同浓度的溶液和纯溶剂的流出时间。假定 t 和 t_0 分别为溶液和溶剂的流出时间，ρ 和 ρ_0 分别为溶液和溶剂的密度。根据溶液相对黏度的定义：

$$\eta_r=\frac{\eta}{\eta_0}=\frac{\rho t(1-B/At^2)}{\rho_0 t_0(1-B/At_0^2)} \quad (22-10)$$

式中，ρ、ρ_0 分别为溶液和溶剂的密度。因为测定聚合物溶液黏度时，通常是在溶液浓度极稀的条件下测定($c<0.01$ g/mL)，所以溶液与溶剂的密度近似相等，即 $\rho\approx\rho_0$。A、B 为黏度计常数；t、t_0 分别为溶液和溶剂在毛细管中流出的时间，即液面经过刻线 a、b 所需要的时间(如图 2-22)。在恒温条件下，用同一支黏度计测定溶液和溶剂的流出时间，若溶剂在该黏度计中的流出时间大于 100 s，则动能校正项 B/At^2 的值小于 1，可以忽略不计。因此溶液的相对黏度可简化为：

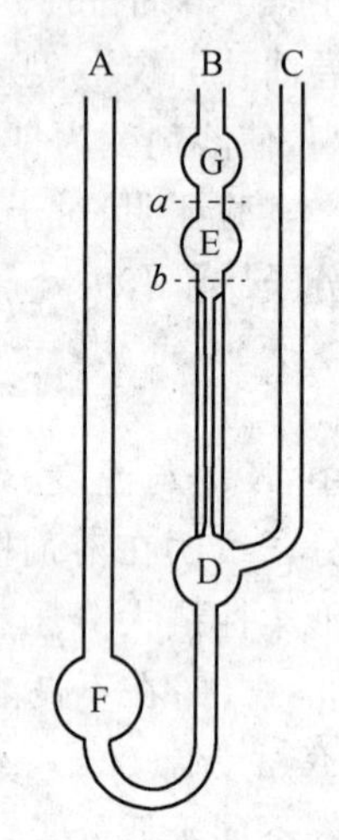

图 22-2 乌氏黏度计

$$\eta_r=\frac{t}{t_0} \quad (22-11)$$

黏度法测定聚合物的黏均分子量时，配制样品溶液浓度一般要在 0.01 g/mL 以下，使 η_r 值在 1.05～2 之间最为适宜。η_r 最大不应超过 3.0。

由某个浓度 c 的样品溶液和纯溶剂在毛细管中流出的时间 t，就能算出 η_r 和 η_{sp}，进一步由 η_r 和 η_{sp} 通过作图外推法或一点法计算出样品的$[\eta]$，最后由 Mark-Houwink 公式计算得出样品的黏均分子量 $\overline{M}_\eta$。

三、仪器与药品

1. 仪器

乌氏毛细管黏度计(溶剂流出时间大于 100 s)、恒温装置(玻璃缸水浴槽，加热棒，控温仪，搅拌器等)、秒表(精度 0.01 s)；玻璃砂芯漏斗(5#)、容量瓶(2 000 mL)、烧杯(500 mL)、移液管(10 mL、5 mL)、乳胶管、洗耳球、夹子。

2. 药品

聚乙烯醇稀溶液(0.1%)、蒸馏水。

四、实验步骤

1. 玻璃仪器的洗涤

先用经砂芯漏斗过滤的水洗涤黏度计,将黏度计毛细管上端小球中存在的沙粒等杂质冲掉,电吹风吹干。再用新鲜、温热的洗液滤入黏度计中,加满后用小烧杯盖好,防止尘粒落入。浸泡约 2 h 后将洗液倒出,用过滤后的自来水洗净,再用过滤后的蒸馏水冲洗几次,倒挂干燥后待用。容量瓶等其他玻璃仪器也须经无尘洗净干燥。

存放聚合物溶液的仪器一般应先以溶剂泡洗,洗去聚合物、吹干溶剂后,才可用洗液浸泡;否则有机物会将洗液中的重铬酸钾还原,使洗液失效。在用洗液以前,仪器中的水分必须吹干。否则,洗液会被稀释,大大降低去污效果。

2. 聚合物溶液的配制[1]

准确称取洁净干燥的聚乙烯醇样品(2.000±0.001)g,置于 500 mL 清洁干燥的烧杯中,加入 200 mL 蒸馏水溶解,微微加热(温度不得高于 60℃),使之完全溶解。待试样完全溶解后,用砂芯漏斗[2]过滤到 2 000 mL 洁净干燥的容量瓶中(用纯溶剂将烧杯润洗 2～3 次,滤入容量瓶中),稀释至刻度,反复摇匀后,放入恒温水槽恒温待用。此时聚合物的浓度为 c_1。

3. 黏度计的安装

将洁净干燥的黏度计固定在恒温玻璃缸水浴槽中,玻璃缸内的温度准确到(30±0.1)℃。安放时要尽量使黏度计保持垂直,并尽量使黏度计 E 球全部浸泡在水面以下,并使 a、b 两刻度线均没入水面以下。还应注意黏度计固定必须牢固,避免测量过程中产生误差。

4. 溶液流出时间 t 的测定

(1) 用洁净的移液管准确吸取 10 mL 已过滤并恒温的聚合物稀溶液,从 A 管加入至 F 球容积的 2/3～3/4 左右,恒温 15 min 后,开始测定。用夹子夹住 C 管上的乳胶管,用吸耳球缓慢地从 B 管口将溶液抽至 G 球的一半(注意 B 管中的溶液不能有气泡,若有气泡可从 B 管上方将其吸出),拿下吸耳球,打开 C 管,用秒表记录溶液液面流经 a、b 刻度线之间所需时间。重复操作几次,直至出现的三个数据两两误差小于 0.2 s[3],取这三次时间的平均值作为该浓度溶液的流出时间 t_1。

(2) 不同浓度溶液的流出时间测定

若采用外推法求[η],需要测定不同浓度溶液的流出时间。可以通过在上面的黏度计中加入纯溶剂,改变溶液浓度进行。

在黏度计中,用移液管取 5 mL 纯溶剂注入 F 球,溶液被稀释,浓度为 $c_2=2/3c_1$,混合均匀,并把溶液吸至 G 球的一半,清洗两次。重复上述操作,即可得到浓度为 $2/3c_1$ 溶液的流出时间 t_2[4]。再依次加入 5 mL、10 mL、10 mL 纯溶剂,使溶液浓度稀释为起始浓度的 $1/2c_1$、$1/3c_1$、$1/4c_1$,采用相同方法,分别测定不同浓度溶液的流出时间,并记录时间为 t_3、t_4、t_5(分别为三次测定的平均值)。

5. 纯溶剂流出时间 t_0 的测定

待溶液的流出时间测定结束,倒出溶液。用纯溶剂反复清洗黏度计 3～5 次,然后加入经砂芯漏斗过滤的纯溶剂约 10 mL，恒温 10～15 min 后，重复第 4 步操作，测定纯溶剂的流出时间。重复测定三次，每两次测定误差小于 0.2 s，取三次时间的平均值作为 t_0。

6. 黏度计的洗涤

测量完毕后，黏度计中的溶液倒入废液桶内，用纯溶剂立即清洗黏度计[5]。黏度计中注入纯溶剂，将其吸至 a 线上方小球的一半，清洗毛细管，反复几次；再用蒸馏水反复洗涤数次后，用洗耳球吹干并注入洗液，将毛细管全部浸满，浸泡数天后倒出洗液；再用蒸馏水反复洗涤数次后，将毛细管黏度计倒挂，自然晾干以待后用。

五、数据记录及处理

1. 实验数据记录

______年______月______日　室温______℃　相对湿度______%

样品名称________；溶剂________；黏度计号________；
恒温水浴温度________；溶液起始浓度 c_1 ________；
K=________；α=________；

加入溶剂量 mL	相对浓度 c'	溶液流出时间(s)			平均值(s)	η_r	$\ln \eta_r/c$	η_{sp}	η_{sp}/c
		(1)	(2)	(3)					
0	1								
5	2/3								
5	1/2								
10	1/3								
10	1/4								

说明：为简化后续计算，采用起始浓度的相对浓度 $c'=c/c_1$

2. 特性黏数[η]的计算

(1) 按式(22-1)计算不同浓度的 η_r，求出不同浓度对应的 $\ln \eta_r/c$。

(2) 按式(22-2)计算不同浓度的 η_{sp}，求出不同浓度对应的 η_{sp}/c，mL/g。

(3) 用外推法计算[η]。

为简化后续计算，采用起始浓度的相对浓度 $c'=c/c_1$，聚合物稀溶液中依次加入 0 mL、5 mL、5 mL、10 mL、10 mL 纯溶剂，稀释后的相对浓度值分别为 1、2/3、1/2、1/3、1/4。然后以 $\ln(\eta_r)/c'$、η_{sp}/c' 分别对浓度 c' 作图，当 $c'\to 0$，两条直线外推得到共同的截距 s，则特性黏度[η]=截距 s/起始浓度 c_1。

3. 聚合物黏均分子量的计算

将[η]代入式(22-6)，即可求出聚合物黏均相对分子质量。实际工作中，希望简化操作，快速得到产品的分子量。“一点法”只要在一个浓度下测定黏度比，根据式(22-9)算出聚合物黏均相对分子质量。本实验中聚乙烯醇在水溶液中，30℃时 $K=42.8\times10^{-3}$，$\alpha=0.64$。

【注释】

[1] 用黏度法测定聚合物的黏均相对分子质量，常数 K、α 值必须是已知的，所用溶剂具有稳定、易得、易于纯化、挥发性小、毒性小等特点。为了在测定过程中控制 η_r 的值在 1.2～2.0 之间，聚合物溶液的浓度

一般为 0.001～0.01 g/mL。

[2] 所有接触过聚合物的仪器包括玻璃砂芯漏斗、容量瓶、移液管、黏度计等，用后必须立即洗涤。否则待溶剂挥发后，聚合物析出很难洗涤。洗涤或测定过程中所用的一切液体，都应预先经过玻璃砂芯漏斗过滤。当玻璃砂芯漏斗中黏附聚合物时，应先用良溶剂回流清洗，接着用丙酮、乙醇等易溶于水的有机溶剂浸泡，然后用硝酸钠的浓硫酸溶液浸泡，最后用蒸馏水洗涤，烘干待用，不宜用一般的洗涤液。

[3] ±0.2 s 是人按秒表时可能产生的误差。但有时相邻两次之差虽不超过 0.2 s，而连续所得数据是递增或递减的，说明溶液未达到平衡状态，所得的数据不一定可靠。这可能是因为温度不恒定或浓度不均匀造成的，应继续测定。

[4] 注意每次加入纯试剂后，一定要摇匀，并抽至 G 球 3 次，使其浓度均匀。抽的速度一定要缓慢，绝对不能有气泡抽上去，否则会导致溶剂挥发，溶液浓度改变，测定时间不准确，且必须等到恒温后再测定。

[5] 黏度计的洗涤方法：新黏度计首先用洗液洗，再用自来水洗三次、蒸馏水洗三次，烘干待用。使用过的黏度计要先加入相应的溶剂，浸泡清洗，除去残留在黏度计中的聚合物。尤其是毛细管部分要反复用溶剂清洗，洗毕，倾去溶剂（倒入回收瓶中），再用洗液、自来水、蒸馏水洗涤，最后烘干备用。

六、思考题

(1) 与聚合物相对分子质量其他测定方法相比，黏度测定法有什么优缺点？

(2) 黏度法测定聚合物稀溶液相对分子质量过程中，如何保证稀溶液浓度的准确性？

(3) 乌氏黏度计在使用过程中应该注意哪些问题？

实验 23　端基分析法测定聚合物的相对分子质量

一、实验目的

(1) 掌握端基分析法测定聚合物相对分子质量的原理和方法。

(2) 掌握端基分析法测定聚酯样品的相对分子质量。

二、实验原理

端基分析法是通过化学方法分析样品中所含端基的数目以及样品的精确质量计算出聚合物的平均分子量，具有仪器设备简单、操作方便、数据不需“外推”处理等优点。若聚合物的化学结构明确，聚合物分子链末端含有可供化学方法做定量分析的基团（如羧基、羟基、氨基等），或者存在着能够经过某种反应转化成可以用化学方法做定量分析的基团，那么在一定质量的试样中末端基团的数目就是分子链的数目。这类聚合物原则上可采用端基分析法测定其相对分子质量。一般聚酰胺、聚酯等缩聚物是由含有可反应基团的单体缩合而成，每个聚合物链的末端仍含有反应性基团，而且缩聚物分子量通常不是很大，因此，端基分析法广泛用于测定缩聚高分子化合物的分子量。

对于线形聚合物而言，样品分子量越大，单位质量所含可供分析的端基数越少，分析误差就越大。因此端基分析法适合于相对分子质量较小的聚合物，可测定的相对分子质量上限在 10^2～2×10^4 左右。此外，端基分析法还可以测定聚合物的支链数目，如果与其他相对分子质量的测定方法相结合，还可用于判断聚合物的分子结构、聚合过程的链转移情况等，可以进一步分析聚合机理。

聚酯是二元醇和二元酸或多元醇和多元酸缩聚而成的聚合物的总称,包括聚酯树脂、聚酯纤维等。本实验以线形聚酯样品为例,它是由二元酸及二元醇缩合而成,每个大分子链的一端为羟基,另一端为羧基。因此,可以通过测定一定质量聚酯样品中的羟基或羧基数目,利用端基分析法测定聚酯的相对分子质量。羧基的测定可采用酸碱滴定法进行,而羟基的测定采用乙酰化方法,即加入过量的乙酸酐使大分子链末端的羟基转变成乙酰基:

$$\sim\sim CH_2OH + H_3C\underset{\underset{O}{\|}}{C}-O-\underset{\underset{O}{\|}}{C}CH_3 \longrightarrow \sim\sim CH_2O-\underset{\underset{O}{\|}}{C}CH_3 + CH_3COOH$$

然后使剩余的乙酸酐水解为乙酸,用标准 NaOH 溶液滴定,可求得过剩的乙酸酐量。根据乙酸酐的消耗量即可计算出样品中所含羟基的数目。

设聚合物样品质量为 m(g),含有分子链的摩尔数为 N(mol),被分析基团的摩尔数为 N_t,每个高分子链含有的基团数为 n,则样品的相对分子质量为:

$$\overline{M}_n = \frac{m}{N} = \frac{m}{N_t/n} = \frac{nm}{N_t} \tag{23-1}$$

在测定聚酯的相对分子质量时,一般首先根据羧基和羟基的数目分别计算出聚合物的相对分子质量,然后取其平均值。在某些特殊情况下,如果测得的两种基团的数量相差甚远,则应分析原因。

因为聚酯分子链中间部位不存在羧基或羟基,$n=1$,式(23-1)可简化为式(23-2):

$$\overline{M}_n = \frac{m}{N_t} \tag{23-2}$$

用羧酸计算聚酯的相对分子质量时,有:

$$\overline{M}_n = \frac{m \times 1\,000}{N_{NaOH}\ (V_0 - V_E)} \tag{23-3}$$

式中:N_{NaOH}——NaOH 的摩尔浓度,mol/L;

V_0——滴定时的起始读数,mL;

V_E——滴定终点时的读数,mL;

m——聚酯的质量,g。

用羟基计算聚酯的相对分子质量时,有

$$\overline{M}_n = \frac{m \times 1\,000}{M_{Ac} - N_{NaOH}\ (V_0 - V_E)} \tag{23-4}$$

式中:M_{Ac}——所加乙酸酐的摩尔数,mol;

N_{NaOH}——滴定过剩乙酸酐所用的 NaOH 的摩尔浓度,mol/L;

V_0、V_E——分别为滴定时的起始读数和滴定终点时的读数,mL;

m——聚酯的质量,g。

由以上原理可知,有些基团可以采用简单的酸碱滴定进行分析,如聚酯的羧基、聚酰胺的羧基和氨基;而有些不能直接分析的基团则可以通过转化变为可分析基团后测定,但转化过程必须明确与完全,同时由于缩聚类聚合物往往容易分解,在进行基团转化时应注意聚合物不能发生降解。对于大多数的烯类加聚物，一般相对分子质量较大且无可供分析基团，则不能采用端基分析法测定其相对分子质量。但特殊情况下，可以通过在聚合过程中采用带有特殊基团的引发剂、终止剂、链转移剂等在聚合物中引入可分析基团甚至同位素等。

采用端基分析法测定聚合物的分子量时，首先样品必须进行纯化，除去杂质、单体及不带可分析基团的环状物。由于聚合过程中通常加入各种助剂，常常会给提纯带来困难。因此，最好能了解杂质类型，以便选择提纯方法。对于端基数量和类型除了根据聚合机理确定外，还需注意生产过程中是否为了某种目的(如提高抗老化性)而已对端基封闭或转化处理。另外，滴定时所采用的溶剂应既能溶解聚合物又能溶解滴定试剂。在分析前，往往需要对溶剂进行空白滴定，以校正分析结果。端基分析法除了可以灵活应用各种传统的化学分析方法以外，也可以采用电位滴定、电导滴定、红外光谱和元素分析等仪器分析方法。

由式(23 - 1)可知：

$$M_n = \frac{m}{N} = \frac{\sum n_i M_i}{\sum n_i} = \overline{M}_n \tag{23-5}$$

即端基分析法测得的是数均相对分子质量。

三、仪器与药品

1. 仪器

分析天平、锥形瓶(250 mL)、移液管、滴定装置、回流冷凝管、集热式磁力搅拌器。

2. 药品

聚酯、三氯甲烷、苯、乙酸酐吡啶溶液(体积比 1∶10)、NaOH 溶液-乙醇溶液(0.1 mol/L、0.5 mol/L)、酚酞指示剂、去离子水。

四、实验步骤

1. 羟基的测定

用分析天平准确称取 1 g 聚酯(精确到 0.1 mg)，置于 250 mL 干燥的锥形瓶中，用移液管加入 10 mL 预先配置好的乙酸酐吡啶溶液(乙酰化试剂)。在锥形瓶上安装回流冷凝管，加热恒温在(75±2)℃，并缓慢搅拌，反应时间约 1 h。稍冷却后，由冷凝管上方加入 10 mL 苯(便于观察滴定终点)和 10 mL 蒸馏水。待完全冷却后，以酚酞作指示剂，用标准 0.5 mol/L NaOH -乙醇溶液滴定至终点。同时做空白实验。

2. 羧基的测定

用分析天平准确称取 0.5 g 聚酯(精确到 0.1 mg)，置于 250 mL 干燥的锥形瓶中，加入 10 mL 三氯甲烷，向溶液中加入磁力搅拌子。常温下集热式磁力搅拌器缓慢搅拌，使其溶解，加入酚酞指示剂，用 0.1 mol/L NaOH 溶液-乙醇溶液滴定至终点。由于大分子链端羧基的反应性低于低分子化合物，因此在滴定羧基时需要等 5 min，5 min 后，如果红色不消失，才能说明滴定到终点。但等待时间过长时，空气中的 CO_2 也会与 NaOH 起作用而使酚酞褪色。

3. 聚酯平均相对分子质量的计算

根据羧基与羟基的量，分别根据式(23 - 3)和(23 - 4)计算聚酯的平均相对分子质量，然后求其平均值。如两者计算结果相差较大,需要分析原因。

五、思考题

(1) 用端基分析法测定分子量时,对聚合物有什么要求?此分析法应用范围如何?

(2) 乙酸酐吡啶溶液中,吡啶的作用是什么?

(3) 测定羧基时,为什么采用 NaOH 的乙醇溶液而不采用水溶液?

实验 24 光散射法测定聚合物的重均分子量及分子尺寸

一、实验目的

(1) 了解光散射法测定聚合物重均分子量的原理及实验技术。

(2) 用 Zimm 双外推作图法处理实验数据,并计算试样的重均分子量$\overline{M}_w$、均方末端距$\overline{h}^2$及第二维利系数 A_2。

二、实验原理

光散射法是一种测定聚合物相对分子质量的绝对方法,其测定下限可达 5×10^3,上限为 10^7。光散射一次测定可得到重均分子量、均方半径、第二维利系数等多个数据,因此在高分子性质研究中占有重要地位,对高分子电解质在溶液中的形态研究也是一个有力的工具。

一束光通过介质时,在入射光方向以外的各个方向也能观察到光强的现象称为光散射现象。光波的电场振动频率很高,约为 10^{15} s 数量级,而原子核因质量大无法随着电场进行振动,这样被迫振动的电子就成为二次波源向各个方向发射电磁波,也就是散射光。因此,散射光是二次发射光波,介质的散射光强应是各个散射质点的散射光波幅的加和。光散射法研究高聚物的溶液性质时,由于溶液浓度比较稀,分子间距离较大,一般情况下不产生分子之间散射光的外干涉。

若从分子中某一部分发出的散射光与从同一分子的另一部分发出的散射光相互干涉,称为内干涉。假如溶质分子尺寸比光波波长小得多时(即$\leqslant 1/20\lambda$,λ 是光波在介质里的波长),溶质分子之间的距离比较大,各个散射质点所产生的散射光波是不相干的;假如溶质分子的尺寸与入射光在介质里的波长处于同一个数量级时,那么同一溶质分子内各散射质点所产生的散射光波就有相互干涉,这种内干涉现象是研究大分子尺寸的基础。高分子链各链段所发射的散射光波有干涉作用,这就是高分子链散射光的内干涉现象,如图 24-1 所示:

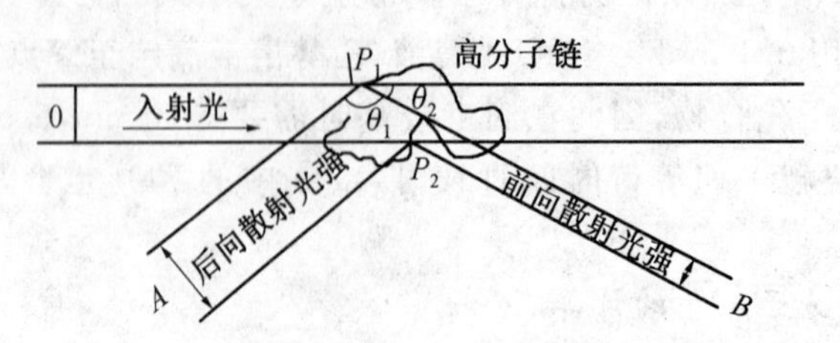

图 24-1 高分子溶液散射光强内干涉现象示意图

关于光散射，人们提出了升落理论。该理论认为：光散射现象是分子热运动所造成的介质折光指数或介电常数的局部升落所引起的。将单位体积散射介质（介电常数为 ε）分成 N 个小体积单元，每个单元的体积远远小于入射光在介质里波长的三次方，即：

$$\Delta V = \frac{1}{N} << \lambda_0^3$$

但是小体积单元仍然是足够大的，其中存在的分子数目满足统计计算的要求。

由于介质内折光指数或介电常数的局部升落，介电常数应是 $\varepsilon + \Delta\varepsilon$。假如，各小体积单元内的局部升落互不相关，如图 24-2 所示，在距离散射质点 r，与入射光方向成 θ 角处的散射光强为：

$$I(r,\theta) = \frac{\pi^2}{\lambda_0^4 r^2}\overline{\Delta\varepsilon^2}(\Delta V)^2 \cdot N \cdot I_i\left(\frac{1+\cos^2\theta}{2}\right) \tag{24-1}$$

式中：λ_0 为入射光波长；I_i 为入射光的光强；$\overline{\Delta\varepsilon^2}$ 是介电常数增量的平方值；ΔV 是小体积单元体积；N 为小体积单元数目。

经过一系列推导（较为繁琐，从略），可得光散射计算的基本公式：

$$\frac{1+\cos^2\theta}{2\sin\theta} \cdot \frac{Kc}{R_\theta} = \frac{1}{M}\left(1 + \frac{8\pi^2}{9}\frac{\overline{h}^2}{\lambda^2}\sin^2\frac{\theta}{2} + \cdots\right) + 2A_2 c \tag{24-2}$$

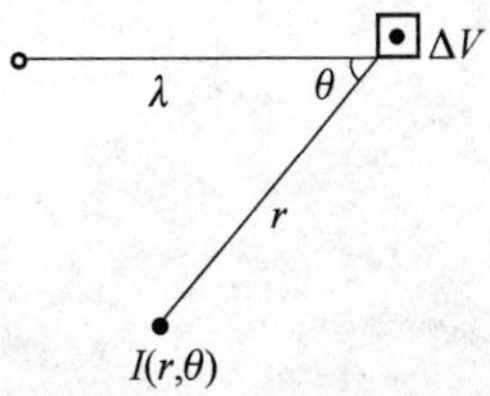

图 24-2　小体积单元散射光强的示意图

式中：$K = \frac{4\pi^2}{\widetilde{N}\lambda_0^4}n^2\left(\frac{\partial n}{\partial c}\right)^2$（$\widetilde{N}$ 为阿伏伽德罗常数，n 为溶液折光指数，c 为溶质浓度），R_θ 为瑞利比，θ 为散射角，$\overline{h}^2$ 为均方末端距，A_2 第二维利系数。

具有多分散体系的高分子溶液的光散射，在 $\theta \to 0$ 及 $c \to 0$ 的两种极限情况下，可写成以下两种形式：

$$\left(\frac{1+\cos^2\theta}{2\sin\theta} \cdot \frac{Kc}{R_\theta}\right)_{\theta\to 0} = \frac{1}{\overline{M}_w} + 2A_2 c \tag{24-3}$$

$$\left(\frac{1+\cos^2\theta}{2\sin\theta} \cdot \frac{Kc}{R_\theta}\right)_{c\to 0} = \frac{1}{\overline{M}_w}\left[1 + \frac{8\pi^2}{9\lambda^2}(\overline{h}^2)_Z \sin^2\frac{\theta}{2}\right] \tag{24-4}$$

如果以 $\frac{1+\cos^2\theta}{2\sin\theta} \cdot \frac{Kc}{R_\theta}$ 对 $\sin^2\frac{\theta}{2} + Kc$ 作图，外推至 $c \to 0$，$\theta \to 0$，可以得到两条直线，显然这两条直线具有相同的截距，截距值为 $\frac{1}{\overline{M}_w}$，因而可以求出聚合物的重均分子量。这就是图 24-3 表示的 Zimm 双重外推法。从 $\theta \to 0$ 的外推线的斜率为 $2A_2$，第二维利系数 A_2 反映了高分子与溶剂相互作用的大小；$c \to 0$ 的外推线的斜率为 $\frac{8\pi^2}{9\lambda^2 \overline{M}_w}(\overline{h}^2)_Z$。从而，可求得聚合物 Z 均分子量的均方末端距 $(\overline{h}^2)_Z$。这就是光散射技术测定聚合物重均分子量的理论和实验的基础。

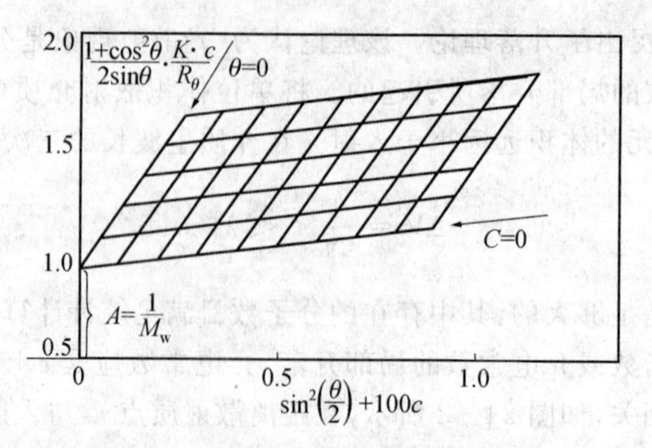

图 24－3　聚合物溶液光散射数据典型的 Zimm 双重外推图

三、仪器与药品

1. 仪器

DAWN EOS 多角度激光光散射仪、示差折光计、压滤器、容量瓶、移液管、烧结砂芯漏斗等。

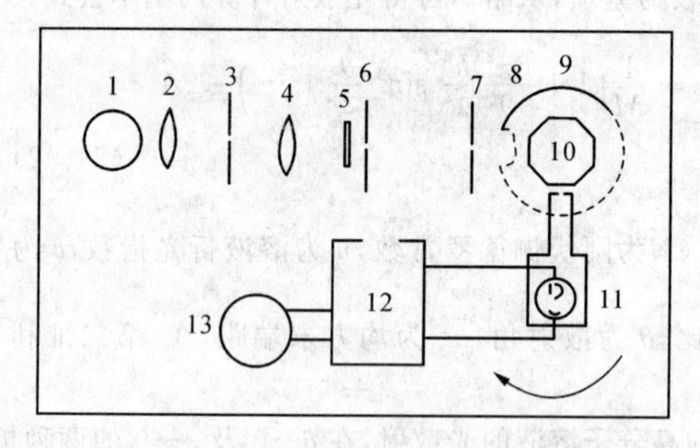

1－汞灯；2－聚光镜；3－缝隙；4－准直镜；5－干涉滤光片；6、7、8－光栅；
9－散射池罩；10－散射池；11－光电倍增管；12－直流放大器；13－微安表

图 24－4　光散射仪的构造简图

光散射仪如图 24－4 所示，其构造主要有四部分：① 光源。一般用中压汞灯，$\lambda=435.8$ nm 或 $\lambda=546.1$ nm。② 入射光的准直系统。使光束界线明确。③ 散射池。玻璃制品，用以盛高分子溶液。它的形状取决于要在几个散射角测定散射光强，有正方形、长方形、八角形、圆柱形等多种形状，半八角形池适用于不对称法的测定，圆柱形池可测散射光强的角分布。④ 散射光强的测量系统。因为散射光强只有入射光强的 10^{-4}，应用光电倍增管使散射光变成电流，再经电流放大器，以微安表指示。各个散射角的散射光强可用转动光电管的位置来进行测定，或者采用转动入射光束的方向来进行测定。示差折光计如图 24－5 所示：

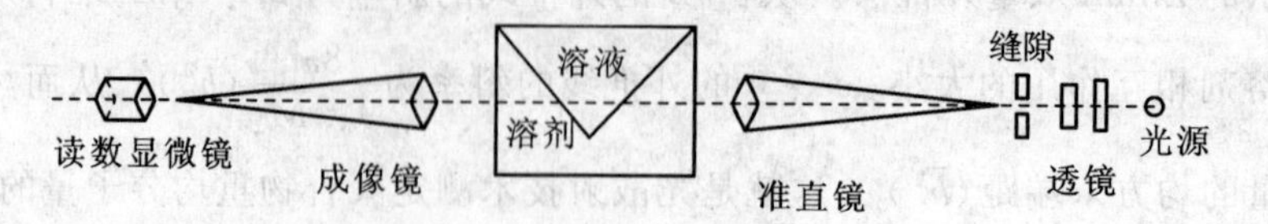

图 24－5　示差折光计的示意图

2. 药品

聚苯乙烯、苯等。

四、实验步骤

1. 待测溶液的配制及除尘处理

用 100 mL 容量瓶在 25℃准确配制 1～1.5 g/L 的聚苯乙烯-苯溶液，浓度记为 c_0。溶剂苯经洗涤、干燥、两次蒸馏后使用。溶液用 5# 砂芯漏斗在特定的压滤器加压过滤以除尘净化。

2. 折光指数和折光指数增量的测定

分别测定溶剂的折光指数 n 及 5 个不同浓度的待测高聚物溶液的折光指数增量，n 和 $\frac{\partial n}{\partial c}$分别用阿贝折光仪和示差折光仪测得。由示差折光仪的位移值 Δd 对浓度 c 作图，求出溶液的折光指数增量$\frac{\partial n}{\partial c}$。如前所述，$K=\frac{4\pi^2}{\widetilde{N}\lambda_0^4}n^2\left(\frac{\partial n}{\partial c}\right)^2$，$\widetilde{N}$为阿伏伽德罗常数，入射光波长 $\lambda_0=546$ nm，溶液的折光指数在溶液很稀时可以用溶剂折光指数代替。$n_{苯}^{25}=1.4979$，聚苯乙烯-苯溶液的$\frac{\partial n}{\partial c}$文献值为 0.106 mL/g(以上两个数据可与实测值进行比较。)当溶质、溶剂、入射光波长和温度选定后，K 是一个与溶液浓度、散射角以及溶质分子量无关的常数，应预先计算。

3. 参比标准、溶剂及溶液的散射光电流的测量

光散射法实验主要是测定瑞利比 $R_\theta=r^2\frac{I(r,\theta)}{I_i}$，式中 $I(r,\theta)$是距离散射中心 r(夹角为 θ)处所观察到的单位体积内散射介质所产生的散射光，I_i是入射光强。通常液体在 90°下的瑞利比 $R_{90°}$ 值极小，约为 10^{-5}的数量级，绝对测定非常困难，因此常采用间接法测量。即选用一个参比标准，它的光散射性质稳定，其瑞利比 $R_{90°}$ 已精确测定，被大家公认(如苯、甲苯等)。本实验采用苯作为参比标准物，已知在 $\lambda=546$ nm，$R_{90°}^{苯}=1.63\times10^{-5}$，则有 $\phi^{苯}=R_{90°}^{苯}\frac{G_0}{G_{90°}}$，$G_{0°}$、$G_{90°}$ 是纯苯在 0°、90°的检流计读数，ϕ 为仪器常数。

(1) 测定绝对标准液(苯)和工作标准玻璃块在 $\theta=90°$时散射光电流的检流计读数 $G_{90°}$。

(2) 用移液管吸取 10 mL 溶剂苯放入散射池中，记录在 θ 角为 0°、30°、45°、60°、75°、90°、105°、120°、135°等不同角度时的散射光电流的检流计读数 G_θ^0。

(3) 在上述散射池中加入 2 mL 聚苯乙烯-苯溶液(原始溶液 c_0)、用电磁搅拌均匀，此时溶液的浓度为 c_1。待温度平衡后，依上述方法测量 30°～150°各个角度的散射光电流检流计读数 $G_\theta^{c_1}$。

(4) 与步骤(3)相同，依次向散射池中再加入聚苯乙烯-苯的原始溶液(c_0)3 mL、5 mL、10 mL、10 mL、10 mL 等，使散射池中溶液的浓度分别变为 c_2、c_3、c_4、c_5、c_6 等，并分别测定 30°～150°各个角度的散射光电流，检流计读数 $G_\theta^{c_2}$、$G_\theta^{c_3}$、$G_\theta^{c_4}$、$G_\theta^{c_5}$、$G_\theta^{c_6}$ 等。

测量完毕，关闭仪器，清洗散射池。

五、数据处理

1. 实验测得的散射光电流的检流计偏转读数记录在下表中。

G	θ(°)								
G^0	30	45	60	75	90	105	120	135	150
G^{c_1}									
G^{c_2}									
G^{c_3}									
G^{c_4}									
G^{c_5}									
G^{c_6}									

2. 瑞利比 R_θ 的计算

光散射实验测定的是散射光光电流 G,还不能直接用于计算瑞利比 R_θ。由于 $\frac{r^2}{I_0}=\frac{R_\theta}{I_\theta}=\frac{R_{90°}^{苯}}{I_{90°}^{苯}}$,用检流计偏转读数,则有:

$$R_\theta=\frac{R_{90°}^{苯}}{G_{90°}^{苯}/G_{0°}^{苯}}\left[\left(\frac{G_\theta}{G_{0°}}\right)_{溶液}-\left(\frac{G_\theta}{G_{0°}}\right)_{溶剂}\right]=\phi^{苯}\left[\left(\frac{G_\theta}{G_{0°}}\right)_{溶液}-\left(\frac{G_\theta}{G_{0°}}\right)_{溶剂}\right] \tag{24-5}$$

入射光恒定时,$(G_{0°})_{溶液}=(G_{0°})_{溶剂}=G_{0°}$,则上式可简化为:

$$R_\theta=\phi'(G_\theta^C-G_\theta^0) \tag{24-6}$$

式中:G_θ^c、G_θ^0 分别是溶液、纯溶剂在 θ 角的检流计读数。$\phi'=\frac{\phi^{苯}}{G_{0°}}$。数据处理为书写方便,令

$$y=\frac{1+\cos^2\theta}{2\sin\theta}\frac{Kc}{R_\theta} \tag{24-7}$$

横坐标是 $\sin^2\frac{\theta}{2}+Kc$,其中 K 可任意选取,目的是使图形张开成清晰的格子,K 可选 10^2 或 10^3。将各项计算结果列表如下:

	θ(°)	30	45	60	75	90	105	120	130
	$\sin^2\frac{\theta}{2}$								
c_1	$G_\theta^{c_1}-G_\theta^0$								
	$R_\theta(\times10^{-4})$								
	$Y(\times10^{-6})$								
	$\sin^2\frac{\theta}{2}+Kc$								
c_2	$G_\theta^{c_2}-G_\theta^0$								
	$R_\theta(\times10^{-4})$								
	$Y(\times10^{-6})$								
	$\sin^2\frac{\theta}{2}+Kc$								
⋮	⋮								

3. 作 Zimm 双重外推图。

4. 将各 θ 角的数据画成的直线外推至 $c=0$，各浓度所测数据连成的直线外推至 $\theta=0$，则可得到以下各式：

$$[Y]_{\substack{c=0\\ \theta=0}} = \frac{1}{\overline{M}_w} \tag{24-8}$$

$$[Y]_{\theta=0} = \frac{1}{\overline{M}_w} + 2A_2 c \tag{24-9}$$

$$[Y]_{c=0} = \frac{1}{\overline{M}_w} + \frac{8\pi^2\ \overline{h}^2}{9\ \overline{M}_w \lambda^2}\sin^2\frac{\theta}{2} + \cdots \tag{24-10}$$

求出 $\overline{M}_w$；由斜率可求 A_2 值。通过斜率是 $\dfrac{8\pi^2\ \overline{h}^2}{9\ \overline{M}_w \lambda^2}$，可求 $\overline{h}^2$ 值。

六、思考题

(1) 为什么光散射测定中特别强调除尘净化？

(2) 光散射法适宜测定的聚合物分子量范围是多少？

实验 25　凝胶渗透色谱法测定聚合物的相对分子质量及相对分子质量分布

一、实验目的

(1) 了解凝胶渗透色谱法(GPC)的基本原理。

(2) 初步掌握 GPC 测定聚合物相对分子质量及其分布的实验操作技术和数据处理方法。

二、基本原理

凝胶渗透色谱(Gel Permeation Chromatography，GPC)是利用高分子溶液通过填充有特种凝胶的柱子，把聚合物分子按尺寸大小进行分离的方法。GPC 是一种特殊的液相色谱，所用仪器实际上就是一台高效液相色谱仪(HPLC)，主要配置有输液泵、进样器、色谱柱、浓度检测器和计算机数据处理系统。GPC 与 HPLC 最显著的差别在于两者所用色谱柱的种类(性质)不同，HPLC 利用被分离物质中各种分子与色谱柱中填料之间的亲和力不同而进行分离，GPC 的分离则是体积排除机理起主要作用。

GPC 的核心分离部件是色谱柱。色谱柱中装填的是多孔性凝胶(如最常用的高度交联聚苯乙烯凝胶)或多孔微球(如多孔硅胶和多孔玻璃球)，其孔径大小有一定的分布，并与待分离的聚合物分子尺寸可相比拟。GPC 法就是通过这些装有多孔性凝胶的分离柱，利用不同相对分子质量的高分子在溶液中的流体力学体积大小不同进行分离，再用检测器对分离物进行检测，最后用已知相对分子质量的标准物对分离物进行校正的一种方法。

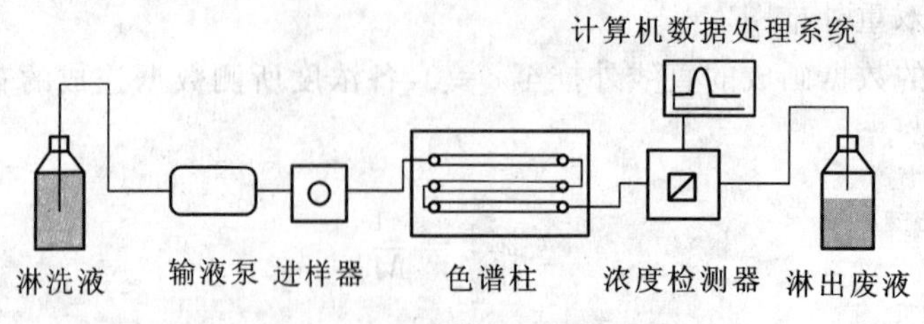

图 25-1　GPC 工作流程示意图

GPC 工作流程如图 25-1 所示。当被分析的样品通过输液泵随着流动相(淋洗溶剂)以恒定的流量进入色谱柱后,体积比凝胶孔穴尺寸大的高分子不能渗透到凝胶孔穴中而受到排阻,只能从凝胶粒间流过,最先流出色谱柱,即其淋出体积(或时间)最小;中等体积的高分子可以渗透到凝胶的一些大孔中,而不能进入小孔,产生渗透作用,比体积大的高分子流出色谱柱的时间稍后、淋出体积稍大;体积比凝胶孔穴尺寸小得多的高分子能全部渗透到凝胶内部的孔穴中,最后流出色谱柱、淋出体积最大。因此,聚合物的淋出体积与高分子的体积即相对分子质量的大小有关,相对分子质量越大,淋出体积越小。分离后的高分子按分子量从大到小被连续地淋洗出色谱柱并进入浓度检测器。

浓度检测器不断检测淋洗液中高分子级分的浓度。常用的浓度检测器为示差折光仪,其浓度响应是淋出液的折光指数与纯溶剂(淋洗溶剂)的折光指数之差 Δn。由于在稀溶液范围内,Δn 与溶液浓度成正比,所以直接反映了淋洗液的浓度即各级分的含量。GPC 谱图如图 25-2 所示,图中纵坐标表示淋出液的折光指数与纯溶剂(淋洗溶剂)的折光指数之差 Δn,相当于淋洗液的浓度;横坐标淋出液体积 V_e,表征高分子尺寸的大小。

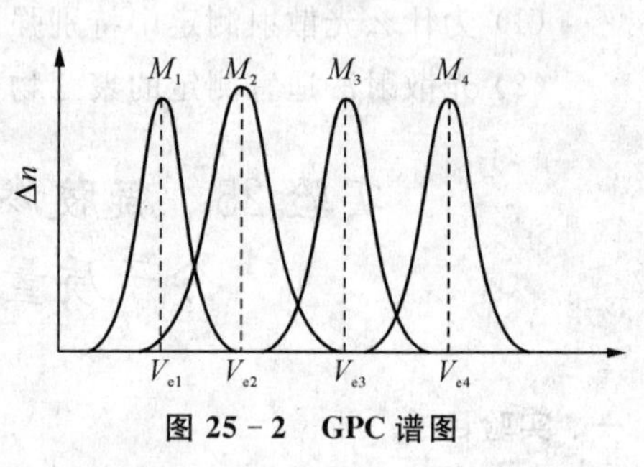

图 25-2　GPC 谱图

如果把图中的横坐标淋出液体积 V_e 转换成相对分子质量 M 或相对分子质量的对数 $\lg M$,就成了分子量分布曲线。为了将 V_e 转换成 M,要借助 GPC 校正曲线。实验证明,在多孔填料的渗透极限范围内 V_e 和 M 有如下关系:

$$\lg M = A - BV_e \tag{25-1}$$

式中:A、B 为与聚合物、溶剂、温度、填料及仪器有关的常数。

在与未知试样相同的测试条件下,测定一组已知分子量的单分散性聚合物标准试样,分别测得各自的 GPC 谱图,如图 25-3 所示。将不同相对分子质量试样的 GPC 谱图的峰值点对应的淋出体积 V_e 和各自相对分子质量的对数 $\lg M$ 作图,所得曲线为 GPC 标样校正曲线,如图 25-4 所示。待测聚合物通过 GPC 柱时,根据其淋出体积 V_e,即可从校正曲线上算出相应的相对分子质量。

一种聚合物的 GPC 校正曲线不能用于另一种聚合物,因而用 GPC 测定某种聚合物的相对分子质量时,需要先用该种聚合物的标样测定校正曲线。但是除了聚苯乙烯、聚甲基丙烯酸甲酯等少数聚合物的标样以外,绝大多数聚合物的标样不易获得,多数时候只能借用聚苯乙烯的校正曲线,因此测得的相对分子质量 M 值有误差,只具有相对意义。

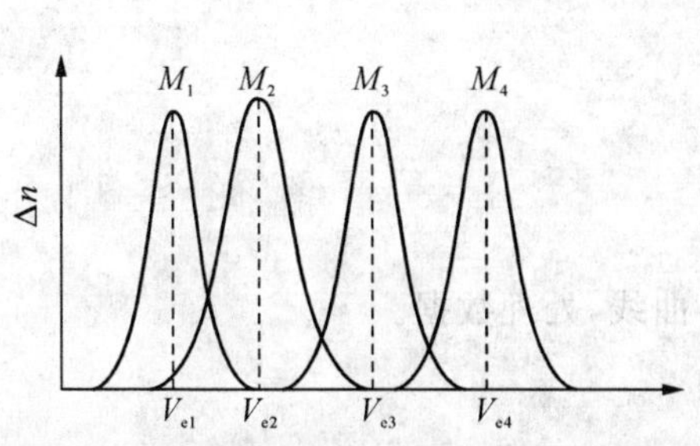

图 25 - 3　标样的谱图($M_1>M_2>M_3>M_4$)

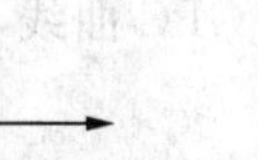

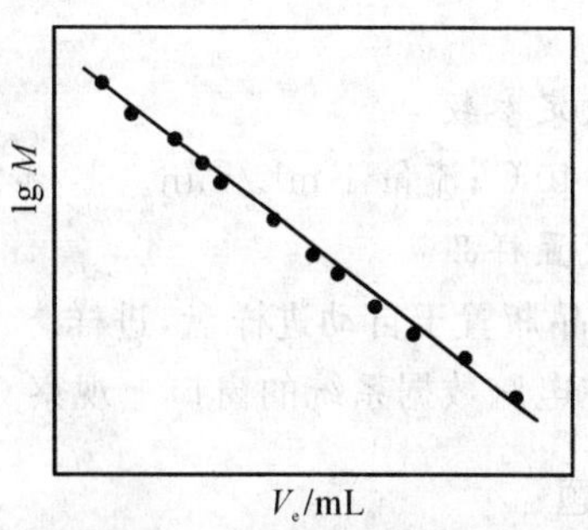

图 25 - 4　GPC 校正曲线

GPC 方法不仅可以得到聚合物的相对分子质量及其分布，还可以根据 GPC 谱图计算平均分子量和多分散性系数。特别是当今的 GPC 仪器都配有数据处理系统，可与 GPC 谱图同时给出各种平均分子质量和多分散性系数，无需人工处理。

三、仪器与药品

1. 仪器

Waters1515 凝胶渗透色谱仪(图 25 - 5)、流动相脱气系统、注射器(1 mL)、样品过滤头、样品瓶。

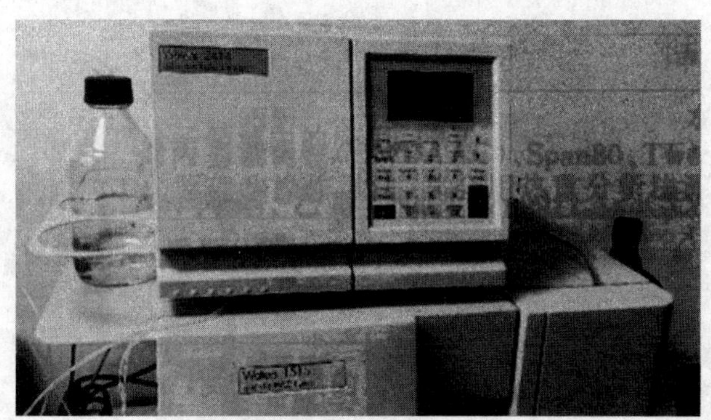

图 25 - 5　Waters 1515 凝胶渗透色谱仪(GPC)

2. 药品

四氢呋喃(THF，流动相)、聚合物样品(如 PS)。

四、实验步骤

1. THF(流动相)的脱气

所用溶剂 THF 需要经过蒸馏除去杂质，使用前还需要经过真空脱气排除溶解在溶剂中的氧气和氮气。脱气后的溶剂加入到流动相瓶中。确认管路中无气泡，否则，要打开排气阀进行排气。

2. 样品配制

将 10 mg 聚合物样品溶于 1 mL THF 中，溶液用过滤头过滤，除去固体颗粒，将滤液置于样品瓶中，待用。

3. 开机

打开计算机，开启仪器各部件的电源开关，待各部件自检完毕后，计算机上出现操作界面。

4. 设定参数

柱温 40℃;流量 1 mL/min。

5. 放置样品

将样品瓶置于自动进样盘,进样。

6. 在电脑数据系统的窗口上观察 GPC 曲线,处理数据。

五、思考题

(1) 为什么通过 CPG 谱图上的淋出体积数值可以确定样品的相对分子质量?

(2) 为什么先淋出的是相对分子质量大的聚合物?

第九章　聚合物的结构分析

实验 26　红外光谱法鉴定聚合物的结构

一、实验目的

（1）了解红外光谱分析法的基本原理、使用方法和样品制备。

（2）掌握红外吸收光谱的使用和谱图的分析方法。

二、实验原理

红外光谱与高分子聚合物的结构之间存在密切的关系。红外光谱法是研究结构与性能关系的基本手段之一，广泛用于高聚物材料的定性定量分析、高聚物的序列分布、支化程度、聚集态结构、聚合过程反应机理和老化研究，还可以对高聚物的力学性能进行研究。图 26 - 1 为聚苯乙烯(PS)的红外光谱。横坐标为波数(cm^{-1})或波长(μm)，纵坐标为透光率或吸光度。

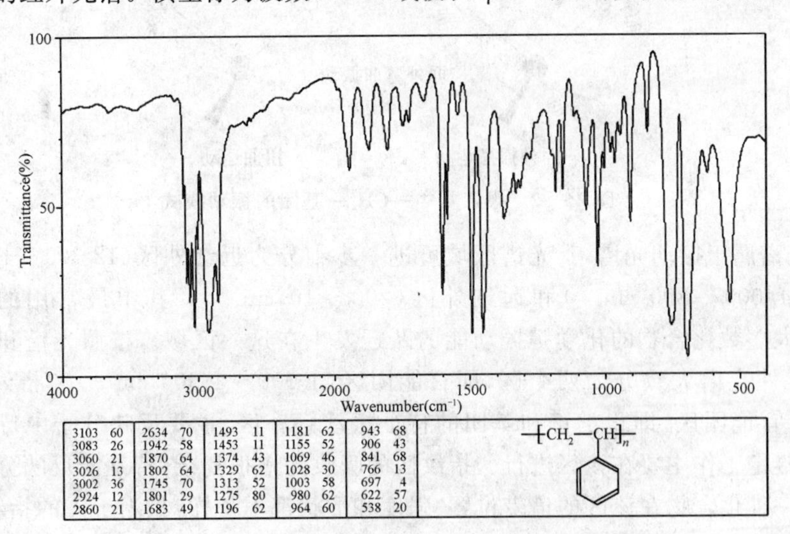

3103	60	2634	70	1493	11	1181	62	943	68
3083	26	1942	58	1453	11	1155	52	906	43
3060	21	1870	64	1374	43	1069	46	841	68
3026	13	1802	64	1329	62	1028	30	766	13
3002	36	1745	70	1313	52	1003	58	697	4
2924	12	1801	29	1275	80	980	62	622	57
2860	21	1683	49	1196	62	964	60	538	20

图 26 - 1　聚苯乙烯的红外光谱图

在分子中的原子或基团中存在着两大类型的振动：一类是沿键轴方向伸缩使键长发生变化的振动，称为伸缩振动，用 υ 表示。这种振动又分为对称伸缩振动(用 υ_s 表示)和非对称伸缩振动(用 υ_{as} 表示)。另一类是原子垂直键轴方向的振动，此类振动会引起分子内键角发生变化，称为弯曲(或变形)振动，用 δ 表示。这种振动又分为面内弯曲振动(包括平面及剪式两种振动)和面外弯曲振动(包括非平面摇摆及弯曲摇摆两种振动)。图 26 - 2 为聚乙烯中$-CH_2-$基团的几种振动模式。每一种简谐振动都对应一定的振动频率，但并不是每一种振动都会和红外辐射发生相互作用而产生红外吸收光谱，只有能引起分子偶极矩变化的振动(称为红外活性振动)才能产生红外吸收光谱。也就是说,当分子振动引起分子偶极矩变化时,就能形成稳定的交变电场,其频率与分子振动频率相同,可以和相同频率的红外辐射发生相互作用,使分子吸收红外辐射的能量跃迁到高能态,从而产生红外吸收光谱。在正常情况下,这些具有红外活性的分子振动大多数处于基态,被红外辐射激发后,跃迁到第一激发态,这种跃迁所产生的红外吸收称为基频吸收。在红外吸收光谱中大部分吸收都属于这一类型。除基频吸收外还有倍频吸收和合频吸收,但这两种吸收都较弱。红外吸收谱带的强度与分子数有关,但也与分子振动时偶极矩变化有关。变化越大,吸收强度也就越大,因此极性基团如羧基、氨基等均有很强的红外吸收带。

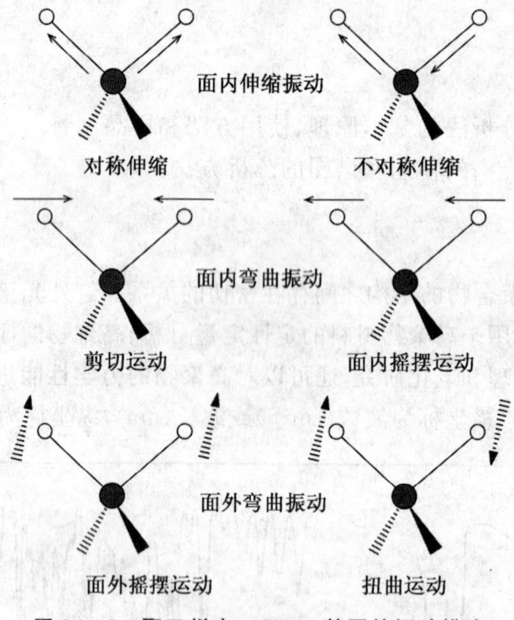

图 26-2 聚乙烯中—CH_2—基团的振动模式

红外光谱属于振动光谱,其光谱区域可进一步细分为近红外区(12 800～4 000 cm^{-1})、中红外区(4 000～200 cm^{-1})和远红外区(200～10 cm^{-1})。其中最常用的是 4 000～400 cm^{-1},大多数化合物的化学键振动能的跃迁发生在这一区域。按照光谱和分子结构的特征可将红外光谱大致分为两个区,即官能团区(4 000～1 300 cm^{-1})和指纹区(1 300～400 cm^{-1})。官能团区,即化学键和基团的特征振动频率区,主要反映分子中特征基团的振动,基团的鉴定工作主要在该区进行。指纹区的吸收光谱很复杂,特别能反映分子结构的细微变化,每一种化合物在该区的谱带位置、强度和形状都不一样,相当于人的指纹,用于认证化合物是很可靠的。此外,在指纹区也有一些特征吸收峰,对于鉴定官能团也是很有帮助的。利用红外光谱鉴定化合物的结构,需要熟悉红外光谱区域内基团和频率的关系。通常将红外区分为四个区,下面对各个光谱区域作一简单的介绍。

(1) 频率范围在 4 000～2 500 cm^{-1} 为 X—H 伸缩振动区(X 代表 C、O、N、S 等原子)

O—H 的吸收出现在 3 600～2 500 cm^{-1}。需注意的是,水分子在 3 300 cm^{-1} 附近有吸收,样品或用于压片的溴化钾晶体含有微量水分时会在该处出峰。C—H 吸收出现在 3 000 cm^{-1} 附近。不饱和 C—H 在 >3 000 cm^{-1} 处出峰,饱和 C—H 出现在 <3 000 cm^{-1} 处。N—H 吸收出现在 3 500～3 300 cm^{-1} 处,为中等强度的尖峰。

(2) 频率范围在 2 500～2 000 cm^{-1}为叁键和累积双键区

该区红外谱带较少，主要包括叁键的伸缩振动和—C ═C ═C—、—N ═C ═O 等累积双键的反对称伸缩振动。CO_2 的吸收在 2 300 cm^{-1}左右。此区间内任何小的吸收峰都能提供结构信息。

(3) 频率范围在 2 000～1 500 cm^{-1}为双键伸缩振动区

该区主要包括 C ═O、C ═C、C ═N、N ═O 等的伸缩振动、苯环的骨架振动以及芳香族化合物的倍频谱带。羰基的吸收一般为最强峰或次强峰，出现在 1 760～1 690 cm^{-1}内。芳香族化合物环内碳原子间伸缩振动引起的环的骨架振动有特征吸收峰，分别出现在 1 600～1 585 cm^{-1}及 1 500～1 400 cm^{-1}。杂芳环和芳香单环、多环化合物的骨架振动相似。烯烃类化合物的 C ═C 振动出现在 1 667～1 640 cm^{-1}，为中等强度或弱的吸收峰。

(4) 频率范围在 1 500～1 300 cm^{-1}为 C—H 弯曲振动区

—CH_3 在 1 375 cm^{-1}和1 450 cm^{-1}附近同时有吸收，分别对应于—CH_3 的对称弯曲振动和反对称弯曲振动。—CH_2—的剪式弯曲振动出现在 1 465 cm^{-1}，吸收峰位置几乎不变。异丙基$(CH_3)_2CH$—在1 385～1 380 cm^{-1}和 1 370～1 365 cm^{-1}有两个同样强度的吸收峰(即原 1 375 cm^{-1} 的吸收峰分叉)。叔丁基—$C(CH_3)_3$ 在 1 375 cm^{-1}处的吸收峰也分叉(1 395～1 385 cm^{-1}和1 370 cm^{-1}附近)，但低波数的吸收峰强度大于高波数的吸收峰。

(5) 频率范围在 1 500～910 cm^{-1}为单键伸缩振动区

C—O 单键振动吸收峰出现在 1 300～1 050 cm^{-1}，如醇、酚、醚、羧酸、酯等，为强吸收峰。醇在 1 100～1 050 cm^{-1}有强吸收，酚在 1 250～1 100 cm^{-1}有强吸收，酯在此区间有两组吸收峰，为 1 240～1 160 cm^{-1}(反对称)和 1 160～1 050 cm^{-1}(对称)。C—C、C—X(卤素)等也在此区间出峰。

(6) 频率范围在 910 cm^{-1}以下为苯环面外弯曲振动、环弯曲振动区

如果在此区间内无强吸收峰，一般表示无芳香族化合物。此区域的吸收峰常常与环上的取代位置有关。

三、仪器和样品

1. 仪器

红外光谱仪等。

2. 样品

可选择聚苯乙烯、聚乙烯、尼龙、涤纶等。

四、实验步骤

1. 制样

(1) 溶液制膜：将聚合物样品溶于适当的溶剂中，然后均匀地浇涂在溴化钾或氯化钠晶片或洁净的玻璃片上，待溶剂挥发后，形成的薄膜可以用刀片或镊子剥离后进行测试。若在溴化钾或氯化钠晶片上成膜，则不必揭下薄膜，可以直接测试。成膜在玻璃片上的样品若不易剥离，可连同玻璃片一起浸入蒸馏水中，待水把样品润湿后，就容易剥离了。剥离后的样品薄膜需在红外灯下烘烤至溶剂和水完全挥发，方可进行测试。

(2) 热压薄膜法：将样品放入压模中加热软化，液压成片。如果是交联或含无机填料较高的聚合物，可以用裂解法制样，将样品置于丙酮/氯仿混合溶液(体积比为 1∶1)中抽提

8 h,放入试管中裂解,取出试管壁液珠涂片。

(3) 溴化钾压片法:此法对一般固体样品都是适用的,但是在聚合物制样中,只适用于不溶性或脆性的树脂、橡胶或粉末状的样品。分别取 1~2 mg 的样品和 20~30 mg 干燥的溴化钾晶体(粉末),于玛瑙研钵中研磨成粒度≤2 μm 且混合均匀的细粉末,装入模具内,在油压机上压制成片测试。若样品对压片有特殊要求,可用氯化钾晶体(粉末)替代溴化钾晶体(粉末)进行压片。

除了上述三种方法外,还有切片法、溶液法、石蜡糊法等。

2. 放置样片

打开红外光谱仪的电源,待其稳定后(约 30 min),把制备好的样品放入样品架,然后插入仪器样品室的固定位置上。

3. 按仪器的操作规程测试

运行光谱仪程序,进入操作软件界面设定各种参数,进行测定,具体步骤如下。

(1) 运行程序;

(2) 参数设置:打开参数设置对话框,选取适当方法、测量范围、存盘路径、扫描次数和分辨率;

(3) 测试:参数设置完成后,进行背景扫描;将样品固定于样品架上,放入样品室,开始样品扫描。

4. 谱图分析

处理文件,如基线拉平、曲线平滑、取峰值、求卷积等。

5. 结果分析

根据被测基团的红外特征吸收谱带出现的位置,确定相应基团的存在。

6. 实验报告

(1) 解析试样的红外光谱图,要注意吸收峰的位置、强度和峰形;

(2) 将试样谱图与标准谱图对照或与相关文献上的谱图对照。

五、思考题

(1) 阐述红外光谱法的特点和产生红外吸收的条件。

(2) 样品的用量对检测精度有无影响?

实验 27 X 射线衍射法分析聚合物的晶体结构

一、实验目的

(1) 掌握 X 射线衍射分析的基本原理与使用方法。

(2) 对多晶聚丙烯进行 X 射线衍射测定,计算结晶度和晶粒度。

二、实验原理

1. X 射线衍射的基本原理

当一束单色 X 射线入射到晶体时,由于晶胞中的原子是周期性规则排列的,且原子间距与入射X射线波长具有相同的数量级，导致原子中的电子和原子核成了新的发射源，向各个方向散发X射线，这种现象叫散射。不同原子散射的X射线相互干涉并叠加，可在某些特殊的方向上产生强的X射线，这种现象称为X射线衍射。

每一种晶体都有特定的化学组成和晶体结构。晶体具有周期性结构，如图27-1所示。一个立体的晶体结构可以看成是一些完全相同的原子平面（晶面 hkl）按一定的距离（晶面间距 d_{hkl}）平行排列而成，每一个晶面对应一个特定的晶面间距，故一个晶体必然存在着一组特定的 d 值。因此，当X射线通过晶体时，每一种晶体都有自己特征的衍射花样，其特征可以用晶面间距 d 和衍射光的相对强度来表示。晶面间距 d 与晶胞的大小、形状有关，相对强度则与晶胞中所含原子的种类、数目及其在晶胞中的位置有关，可以用它进行分析，测定结晶度、结晶取向、结晶粒度、晶胞参数等。假定晶体中某一晶面间距为 d，波长为 λ 的X射线以夹角 θ 射入晶体，如图27-2所示。在同一晶面上，入射线与散射线所经过的光程相等；在相邻的两个原子面网上散射出来的X射线有光程差，只有当光程差等于入射波长的整数倍时，才能产生被加强了的衍射线，即：

$$2d\sin\theta = n\lambda \tag{27-1}$$

这就是布拉格(Bragg)方程，式中 n 是整数。已知入射X射线的波长和实验所测得的夹角，即可算出晶面间距 d。

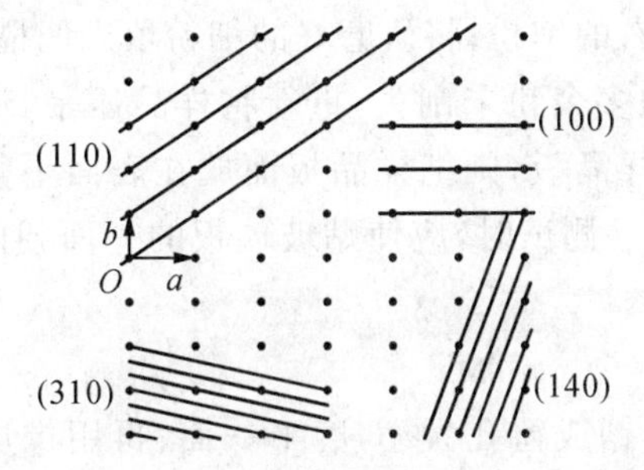

图 27-1　原子在晶体中的周期性排列

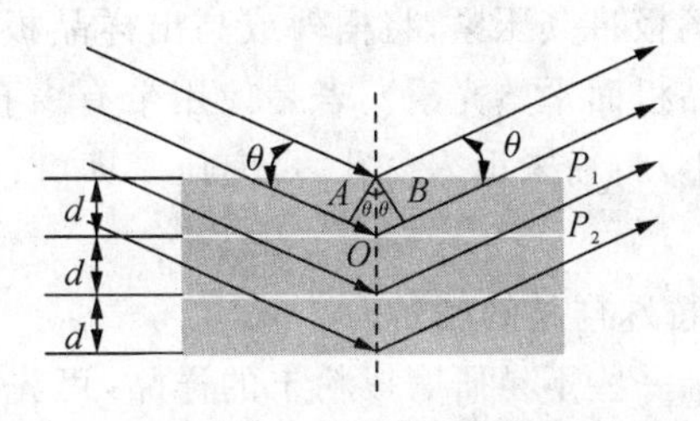

图 27-2　晶面对X射线的衍射

图27-3是某一晶面以夹角绕入射线旋转一周，则其衍射线形成了连续的圆锥体，其半圆锥角为 2θ。对于不同 d 值的晶面，只要其夹角能符合式(27-1)的条件，都能产生圆锥形的衍射线组。实验中不是将具有各种 d 值的被测晶面以 θ 夹角绕入射线旋转，而是将被测样品磨成粉末，制成粉末样品，则样品中的晶体做完全无规则地排列，存在着各种可能的晶面取向。由粉末衍射法能得到一系列的衍射数据，可以用德拜照相法或衍射仪法记录下来。本实验采用X射线衍射仪，直接测定和记录晶体所产生的衍射线的夹角 θ 和强度 I，当衍射仪的辐射探测器计数管绕样品扫描一周时，就可以依次将各个衍射峰记录下来。

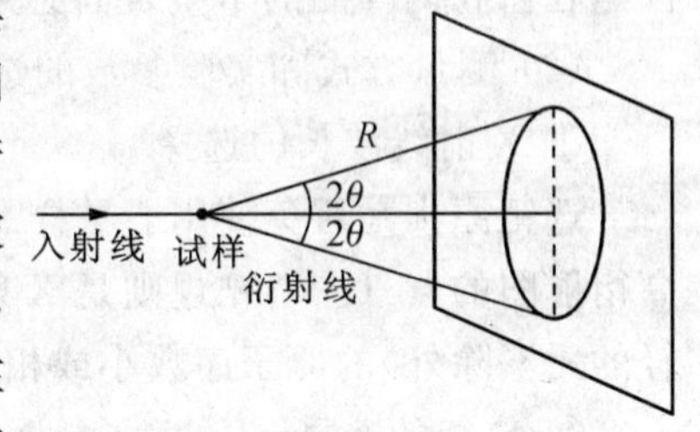

图 27-3　X射线衍射示意图

2. X射线衍射仪的构造与原理

记录、研究物质的X射线图谱的仪器基本组成包括X射线源、样品及样品位置取向的调整系统、衍射线方向和强度测量系统、衍射图处理分析系统四部分。对于多晶X射线衍射仪，主要有以下几部分构成：X射线发生器、测角仪、X射线探测器、X射线数据采集系统和各种电气系统、保护系统，如图 27-4 所示。

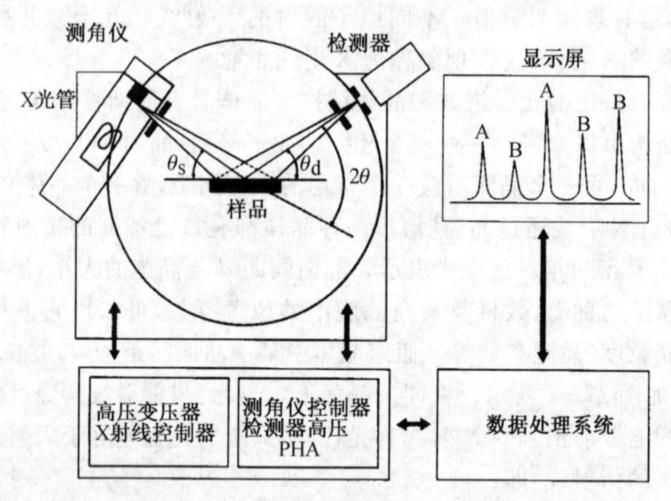

图 27-4 X 射线衍射仪的结构图

3. X 射线衍射的实验方法

(1) 样品制备

① 粉晶样品的制备

将待测样品在玛瑙研钵中研磨成 10 μm 左右的细粉；将研磨好的细粉填入凹槽，并用平整的玻璃板将其压紧；将槽外或高出样品板面的多余粉末刮去，重新将样品压平，使样品表面与样品板面平整光滑。若是使用带有窗孔的样品板，则把样品板面放在表面平整光滑的玻璃板上，将粉末填入窗孔，捣实压紧即可；在样品测试时，应使贴玻璃板的一面朝向入射 X 射线。

② 特殊样品的制备

对于一些不易研磨成粉末的样品，可先将其锯成窗孔大小，磨平一面、再用橡皮泥或石蜡将其固定在窗孔内。对于片状、纤维状或薄膜样品也可取窗孔大小直接嵌固在窗孔内，但固定在窗孔内样品的平整表面必须与样品板面平齐，并对着入射 X 射线。

(2) 测量方式和实验参数的选择

① X 射线波长的选择

选靶原则是避免使用能被样品强烈吸收的波长，否则将使样品激发出强的荧光辐射，增高衍射图的背景。选靶规则是 X 射线管靶材的原子序数要比样品中最轻元素(钙及比钙更轻的元素除外)的原子序数小或相等，最多不宜大于 1。

② 狭缝的选择

狭缝的大小对衍射强度和分辨率都有影响。大狭缝可得到较大的衍射强度，但会降低分辨率；小狭缝能够提高分辨率但会损失强度。一般当需要提高强度时宜选较大些的狭缝，需要高分辨时宜选用较小些的狭缝，尤其是接收狭缝对分辨率的影响更大。

每台衍射仪都配有各种狭缝以供选用。其中，发散狭缝是为了限制光束不要照射到样品以外的其他地方，以免引起大量附加的散射或线条；接收狭缝是为了限制待测角度附近区域上的 X 射线进入检测器，其宽度对衍射仪的分辨力、线的强度以及峰高/背底比起着重要作用；防散射狭缝是光路中的辅助狭缝，能够限制由于不同原因所产生的附加散射进入检测器。

③ 测量方式的选择

衍射仪测量方式有连续扫描法和步进扫描法。定速连续扫描是指试样和接收狭缝按角速度比为 1∶2 的固定速度转动。在转动过程中，检测器连续地测量 X 射线的散射强度，各晶面的衍射线依次被接收。连续扫描的优点是工作效率较高，而且有较高的分辨率、灵敏度和精确度，因而对大量的日常工作（一般是物相鉴定工作）是非常合适的。定时步进扫描是指试样每转动一定的角度 $\Delta\theta$ 就停止，然后测量记录系统开始工作，测量一个固定时间内的总计数（或计数率），并将此总计数与此时的 2θ 角即时打印出来，或将此总计数转换成计数率用记录仪记录；然后试样再转动一定的角度 $\Delta\theta$ 再进行测量；如此一步步进行下去，完成衍射图的扫描。不论是哪一种测量方式，快速扫描的情况下都能相当迅速地给出全部衍射花样，适用于物质的预检，特别适用于对物质进行鉴定或定性估计。对衍射花样局部做非常慢的扫描，适用于精细区分衍射花样的细节和进行定量测量，例如混合物相的定量分析、精确的晶面间距测定、晶粒尺寸和点阵畸变的研究等。

4. 结晶聚合物分析

在结晶高聚物体系中，结晶和非结晶两种结构对 X 射线衍射的贡献不同。结晶部分的衍射只发生在特定的 θ 角方向上，衍射光有很高的强度，会出现很窄的衍射峰，其峰位置由晶面间距 d 决定；非晶部分在全部角度内散射。将衍射峰分解为结晶和非结晶两部分，结晶峰面积与总面积之比就是结晶度 f_c。

$$f_c = \frac{I_c}{I_0} = \frac{I_c}{I_c + I_a} \tag{27-2}$$

式中：I_c 为结晶衍射的积分强度；I_a 为非晶散射的积分强度；I_0 为总面积。

高聚物很难得到足够大的单晶，多数为多晶体，晶胞的对称性又不高，故得到的衍射峰都有比较大的宽度，且其谱图又与非晶态的弥散图混在一起，因此难以测定晶胞参数。高聚物结晶的晶粒较小，当晶粒小于 10 nm 时，晶体的 X 射线衍射峰就开始弥散变宽，随着晶粒减小，衍射线愈来愈宽。晶粒大小和衍射线宽度之间的关系可由谢乐方程（Scherrer Formula）计算：

$$L_{hkl} = \frac{K\lambda}{\beta_{hkl}\cos\theta_{hkl}} \tag{27-3}$$

式中：L_{hkl} 为晶粒垂直于晶面 hkl 方向的平均尺寸，即晶粒度，单位为 nm；β_{hkl} 为该晶面衍射峰的半峰高的宽度，单位为弧度；K 为常数（0.89～1），其值取决于结晶形状，通常取 1；θ 为衍射角，单位为度。

根据式（27-3），即可由衍射数据算出晶粒大小。不同的退火条件及结晶条件对晶粒消长有影响。

三、仪器和样品

1. 仪器

X 射线衍射仪一台，铜靶 X 光管（波长 λ=154 nm）。

2. 样品

无定形和等规聚丙烯。

四、实验步骤

1. 样品制备

(1) 无定形聚丙烯:用乙醚溶解,过滤除去不溶物,析出后,干燥除尽溶剂。

(2) 高温淬火结晶等规聚丙烯:将等规聚丙烯在240℃热压成1~2 mm厚的试片,在冰水中骤冷。

(3) 160℃退火结晶聚丙烯:取(2)的样品在160℃油浴中恒温30 min。

(4) 105℃退火结晶聚丙烯:取(2)的样品在105℃油浴中恒温30 min。

(5) 高温结晶等规聚丙烯:将等规聚丙烯在240℃热压成1~2 mm厚,恒温30 min后,以10℃/h的速率冷却。

2. 衍射仪操作

(1) 开机前的准备和检查:将准备好的试样插入衍射仪样品架,盖上顶盖,关闭好防护罩。开启水龙头,使冷却水流通。检查X光管电源,打开稳压电源。

(2) 开机操作:开启衍射仪总电源,启动循环水泵。待准备灯亮后,接通X光管电源。缓慢升高电压、电流至需要值(若为新X光管或停机再用,需预先在低管压、管流下"老化"后再用)。设置适当的衍射条件。打开记录仪和X光管窗口,使计数管在设定条件下扫描。

(3) 停机操作:测量完毕,关闭X光管窗口和记录仪电源。利用快慢旋转使测角仪计数管恢复至初始状态。缓慢依次降低管电流、电压至最小值,关闭X光管电源,取出试样。15 min后关闭循环水泵、水龙头,关闭衍射仪总电源、稳压电源及线路总电源。

3. 实验报告

本实验要求测量两个不同结晶条件的等规聚丙烯样品和一个无规聚丙烯样品的衍射谱,对谱图做如下处理。

(1) 结晶度计算:对于α晶型的等规聚丙烯,近似地把(110)和(040)两峰间的最低点的强度值作为非晶散射的最高值,由此分离出非晶散射部分。因而,实验曲线下的总面积就相当于总的衍射强度I_0。此总面积减去非晶散射下面的面积I_a就相当于结晶衍射的强度I_c,即可求得结晶度χ_c。

(2) 晶粒度计算:由衍射谱读出hkl晶面的衍射峰的半高宽β_{hkl}及峰位θ,计算出核晶面方向的晶粒度。讨论不同结晶条件对结晶度、晶粒大小的影响。

五、思考题

(1) 影响结晶程度的主要因素有哪些?

(2) X射线在晶体上产生衍射的条件是什么?

(3) 除了X射线衍射法外,还可以使用哪些手段来测定高聚物的结晶度?

(4) 除去仪器因素外,X射线衍射图上峰位置不正确可能是由哪些因素造成的?

实验 28　密度梯度法测定聚合物的密度和结晶度

一、实验目的

(1) 掌握用密度梯度法测定聚合物密度和结晶度的基本原理和方法。

(2) 用密度梯度法测定结晶高聚物试样的密度，并计算其结晶度。

二、实验原理

由于高分子链的不均一性以及高分子长链的缠结等原因，结晶聚合物通常包含结晶区和非晶区(无定形区)两相结构，因此提出结晶度的概念来表征结晶聚合物中结晶区的含量。通常以结晶区占全部结晶聚合物的质量百分数 f_w 来表示结晶度，见式(28-1)：

$$f_w = \frac{\text{晶区质量}}{\text{晶区质量} + \text{非晶区质量}} \times 100\% \tag{28-1}$$

在结晶聚合物中，结晶区中的高分子链排列规则、堆砌紧密，因而密度大；而无定形区结构排列无序、堆砌松散，因此密度小。结晶区与无定形区以不同的比例共存，结晶度与结晶聚合物密度之间存在定量关系。因此，通过测定聚合物的密度，便可求得聚合物的结晶度。聚合物密度为其比容的倒数，利用聚合物比容的线性加和关系，聚合物的比容($1/\rho$)和结晶度 f_w 有如下关系：

$$\frac{1}{\rho} = \frac{1}{\rho_c} f_w + \frac{1}{\rho_a}(1 - f_w) \tag{28-2}$$

式中：ρ 为结晶聚合物的密度；ρ_c 为结晶区的密度，即完全结晶(100%结晶)的密度，可从 X 光衍射分析晶胞参数求得；ρ_a 为无定形区的密度，可用膨胀计测定不同温度时聚合物熔体的密度，外推得到该温度时的数值。根据式(28-2)，结晶度可按下式计算：

$$f_w = \frac{\rho_c(\rho - \rho_a)}{\rho(\rho_c - \rho_a)} \times 100\% \tag{28-3}$$

因此，根据所测得的聚合物试样密度 ρ 可算出结晶度 f_w。

密度梯度法是测定聚合物密度的方法之一。将两种密度不同、且能互溶的液体置于管筒状透明容器中，高密度液体在下，低密度液体轻轻沿壁倒入，使两种液体被适当地混合，达到扩散平衡，形成密度从上至下逐渐增大并呈现线性分布的液柱，俗称密度梯度管。将已知准确密度的玻璃小球投入管中，以小球密度对其在液柱中的高度作图，得到密度-高度标准曲线，如图 28-1 所示，其中间一段呈直线，两端略弯曲。向梯度管中投入待测试样后，当试样下沉至与其密度相等的位置时，处于悬浮状态，测量待测试样在梯度管中的高度后，由高度-密度直线关系求出试样的密度，也可用内插法计算被测试样的密度。

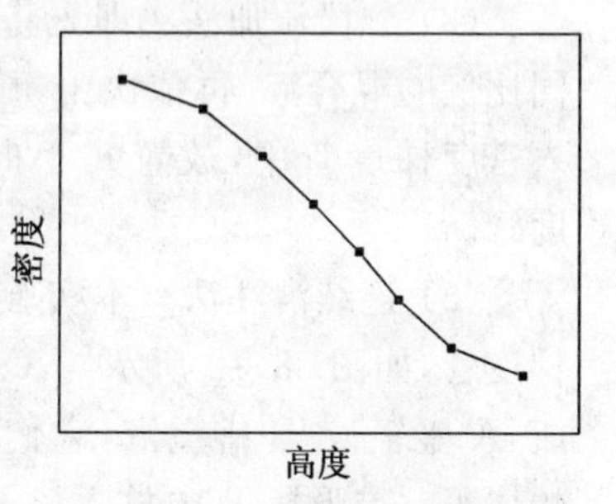

图 28-1　密度梯度管的密度-高度标准曲线

三、仪器与药品

1. 仪器

密度梯度管(400 mL,具塞量筒)、底部带一个支管的锥形瓶(250 mL)、底部带两个支管的锥形瓶(250 mL)、升降台、磁力搅拌器、带铁圈铁架台、恒温槽(可选)、量筒(250 mL)、烧杯(25 mL)、乳胶管、乳胶管调节夹、镊子。

2. 药品

乙醇(化学纯或分析纯)、蒸馏水、标准密度玻璃小球 8 个(密度范围:0.86～0.98 g/cm³)、高压聚乙烯、聚乙烯或聚丙烯(粒料)。

四、实验步骤

1. 确定密度梯度管的测试范围及选择溶液体系

根据待测试样密度的大小和范围,确定密度梯度管测量范围的上限和下限。然后,选择两种合适的液体,使轻液的密度等于上限,重液的密度等于下限,常用的典型体系如附表 16 所示。选择密度梯度管的液体,必须符合下列要求:

(1) 能够满足所需的密度范围;

(2) 不被试样吸收,不与试样发生任何物理、化学反应;

(3) 两种液体能以任何比例相互混合,且混合时不发生化学反应;

(4) 具有较低的黏度和挥发性;

(5) 价廉、易得、毒性小或无毒。

本实验测定聚乙烯和聚丙烯的密度处于 0.90～0.98 g/cm³ 范围内,且样品能吸湿,可选用乙醇-水体系。

2. 密度梯度管的制备

密度梯度管的配制方法简单,一般有三种方法:

(1) 两段扩散法。即把轻液缓慢地沿管壁倒在重液上,轻轻搅动至界面消失后放置一定时间(24 h),利用分子的自身扩散作用形成密度梯度管。

(2) 分段添加法。即先将两种液体配制成一系列不同比例的混合液,再依次由重到轻把各个混合液缓慢倒入密度梯度管中,放置几小时后就形成稳定的密度梯度管。

(3) 连续灌注法。本实验采用连续灌注法制备密度梯度管,如图 28-2 所示。A、B是两个同样大小的锥形瓶,A盛轻液,B盛重液,它们的体积之和为密度梯度管的体积。锥形瓶 B 中放入磁子,用磁力搅拌器搅拌。缓慢旋开乳胶管调节夹 C、D,使锥形瓶 A 中轻液液面的下降速度近似等于锥形瓶 B 中混合液面的下降速度,并将锥形瓶 B 中液体的流出速度控制在 4～6 mL/min 为宜。初始流入梯度管的是重液,开始流动后,B 管的密度缓慢变化,显然梯度管中液体密度变化与 B 管的变化是一致的。

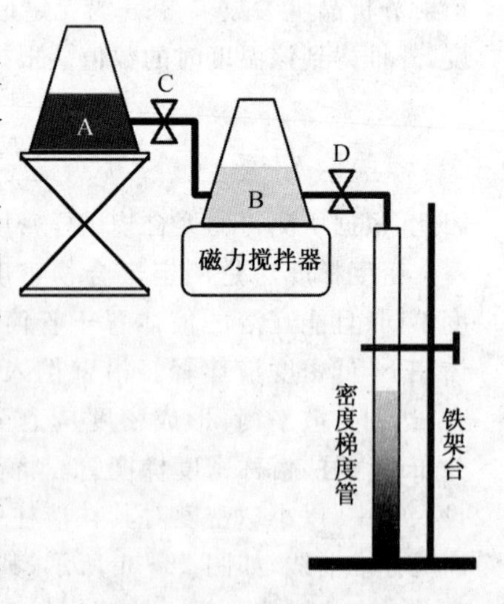

图 28-2 连续灌注法制备密度梯度管

3. 密度梯度管的校验和标定

配成的密度梯度管在使用前一定要进行校验，以确认其线性梯度和精确度。校验方法是将已知密度的一组玻璃小球(直径为 3 mm 左右)，按比重由大至小依次投入管内。平衡后(2 h 左右)用测高仪测定小球悬浮在管内的重心高度，然后作出小球密度对小球高度的曲线，如果得到的是一条不规则曲线，则必须重新制备梯度管。校验后梯度管中任何一点的密度可以从标定曲线上查得。密度梯度是非平衡体系，温度和操作等因素会使标定曲线发生改变。因此标定后，小球可停留在管中作参考点。实验中采用已知密度的一组玻璃浮标(玻璃小球 8 个)，每隔 15 min 记录一次它们的高度，在连续两次之间各个浮标的位置读数相差在 0.1 mm 以内时，就可以认为浮标已经达到平衡位置(一般约需 2 h)。

4. 聚合物密度的测定

把待测样品用容器分别盛好，放入 60℃的真空烘箱中，干燥 24 h，取出置于干燥器中待测。取准备好的待测样品聚乙烯(PE)、聚丙烯(PP)先用轻液浸润，避免附着气泡，然后轻轻放入梯度管中。平衡后，测定试样在梯度管中的高度，重复测定 3 次。测试完毕，用金属丝网勺按次序轻轻地逐个捞起小球，并且事先将标号袋由小到大严格排好次序，使每取出一个小球立即装入相应的袋中。待全部玻璃小球及试样依次捞起后，盖上密度梯度管盖子。

5. 数据记录及处理

(1) 测定密度梯度管的标定曲线，按下表记录实验数据，并作出标定曲线。

小球密度/g·cm^{-3}								
5 min 后小球高度								
15 min 后小球高度								
30 min 后小球高度								

(2) 测定高聚物试样的密度，在下表中记录高聚物试样在密度梯度管中的高度值及其在标定曲线上所对应的密度值。

试样名称	PE			PP		
试样在密度梯度管中的高度	1	2	3	1	2	3
平均高度						
密度/g·cm^{-3}						

(3) 结晶度的计算

从附录 16 查得 PE 和 PP 的完全结晶密度与完全非晶密度，根据式 28-3 计算结晶度。

五、思考题

(1) 测定高聚物结晶度有哪些方法？

(2) 在密度梯度管中使用的液体应满足哪些要求？

(3) 密度梯度管精确度的影响因素有哪些？

实验29 光学显微镜观察聚合物的结晶形态

一、实验目的

(1) 熟悉偏光显微镜的构造原理和使用方法。

(2) 观察不同结晶温度下得到的高分子球晶的形态,测量球晶的大小和生长速度。

二、实验原理

结晶体和无定形体是聚合物聚集态的两种基本形式。结晶聚合物材料的实际使用性能(如光学透明性、冲击强度等)与材料内部的结晶形态、晶粒大小及完善程度有着密切联系。因此,对于聚合物结晶形态等的研究具有重要的理论和实际意义。聚合物在不同条件下形成不同的结晶,比如单晶、球晶、纤维晶等。聚合物从熔融状态冷却时主要生成球晶,如图29-1所示,球晶是聚合物结晶时最常见的一种形式。

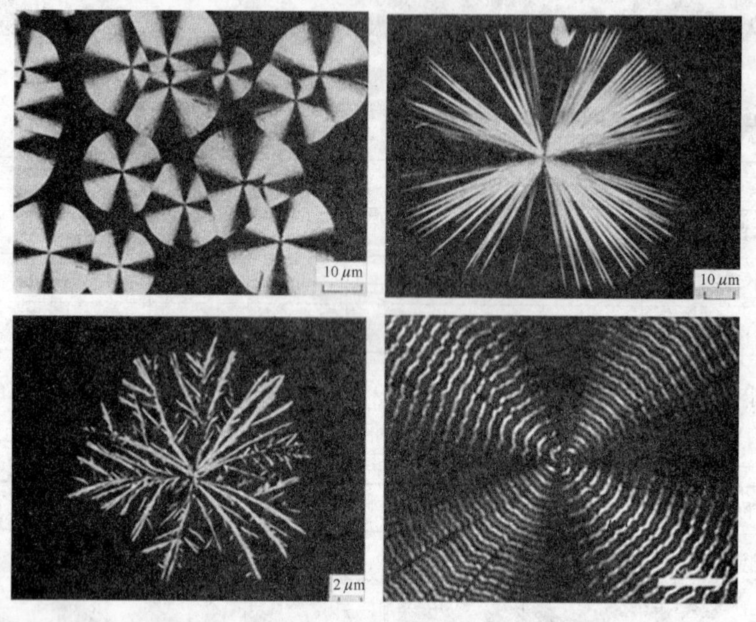

图 29-1 各种聚合物结晶的偏光显微镜照片

球晶以晶核为中心呈放射状增长构成球形而得名,是“三维结构”。但在极薄的试片中也可以近似地看成是圆盘形的“二维结构”。球晶是多面体,由分子链构成晶胞,晶胞的堆积构成片晶,片晶迭合构成微纤束,微纤束沿半径方向增长构成球晶。片晶间存在着结晶缺陷,微纤束之间存在着无定形夹杂物。球晶的大小取决于聚合物的分子结构及结晶条件,可以相差很大,直径可以从微米级到毫米级,甚至可以大到厘米级。球晶分散在无定形聚合物中,一般说来无定形是连续相,球晶的周边可以相交成为不规则的多边形。球晶具有光学各向异性,对光线有折射作用,因此能够用偏光显微镜进行观察。聚合物球晶在偏光显微镜的正交偏振片之间呈现出特有的黑十字消光图像。有些聚合物生成球晶时,晶片沿半径增长时可以进行螺旋性扭曲,因此还能在偏光显微镜下看到同心圆消光图像。

偏光显微镜如图 29－2 所示，其最佳分辨率为 200 nm，有效放大倍数超过 500～1 000 倍，与电子显微镜、X 射线衍射法结合使用，可提供较全面的晶体结构信息。光是电磁波，也就是横波，其传播方向与振动方向垂直。然而对于自然光来说，它的振动方向均匀分布，没有任何方向占优势。但是自然光通过反射、折射或选择性吸收后，可以转变为只在一个方向上振动的光波，即偏振光。一束自然光经过两片偏振片，如果两个偏振轴相互垂直，光线则无法通过。光波在各向异性介质中传播时，其传播速度随振动方向不同而变化，折射率值也随之改变，一般都发生双折射，分解成振动方向相互垂直、传播速度不同、折射率不同的两条偏振光。而这两束偏振光在通过第二个偏振片时，只有与第二偏振轴平行方向的光线可以通过，通过的两束光由于光程差将会发生干涉现象。

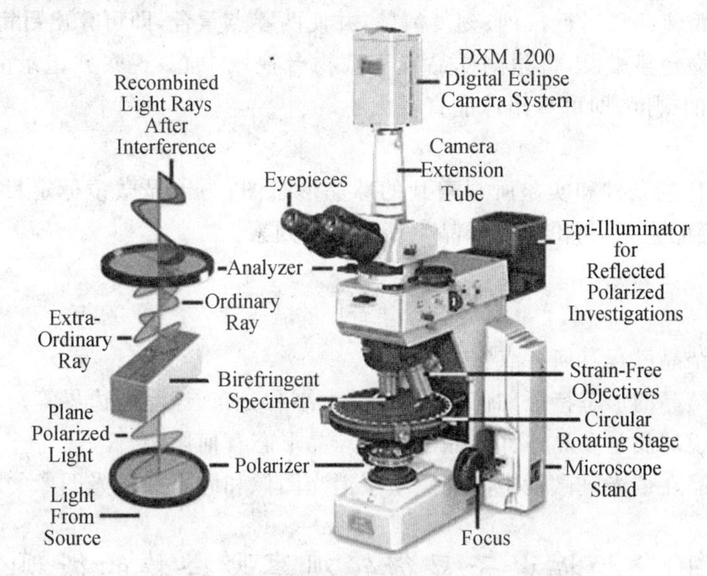

图 29－2　偏光显微镜仪器的结构和原理图

在正交偏光显微镜下观察，非晶体聚合物因为其各向同性，没有发生双折射现象，光线被正交的偏振镜阻碍，视场黑暗。球晶会呈现出特有的黑十字消光现象，黑十字的两臂分别平行于两个偏振轴的方向。而除了偏振片的振动方向外，其余部分就出现了因折射而产生的光亮。在偏振光条件下，还可以观察晶体的形态，测定晶粒大小和研究晶体的多色性等。

三、仪器及样品

1. 仪器

偏光显微镜、附件、擦镜纸、镊子、压片机、控温仪、电炉、载玻片、盖玻片。

2. 样品

聚乙二醇或聚丙烯。

四、实验步骤

1. 试样制备

切一小块聚丙烯薄膜或 1/5～1/4 粒料，放入干净的载玻片上，使之离开载玻片边缘，在试样上方盖上一块盖玻片。预先把压片机加热到 240℃，将聚丙烯样品置于电热板上熔融

(试样完全透明),加压成膜后保温 2 min,然后迅速转移到 50℃的热台上使之结晶。把同样的样品熔融后,分别于 100℃和 0℃条件下结晶。

2. 调节显微镜

预先打开汞弧灯 10 min,以获得稳定的光强,插入单色滤波片;去掉显微镜目镜,将起偏片和检偏片置于 90°。边观察显微镜筒,边调节灯和反光镜的位置,如需要可调整检偏片以获得完全消光(视野尽可能暗)。

3. 测量球晶直径

将聚合物晶体薄片置于正交显微镜下观察,用目镜分度尺测量球晶直径,测定步骤如下:

(1) 将带分度尺的目镜插入镜筒内,将载物台显微尺置于载物台,使视区内同时见两尺;

(2) 调节焦距使两尺平行排列、刻度清楚,并使两零点重合,即可算出目镜分度尺的值;

(3) 取走载物台显微尺,将预测样品置于载物台视域中心,观察并记录晶形,读出球晶在目镜分度尺上的刻度,即可算出球晶直径大小。

4. 实验报告

记录制备试样的条件和实验所观察到的球晶形态图;写出显微镜标定目镜分度尺的标定关系,计算球晶的直径;讨论影响球晶生长的主要因素。

五、思考题

(1) 聚合物结晶过程有何特点?

(2) 聚合物结晶的形态特征如何(包括球晶大小和分布、球晶的边界等)?

(3) 为什么说球晶是多晶体?结晶温度对球晶形态有何影响?

(4) 解释球晶在偏光显微镜中出现黑十字消光图像和同心圆消光图像的原因。

实验 30 扫描电子显微镜观察聚合物的微观结构

一、实验目的

(1) 了解扫描电子显微镜的基本结构和工作原理。

(2) 掌握扫描电镜的基本操作和扫描电镜样品的制备方法。

(3) 使用扫描电镜观察聚合物的形态。

二、实验原理

与透射电镜相比,扫描电镜的突出优点是样品制备方便,且对样品的厚度无苛刻要求。导电样品一般不需要任何处理即可进行观察。聚合物样品在电子束作用下,特别是进行高倍数观察时,可能会出现熔融或分解现象,也需要进行样品复型。但由于对复型膜厚度无要求,其制作过程简单得多。扫描电镜在聚合物的形态研究中的应用越来越广泛,目前主要用于研究聚合物的自由表面和断面。例如观察聚合物的粒度、表面和断面的形貌与结构,观察增强高分子材料中填料在聚合物中的分布、形状及黏结情况等。

扫描电镜通常具有接收二次电子和背散射电子成像的功能。“二次电子”是入射到样品内的电子在透射和散射过程中,与原子的外层电子进行能量交换后被轰击射出的次级电子,它是从样品表面很薄的一层(约 5 nm)区域内激发出来的。二次电子成像与样品表面的物化性状有关,被用来研究样品的表面形貌。二次电子的分辨率较高,一般可达 5～10 nm,是扫描电镜应用的主要电子信息。“背散射电子”是入射电子与试样原子的外层电子或原子核连续碰撞,发生弹性散射后重新从试样表面逸出的电子,主要反映试样表面较深处(10 nm～1 μm)的情况,其分辨率较低,约 50～100 nm。

扫描电镜的工作原理如图 30-1 所示。带有一定能量的电子经过多个透镜聚焦成为一束很细的电子束,称之为电子探针或一次电子。在第二个聚光镜和物镜之间有一组扫描线圈,控制电子探针在试样表面进行扫描,引起一系列的二次电子发射。这些二次电子信号被探测器依次接收,经信号放大处理系统(视频放大器)输入显像管的控制栅极上调制显像管的亮度。由于显像管的偏转线圈和镜筒中扫描线圈的扫描电流由扫描发生器严格控制同步,所以在显像管屏幕上就可以得到与样品表面形貌相应的图像。扫描电镜的上述主要部件均安装在金属的镜筒内。镜筒内的真空度为 5×10^{-5} Torr(1 Torr=133.322 Pa),电子枪的加速电压为 20 kV,电镜的分辨率优于 30 nm。

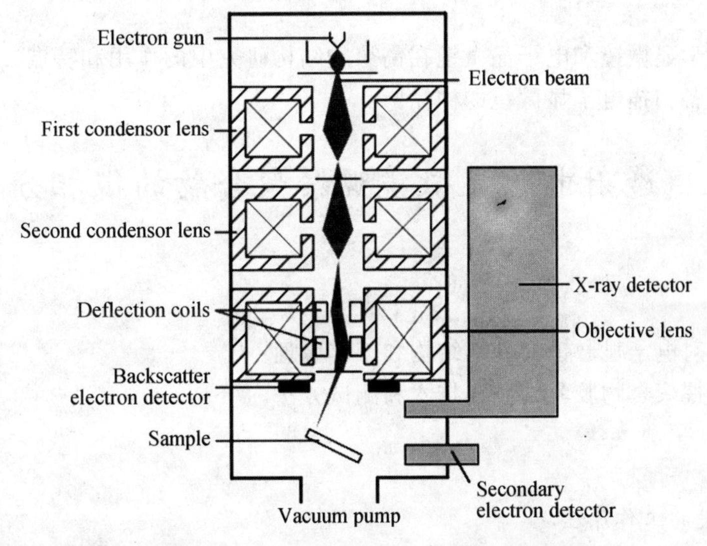

图 30-1　扫描电子显微镜的工作原理图

三、仪器与样品

1. 仪器

扫描电子显微镜、真空镀膜机。

2. 样品

聚丙烯多晶体、取向聚丙烯膜。

四、实验步骤

1. 样品的制备

为防止产生荷电现象及热损伤,对非导电材料必须进行表面镀导电层处理。常用镀导电层的方法有两种。

(1) 真空喷镀:一般是在镀膜机中进行,在真空度为 10^{-4}～10^{-5} Pa 的条件下,将待喷涂金属加热熔化，蒸发喷涂在样品的表面。常用的喷涂金属有金、铂、钯、碳等。

(2) 离子溅射：常用二极管直流溅射。整个溅射单元装在真空度为 5×10^{-2} Pa 的氩气氛中，在靶电极和样品台两电极间加 1～3 kV 直流高压，使氩气电离辉光放电。在高压电场作用下，氩离子撞向阴极靶电极，被撞出的靶原子溅落在阳极样品台上，从而使样品表面均匀镀上一层金属膜。常用的阴极靶为金靶。溅射喷涂的一个主要优点是喷镀到样品上的膜连续、均匀，而且靶材料的原子能进入到各个角落，这对于非金属的生物材料、多孔的陶瓷和纤维是非常重要的。但是，离子溅射方法也有一些潜在的问题，最主要的是样品易被热损伤，目前用低温二极管直流溅射方法来克服这一问题，取得的效果较好。

2. 电镜观察

开机，按照扫描电镜使用说明书在教师指导下开启仪器；样品室放气，将已处理好的待测样品放入样品支架上；当真空度达到要求后，在一定的加速电压下进行微观形貌的观察并拍摄；按照扫描电镜使用说明书在教师指导下关机；在教师指导下完成分析结果。

五、思考题

(1) 比较光学显微镜和电子显微镜在高聚物结构研究中的作用和特点。

(2) 如何制备扫描电子显微镜的样品？

实验 31 透射电子显微镜观察聚合物的微相分离结构

一、实验目的

(1) 熟悉透射电子显微镜的基本结构和工作原理。

(2) 初步掌握聚合物胶乳的制样技术和测试方法。

二、实验原理

1. 透射电镜的工作原理

显微镜可以直接观察到物质的微观结构，是研究高分子聚集态结构的重要工具。光学显微镜的极限放大倍数为 1 000 倍左右，最大分辨率为 200 nm，可用来观察尺寸较大的结构，如球晶等。更精细的结构必须借助于电子显微镜来测定，一般透射电子显微镜的分辨率为 1 nm 左右，可以用于研究高分子的两相结构、结晶聚合物的结晶结构以及非晶态聚合物的聚集形态等。

透射电镜的结构与光学显微镜相似，也是由光源、物镜和投影镜、记录系统三部分组成的，只是其电镜光源是用电子枪产生的电子束。电子束经聚光镜集束后，照射在样品上，透过样品的电子经物镜、中间镜和投影镜，最后在荧光观察屏上成像，如图 31 - 1。电子显微镜中所用的透镜都是电磁透镜，是通过电磁作用使电子束聚焦的，因此只要改变透镜线圈的电流，就可以使电镜的放大倍数连续变化。透射电镜的分辨率与电子枪阳极的加速电压有关，加速电压越高，电子波的波长就越强、分辨率就越高。例如，普通 50 kV 电镜的分辨率为 1 nm左右。除了主体电子光学系统(镜体)外，还有一些辅助系统，如真空系统(机械泵、油扩散泵)和电子学系统(即电路系统)。

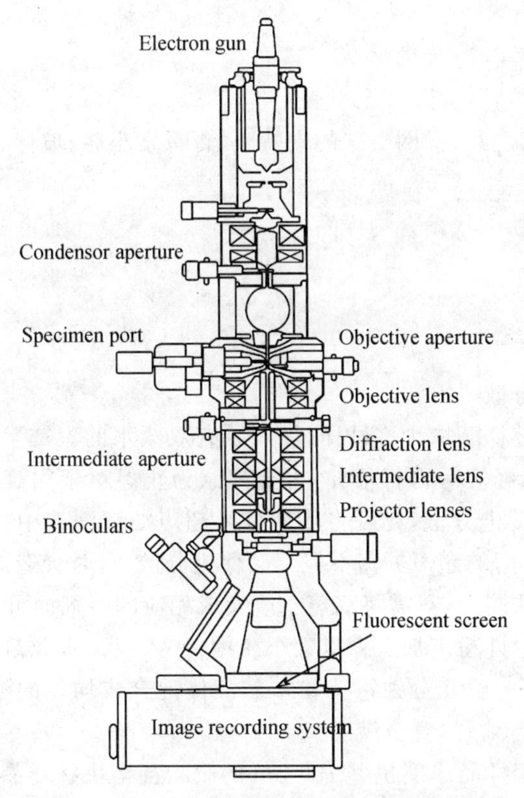

图 31－1　透射电子显微镜的构造和成像原理图

2. 像反差的形成原理

当透射电镜的照明源中插入了样品之后，原来均匀的电子束变得不均匀。样品膜中质量厚度大的区域因散射电子多而出现透射电子数的不足，此区域经放大后成为暗区；而样品膜中质量厚度小的区域因透过电子较多，散射电子较少而成为亮区。通过样品后的这种不均匀的电子束被荧光屏截获后，即成为反映样品信息的透射电镜黑白图像。对于那些质量厚度差别不大的样品，常常需要用电子染色的方法来加强样品本身或样品四周（背景）或样品某些部分的电子密度，从而使不同区域散射电子的数量差别增大，进而改善图像的明暗差别，即增强反差。

3. 样品制备

透射电镜用的样品制备比较复杂，对聚合物研究来说有两种类型：如果观察多相结构，采用超薄切片；如果观察单晶、球晶或表面形貌，常常需将样品做复型处理。制备超薄切片需应用专门的超薄切片机，厚度不超过 100 nm，通常为 20～50 nm。试样过厚，因电子透射能力弱或多层次上的图像交叠而不能观察。在观察超薄切片的两相结构时，只有当处于不同相内的聚合物对于电子的散射能力存在明显差异时，才能形成图像。但通常这种差异不大，需要对试样进行选择染色。聚双烯烃可用 OsO_4 溶液染色，双键与 OsO_4 的结合使聚双烯烃获得很高的散射能力。对于不含双键的聚合物，染色比较困难。另一方面，高能量电子束轰击样品表面时，被辐射部分的温度会急剧升高，甚至会造成聚合物结构发生变化。这一问题可通过冷却样品台、缩短观察时间、提高加速电压加以改善，但多数情况下，需要对聚合物试样进行复型。对复型膜进行观察时，常用重金属 Cd 或 Pt 投影喷镀复型膜来增加反差。

三、仪器与样品

1. 仪器

透射电镜、超声波清洗器、铜网喷碳的支持膜、青霉素小瓶、玻棒、弯头镊子、培养皿。

2. 样品

乳胶或其他液状或粉末状聚合物样品。

四、实验步骤

1. 样品的制备

(1) 试样的稀释或分散

① 水溶性试样:用玻棒蘸取少许试样,加入装有双蒸水的青霉素小瓶中,充分摇匀。若稀释不够,可倾去部分稀释液后再行稀释,直至满意为止。对于很难分散的试样,可在双蒸水中加入少量乳化剂等促进分散,亦可将小瓶放入超声波清洗器中振荡片刻。一定要注意振荡时间不可过长,长时间的超声振荡不但不会促进分散,有时会造成样品颗粒凝集。

② 溶剂型试样:方法同上,只需将双蒸水改换成相应的溶剂即可。

③ 粉末状固体:取少许粉末加入青霉素小瓶中,注入双蒸水或溶剂,将小瓶置于超声波清洗器中振荡一段时间(一般几分钟),待粉末与液体混合成均匀的浊液即可。若浊液浓度过大,可倾去一部分,再行稀释,直至满意。

④ 块状和膜状:对于样品厚度超过 100 nm 的膜状甚至块状样品,应考虑超薄切片或离子减薄技术,此处不作赘述。

(2) 试样的装载

对于粒径较大或者粒径虽不大但其组成中含有较重元素的试样,不需电子染色,可直接沾样。该方法具体操作如下:用镊子轻轻夹住复膜铜网的边缘,膜面朝下沾取已分散完好的试样稀释液,小心将铜网放在作记号的小滤纸片上,待网上液滴充分干燥后,即可上镜观察。

(3) 电子染色

对于粒径很小且由轻元素组成的试样,应考虑采用电子染色技术,以增大试样不同区域散射电子数量的差别,从而增强图像的反差,便于观察者肉眼清晰分辨。常用的电子染料是含有重金属元素的盐或氧化物,如磷钨酸、乙酸铀、四氧化锇、四氧化钌等,常用的染色方法有以下两种。

① 混合染色法。此法适合于用水分散的试样,因为绝大多数的电子染料都能溶于水,试样与电子染料均以水为介质,很容易混合。具体操作如下:取稀释完好的试样液 2 mL,向稀释液中滴加染液 1～3 滴,迅速混合均匀,立即沾样或经 2～5 min 后沾样,充分干燥后,即可上镜观察。

② 漂浮染色法。溶剂型试样和其他不适合用混合染色法的试样,可用漂浮染色法。具体操作如下:用复膜铜网沾上试样稀释液,待网上液滴将干未干时,将复膜铜网膜面朝下漂浮于染液液滴上(所用染液浓度应小于 0.5%)。一段时间(2～10 min)后,镊起铜网,用滤纸吸去多余染液,待网上液体充分干燥后,即可上镜观察。若试样为溶剂型聚合物,沾样后应让溶剂充分挥发。若需要溶剂在短时间内挥发干净,可将铜网放入真空中抽提,然后再行漂浮染色。

在上述制样过程中，应注意以下几点：

(1) 所用器皿一定要干净。

(2) 放置铜网要小心细致，膜面不能有破损和污染。

(3) 风干过程要避免污染。

2. 仪器调试与观测

开启透射电镜至真空抽好。调试仪器后，将欲观察的铜网膜面朝上放入样品架中，送入镜筒观察。先在低倍镜下观察样品的整体情况，然后选择合适的区域放大。变换放大倍数后，要重新聚焦。将有价值的信息以拍照的方式记录下来，并在记录本上记录观察要点和拍照结果。将样品更换杆送入镜筒，撤出样品，换另一样品进行观察。

3. 结果分析

根据对制样条件、观察结果及样品特性等的综合分析，对图片进行合理解析。

4. 安全防护

工作状态下的 TEM 是一个 X 射线源，在使用过程中应注意以下问题：

(1) 加光阑，特别是聚光镜光阑。

(2) 观察时戴铅眼镜。

(3) 穿防护背心。

五、思考题

(1) 电子显微镜的分辨率如何计算得到？简述成像反差的形成原理。

(2) 电子染色的意义何在？常见的电子染色法有哪几种？各自适用的条件是什么？

实验 32　原子力显微镜观察聚合物的微观结构

一、实验目的

(1) 了解原子力显微镜的基本原理和使用方法。

(2) 使用原子力显微镜观察一些聚合物的聚集态结构。

二、实验原理

与光学显微镜和电子显微镜相比，原子力显微镜(Atomic Force Microscope，AFM)是一种截然不同的显微镜。它利用微悬臂感受和放大微悬臂上纳米级探针与被测样品原子之间的作用力来检测样品的表面形貌，从而达到检测目的，具有原子级的分辨率。图 32-1 是硅探针的扫描电镜照片。针尖在样品表面扫描时，针尖和样品之间会发生相互作用，与距离密切相关的针尖-样品相互作用会引起微悬臂的形变，通过形变量就可以了解针尖-样品之间的相互作用，获取样品表面形貌的三维信息。与电子显微镜相比，AFM 具有许多优点。

图 32-1　硅探针的针尖和微悬臂的扫描电镜照片

电子显微镜仅能提供二维图像,AFM 能够提供真正的三维表面图。AFM 不需要对样品做任何特殊处理,如镀铜或碳,而这种处理对样品会造成不可逆转的损害。电子显微镜需要在高真空条件下运行,AFM 在常压下甚至在液体环境下都可以良好工作。AFM 可以用来研究生物大分子,甚至活的生物组织。

AFM 的工作原理如图 32-2 所示。通常核心部件有四个:① 执行 X、Y 方向光栅扫描和 Z 轴定位的压电扫描器;② 反馈光路提供电源的激光系统;③ 进行力-距离反馈的微悬臂系统;④ 接受光反馈信号的光电探测器。除此之外还有计算机控制系统与数据处理软件、粗略定位系统和光学显微成像辅助定位系统、防震防噪系统和环境控制系统等。如图 32-2 所示,激光器发出的激光束经过光学系统聚焦在微悬臂背面,并从微悬臂背面反射到由光电二极管构成的光斑位置光电探测器。在扫描样品时,由于样品表面的原子与微悬臂探针尖端的原子间的相互作用力,微悬臂将随样品表面形貌而弯曲起伏,反射光束也将随之偏移。因而,通过光电二极管检测光斑位置的变化,就能获得被测样品表面形貌的信息。

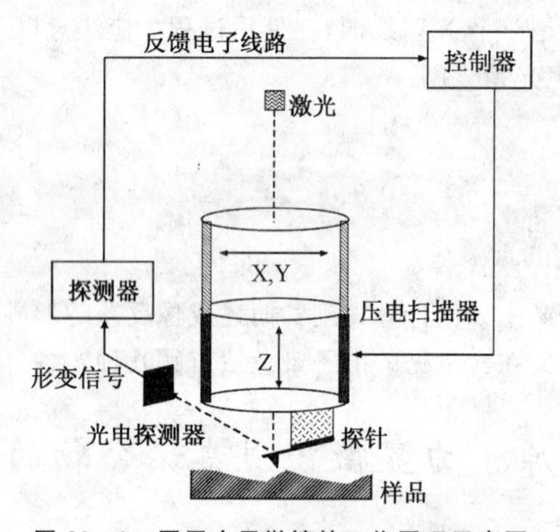

图 32-2 原子力显微镜的工作原理示意图

当探针与样品间距离不同时,探针所受的力也是不同的。根据针尖和样品之间的作用力的形式,可以将 AFM 的工作模式分为三大类型:接触模式(Contact Mode)、非接触模式(Non-contact Mode)和轻敲模式(Tapping Mode)。接触模式是 AFM 最直接的成像模式。正如名字所描述的那样,AFM 在整个扫描成像过程之中,探针针尖始终与样品表面紧密接触,但悬臂施加在针尖上的力有可能破坏试样的表面结构。若样品表面柔软而不能承受这样的力,便不宜选用接触模式对样品表面进行成像。接触模式所产生的图像比较稳定,且分辨率较高,针尖与样品之间的距离小于零点几个纳米,针尖与样品之间的作用力为排斥力。在测量过程中,保持样品与针尖之间的相互作用力不变,不断调整针尖与样品之间距离,这种测量模式称为恒力模式。如果样品表面比较平滑,则保持针尖与样品之间距离恒定的测量模式为恒高模式,此时针尖与样品间的相互作用力的大小直接反映了表面的高低。当被测物体的弹性模量较低,同基底间的吸附接触也很弱时,针尖与样品之间的相互作用力容易使样品发生变形,降低图片质量。图 32-3 给出了 AFM 在不同操作模式下针尖和样品相互作用力曲线中的工作区间和力的属性。

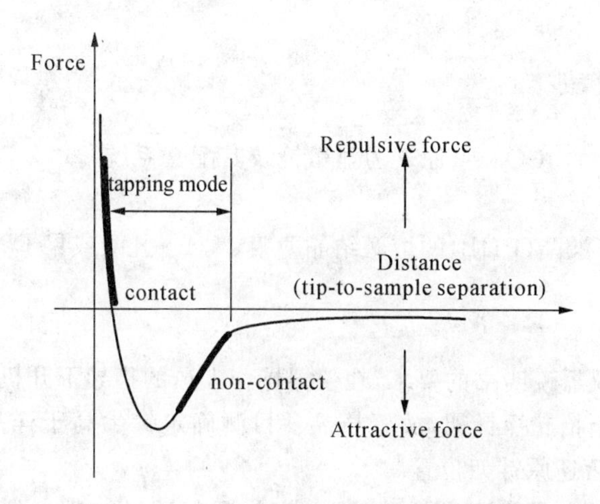

图 32－3　使用力-位移曲线解释原子力显微镜的工作模式

非接触模式则和接触模式相对，针尖在样品上方振动但是始终不与样品表面接触，对样品没有破坏作用，而且针尖也不会被污染，特别适合于研究柔软物体的表面。非接触模式针尖和样品间的距离在几到几十纳米的吸引力区域，针尖检测的是范德华吸引力和静电力等长程力，比接触式小几个数量级，其力梯度为正，随着针尖与样品距离减小而增大。由于非接触模式针尖与样品之间距离较大，分辨率较接触式低，不适合在液体中成像，在生物样品的研究中也不常见。

轻敲模式是介于上述两种模式之间的扫描方式，扫描时用一个小压电陶瓷元件驱动微悬臂振动，在悬臂梁的固有共振频率附近以更大的振幅（＞20 nm）驱动悬臂梁，使得针尖与样品间断地接触。当针尖没有接触到表面时，微悬臂以一定的大振幅振动，当针尖接近表面直至轻轻接触表面时，振幅将减小；而当针尖反向远离时，振幅又恢复到原值。反馈系统通过检测该振幅来不断调整针尖与样品间的距离，从而控制微悬臂的振幅，使得作用在样品上的力保持恒定。由于轻敲模式针尖和样品接触，分辨率几乎与接触模式一样好，又因为接触时间非常短暂，剪切力引起的样品破坏几乎完全消失，特别适合于分析柔软、黏性和脆性的样品，并适合在液体中成像。

随着 AFM 的广泛应用，其技术也在不断地发展。目前人们利用 AFM 不仅仅能够观察到样品的表面形貌特征，还可以通过获取反映样品表面起伏的准确数值对表面整体形貌进行分析，得到表面的粗糙度(Roughness)、颗粒度(Granularity)、平均梯度(Step Height)、孔结构和孔径分布等参数，从而获得样品的压弹性、黏弹性、硬度等物理属性。根据针尖与样品材料的不同及针尖与样品间距离的不同，针尖与样品间的作用力可以是原子间斥力、范德华吸引力、弹性力、黏附力、磁力和静电力以及针尖在扫描时产生的摩擦力。AFM 不仅可以观察样品表面形貌，还可以分析与作用力相应的表面性质。摩擦力显微镜(LFM)是在 AFM 表面形貌成像基础上发展的新技术之一。由于材料表面中的不同组分难以在形貌图像中区分开来，而且污染物也有可能覆盖样品的真实表面，LFM 恰好可以研究那些形貌上相对较难区分、而又具有相对不同摩擦特性的多组分材料表面。

三、仪器与样品

1. 样品的制备

Bruker 公司生产的 ICON 型原子力显微镜及其配套系统。

2. 样品

聚 R-3-羟基丁酸酯(PHB)的熔融结晶薄膜、聚 L-乳酸或聚 D-乳酸的结晶薄膜。

四、实验步骤

(1) 开机:按照仪器说明书的要求,在仪器操作人员的指导下开机。

(2) 放样品:向上抬起探针架,放置样品。目测确定针尖高于样品表面,否则通过软件来提升针尖高度,然后还原针架位置。

(3) 预设置:把激光聚焦到微悬臂的前端,并调节反射的激光到光电检测器的中间位置。保证显微镜和电脑屏幕上的水平 Horizontal 和垂直方向 Vertical 的显示值为 0。点击软件控制面板上的 Auto Tune 按钮,找到微悬臂的共振频率。然后设定 RMS 值为共振振幅的 90%左右,并设置扫描尺寸、扫描速度等参数。

(4) 进针扫描:点击 Approach 选项自动下针,完毕后,仪器自动启动扫描。

(5) 调节扫描参数:通过 I-gain 和 P-gain 等参数来调节扫描测量;获得质量较好的图像并保存。

(6) 关机:点击 Withdraw 选项,提升针尖,然后退出软件;取出样品,卸下针尖,整理好仪器;关闭主机,关闭电脑和主电源,登记。

(7) 实验数据记录:记录实验的高度图、相位图、针尖工作频率、弹性常数及扫描参数。

五、思考题

(1) 原子力显微镜、扫描电子显微镜、光学显微镜三者的分辨率有何不同?原因是什么?

(2) 实验中原子力显微镜尺度,扫描时高度图、相位图分别反映了什么样的信息?

(3) 原子力显微镜与其他显微镜相比有何优点和缺点?

实验 33 相衬显微镜法观察聚合物共混物的结构形态

一、实验目的

(1) 学习使用相衬显微镜观察共混物的结构形态。

(2) 了解共混物试样的制备方法。

(3) 了解橡胶微粒的形态、尺寸、分布及两相界面的黏结能力对共混物抗冲性能的影响。

二、实验原理

1. 共混物性能的影响因素

橡胶增韧的一般方法为机械共混法和乳液共混法,所用的橡胶有一般橡胶、接枝橡胶和嵌段橡胶。从增韧效果来看,通常以嵌段橡胶为佳,其次为接枝橡胶。一般橡胶往往由于橡胶相和塑料相两相之间的界面黏结能力弱而达不到增韧的目的。为了提高增韧效果可加入少量第三组分,这种第三组分称为助溶剂或增溶剂或增混剂(Compatibiliaer)。助溶剂一般为嵌段共聚物或接枝共聚物,而且必须对共混物中橡胶和塑料两组分都有很好的相容性,从而使分散相能均匀地分散于连续相中,并使两相界面有良好的黏合能力,以利于提高增韧效果。例如,氯化聚乙烯(CPE)增韧的α-甲基苯乙烯-丙烯腈-苯乙烯共聚物(α-ASC),共聚物缺口抗冲强度仅提高 0.5 倍;当加入少量助溶剂后,缺口抗冲强度可提高 13 倍,见表 33-1。这说明了 α-AS 与 CPE 相容性差,CPE 与 α-AS 机械共混不能获得满意结果,只有当助溶剂加入共混体系后才能改善它们的相容性。从相衬显微照片可见:当助溶剂 A 存在时,CPE/α-AS 共混物为两相体系,其两相之间界面模糊,表明助溶剂 A 对 CPE 和 α-AS 共混体系具有良好的相容性,并使两相界面有足够的黏合力,使得 CPE 增韧 α-AS 获得满意的结果。

表 33-1　CPE 增韧 α-AS 树脂

编号＼项目	22-1	24-1C	18-6C
α-AS(%)	100	85	80
助溶剂 A(%)	0	0	5
CPE(%)	0	15	15
缺口冲击强度($kg \cdot cm/cm^2$)	2.24	3.11	26.45

某些低分子化合物也可充当助溶剂。例如,在聚苯乙烯-顺丁橡胶共混体系中,加入少量的一氯醋酸十八烷基酯,体系的冲击强度可提高 3～4 倍。显然,低分子外加剂对共混体系的分散具有重要作用,它不仅可调节分散相的粒度,而且也影响两相之间的黏结能力。但是有关这方面的成功例子极少。相容性对共混物的性能具有显著影响,完全相容的两种聚合物所组成的共混物,其性质介于这两种聚合物之间,在许多方面类似于具有相同组成的无规共聚物。例如,混合物的玻璃化温度 $T_{g.m}$,取决于两组分的质量分数,如下式所示:

$$\frac{1}{T_{g.m}}=\frac{W_1}{T_{g.1}}+\frac{W_2}{T_{g.2}} \tag{33-1}$$

式中:W_1 及 W_2 分别为聚合物 1 和 2 的质量分数;$T_{g.1}$ 和 $T_{g.2}$ 分别为聚合物 1 和 2 的玻璃化温度。

这与无规共聚物的性质完全相同。当软性组分和塑料之间达到完全相容时,软性组分对塑料并不产生增韧效果,而仅仅起到增塑作用。

完全不相容的橡胶在塑料中也不能形成满足力学性能指标和流变性能指标的良好分散效果,更不可能在两相之间的界面上产生牢固的黏合。理想情况是要求共混物中橡胶与塑料既不是完全相容,也不是完全不相容。理想条件下要求橡胶粒子以适合的细度均匀地分散在塑料的连续相中,同时要求分散的橡胶相和连续的塑料相的两相界面之间产生良好的黏合。

只有在满足上述基本条件下，橡胶增韧塑料才能获得显著效果。当满足上述基本条件后，在共混物中橡胶含量、胶粒的尺寸与形态等对共混物性能也有显著的影响。一般说来，随着橡胶含量增加，材料抗冲强度提高，而其他力学性能如模量、抗张强度、抗弯强度、硬度等则下降，加工性能变差。所以，橡胶含量必须适当控制。但在一定的橡胶含量下，当橡胶粒子包裹塑料的量较多时，橡胶相的体积增大，粒子数也会相应增加，有利于提高材料的抗冲强度。

如何有效地控制增韧过程以获得令人满意的增韧效果，取决于良好的分析技术。借助于现代技术能够鉴定由相分离、接枝和交联等形成的复杂结构，采用适当的分析技术对研究结构与性质的关系、改进和发展共混物具有重大意义。当橡胶粒子大到足以用光学显微镜观察时，光学显微法是研究共混体系聚集态结构最简便的方法。相衬显微镜(Phase Contrast Microscope)或干涉显微镜将共混体系中各组分折光指数上的细小差别转变为光密度上的差异，从而可以区分共混体系均相或非均相。若是两相，相衬显微镜还能观察到分散相的形态、尺寸和分布情况。

2. 相衬显微镜的工作原理

XSX－2型相衬生物显微镜如图33－1所示，主要由精密机械和光学系统构成，并可分为如下两个系统。

(1) 成像系统

由两只相同倍率的目镜、左棱镜和右棱镜、转像棱镜、物镜组成。物镜将被检验标本做第一次放大，然后两只相同倍率的目镜再将前一次放大的像作为第二次放大，即为观察标本之物像。棱镜是专为改变光程用的，光束透过显微镜物镜后，经双目镜成像在目镜焦平面上，棱镜使通过的光束偏转30°(相对垂直于光线方向)使其射到胶合镜(由两只直角棱镜胶合而成)上，该胶合棱镜的两交界面镀有半透反射膜。当光束经过镀有半透反射膜棱镜表面时，约有50%的光线透过右棱镜射到右目镜中，另外50%光线折射经过左棱镜射到左目镜中去。本相衬显微镜可用来观察物体中各组分折射率的微小差别，其放大倍数介于50×～1 600×之间，共有9种放大倍率，观察与摄影可同时进行。

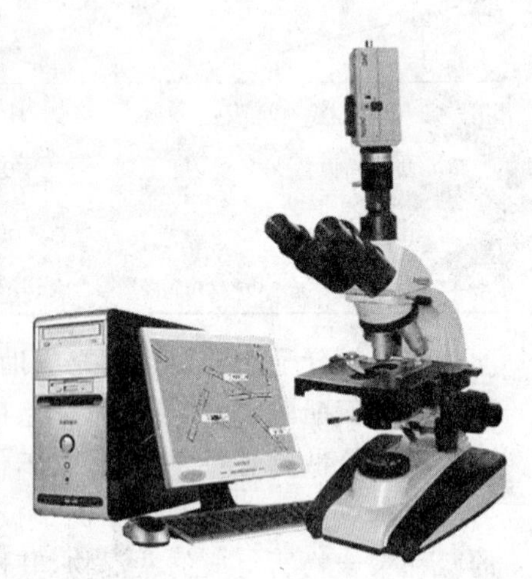

图33－1　XSX－2型相衬生物显微镜结构图

(2) 照明系统

分为自然光照和人工光照两种。在一般观察中，可用自然光照明，由反射镜(平凹反射镜)反射外来光线，经可变光栏导入聚光镜中。外来光线经聚光镜后，聚成光束透射到被检标本上，便于观察。可变光栏用于改变光栏孔径，可适当调节照明亮度，使用不同数值孔径的物镜以便观察时获得清晰的物像。应用相衬及摄影时可用人工照明，由聚光镜和钨卤替代反射镜，同时可以通过平推钮适当改变光照强度，满足观察需要。应用相衬辅助目镜观察时，能够看到环形光阑和相环的影像，并可调节相衬装置有关部分使之套合。

三、仪器与药品

1. 仪器

XSX－2型相衬显微镜[1,2]、普通切片机、200 mm×100 mm×20 mm带盖小盒、吸耳球、载玻片、脱脂棉少许、毛笔、擦镜纸、不锈钢镊子、装有二氯乙烷的滴瓶。

2. 药品

α－ASC共混物一小块(其缺口抗冲强度>10 kg·cm/cm^2)。

四、实验步骤

1. 试样的制备

将共混物α－ASC锯成10 mm×6 mm×5 mm长方体试块,然后用切片机切成薄片,样品厚度在1～5 μm之间[3]。在室温下切片时,通常薄片总是蜷曲的,主要因为在切片过程中引入的扭变所致。此时可将蜷曲的薄片放在载玻片上,滴加数滴二氯乙烷使其完全伸展,待二氯乙烷蒸发后,标样即制成。

2. 相衬显微镜的调节

打开电源,并将亮度调节钮移至适当位置,调节相衬光栏板与物镜相衬环重合。此时可调节微调混花钮及小旋钮,使相衬光栏做平面移动,注意这时在双目镜筒内装入相衬辅助目镜。首先通过调节相衬辅助目镜中的相对位置,使相板成清晰影像,然后再看相板与相衬光栏的重合情况,调好后在另一个目镜中即可观察到相衬效果。

将制备好标样的载玻片置于工作台的中央,用活动夹夹住。调节横向手轮和纵向手轮,将需要观察的标本移至物镜下。转动粗动手轮将活动载物台移至能够看到需要观察的标本影像,再调节微动手轮便可获得清晰的物像。

光亮度的选择:调节相衬升降手轮,将相衬装置调至适当位置,调节可变光栏并改变其孔径以获得最好的光照条件,便于观察清晰的物像。根据光源情况和观察的需要,实验室备有淡黄、淡绿、淡蓝滤色片和毛玻片。可以根据光源的光亮度和观察效果,选择不同光泽的滤色片。如果用低倍物镜观察液体及用高倍物镜观察标本时,当感到光源太强时,可装上毛玻片,获得暗淡的光线。调节横向移动手轮和纵向移动手轮使活动载物台和试样进行前后、左右移动,将所需观察的标本移至衬场中心观察,然后拨动物镜转换器,转换高倍物镜或油浸物镜进行观察。用油浸物镜观察时,需在试样观察处加注香柏油,但物镜不得接触试样薄片。当能看到被观察物体的影像时,调节微动手轮,即可看到清晰的物像。

测试完毕后,可调粗动手轮将活动载物台下降到底,将亮度调节钮向后推,移到最小亮度处,再关上电源开关。切断电源,取下载玻片,罩好仪器罩子。

如需摄影时,尤其是高倍摄影时,由于各人视力不一,首先必须调节取景目镜视度圈,直至清楚观察到分划板影像,并同时观察到试样影像。拉出摄影变换拉杆,影像成像于DF摄影底片上,此时按照影像的明暗选择适当的曝光时间,即可拍得所观察到的标本影像。

【注释】

[1] 仪器规格

(1) 机械筒长:(160±1)mm。

(2) 物镜

序号	形式	放大倍数	数值孔径	系统	工作距离
1	相衬平场消色差	XC・PC10×	0.25	干	2.8
2		XC・PC40×	0.65		0.15
3		XC・PC100×	1.25	油	0.1

(3) 目镜

序号	放大倍数	视场直径
1	5×	ϕ20
2	10×	ϕ16
3	16×	ϕ11

(4) 双目生物显微镜总的放大倍数 1 600× 即目镜放大倍数乘双目镜放大倍数(放大倍数 1×)乘物镜放大倍数

物镜 总放大倍数 目镜	PC10×	PC40×	PC100×
(5×)×(1×)	50×	200×	500×
(10×)×(1×)	100×	400×	1000×
(16×)×(1×)	160×	640×	1600×

(5) a. 聚光镜为二透镜阿贝式 NA=1.2,并带有可变光栏;b. 相衬聚光镜 A=0.9。

(6) 工作台升降距离范围 20 mm。

(7) 微动调焦范围 20 mm,手轮转动一周的升降值为 0.2 mm,格值为 0.002 mm。

(8) 工作台面积(1 261×148)mm^2,切片移动范围:横向 $X=\pm 31$ mm,纵向 $Y=\pm 14$ mm。

(9) 反射镜直径 50 mm,一面为平面镜,一面为凹面镜。

(10) DF 相机。

[2] XSX-2 型相衬生物显微镜的保养

(1) 保养与一般光学仪器相同,应放置在阴凉、干燥、无灰尘、无酸碱和蒸汽的地方,不用时用罩子罩好。

(2) 所有镜头均经校验不得自行拆开,镜面上如有污秽,可用脱脂棉稍沾二甲苯溶液轻轻揩拭。如用乙醇,则不得让乙醇渗入物镜内部,以防酒精溶解透镜胶。镜面上的灰尘可用吸耳球吹去或用干净的毛笔轻轻拭去(或用擦镜纸)。清洁机械部分及涂无腐蚀润滑剂和油时,特别注意不要碰到光学零件,尤其是物镜。

(3) 物镜、目镜使用完毕,应装入镜头盒内,将目镜筒盖罩在镜筒上,以防灰尘。100× 物镜使用完毕,立即用细软布、脱脂棉或擦镜纸沾二甲苯将油擦净。

(4) 摄影机身不用时应卸下,装上镜头保存。

[3] 因为试样越薄,透明度越好,只有透明的试样才能用透射相衬显微镜来观察。如果试样是半透明的,观察就很困难。

五、思考题

(1) 通过聚合物共混理论解释“海-岛结构”现象。

(2) 加入助溶剂或低分子化合物的作用是什么?试举几个简单例子说明。

(3) 共混物中橡胶含量、胶粒的尺寸与形态等对共混物的性能有何影响?阐述其理由。

第十章　聚合物的力学性能

实验 34　聚合物温度-形变曲线的测定

一、实验目的

(1) 掌握测定聚合物温度-形变曲线的方法。

(2) 测定聚合物的玻璃化温度 T_g、黏流温度 T_f，加深对线型非晶态聚合物的三种力学状态的认识。

二、实验原理

在聚合物试样上施加恒定荷载，随着温度升高或降低，试样形变相应增加或降低，将形变对温度作图，所得的曲线通常称为温度-形变曲线，又称为热机械曲线。本方法的突出优点是测量所需仪器简单、测量手续简便、费时不多。

聚合物材料的力学性质取决于分子内部不同结构单元的运动方式，测定温度-形变曲线是研究聚合物力学性质的一种重要方法。聚合物的许多结构因素，包括化学结构、分子量、结晶、交联、增塑和老化等，都会在其温度-形变曲线上有明显的反映。因而测定温度-形变曲线，不仅可以提供许多关于聚合物试样内部结构的信息，了解聚合物分子运动与力学性能的关系，还可分析聚合物的结构形态，如结晶、交联、增塑、分子量等；而且可以得到聚合物的特性转变温度，例如玻璃化温度 T_g、黏流温度 T_f和熔点 T_m等，对于评价被测试样的使用性能、确定适用温度范围和选择加工条件具有重要的实用意义。

高分子运动单元具有多重性，包括原子和基团以及键长、键角的运动、链段和分子链的运动，它们的运动又具有不同的温度依赖性。在不同的温度下，外力恒定时，高分子链能够体现不同的运动方式，使得聚合物材料呈现出完全不同的力学特征。对于线形非晶态聚合物有三种不同的力学状态：玻璃态、高弹态、黏流态。在低温下，高分子链和链段的运动被“冻结”，外力的作用只能引起高分子键长和键角的变化，因此聚合物的弹性模量大，形变-应力的关系服从胡克定律，其机械性能与玻璃相似，表现出硬而脆的物理机械性质，聚合物处于玻璃态。在玻璃态温度区间内，聚合物的力学性质变化不大，在温度-形变曲线上，玻璃态区是接近横坐标的斜率很小的一段直线，如图 34－1 所示。随着温度的上升，分子热运动能量逐渐增加，温度到达玻璃化转变温度 T_g后，分子运动能量已经足以克服链段运动所需克服的位垒，链段开始运动，这时聚合物的弹性模量骤降，形变量增大，表现为柔软而富于弹性的高弹体，聚合物进入高弹态，温度-形变曲线急剧向上弯曲，随后基本维持在一“平台”上。温度进一步升高至黏流温度 T_f，整个高分子链能够在外力作用下发生滑移，聚合物进入黏流态成为可以流动的黏液，产生不可逆的永久形变，在温度-形变曲线上表现为形变急剧增加，曲线向上弯曲。玻璃态与高弹态之间的转变温度就是玻璃化温度 T_g，高弹态与黏流态之间的转变温度就是黏流温度 T_f。前者是塑料的使用温度上限、橡胶类材料的使用温度下限，后者是非晶态高聚物成型加工温度的下限。

并不是所有非晶态高聚物都一定具有三种力学状态，如聚丙烯腈的分解温度低于黏流温度而不存在黏流态。结晶、交联、添加增塑剂都会使得 T_g、T_f发生相应的变化。非晶态高聚物的分子量增加会导致分子链相互滑移困难、松弛时间增长、高弹态平台变宽和黏流温度增高。

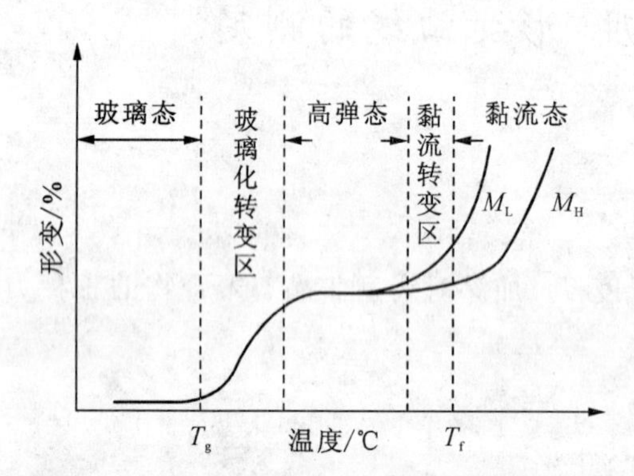

图 34－1 非晶态线形高聚物的温度-形变曲线

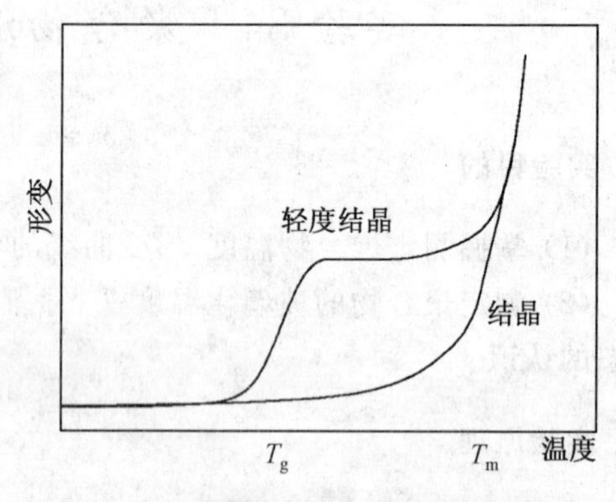

图 34－2 结晶聚合物的温度-形变曲线

图 34－2 是结晶聚合物材料的温度-形变曲线。在结晶聚合物的晶区，高分子受晶格的束缚，链段和分子链都不能运动，当结晶度足够高时试样的弹性模量很大，在一定外力作用下的形变量小，其温度-形变曲线在结晶熔融之前是斜率很小的一段直线；当温度升高到结晶熔融时，晶格瓦解，分子链和链段都突然活动起来，聚合物直接进入黏流态，形变急剧增大，曲线突然转折向上弯曲。

交联高聚物的分子链由于交联不能够相互滑移，不存在黏流态。轻度交联的聚合物由于网络间的链段仍可以运动，因此存在高弹态和玻璃态。高度交联的热固性塑料则只存在玻璃态一种力学状态。增塑剂的加入使高聚物分子间的作用力减小，分子间运动空间增大，导致样品的 T_g和 T_f都下降。

由于力学状态的改变是一个松弛过程，因此 T_g、T_f往往随测定方法和测定条件的不同而改变。例如，测定同一种试样的温度-形变曲线时，所用荷重的大小和升温速度不同，测得的 T_g和 T_f不一样。随着荷重增加，T_g和 T_f将降低；随着升温速率增大，T_g和 T_f都向高温方向移动。为了比较多次测量所得的结果，必须采用相同的测试条件。

三、仪器与药品

1. 仪器

RJY－1P 型热机械检测仪系上海精密科学仪器有限公司天平仪器厂制造，主要由主机、机械检测单元、温度控制单元、可控硅加热单元和计算机数据处理系统五部分组成，如图 34－3 所示。

RJY－1P 型热机械检测仪工作原理：当试样发生形变时，RJY－1P 的机械检测部分通过差动变压器检测位移系统使形变转变成电压信号，经放大后，送入计算机记录其形变 ΔL 曲线。同时，可将形变 ΔL 的电压信号经微分器得到 $\mathrm{d}\Delta L/\mathrm{d}t$，送入计算机记录形变速率曲线。测试温度由控温部分控制，由数字程序信号发生器发出的毫伏电压信号与加热炉中炉温相应毫伏电势相比较，经偏差放大器、PID调节器、可控硅控制器等控制电炉的炉丝，调整电阻炉的加热电压，使热电偶电势始终紧跟数字程序信号，消除偏差，以达到按给定的速率升温、降温、恒温等目的。

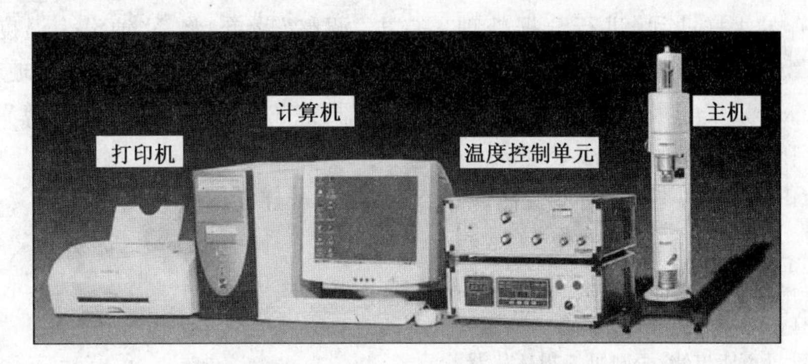

图34－3　RJY－1P型热机械检测仪

2. 实验样品

试样要求两面平行、表面光滑、无裂纹、无气泡；圆柱形样品：直径为(4.5±0.5)mm，高度L为(6±10)mm；正方柱形样品$a\times b\times L$(mm)：(4.5±0.5)×(4.5±0.5)×(6.0±1.0)。本实验选用PMMA或PS为测试样品，试样可直接从制件中截取，若为粉末或粒状则需用油压机压样。

四、实验步骤

(1) 依次开启计算机、微机温度控制单元、机械检测单元、数据站接口单元的电源，预热仪器15 min以上。

(2) 检查各单元工作准备状态及旋钮设置。

① 微机温控单元。SV显示0－stop为正常，否则按stop手控键。

② 机械检测单元。选择测试量程旋钮置于"±1 000 μm"，检测旋钮置于"出4"，微分量程旋钮置于"5"，滤波旋钮置于"中"。

(3) 准备测试样品[1]。

样品剪成长宽分别为7 mm左右的平整样片，小心放在样品架上，可用平整的锡箔将样品与石英探头隔离。选择适当负荷，将石英探头压在样片上，放好热电偶，均匀用力托起电炉，使样品置于电炉中央。

(4) 调节主机右侧机械调零旋钮，使数据站接口单元显示值在0附近。

(5) 打开温控软件(Balance)，单击温度程序，进行参数设置[2]。

根据样品性质分别设置初始温度、终止温度及升温速率，升温速率控制在(1.2±0.5)℃/min。最后一步温控程序(降温段)，时间设为－121。温度程序设置结束，单击完成、确定。单击数据采集菜单，设起始段为1。点击最小化。

(6) 打开图像监控软件(TMA12)，单击采样菜单，进行采样参数设置。

量程设置与机械检测单元设置保持一致，温度范围设置必须在程序温度设置范围之间，升温速率与程序温度设置保持一致。设置结束，单击确认。按红色电炉电源按钮开启电炉，必要时打开冷凝水。然后点击温控软件中的RUN按钮，实验开始。

(7) 数据采集完毕，单击存盘返回。

(8) 实验结束后，关闭电炉开关，待温度降至室温附近，取出样品。

(9) 数据处理。

打开保存的采样曲线，进行数据处理。点击"调整"菜单，将 X 轴设为温度。点击"视图"菜单，将微分曲线去掉，并选择"采样参数信息"。点击"处理"菜单，选择"玻璃化转变温度"，移动游标分别置于玻璃化转变的起点和终点，再点击"处理"菜单的"计算"，将 T_g 值计算出来。T_m 和 T_f 可按同样方法处理。

点击打印图标即可将温度-形变曲线、处理结果及采样参数打印出来。

【注释】

[1] 装载样品时下方放一片锡箔纸，以防样品落入炉中。

[2] 参数设置不能出错，否则可能损坏仪器。

五、思考题

(1) 典型的线形非晶态聚合物的三种力学状态指的是什么？

(2) 玻璃化转变时的分子运动机制是什么？

(3) 增大升温速率，聚合物的 T_g 和 T_f 变化的一般规律是什么？

实验35 聚合物拉伸强度和断裂伸长率的测定

一、实验目的

(1) 熟悉高分子材料拉伸性能测试标准条件和测试原理。

(2) 掌握测定聚合物拉伸强度和断裂伸长率的测定方法。

(3) 考察拉伸速度对聚合物力学性能的影响。

二、实验原理

拉伸实验是在规定的实验温度、实验速度和湿度条件下，对标准试样沿其纵轴方向施加拉伸载荷，直到试样被拉断为止，可以获得聚合物的拉伸强度和断裂伸长率。典型的玻璃态聚合物拉伸应力-应变曲线如图35-1所示，随着应力的增加，曲线的起始阶段是一段直线，应力与应变成正比，试样表现出胡克弹性体的行为。在这段范围内停止拉伸，移除外力，产生的形变将立刻完全回复，从这段直线的斜率可以计算出试样的杨氏模量（式35-1）。这段线性区对应的应变一般不超过百分之十，这种高模量、小形变的弹性行为是由高分子的键长、键角变化引起的。随着拉伸的进行，在应力-应变曲线上出现一个转折点 Y，称为屈服点，应力在 Y 点达到一个极大值，称

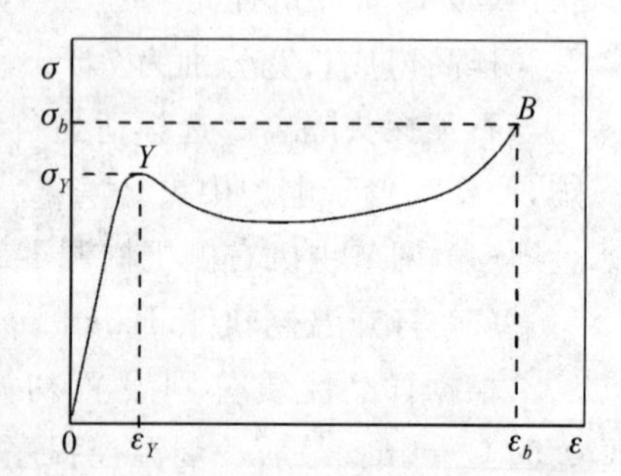

图35-1 典型的玻璃态聚合物拉伸应力-应变曲线

为屈服应力 σ_Y。过了 Y 点,应力降低且试样应变增大,之后试样在不增加外力或外力增加不大的情况下发生很大的应变,此时除去外力,试样的大形变无法回复。若将试样温度升高至玻璃化转变温度附近,该形变能够回复。显然,这种在强外力作用下产生的大形变是链段运动造成的,被称为强迫高弹形变。在后一阶段,曲线又出现明显的上升,称之为应变硬化,这是由于分子链在外力作用下取向排列,使材料强度进一步提高。拉伸至最后发生断裂,断裂点 B 的应力称为断裂应力 σ_b,对应的应变称为断裂伸长率 ε_b。

$$E = \frac{\sigma}{\varepsilon} = \frac{FL_0}{A_0(L - L_0)} \tag{35-1}$$

$$\varepsilon = \frac{L - L_0}{L_0} \tag{35-2}$$

$$\sigma = \frac{F}{A_0} \tag{35-3}$$

式中:ε 为伸长率即应变;σ 为应力(Pa);L 为样品某时刻的伸长(m);L_0 为试样的初始长度(m);A_0 为试样的初始横截面积(m^2);F 为拉伸力(牛顿);E 为拉伸模量(Pa)。

有合适的样品架或可设法固定住的聚合物都可进行本实验。将已知长度和横截面积的样品,夹在两个夹具之间,以恒速拉伸样品至断裂,测定应力随伸长的变化。分析在不同应变速度时测定的数据,可以了解材料的强度、韧性及其极限性能。万能电子拉力试验机主体结构如图 35-2 所示。

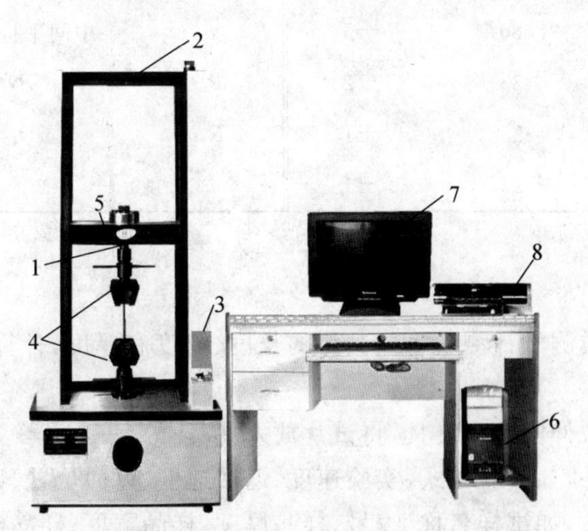

1-传感器;2-主架;3-横梁控制器;4-夹具;5-横梁;6-电脑主机;7-显示屏;8-打印机

图 35-2 万能电子拉力试验机主体结构示意图

塑料属于黏弹材料,其应力松弛过程与变形速率密切相关,应力松弛需要一个时间过程。当低速拉伸时,分子链来得及位移、重排,呈现韧性行为,表现为拉伸强度减少,而断裂伸长率增大。当高速拉伸时,高分子链段的运动跟不上外力作用速度,呈现脆性行为,表现为拉伸强度增加,断裂伸长率减少。由于塑料品种繁多,不同品种的塑料对拉伸速度的敏感程度不同。硬而脆的塑料对拉伸比较敏感,一般采用较低的拉伸速度。韧性塑料对拉伸速度的敏感性较小,一般采用较高的拉伸速度。

三、仪器与药品

1. 仪器

WinWdw 微机控制电子万能试验机(济南试金集团有限公司)、游标卡尺、直尺。

2. 实验样品

将聚合物片材经哑铃型切刀作用,切割成哑铃型试样,制备 5 块同样的样品,测量每个样品的各尺寸,如图 35-3,表 35-1 所示。

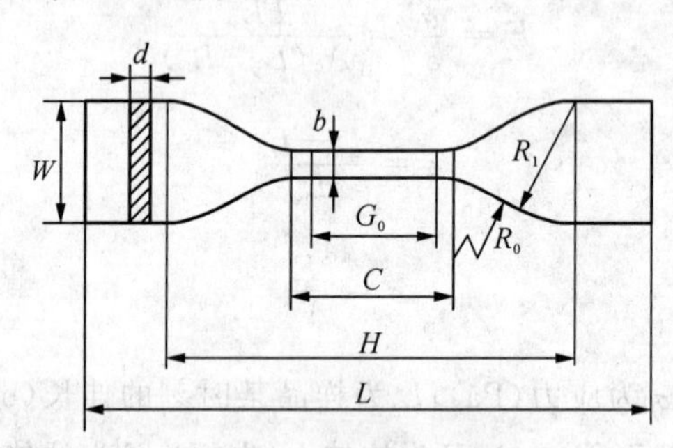

图 35-3 试样尺寸标注

表 35-1 试样尺寸要求

名称	尺寸/mm	公差/mm	符号	名称	尺寸/mm
总长(最小)	115	—	d	厚度	2.0±0.2
夹具间距	80	±5	b	中间平行部分宽度	6
中间平行部分长度	33	±2	R_0	小半径	14
标距(或有效部分)	25	±1	R_1	大半径	25
端部宽度	25	±1			

四、实验步骤

(1) 用游标卡尺或测微计测量每块试片的长度、宽度和厚度,计算横截面最小处的截面积并将数值记录。

(2) 调换和安装拉伸实验用夹具,将试片放入夹具[1]。

(3) 设定实验条件,如实验方式、实验速度、返回速度、返回位置、记录方式等。

(4) 键入试样参数,如试样名称、编号、样品厚度、样品宽度、样品标定线间距。

(5) 检查屏幕显示的实验条件、试样参数,如有不适合之处可以修改。确认无误后,开始实验。横梁以恒定的速度开始移动,同时数据采集系统也开始工作,扫描出载荷-伸长率曲线。仔细观察试样在拉伸过程中的变化,直到拉断为止[2]。

(6) 重复步骤(2)~(5),实验其余试样。

(7) 改变拉伸速度,每种速度都重复步骤(2)~(6)。

【注释】

[1] 在夹紧试样时,必须注意力度和平衡,防止试样变形和受损。

[2] 试样断裂后，如果机器还处于拉伸运动状态，必须手动停止。

五、思考题

(1) 本实验过程中，要注意哪些问题？

(2) 改变试样的拉伸速度，对实验结果将产生什么影响？

(3) 如果测定线性聚乙烯和支化聚乙烯，可从哪些方面分析它们之间的性能差异？

实验 36 聚合物弯曲强度的测定

一、实验目的

(1) 了解聚合物材料弯曲强度的意义和测试方法。

(2) 掌握用电子拉力机测试聚合物材料弯曲性能的实验技术。

二、实验原理

弯曲是试样在弯曲应力作用下的形变行为。弯曲负载所产生的应力是压缩应力和拉伸应力的组合，其作用情况如图 36-1 所示。表征弯曲形变行为的指标有弯曲应力、弯曲强度、弯曲模量及挠度等。

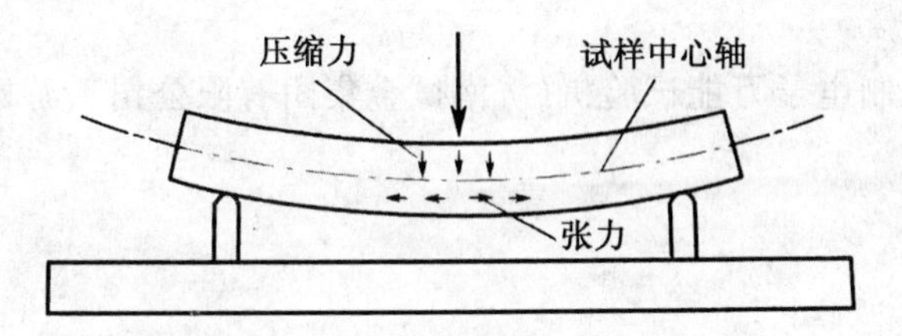

图 36-1 支梁在外力作用下的弯曲情况

弯曲强度 σ_f，也称挠曲强度（单位 MPa），是试样在弯曲负荷下破裂或达到规定挠度时所能承受的最大应力。挠度 s 是指试样弯曲过程中，试样跨度中心的顶面或底面偏离原始位置的距离（mm）。弯曲应变 ε_f 是试样跨度中心外表面上单位长度的微量变化，用无量纲的比值或百分数表示。挠度和应变的关系为：

$$s = \varepsilon_f L^2 / 6h \qquad (36-1)$$

式中：L 是试样的跨度，h 是试样的厚度。

当试样弯曲形变产生断裂时，材料的极限弯曲强度就是弯曲强度。但是，有些聚合物即使发生很大的形变时，也不发生破坏或断裂，这样就不能测定其极限弯曲强度。这种情况下，通常是以试样外围最大应变达到 5%时的应力作为弯曲屈服强度。

一般工程塑料、电绝缘材料和层压材料的弯曲性能测定可采用三点弯曲或四点弯曲两种方法。三点弯曲是在一个简支梁上施加一个中心负载，一个横截面为矩形或圆形的试样放置在两个规定距离的支座上，利用位于中间的压头来加载，如图 36-2 所示。

四点弯曲方法如图 36-3 所示，四点弯曲实验体系中有两个负载点，负载点的距离及各负载点与邻近支座的距离相等，均为跨距的 1/3。

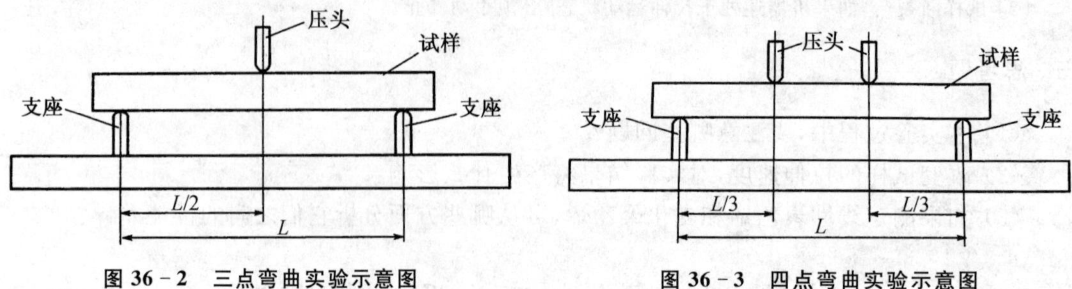

图 36－2　三点弯曲实验示意图　　　　图 36－3　四点弯曲实验示意图

影响弯曲性能测试结果的主要因素包括以下几个方面：

(1) 试样尺寸和加工。试样的厚度和宽度都与弯曲强度和挠度有关。

(2) 加载压头半径和支座表面半径。如果加载压头半径很小，容易对试样引起较大的剪切力，从而影响弯曲强度。支座表面半径会影响试样跨度的准确性。

(3) 应变速率。弯曲强度与应变速率有关，应变速率较低时，试样弯曲强度也偏低。

(4) 实验跨度。当跨厚比增大时，各种材料均表现剪切力降低。可见增大跨厚比可减少剪切应力，使三点弯曲实验更接近纯弯曲。

(5) 温度。就同一种材料来说，屈服强度受温度的影响比脆性强度的大。

三、仪器与药品

1. 仪器

WinWdw 微机控制电子万能试验机(济南试金集团有限公司)、游标卡尺。

2. 药品

聚合物片材。

四、实验步骤

1. 试样的制备

弯曲实验所用试样是矩形片材或圆形棒材，可以从片材或棒材上切割截取，或者用模塑加工制备。常用试样尺寸为长 80 mm、宽 10 mm、厚 4 mm(GB/T 9341—1800)，每组试样应不少于 5 个。实验前，需对试样的外观进行检查，试样应表面平整，无气泡、裂纹、分层和机械损伤等缺陷。另外在测试前应将试样在测试环境中放置一定时间，使试样与测试环境达到平衡。

取合格的试样进行编号，在试样中间的 1/3 跨度内任意取 3 点测量试样的宽度和厚度，取其算术平均值。试样尺寸小于或等于 10 mm 时，精确到 0.02 mm；大于 10 mm 时，精确到 0.05 mm。

2. 测试步骤

(1) 开启计算机，接通试验机电源，预热 30 min。

(2) 安装三点弯曲支座，调整跨度 L 和加载压头的位置，准确到 0.5%。加载压头位于支座中间。跨度设定可根据试样厚度 h 换算确定，公式为：$L=(16\pm1)h$。

(3) 设定实验条件。例如，实验方式、实验速度、返回速度、返回位置、记录方式、传感器容量等。

(4) 键入试样参数。例如，试样名称、编号、样品厚度、样品宽度，跨距。

（5）检查屏幕显示的实验条件、试样参数，如有不适合之处可以修改。确认无误后，开始实验。横梁以恒定的速度开始移动，同时数据采集系统也开始工作，扫描出载荷-位移曲线。仔细观察试样在弯曲过程中的变化，直至断裂为止[1]。

（6）重复(2)～(5)，实验其余试样。

（7）调整弯曲速率，每种速率都重复以上步骤。

【注释】

[1] 若试样断裂后横梁仍继续下行，必须手动停止仪器。

五、思考题

（1）试样尺寸对实验结果有何影响？

（2）在弯曲实验中，如何测定和计算弯曲模量？

（3）分析弯曲速率对实验结果的影响。

实验37　聚合物冲击强度的测定

一、实验目的

（1）了解聚合物的冲击性能测试的原理，掌握摆锤式冲击实验机操作方法。

（2）测定聚合物的冲击强度，了解其对制品使用的重要性。

（3）掌握实验结果处理方法，了解测试条件对测定结果的影响。

二、实验原理

冲击强度(Impact Strength)是高聚物材料的一项非常重要的力学指标。它是指某一标准样品在每秒数米乃至数万米的高速形变下，在极短的负载时间内所表现出的破坏强度，或者说是材料对高速冲击断裂的抵抗能力，也称为材料的韧性。近年来高聚物材料力学改性方面的研究非常活跃，其中一个主要的研究目的是如何增加材料的冲击强度，即材料的增韧。因此冲击强度的测量无论在研究工作还是在工业应用中都是不可缺少的。冲击强度可用下列几种方法进行测定：摆锤式冲击弯曲实验、落球式冲击实验、高速拉伸冲击实验。

摆锤式冲击弯曲实验是让重锥摆动冲击试样，测量摆锤冲断试样消耗的功。根据试样的安装方式，可分为简支梁型和悬臂梁型。简支梁型冲击实验是将试样两端固定，摆锤打击试样的中央；悬臂梁型冲击实验则是将试样一端固定，摆锤打击有缺口的悬臂梁试样的自由端。摆锤式冲击实验破坏试样所需的能量实际上无法精确测定，实验所测得的除了产生裂缝所需的能量及使裂缝扩展到整个试样所滞的能量以外，还要加上使材料发生永久形变的能量和把断裂的试样碎片抛出去的能量。把断裂试样碎片抛出的能量与材料的韧性完全无关，但它却占据了所测总能量中的一部分。实验证明，对同一跨度的实验，试样越厚，消耗在碎片抛出的能量越大，所以不同尺寸试样的实验结果不好相互比较。由于摆锤式实验方法简单方便，所以在材料质量控制、筛选等方面使用较多。

落球式冲击实验是把球、标准的重锤或投掷枪由已知高度落在试棒或试片上，测定使试棒或试片刚刚破裂所需能量的一种方法。与摆锤式实验相比，这种方法与实验结果有很好的相关性。但缺点是如果要将某种材料与其他材料进行比较，以及需要改变重球质量或落下高度则十分不方便。

评价材料的冲击强度最好的实验方法是高速应力-应变实验。应力-应变曲线下方的面积与使材料破坏所需的能量成正比。如果实验是以相当高的速度进行，这个面积就变成与冲击强度相等。

我国经常使用的是简支梁型摆锤冲击实验方法，所测得的冲击强度是指试样破裂时单位面积上所消耗的能量。该方法工作原理如图 37－1 所示，把摆锤从垂直位置挂于机架的扬臂上以后，此时扬角为 α，摆锤便获得了一定的位能；当摆锤自由落下，则此位能转化为动能将试样冲断；冲断以后，摆锤以剩余能量升到某一高度，升角为 β。

在整个冲击实验过程中，按照能量守恒定律，可写出下式：

$$A = n(h_0 - h) = 9.8\,mL(\cos\beta - \cos\alpha) \tag{37-1}$$

式中：m 是冲击摆摆锤质量，kg；α、β 是分别为冲击摆摆锤冲击试样前的扬角和冲断试样后的升角，°；L 是冲击摆摆长，m；A 是冲断试样所消耗的功，J。

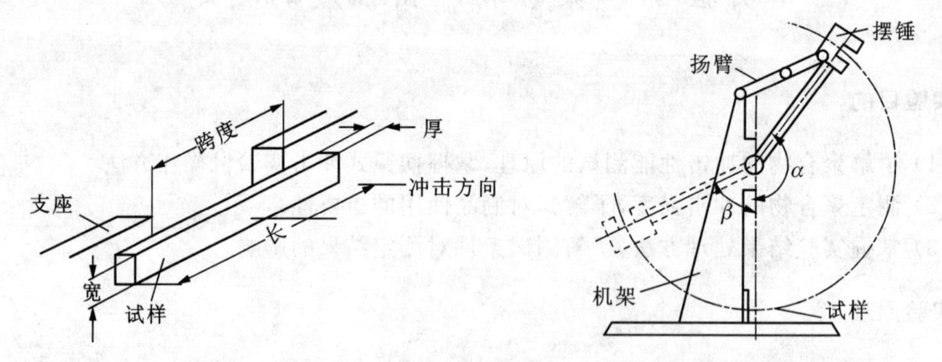

图 37－1　摆锤式冲击实验机工作原理

式(37－1)中除 β 外，其余的均为已知数。故根据摆锤冲断试样后的升角 β 的大小，即可绘制出读数盘，由读数盘可以直接读出冲断试样时所消耗的功。

所消耗的功除以试样的横截面积，即为材料的冲击强度，按下式计算：

$$\sigma_1 = \frac{A}{bd} \tag{37-2}$$

式中：b 是试样宽度，m；d 是试样厚度，m；σ_1 是冲击强度，kJ/m^2。

缺口试样冲击强度 σ_1 可按下式计算：

$$\sigma_1 = \frac{A}{bd_1} \tag{37-3}$$

式中：d_1 是缺口试样剩余宽度，m；A、b 含义同前。

三、仪器与药品

1. 仪器

简支梁式冲击实验机(其基本构造有三部分：机架部分、摆锤冲击部分和指示部分，如图

37－2所示)、卡尺。

2. 药品

试样尺寸:(120±1)mm×(15.0±0.2)mm×(10.0±0.2)mm;

脆性材料:PS或酚醛树脂;非脆性材料:PE;

试样要求:表面平整,无气泡、裂纹、分层、伤痕等缺陷。

缺口试样:缺口深度为试样厚度的1/3,缺口宽度为(2.0±0.2) mm。

每组试样不少于5个。

长120 mm的试样,其跨度要求为70 mm。

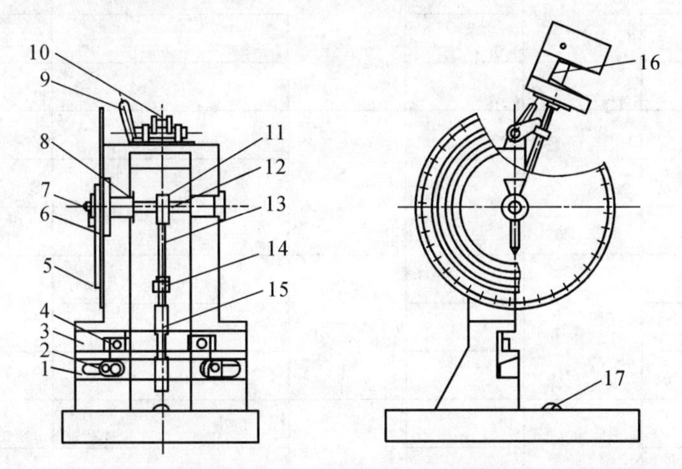

1－固定支座;2－紧固螺钉;3－活动试样支座;4－支承刀刃;5－被动指针;6－主动指针;7－螺母;8－摆轴;9－搬动手柄;10－挂钩;11－紧固螺钉;12－连接套;13－摆杆;14－调整套;15－摆体;16－冲击刀刃;17－水准泡

图37－2　冲击实验机

四、实验步骤

(1) 熟悉设备,检查机座是否水平。

(2) 用卡尺测量试样中间部位的宽度、厚度,缺口试样则测量缺口处的剩余厚度,准确至0.02 mm,测量三点,取其平均值。

(3) 根据试样类型调整好试样支撑线距离。

(4) 根据试样断裂所需能量大小选择摆锤,使试样破裂所需要的能量介于摆锤总能量的10%～85%区间内。

(5) 检查并调节实验机零点,将摆锤举起卡好,使其自由落下。观察指针是否从最大刻度旋至零点,如不在零点,则将勾环旋转相应的角度,直至调好为止,然后将摆锤举起卡好[1]。

(6) 将试样面贴紧在直角支座的垂直面上,缺口背向摆锤,缺口位置与摆锤对准。

(7) 将指针拨至右边的满量程位置。

(8) 扳动手柄抓钩,放松摆锤,使其自由下落,将试样冲断时,指针所指数值即为A值,把读数记录在表37－1中[2]。

(9) 按公式计算每个试样的冲击强度,并取其算数平均值。

【注释】

[1] 摆锤举起后,人体各部分都不要伸到重锤下面及摆锤起始处。冲击实验时,人员避开摆锤运动方向位置,避免样条碎块伤人。

[2] 扳手柄时,缓和用力,切忌过猛。

表 37-1 实验数据记录表

试样________;日期________;温度________;湿度________

编号	宽度 b/mm		厚度 d/mm		消耗能量 A/J	冲击强度 σ_1/kJ/m^2
1						
2						
3						
4						
5						
平均						

五、思考题

(1) 影响冲击强度实验的因素有哪些?

(2) 正置缺口和反置缺口冲击的区别是什么?如何确定采用何种方式进行冲击实验?

实验 38 聚合物蠕变性能的测定

一、实验目的

(1) 明确聚合物蠕变的概念。

(2) 熟悉聚合物蠕变性能测试原理。

(3) 了解测试条件对聚合物蠕变性能测定结果的影响。

二、实验原理

所谓蠕变，就是在一定温度和较小的恒定外力（拉力、压力或扭力等）作用下，材料的形变随时间的增加而逐渐增大的现象。图 38－1 就是描绘这一过程的蠕变曲线，t_1 是加荷时间，t_2 是释荷时间。

从分子运动和变化的角度来看，蠕变过程包括下面三种形变：当高分子材料受到外力作用时，分子链内部键长和键角立刻发生变化，这种形变量是很小的，称为普弹形变 ε_1。当分子链通过链段运动逐渐伸展发生的形变，称为高弹形变 ε_2。如果分子间没有化学交联，线形高分子间会发生相对滑移，称为黏性流动 ε_3，这种流动与材料的本体黏度 η_3 有关。在玻璃化温度以下链段运动的松弛时间很长，分子之间的内摩擦阻力很大，主要发生普弹形变。在玻璃化温度以上，主要发生普弹形变和高弹形变。当温度升高到材料的黏流温度以上，上述三种形变都比较显著。由于黏性流动是不能回复的，因此对于线形高聚物来说，当外力除去后会留下一部分不能回复的形变，称为永久形变。

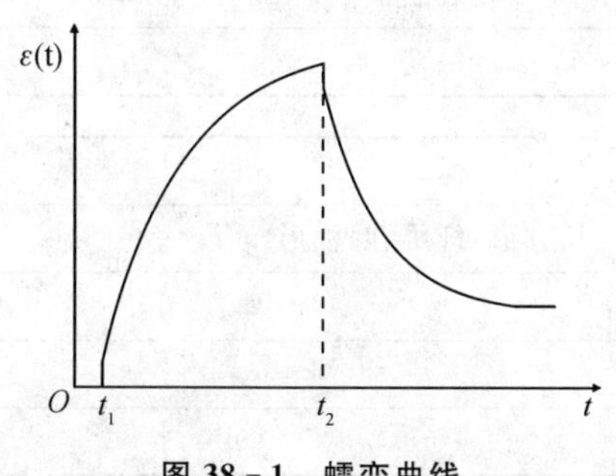

图 38－1　蠕变曲线

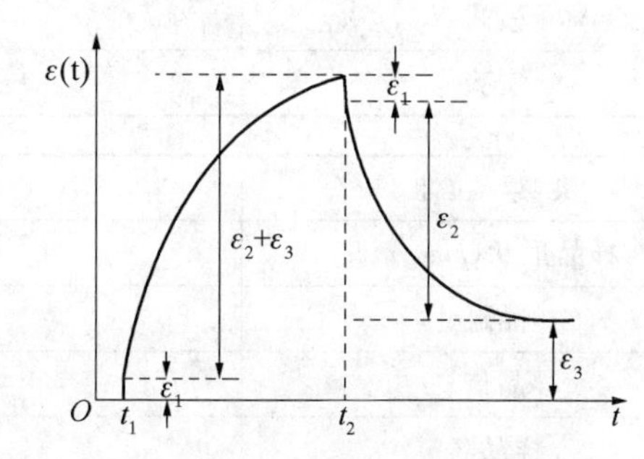

图 38－2　线形聚合物的蠕变曲线

图 38－2 是线形聚合物在玻璃化温度以上的蠕变曲线和回复曲线，曲线图上标出了各部分形变的情况。只要加荷时间比聚合物的松弛时间长得多，则在加荷期间高弹形变已充分发展，达到平衡高弹形变，因而蠕变曲线图的最后部分可以认为是纯粹的黏流形变，这部分形变是不能回复的。

蠕变与温度高低和外力大小有关。温度过低，外力太小，蠕变很小而且很慢，在短时间内不易觉察；温度过高、外力过大，形变发展过快，也感觉不出蠕变现象；只有在适当的外力作用下，通常温度稍高于聚合物的玻璃化转变温度，链段在外力作用下可以运动，但运动时受到的内摩擦力又较大，只能缓慢运动，则可观察到较明显的蠕变现象。

三、仪器与药品

1. 仪器

动态力学分析仪（DMA），美国 TA 公司，型号 Q 800。

仪器主要参数：

炉温范围：－150℃～600℃（设置温度禁止超过材料熔点）；

升温速率：0.1℃/min～20℃/min（400℃后，升温速率为 25℃/min）；

降温速率：0.1℃/min～20℃/min；

预加力：0.001～18 N；

振幅：0.5～10 000 μm；

频率范围：1.0×10^{-2}～200 Hz。

2. 药品

聚乳酸(PLA)(玻璃化温度 65℃，熔融温度 165℃，密度 1.25 g/cm^3)

将聚乳酸(PLA)原料(颗粒状)在 80℃真空干燥 12 h，采用压制法成型制备厚度为 0.5～2 mm 的薄片。用刀将薄膜裁成宽 3～6 mm、长 20～30 mm 的试条备用。

四、实验步骤

(1) 接通 DMA 电源，开启电脑和动态力学分析仪主机，预热 10 min[1]。

(2) 双击电脑屏幕上的 TA Instrument 应用软件图标，这时显示 Q800 图标。

(3) 双击 Q800 图标，显示摘要和过程等内容，根据要求填写各项信息。

摘要

模式	蠕变
实验	蠕变

夹具　拉伸	薄膜
样品形状(l,w,t)	长方形：纤维、圆柱形
样品尺寸	长：　　宽：　　厚：
样品信息	
样品名	

过程

预加力	N
应力	N
恒温温度	℃
恒温时间	min
蠕变时间	min
恢复时间	min

(4) 当实验步骤(3)完成之后，点击开始。

(5) 实验结束后，卸下全部的夹具及样品，打印谱图，并关闭软件和计算机，最后关闭 DMA 电源。

【注释】

[1] 每次重新开机进行实验之前需进行力、位置和夹具三项校正。

五、思考题

(1) 如何通过蠕变实验测定聚合物的本体黏度？

(2) 简述聚合物蠕变过程中的分子运动机制。

(3) 能够反映聚合物蠕变过程的现象和实验有哪些?

实验 39　橡胶拉伸应力松弛实验

一、实验目的

(1) 掌握聚合物应力松弛的分子运动机制。

(2) 熟悉聚合物应力松弛的实验方法。

(3) 了解聚合物应力松弛过程的影响因素。

二、实验原理

聚合物的力学性质随时间的变化统称为力学松弛。根据聚合物受力情况的不同,可以观察到不同的力学松弛现象,如蠕变、应力松弛、滞后和力学损耗等。应力松弛是指聚合物试样在恒定温度和形变保持不变的情况下,聚合物内部的应力随时间的增加而逐渐衰减的现象。例如,拉伸一块未交联的橡胶至一定长度并保持长度不变,橡胶的回弹力会随着时间的延长而衰减。当时间足够长时,回弹力可以减小至零(如图 39-1 所示)。这种情况下,应力与时间呈指数关系如下:

$$\sigma = \sigma_0 e^{-t/\tau} \tag{39-1}$$

式中:σ_0是起始应力,τ是松弛时间。

与蠕变相对应,应力松弛也反映聚合物内部分子运动。当橡胶被拉长时,链段沿拉力方向运动,而此时分子链重心没有发生位移,分子链构象处于不平衡状态,因而产生回弹力。随着时间延长,链段顺着外力方向运动,分子链逐渐过渡到新的平衡构象,整个分子链发生位移,从而减小或消除内部应力。对于常温下的塑料,在强外力作用下发生强迫高弹形变,由于内摩擦力大,链段运动能力很弱,应力松弛缓慢,短时间内不易觉察到;对于常温下的橡胶,链段运动受到的内摩擦力很小,应力能够很快松弛掉,甚至快到觉察不到。一般来说,在玻璃化转变温度附近几十摄氏度范围内,聚合物的应力松弛现象比较明显。可见,应力松弛过程受温度影响很明显。对于同一聚合物,在不同力学状态下,呈现出不同的应力松弛行为,温度越高,松弛时间越短,应力松弛越快,如图 39-2 所示。对于交联橡胶,由于分子链间不能滑移,应力不会松弛到零,而是松弛到某一数值,如图 39-1 所示。本实验采用交联橡胶片作为实验对象,可以观测到不同交联度橡胶的应力松弛行为。

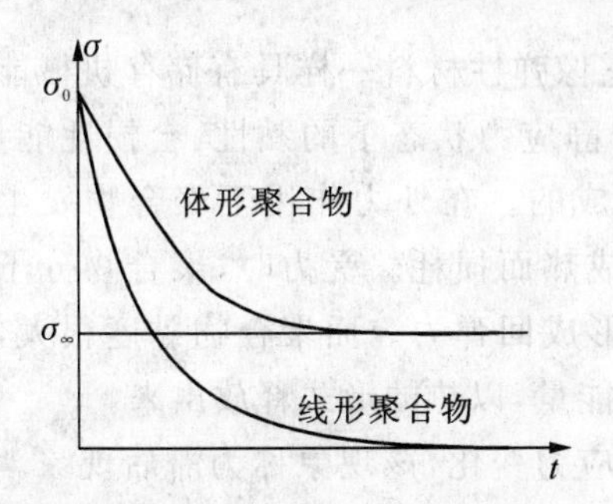

图 39-1　聚合物的应力松弛曲线图

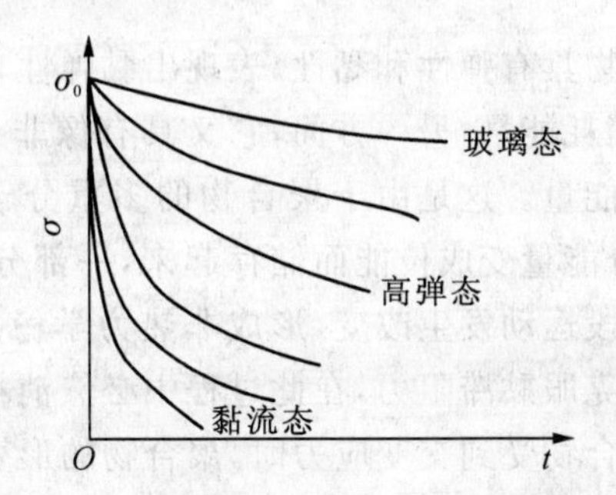

图 39-2　不同温度下聚合物的应力松弛曲线

三、仪器与药品

1. 仪器

WinWdw 微机控制电子万能试验机（济南试金集团有限公司）、游标卡尺、直尺。

2. 药品

硫化橡胶片（厚度 1～2 mm，试样制备参见实验 35 聚合物拉伸强度和断裂伸长率的测定）。

四、实验步骤

(1) 在无应力条件下，将试样安装在拉力实验机的夹持器上。

(2) 设定实验条件。例如，实验方式、实验速度（50 mm/min）、返回速度、返回位置、记录方式等。

(3) 键入试样参数。例如，试样名称、编号、样品厚度、样品宽度、样品标定线间距。

(4) 拉伸试样至相当于伸长率在 45%～55%之间的一个固定长度，保持适当时间，观察应力-时间曲线变化。

(5) 重复步骤(1)～(4)，实验其余试样。

五、思考题

(1) 聚合物的松弛时间与哪些外界因素有关？

(2) 如何调整橡胶的应力松弛过程的快慢？

(3) 简述聚合物应力松弛过程中分子运动机制。

实验 40 动态黏弹谱法测定聚合物的动态力学性能

一、实验目的

(1) 了解聚合物的黏弹特性，学会从分子运动的角度解释聚合物的动态力学行为。

(2) 了解聚合物动态力学分析的原理和方法，学会用动态力学分析仪测定多频率下聚合物的动态力学温度谱。

二、实验原理

聚合物具有弹性和黏性，表现出黏弹性，一方面它像弹性材料一样具有储存机械能的特性，但不消耗能量；另一方面，它又具有像非牛顿流体静应力状态下的黏性，会损耗能量，但不能存贮能量。这是由于聚合物的多重分子运动造成的。在外力作用下聚合物发生形变时，一部分能量变成位能而储存起来，一部分能量变成热而损耗。受力时，聚合物分子链构象由于链段运动发生改变，形成非热力学稳定构象，形成回弹力。而聚合物黏度很大，链段运动必须克服黏滞阻力，在此过程中必然消耗一部分能量，以热的形式释放出来。

当聚合物受到交变应力时，聚合物的形变跟不上应力变化，该现象称为滞后现象。若应力变化用式(40-1)表示：

$$\sigma(t) = \sigma_0 \sin \omega t \tag{40-1}$$

式中：$\sigma(t)$是 t 时刻聚合物受到的应力，σ_0是聚合物受到的最大应力，ω 是外力变化的角频率，$\omega=2\pi\upsilon$（υ 是频率）。

若聚合物的形变落后于应力变化，二者相位差为 δ，聚合物应变表示为：

$$\varepsilon(t) = \varepsilon_0 \sin(\omega t + \delta) \tag{40-2}$$

式中：$\varepsilon(t)$是 t 时刻聚合物发生的应变；ε_0是形变最大值。

在交变应力作用下，聚合物的滞后现象和力学损耗属于动态力学松弛。在此情况下，应力和应变都是时间的函数，动态弹性模量计算与静态弹性模量的计算方法是不同。

当 $\varepsilon(t) = \varepsilon_0 \sin \omega t$ 时，应力变化比应变领先一个相位角 δ，因此，$\sigma(t) = \sigma_0 \sin(\omega t + \delta)$，这个表达式可以展开为：

$$\sigma(t) = \sigma_0 \sin \omega t \cos \delta + \sigma_0 \cos \omega t \sin \delta \tag{40-3}$$

可见，应力由两部分组成：一部分是与应变同相位的，幅值为 $\sigma_0 \cos \delta$，是弹性形变的动力；另一部分是与应变相差 90°相位角，幅值为 $\sigma_0 \sin \delta$，用以克服分子运动摩擦阻力。如果定义 E' 为同相的应力和应变的比值，而 E'' 为相差 90°相位角的应力和应变的振幅的比值，即：

$$E' = \left(\frac{\sigma_0}{\varepsilon_0}\right)\cos \delta,\ E'' = \left(\frac{\sigma_0}{\varepsilon_0}\right)\sin \delta \tag{40-4}$$

则应力的表达式变为：

$$\sigma(t) = \varepsilon_0 E' \sin \omega t + \varepsilon_0 E'' \cos \omega t \tag{40-5}$$

因此，这时的模量应该包括两个部分，用复数模量表示为：

$$E^* = E' + iE'' \tag{40-6}$$

式中：E' 称为实数模量，其值体现了聚合物的储能能力，称为贮存能量。E'' 称为虚数模量，其值反映出聚合物能量的损耗，称为损耗能量。根据式（40-4）可知，$\tan \delta = E''/E'$，$\tan \delta$ 为损耗角正切。

在一般情况下，动态模量（又称绝对模量）可按下式计算：

$$E = |E^*| = (E'^2 + E''^2)^{1/2} \tag{40-7}$$

通常 $E' \gg E''$，所以常常直接用 E' 作为材料的动态模量。

复数模量与温度和频率有关。在恒温下，考虑聚合物的 E' 和 E'' 随频率变化的情况时，可得到 E' 和 E'' 的频率谱；而固定频率、改变温度可得到温度谱。温度谱和频率谱一起统称为聚合物的动态力学谱。图 40-1 是典型的黏弹性固体聚合物的频率谱，可以看出，在低频时，材料呈橡胶态，模量 E' 较小，且在一定频率范围内不随频率变化；在高频时，材料呈玻璃态，模量 E' 较高，也在一定频率范围内不随频率变化；在中间频率范围，材料呈黏弹性，E' 随频率 ω 急剧增加，E'' 和 $\tan \delta$ 则在此频率区间出现一个极大值，而在低频区和高频区都很小。

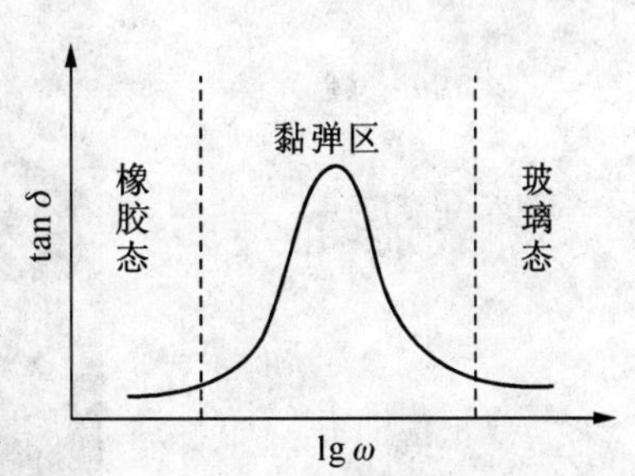

图 40-1　典型的黏弹性固体聚合物的频率谱

在恒定频率下,聚合物的松弛过程与温度有关,不同温度下,聚合物的运动单元是不同的。由于其长链结构,聚合物的运动呈多样性,包括侧基的转动和振动、短链段的运动、长链段的运动和整个分子链的位移运动等,而各种形式的运动都是在热能的激发下发生的。在绝对零度,聚合物分子链内各运动单元不能发生运动。随着温度升高,不同结构单元开始热运动并不断加剧,当振动动能达到结构单元内旋转势垒的热能值时,该结构单元就能够发生运动,如转动、移动等。大分子链的各种运动形式都有自己特定的频率,这种特定的频率是由温度和结构单元的惯量矩决定的。各种形式分子运动的发生引起聚合物宏观物理性质的变化,导致转变或松弛现象的发生,体现在动态力学谱上的就是聚合物的多重转变或松弛。

在线形无定形聚合物中,按温度从低到高顺序排列,有五种常见的转变。

(1) δ 转变:侧基围绕聚合物分子链垂直的轴运动;

(2) γ 转变:主链上 2～4 个碳原子的短链运动——沙兹基曲轴效应;

(3) β 转变:主链旁较大侧基的内旋转运动或主链上杂原子的运动;

(4) α 转变:由 50～100 个主链碳原子的长链段运动;

(5) T_{11} 转变:液-液转变,是高分子量聚合物从一种液态转变为另外一种液态,属于高分子整链运动,膨胀系数发生转折。

在半结晶聚合物中,除了上述五种转变外,还有与晶体有关的转变。例如,T_m 转变,即结晶熔融(一级相变);T_{cc} 转变,即晶型转变(一级相变),是一种晶型转变为另外一种晶型;T_{ac} 转变,即结晶预熔。

通常用动态力学仪器测量聚合物的形变对振动力的相应、动态模量和力学损耗,基本原理是对聚合物施加周期性的力并测定其对力的各种响应,如形变、振幅、谐振波、波的传播速度、滞后角等,从而计算出动态模量、损耗模量、阻尼和内耗等参数,分析这些参数变化与聚合物结构(物理的和化学的)的关系。动态模量 E'、损耗模量 E''、力学损耗 $\tan\delta$ 是动态力学分析中最基本的参数。

三、仪器与药品

1. 仪器

DMA2980 是由美国 TAINSTRUMENTS 公司生产的新一代动态力学分析仪,结构如图 40 - 2 所示。

图 40 - 2 DMA2980 动态力学分析仪

2. 药品

PMMA 等聚合物长方形样条:长 $a=35\sim40$ mm,宽 $b\leqslant15$ mm,厚 $h\leqslant15$ mm。准确测

量样品的宽度、长度和厚度，分别取其平均值记录数据。

四、实验步骤

1. 仪器校正

将夹具(包括运动部分和固体部分)全部卸下，关上炉体，进行位标校正，校正完成后炉体会自动打开。

2. 夹具的安装与校正

按照软件菜单提示进行。

3. 样品安装[1]

(1) 放松两个固定钳的中央锁螺，按 FLOAT 键，使夹具运动部分自由。

(2) 用扳手起可动钳，将试样插入跨在固定钳上并调整；上紧固定部位和运动部分的中央锁螺的螺丝钉。

(3) 按 LOCK 键以固定样品的位置。

(4) 取出标准附件盒的扭力扳手，装上六角头，垂直插进中央锁螺的凹口内，以顺时针用力锁紧。一般来说，热塑性聚合物的扭力值为 0.6～0.9 N·m。

4. 实验程序

(1) 打开主机 POWER 键，打开主机 HEATER 键。

(2) 打开 GCA 的电源，通过自检，READY 灯亮[2]。

(3) 打开控制电脑，载进 Thermal Solution，取得与 DMA2980 的连线。

(4) 指定测试模式(DMA、TMA 等 5 项中的一项)和夹具。

(5) 打开 DMA 控制软件的"即时讯号"(Real Time Signal)视窗，确认最下面 Frame Temperature 和 Air Pressure 都已 OK，若有连接 GCA，则会显示"GCA Liguid Level:XX% full"。

(6) 按 Furnace 键打开炉体，检视是否需要安装或换装夹具。若是，依照标准程序安装夹具。若有新换夹具，则重新设定夹具种类，并逐项完成夹具校正(MASS/ZERO/COMPLIANCE)。若使用原有夹具，按 FLOAT 键，检视驱动轴漂动状况，以确定处于正常。

(7) 安装好试样[1,2]，确定位置正中没有歪斜。有些样品可能需要一些辅助工具，才能有效地安装在夹具上。

(8) 编辑测试方法并存档。编辑频率表(多频扫描时)或振幅表(多变量扫描时)，并存档。

(9) 打开 Experiment Parameters 视窗，输入样品名称、样品尺寸、操作者姓名及必要的注释，指定空气轴承的气源及存档路径与文件名，然后载入实验方法和频率表或振幅表。

(10) 打开 Instrument Parameters 视窗，逐项设定好各个参数。例如数据取点间距、振幅、静荷力、Auto-strain、起始位移归零设定等。

(11) 按下主机面板上的 Measure 键，打开即时讯号视窗，视察各项讯号的变化是否稳定(特别是振幅)，必要时调整仪器参数的设定值，如静荷力和 Auto-strain，使其达到稳定状态。

(12) 完成 Preview 后，按 Furnace 键关闭炉体，然后按 START 键，开始进行实验。实验结束后，实验数据自动保存在设定的路径下[3]。

(13) 实验结束后，炉体和夹具会依照设定的 END Conditions 回复其状态。若设定为

GCA AUTO Fill,则会继续进行液氮自动填充作业。

(14) 将样品取出,若有污染必须完全清除。

(15) 拷贝数据后关机:按 Stop 键,以便保存 Position 校正值,5 秒后使驱动轴停止;依次关闭 HEATER 键和 POWER 键;再关闭其他周边设备,最后进行排水(Compressor 气压桶、空气滤清调压器、GCA)。

(16) 数据处理:打开数据处理软件 Thermal analysis,进入数据分析界面,打开需要处理的数据文件,应用界面上各功能键从曲线上获得相关数据。例如动态模量、损耗模量、内耗 $\tan\delta$ 等,记录数据于下表中。

仪器型号:________;样品:________

样品尺寸:长:________宽:________高:________

升温扫描:温度范围________;选定频率:ω_1 ________ω_2 ________

频率扫描:频率范围________;选定温度:T_1 ________ T_2 ________

项目	动态模量 E'	损耗模量 E''	内耗 $\tan\lambda'$	玻璃化转变温度 T_g
选定频率 ω_1				
选定频率 ω_2				
选定温度:T_1				
选定温度:T_2				

【注释】

[1] 对于会有污染、流动、反应、黏结等现象的聚合物样品,需先做好防护工作。

[2] 实验温度低于室温时,需要自检。

[3] 必须是在 ON-LINE 状态下。

五、思考题

(1) 研究聚合物动态力学内耗有何意义?内耗产生的原因是什么?

(2) 为什么聚合物的内耗在玻璃态和高弹态时很小,而在玻璃化转变区出现极大值?为什么聚合物从高弹态向黏流态转变时,内耗不出现极大值而是急剧增大?

(3) 试从分子运动的角度分析聚合物动力学曲线各个转变峰的物理意义。

第十一章　聚合物的热性能

实验41　聚合物的热重分析

热重分析(Thermogravimetric Analysis, TG或TGA)是指在程序控制温度下,测量待测样品的质量与温度变化关系的一种热分析技术。热重分析在高分子科学中有着广泛的应用,例如用来研究各种气氛下高分子材料的热稳定性和热分解作用、共聚物和共混物的分析、材料中添加剂和挥发物的分析、水分(含湿量)的测定、水解和吸湿性、吸附和解吸、气化速度和汽化热、升华速度和升华热、氯化降解、缩聚聚合物的固化程度、材料氧化诱导期的测定、使用寿命的预测等,还可以研究反应动力学。热重分析具有分析速度快、样品用量少的特点,TGA在研发和质量控制方面都是比较常用的检测手段。热重分析在实际的材料分析中经常与其他分析方法联用,进行综合热分析,全面准确分析材料。

一、实验目的

(1) 了解热重分析法在高分子领域中的应用。

(2) 掌握热重分析仪的工作原理和操作方法,学会用热重分析法测定聚合物的热分解温度。

二、实验原理

热重分析法是在程序控温下,测量物质的质量与温度关系的一种技术。当前大多数热重分析仪一般由四部分组成:电子天平、加热炉、程序控温系统和数据处理系统(计算机)。通常,TGA谱图是由试样的质量残余率Y(%)对温度T的曲线(称为热重曲线,TG)或试样的质量残余率Y(%)随时间的变化率dY/dt(%/min)对温度T的曲线(称为微商热重法,DTG)组成,如图41-1所示。

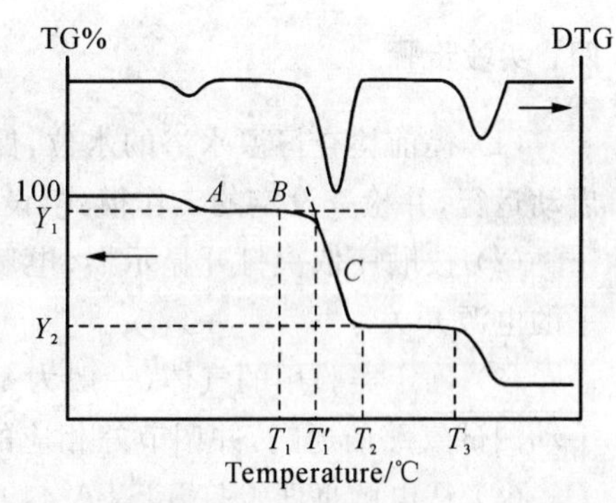

图41-1　TGA谱图

开始时,由于试样中残余小分子物质的热分解或热蒸发,出现少量的质量损失,损失率为$(100-Y_1)$%;经过一段时间的加热后,温度升至T_1,试样开始出现大量的质量损失,直至T_2,损失率达(Y_1-Y_2)%;在T_2到T_3阶段,试样存在着其他的稳定相;然后,随着温度的继续升高,试样再进一步分解。图41-1中T_1称为分解温度,有时取C点的切线与AB延长线相交处的温度T_1'作为分解温度,后者数值偏高。

正如其他分析方法一样,热重分析法的实验结果也受到一些因素的影响,加之温度的动态特性和天平的平衡特性，使影响 TG 曲线的因素更加复杂，但基本上可以分为两类。

(1) 仪器因素：升温速率、气氛、支架、炉子的几何形状、电子天平的灵敏度以及坩埚材料。

(2) 样品因素：样品量、反应放出的气体在样品中的溶解性、粒度、反应热、样品装填、导热性等。

三、仪器与药品

1. 仪器

德国 NETZSCH STA449C 型热重分析仪，如图 41 - 2 和图 41 - 3 所示。仪器的称量范围 500 mg，精度 1 μg；温度范围 20～1 650℃；加热速率 0.1～80 K/min；样品气氛可为真空 10 Pa或惰性气体和反应气体(无毒，非易燃)。

图 41 - 2 STA 449C 型热重分析仪

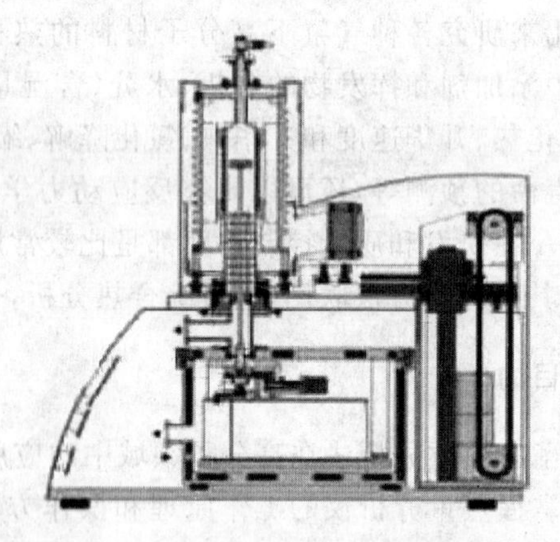

图 41 - 3 STA 449C 型热重分析仪透视图

2. 药品

聚对苯二甲酸乙二醇酯或其他聚合物。

四、实验步骤

(1) 提前检查恒温水浴的水位，保持液面低于顶面 2 cm。打开面板上的上下两个电源，启动运行，并检查设定的工作模式，设定的温度值应比环境温度约高 3℃。

(2) 按顺序依次打开显示器、电脑主机、仪器测量单元、控制器以及测量单元上电子天平的电源开关。

(3) 确定实验用的气体(一般为氮气)，调节输出压力(0.05～0.1 MPa)，在测量单元上手动测试气路的通畅，并调节好相应的流量。

(4) 从电脑桌面上打开 STA 449 测量软件。打开炉盖，确认炉体中央的支架不会碰壁时，按面板上的 UP 键，将其升起，放入选好的空坩埚；确认空坩埚在炉体中央支架上的中心位置后，按面板上的 DOWN 键，将其降下，并盖好炉盖[1]。

(5) 新建基线文件：打开一个空白文件，选择“修正”，打开温度校正文件，编程(输入起始温度，终止温度和升温速率)，运行。

(6) TG 曲线的测量：待上一程序正常结束并冷却至 80℃以下，打开炉子，取出坩埚[2]，放入约 5 mg 样品，称重(仪器自动给出)。然后打开基线文件，选择基线加样品的测量模式，编程运行。

(7) 数据处理:程序正常结束后会自动存储,可打开分析软件包对结果进行数据处理,处理完好可保存为另一种类型的文件。

(8) 待温度降至80℃以下时,打开炉盖,拿出坩埚。

(9) 打印TGA谱图,求出试样的热分解温度 T_d。

(10) 按顺序依次关闭软件和退出操作系统,关闭电脑主机和测量单元电源。

(11) 关闭恒温水浴面板上的运行开关和上下两个电源开关,最后及时清理坩埚和实验室台面。

【注释】

[1] 注意支架位于炉腔中央,保证不会碰壁。

[2] 要注意支架的是否位于中心位置和碰壁,否则重新建立基线。

五、思考题

(1) 热重分析实验结果的影响因素有哪些?

(2) 讨论热重分析在高分子科学中的主要应用有哪些?

实验42　聚合物的热变形温度和维卡软化点温度的测定

一、实验目的

(1) 学会使用热变形温度-维卡软化点测定仪。

(2) 了解塑料在受热情况下热变形温度测定的物理意义。

(3) 掌握塑料的维卡软化点的测试方法。

二、实验原理

玻璃化转变温度是指高分子链段开始运动或冻结的温度,具有热力学含义的。而软化温度是指高分子试样在一定的测试条件下发生明显物理形变的温度,更多的具有工程应用上的含义。软化温度通常介于玻璃化转变温度和黏流温度之间。

聚合物的耐热性能通常是指聚合物在温度升高时保持其物理机械性质的能力。聚合物材料的耐热温度是指在一定负荷下,其到达某一规定形变值时的温度。发生形变时的温度通常称为塑料的软化点,因为不同测试方法分别有其规定选择的参数,所以软化点的物理意义不像玻璃化转变温度那样明确。塑料耐热性能常用维卡耐热、马丁耐热和热变形温度测试方法进行测试。不同方法的测试结果相互之间无定量关系,它们可用来对不同塑料进行相对比较。实验测得的热变形温度和维卡软化点仅适用于控制质量和作为鉴定新品种热性能的指标,不代表材料的使用温度。

将塑料试样浸在一个等速升温的液体传热介质中,在简支架式的静弯曲负载作用下,试样弯曲变形达到规定值时的测定温度,为该材料的热变形温度(HDT)。维卡软化点是测定热塑性塑料于特定液体传热介质中,在一定负荷、一定的等速升温条件下,试样被1 mm^2 针头压入 1 mm 时的温度。本实验采用 XRW－300ML 热变形温度-维卡软化点测定仪。

热变形温度测试装置原理如图 42－1 所示。加热浴槽选择对试样无影响的传热介质——甲基硅油，可调等速升温速度为(12±1)℃/6 min 或(5.0±0.5)℃/6 min。两个试样支架的中心距离为 100 mm，在支架的中点能对试样施加垂直负载，负载杆的压头与试样接触部分为半圆形，其半径为(3.0±0.2) mm。实验时必须选用一组大小适合的砝码，使试样受载后的最大弯曲正应力为 18.5 kg/cm² 或 4.6 kg/cm²。应加砝码的质量由下式计算：

$$W = (2\sigma bh^2/3L) - R - T \qquad (42-1)$$

式中：σ 为试样最大弯曲正应力(18.5 kg/cm² 或 4.6 kg/cm²)；b、h 分别为试样宽度和高度。标准试样宽度为 10 mm、高度为 15 mm。若不是标准试样，则需测量试样的真实宽度及高度；L 为两支座中间的距离 100 mm；R 为负载杆和压头的质量；T 为变形测量装置的附加力。

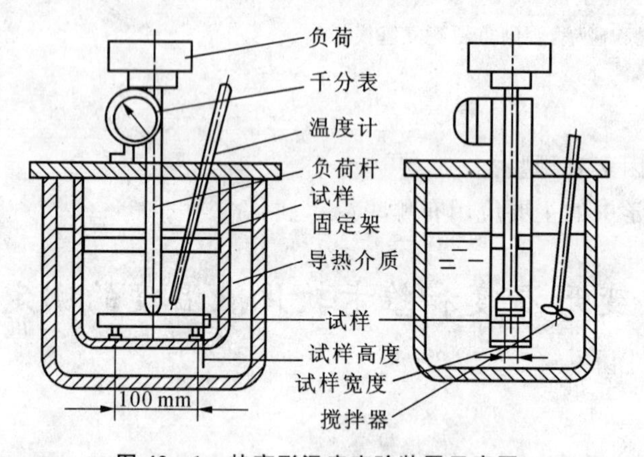

图 42－1 热变形温度实验装置示意图

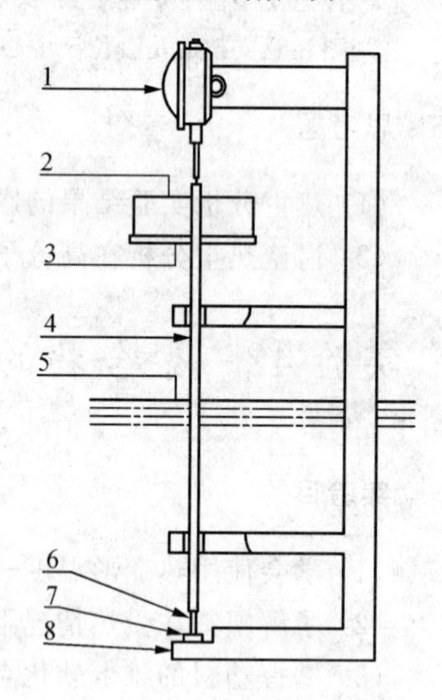

1-百分表；2-负荷；3-托盘；4-负荷杆；5-介质；6-压头针；7-试样；8-底座

图 42－2 维卡软化点实验装置示意图

维卡软化点温度测试原理如图 42－2 所示。负载杆压针头长 3～5 mm，横截面积为(1.000＋0.015)mm²，压针头平端与负载杆成直角，不允许带毛刺等缺陷。加热浴槽选择对试样无影响的传热介质——甲基硅油，室温时其黏度较低。可调等速升温速度为(50±5)℃/h，试样承受的静负载 $G=W+R+T$(其中，W 为砝码质量；R 为压针及负载杆的质量；T 为变形测量装置附加力)，本实验装置($R+T$)为 0.088 kg。负载有两种选择：$G_A=1$ kg；$G_B=5$ kg。测量形变的位移传感器精度为±0.01 mm。

三、仪器与药品

1. 仪器

XRW－300ML 热变形温度-维卡软化点测定仪。

2. 药品

(1) PP、PS、PVC、PE。

(2) 热变形温度测定：试样为截面是矩形的长条，试样表面平整光滑、无气泡、无锯切痕迹或裂痕等缺陷，其尺寸规定如下。

① 模塑试样：长 $L=120$ mm，高 $h=15$ mm，宽 $b=10$ mm。

② 板材试样:长 $L=120$ mm,高 $h=15$ mm,宽 $b=3\sim13$ mm(取板材原厚度)。

③ 特殊情况下,可以用长 $L=120$ mm,高 $h=9.8\sim15$ mm,宽 $b=3\sim13$ mm 的试样,中点弯曲形变量必须用下表 42-1 中规定值,每组试样最少两个。

表 42-1　试样高度与相应变形量要求

试样高度 h/mm	相应变形量/mm	试样高度 h/mm	相应变形量/mm
9.8～9.9	0.33	12.4～12.7	0.26
10～10.3	0.32	12.8～13.2	0.25
10.4～10.6	0.31	13.3～13.7	0.24
10.7～11.0	0.30	13.8～14.1	0.23
11.0～11.4	0.29	14.2～14.6	0.22
11.5～11.9	0.28	14.7～15.0	0.21
12.0～12.3	0.27		

(3) 维卡软化点测定:试样厚度为 3～6.5 mm,长×宽 > 10 mm×10 mm,或直径大于 10 mm。试样的两面平行,表面平整光滑、无气泡、无锯切痕迹、凹痕或裂痕等缺陷,每组试样为两个。

模塑试样厚度为 3～4 mm。板材试样厚度取板材厚度,但厚度超过 6 mm 时,应在试样一面加工成 3～4 mm。如厚度不足 3 mm 时,则可由不超过 3 块板材叠合成厚度大于 3 mm 的试样。

四、实验步骤

(1) 安装压针或压头。

(2) 接通电源,按下电源按钮,电源指示灯亮。

(3) 进行主试样的安放,并进行载荷计算和加载。

(4) 设定升温速率(12℃/6min)和温度上限[1]。

(5) 千分表调零后,打开搅拌电机使介质均匀加热,然后启动实验。

(6) 需要重新启动或重新设置参数时,按“复位”键。

(7) 在实验过程中,当试样到达指定变形量后,记录数据。

(8) 实验结束后立即把试样取出,以免试样融化或掉在介质箱中。

(9) 按“读”键,查询实验数据,并计算其平均值。

【注释】

[1] 温度上限设定取决于聚合物热性能,可控制在(T_g+50)～(T_g+100)。

五、思考题

(1) 升温速度对测试结果有什么影响?

(2) 实验中所加载荷如何计算? 载荷的大小对测试结果有何影响?

实验 43　聚合物的热谱分析——差示扫描量热法

在等速升温(降温)的条件下,测量试样与参比物之间的温度差随温度变化的技术称为差热分析(Differential Thermal Analysis,DTA)。试样在升(降)温过程中,发生吸热或放热,在差热曲线上就会出现吸热峰或放热峰。试样发生力学状态变化时(如玻璃化转变),虽无吸热或放热,但比热有明显变化,在差热曲线上是基线的突然变动。试样对热敏感的变化能反映在差热曲线上,发生的热效大致可归纳为:

(1) 发生吸热反应。结晶熔化、蒸发、升华、化学吸附、脱结晶水、二次相变(如聚合物的玻璃化转变)、气态还原等。

(2) 发生放热反应。气体吸附、氧化降解、气态氧化(燃烧)、爆炸、再结晶等。

(3) 发生放热或吸热反应。结晶形态转变、化学分解、氧化还原反应、固态反应等。

用 DTA 方法分析上述这些反应时,无法反映物质的重量是否变化,也无法确定是物理变化还是化学变化。DTA 只能反映出在某个温度下物质发生了反应或相变,具体确定反应的实质还得要用其他方法(如光谱、质谱和 X 光衍射等)。

由于 DTA 测量的是样品和基准物的温度差,试样在转变时热传导的变化是未知的,温差与热量变化比例也是未知的,因此,其热量变化的定量性能不好。在 DTA 基础上增加一个补偿加热器,从而形成另外一种测试技术,即差示扫描量热法(Differential Scanning Calorimetry,DSC),能够直接反映试样在转变时的热量变化,便于定量测定。

DTA、DSC 测试技术广泛应用于:

(1) 研究聚合物相转变,测定结晶温度 T_c、熔点 T_m、结晶度 X_D等结晶动力学参数。

(2) 测定聚合物力学状态转变,玻璃化转变温度 T_g。

(3) 研究聚合、固化、交联、氧化、分解等反应,测定反应热、反应动力学参数。

一、实验目的

(1) 了解 DTA、DSC 的原理。

(2) 掌握用 DTA、DSC 测定聚合物的 T_g、T_c、T_m、X_D的方法。

二、实验原理

图 43-1 是差示扫描量热法(DSC)仪器结构方框图。当试样发生热效应时,如放热,试样温度高于参比物温度,放置在它们下面的一组差示热电偶产生温差电势 $U_{\Delta T}$,经差热放大器放大后进入功率补偿放大器,功率补偿放大器自动调节补偿加热丝的电流,使试样下面的电流 I_S减小,参比物下面的电流 I_R增大,而($I_S + I_R$)保持恒定值。吸热时则降低试样的温度,增高参比物的温度,使试样与参比物之间的温差 ΔT 趋于零。上述热量补偿能及时、迅速完成,使试样和参比物的温度始终维持相同。

设两边的补偿加热丝的电阻值相同,即 $R_S = R_R = R$,补偿电热丝上的电功率为 $P_S = I_S^2 R$ 和 $P_R = I_R^2 R$。当样品无热效应时,$P_S = P_R$;当样品有热效应时,P_S 和 P_R 之差 ΔP 能反映样品放(吸)热的功率,如下式:

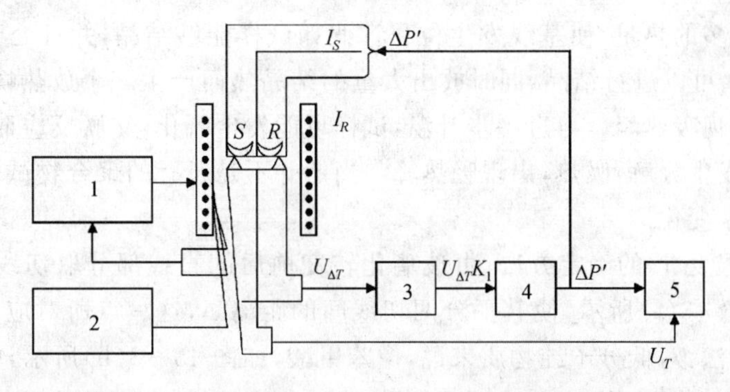

1 -温度程序控制器；2 -气氛控制；3 -差热放大器；4 -功率补偿放大器；5 -记录仪

图 43－1　功率补偿式 DSC 示意图

$$\Delta P = P_S - P_R = (I_S^2 - I_R^2)R = (I_S + I_R)(I_S - I_R)R = (I_S + I_R)\Delta U = I\Delta U \tag{43-1}$$

由于总电流 $I_S + I_R = I$ 为恒定值，所以样品放（吸）热的功率 ΔP 与 ΔU 成正比。记录 $\Delta P(I\Delta U)$ 随温度 T（或时间 t）的变化就是试样放热（或吸热）速度随 T（或 t）的变化，这就是 DSC 曲线。在 DSC 中，峰面积是维持试样与参比物温度相等所需要输入的电能的真实度量，它与仪器的热学常数或试样热性能的各种变化无关，可进行定量分析。

DSC 曲线的纵坐标代表试样放热或吸热的速度，即热流速度，单位是 mJ/s，横坐标是 T（或 t），同样规定吸热峰向下，放热峰向上。试样放热或吸热的热量为：

$$\Delta Q = \int_{t_1}^{t_2} \Delta P' \mathrm{d}t \tag{43-2}$$

式(43－2)右边的积分就是峰的面积，峰面积 A 是热量的直接度量，即 DSC 是直接测量热效应的热量。但试样和参比物与补偿加热丝之间总存在热阻，补偿的热量有部分漏失，因此热效应的热量应是 $\Delta Q = KA$。

K 为仪器常数，可由标准物质实验确定。K 值不随温度、操作条件而变，这就是 DSC 比 DTA 定量性能好的原因。同时试样和参比物与热电偶之间的热阻可做得尽可能的小，这就使 DSC 对热效应的响应快、灵敏、峰的分辨率高。

图 43－2 是聚合物 DSC 曲线的模式图。当温度达到玻璃化转变温度 T_g 时，试样的热容

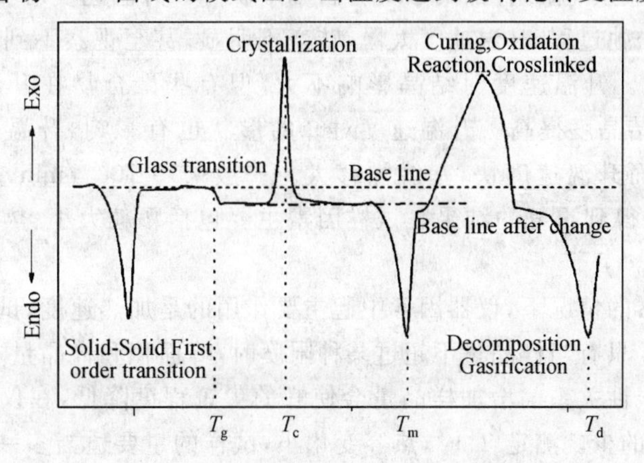

图 43－2　聚合物试样的 DSC 曲线的模式图

增大，需要吸收更多的热量，使基线发生位移。假如试样能够结晶，并且处于过冷的非晶状态，那么在 T_g 以上可以进行结晶，同时放出大量的结晶热而产生一个放热峰。进一步升温，结晶熔融吸热，出现吸热峰。再进一步升温，试样可能发生氧化、交联反应而放热，出现放热峰。最后试样则发生分解，吸热，出现吸热峰。当然并不是所有的聚合物试样都存在上述全部物理变化和化学变化。

玻璃化转变温度 T_g 的确定方法：由玻璃化转变前后的直线部分取切线，再在实验曲线上取一点，如图 43－3(a)所示，使其平分两切线间的距离 Δ，这一点所对应的温度即为 T_g。熔点 T_m 的确定方法：对低分子纯物质来说，像苯甲酸，如图 43－3(b)所示，由峰的前部斜率最大处作切线与基线延长线相交，此点所对应的温度即为 T_m。对聚合物来说，如图 43－3(c)所示，由峰的两边斜率最大处引切线，取相交点所对应的温度作为 T_m，或取峰顶温度作为 T_m。T_c 通常也是取峰顶温度。峰面积的取法如图 43－3(d)和(e)所示，可用求积仪或数格法、剪纸称重法量出面积。如果峰前峰后基线基本呈水平，峰对称，其面积以峰高乘半宽度，即 $A=h\times\Delta t_{1/2}$，如图 43－3(f)所示。

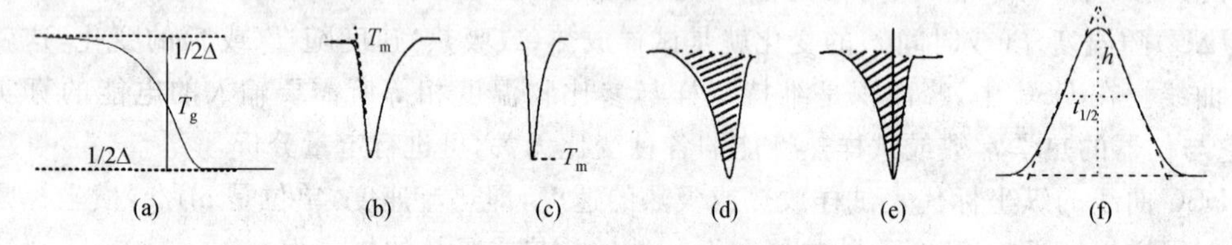

图 43－3　T_g、T_m 和峰面积的确定

有了峰(谷)的面积后就能求得过程的热效应。DSC 中峰(谷)的面积大小是直接和试样放出(吸收)的热量有关：$\Delta Q=KA$，系数 K 可用标准物确定；而仪器的差动热量补偿部件也能计算。

由 K 值和测试试样的质量、峰面积可求得试样的熔融热 ΔH_f(J/mg)，若百分之百结晶的试样的熔融热 ΔH_f^* 已知，则试样的结晶度 X_D 可按下式计算：

$$X_D=\Delta H_f/\Delta H_f^*\times 100\% \qquad (43-3)$$

尽管 DSC 的原理和操作都比较简单，却不容易取得精确的结果，因为影响因素很多，包括仪器因素和试样因素两类。仪器因素主要包括炉子的大小和形状、热电偶的粗细和位置、加热速度、测试时的气氛、盛放样品的坩埚材料和形状等。升温速度对 T_g 测定影响较大，因为玻璃化转变是一松弛过程，升温速度太慢，转变不明显，甚至观察不到；升温速度太快，转变明显，但移向高温。升温速度对结晶影响不大，但有些聚合物在升温过程中会发生重组、晶体完善化，使结晶度提高。升温速度对峰的形状也有影响，升温速度慢，峰尖锐，因而分辨率也较高。而升温速度快，基线漂移大。一般采用 10℃/min。在实验中，尽可能做到条件一致，才能得到重复的结果。试样因素主要包括颗粒大小、热导性、比热、填装密度、数量等。

在固定一台仪器的情况下，仪器因素中起主要作用的是加热速度，试样因素中起主要作用的是样品的数量。只有当样品量不超过某种限度时，峰面积和样品量才呈直线关系，超过这一限度就会偏离线性关系。增加样品量会使峰的尖锐程度降低，在仪器灵敏度许可的情况下，试样应尽可能的少。测定 T_g 时，热容变化小，试样的量要适当多一些。试样的量和参比物的量要匹配，以免两者热容相差太大引起基线漂移。试样的颗粒度对那些表面反应或受扩散控制的反应影响较大，粒度小，使峰移向低温方向。试样要装填密实，否则影响传热。在测定聚合物的玻璃化转变和相转变时，最好采用薄膜或细粉状试样，并使试样铺满器皿底部，加盖压紧。对于结晶性高聚物，若将链端当作杂质处理，高分子的分子量对熔点的影响可表示为：

$$\frac{1}{T_m}-\frac{1}{T_m^0}=\frac{R}{\Delta H_u}\frac{2}{P_n} \tag{43-4}$$

式中：P_n为聚合度；ΔH_u与结晶状态的性质无关，测定不同分子量结晶高聚物的 T_m，以 T_m对 $1/M$ 作图，可求出平衡熔点 T_m^0。

三、仪器与药品

1. 仪器

TA 公司 Q10 型 DSC。

2. 药品

聚乙烯、聚丙烯、聚对苯二甲酸乙二醇酯等聚合物，参比物为 Al_2O_3。

四、实验步骤

（1）在液氮罐中冲入足量的液氮，打开仪器和软件检查仪器状态[1]。

（2）如果需要，必须在测量前校准仪器。

（3）将聚合物样品处理好，用压片机压在铝质小盘中[2]。

（4）通过软件选择或者建立测量的流程再开始测量。

（5）设定载气的流速。

（6）将压好样品的铝盘放入仪器的测量室中，盖上盖子。

（7）按设定的方法开始测量。

（8）测量结束后，保存实验数据。待结束测量后，等测量室温度冷却后，打开盖子，处理样品。

（9）打印实验数据并关闭软件，关闭仪器。

【注释】

[1] 实验前先行检查液氮罐中液氮是否充足，否则提前购买。

[2] 易吸潮的聚合物必须真空干燥后马上测试。

五、思考题

（1）如果某聚合物在热转变时的热效应很小，如何去增加这个转变的强度？

（2）聚合物 T_g，T_c和 T_m的主要影响因素有哪些？

（3）DSC 实验中，影响转变温度测定精度的因素有哪些？

实验44 膨胀计法测聚合物的玻璃化转变温度

一、实验目的

(1) 掌握膨胀计法测定聚合物玻璃化转变温度的方法。

(2) 了解升温速度对玻璃化转变温度的影响。

二、实验原理

聚合物的玻璃化转变是玻璃态和高弹态之间的转变。在发生转变时,聚合物的许多物理性质发生了急剧的变化,如比容、线膨胀系数、折光率、比热容、动态力学损耗等,因此,可以利用测量这些物理性质的变化来确定玻璃化转变温度。聚合物的线膨胀系数是一个和高分子链段运动有关的物理量,它在玻璃化转变温度范围内有不连续的变化,即利用膨胀计测定聚合物体积随温度的变化时,在 T_g处有一个转折。

在玻璃态下,聚合物随温度升高发生的膨胀,仅仅是正常的分子膨胀过程造成的,包括分子振动幅度的增加和键长的变化。到玻璃化转变点,分子具备足够的热动能,自由体积也开始解冻并随着温度升高而膨胀,使得链段获得足够的运动能量和运动空间,从冻结进入运动。在玻璃化温度以上,除了正常的分子膨胀过程之外,还有自由体积的膨胀,因此,高弹态的膨胀系数 α_r 比玻璃态的膨胀系数 α_g 大。以 V_0 表示玻璃态聚合物在绝对零度时的已占有体积,V_g 表示在玻璃化温度时聚合物的总体积,则:

$$V_g = V_f + V_0 + \left(\frac{dV}{dT}\right)_g T_g \tag{44-1}$$

式中:V_f 为玻璃态下的自由体积。当温度 $T > T_g$ 时,聚合物的体积为:

$$V_r = V_g + \left(\frac{dV}{dT}\right)_r (T - T_g) \tag{44-2}$$

高弹态某温度 T 时,自由体积可表示为:

$$(V_r)_T = V_f + (T - T_g)\left[\left(\frac{dV}{dT}\right)_r - \left(\frac{dV}{dT}\right)_g\right] \tag{44-3}$$

温度在玻璃化转变温度 T_g 上下时,聚合物的膨胀系数分别为:

$$\alpha_g = \frac{1}{V_g}\left(\frac{dV}{dT}\right)_g \quad \alpha_r = \frac{1}{V_g}\left(\frac{dV}{dT}\right)_r \tag{44-4}$$

玻璃化转变不是热力学平衡过程,而是一个松弛过程,因此 T_g 的大小和测试条件有关。降温速度加快,T_g 向高温方向移动。根据自由体积理论,在降温过程中,分子通过链段运动进行位置调整,多余的自由体积腾出并逐渐扩散出去,因此在聚合物冷却、体积收缩时,自由体积也在减少。但是黏度因降温而增大,这种位置调整不能及时进行,所以聚合物的实际体积总是大于该温度下的平衡体积,表现为比容-温度曲线上在 T_g 处发生拐折。降温速度越快,拐折得越早,T_g 就偏高。反之,降温速度太慢,则所得 T_g 偏低,甚至难以测到。一般控制在 1～2℃/min 为宜。升温速度对 T_g的影响情况也是如此。另外，T_g的大小还和外力有关：单向的外力能促使链段运动，外力越大，T_g降低越多；外力的作用频率变化引起玻璃化转变点的移动，频率增加则 T_g升高，所以膨胀计法比动态法所得的 T_g要低一些。

三、仪器与药品

1. 仪器

膨胀计。

2. 药品

聚苯乙烯颗粒。

四、实验步骤

(1) 洗净膨胀计、烘干，将聚苯乙烯颗粒装入至膨胀管总体积的 4/5 左右。

(2) 在膨胀计管内加入乙二醇作为介质，用细玻璃棒搅动(或抽气)，使膨胀管内没有气泡。

(3) 再加入乙二醇至膨胀管口，插入毛细管，使乙二醇的液面在毛细管下部，磨口接头用弹簧固定[1]。

(4) 将装好的膨胀计浸入水浴中，控制水浴升温速度为 1℃/min。

(5) 读取水浴温度和毛细管内乙二醇液面的高度(每升高 5℃读一次，在 55～80℃之间每升高 2℃或 1℃读一次)，直到 90℃为止。

(6) 将已装好样品的膨胀计经充分冷却至室温后，再在升温速度为 2℃/min 的热水浴中读取温度和毛细管内液面高度，数据记录规则同上。

(7) 用毛细管内液面高度 h 对温度 T 的曲线图，从两直线段分别外延，交点求得两种不同升温速度下的聚苯乙烯的 T_g值。

【注释】

[1] 注意观察膨胀管内是否有气泡，如果发现管内留有气泡必须重装。

五、思考题

(1) 讨论升温速度对测试结果 T_g的影响。

(2) 根据实验结果，能否推断出聚苯乙烯的自由体积和 T_g前后的膨胀率？

实验 45　热塑性塑料熔融指数的测定

一、实验目的

(1) 熟悉熔融指数测定仪的操作，掌握聚合物熔融指数的测定方法。

(2) 了解熔融指数的实际应用意义，根据热塑性塑料在不同温度下的熔融指数判断其适合的成型方法与工艺条件。

二、实验原理

熔融指数(Melt Flow Index,MI 或 MFI)又称熔体流动速率,是指热塑性塑料在一定的温度和压力下,熔体在 10 min 内通过标准毛细管的质量值,以(g/10 min)表示。在塑料加工成型中是衡量聚合物流动性能好坏的一个重要指标。对于一定结构的聚合物,其熔融指数小,分子量就大,相应的聚合物的断裂强度、硬度等性能都会提高;其熔融指数大,分子量就小,加工时流动性就相对好一些。因此,熔融指数是工业上常用来表示熔体黏度的相对数值。在无分子量数值的情况下,对同一结构的聚合物,熔融指数也可用来比较分子量的相对大小。

此外,当熔融指数与加工条件、产品性能和工作经验联系起来,方可具有较大的实际意义。不同用途和不同的加工方法对聚合物的熔融指数有着不同的要求,如表 45-1 所示。一般情况下,注射成型用的聚合物熔融指数较高;挤出成型用的聚合物熔融指数较低;吹塑成型用的聚合物熔融指数介于两者之间。熔融指数是在给定的切应力下测得的,而在实际加工过程中,聚合物熔体处在一定的剪切速率范围内,因此对于牌号不同的同一种聚合物,在生产中经常出现熔融指数值相同却表现出不同的流动行为,而熔融指数值不同却有相似的加工性能现象。熔融指数的测定方法简便易行,塑料工业上应用比较广泛,而且国内生产的热塑性树脂常附有熔融指数的指标。

表 45-1 各种加工方法适宜的聚合物熔融指数值

加工方法	产品	所需材料的[MI]
挤出成型	管材	< 0.1
	片材、瓶、薄壁管	0.1 ~ 0.5
	电线电缆	0.1 ~ 1
	薄片、单丝(绳)	0.5 ~ 1
	多股丝或纤维	≈1
注射成型	瓶(玻璃状物)	1 ~ 2
	胶片(流延薄膜)	9 ~ 15
	模压制件	1 ~ 2
	薄壁制件	3 ~ 6
涂 布	涂覆纸	9 ~ 15
真空成型	制件	0.2 ~ 0.5

聚合物的各种性能与其密度、分子量分布和熔融指数有着密切的关系。一般说来,它的物理机械性能优良,可用多种加工方法和成型设备生产不同用途的制件。例如聚乙烯的密度、分子量分布与熔融指数密切相关,不同品种应用的领域也有所不同,如图 45-1 所示。

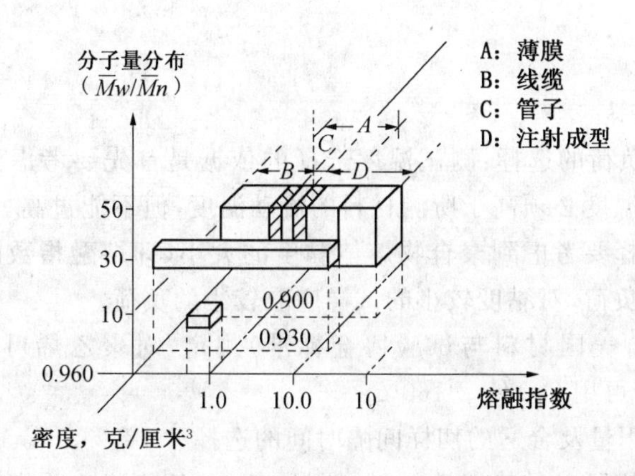

图 45－1　聚乙烯密度、分子量分布和熔融指数与使用范围的关系

熔融指数测定仪是一种简单的毛细管式的、在低切变速率下工作的仪器。国产各种型号的熔融指数测定仪虽有一些区别，但都是由主体和加热控制系统两部分组成。加热控制系统可自动将主体料筒内的温度控制在所设定的温度范围内，要求温度波动维持在 0.8℃以内。主体部分如图 45－2 所示。其料筒的加热器由两组加热元件组成，一组加热元件用来供给料筒处于设定温度所需 90%的热量，电流供给是连续式的；另一组加热元件用来供给维持桶内温度处于设定温度波动范围内所需的热量。砝码的质量负荷通过活塞杆作用在料筒中聚合物熔融试样上，并将聚合物熔体从毛细管压出。测试时每隔一定间隔用切刀切取从毛细管流出的聚合物熔体样条，并称量其质量，就可求得高聚物的熔融指数。

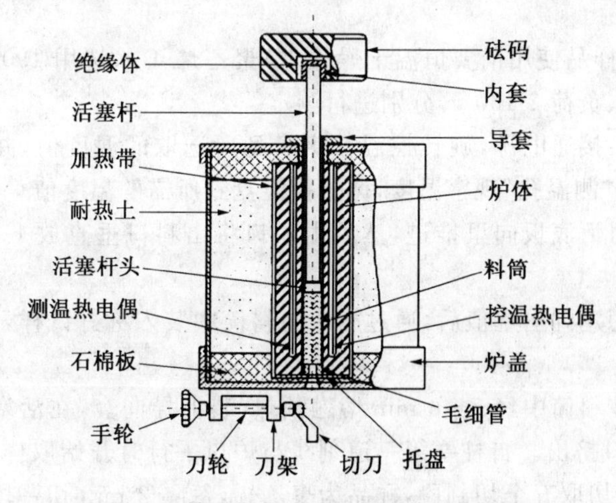

图 45－2　熔融指数测定仪的主体结构示意图

三、仪器与药品

1. 仪器

熔融指数仪及配件、电子天平（万分之一）、记号笔、秒表。

2. 药品

聚乙烯、聚丙烯粒料。

四、实验步骤

1. 测试条件的选择

(1) 测试温度和负荷的选择:测试温度选择的依据是首先要考虑到热塑性聚合物的流动温度。而且所选择温度必须高于所测材料的流动温度,但不能过高,否则易使材料过度受热而分解。负荷的选择要考虑到聚合物熔体黏度的大小(即熔融指数的大小),对黏度较大的试样应选取较大的负荷,对黏度较小的试样应取较小的负荷。

根据美国 ASTM(美国材料与试验协会标准)规定,对聚乙烯可用 190℃/2 160 g 或 125℃/325 g。聚丙烯可用 230℃/2 160 g。

(2) 聚合物试样用量及合适的切样间隔时间的选择

放入圆筒中的试样可以是热塑性粉料、粒料、条状、条状薄片或模压块料。熔融指数的大小决定所取试样用量的多少,熔融指数与试样用量、切样间隔时间的关系可参考表 45-2。

表 45-2 熔融指数与试样用量、切样间隔时间的关系

熔融指数 MI (g/10 min)	取样量 (g)	毛细管孔径 (mm)	切样间隔时间 (min)
0.1～1.0	2.5～3.0	2.095	6.00
1.0～3.5	3.0～5.0	2.095	3.00
3.5～10	5.0～8.0	2.095	1.00
10～20	4.0～8.0	2.095	0.50

2. 实验流程[1]

(1) 样品称取:(样品使用前要恒温干燥除水)聚乙烯 4 g,选用 190℃、负荷 2 160 g;聚丙烯 4 g,选用 230℃、负荷 2 160 g,分别进行测定。

(2) 调整和恒温:接通电源,旋转控温数字盘到所选取的温度值,并注意温度校正。也可将水银温度计放入“测温孔”观察温度,调整控温盘到所需的温度值。

(3) 装出料口:将活底板向里推进,然后由炉口将出料口垂直放下,如有阻力可用清料杆轻轻推到底。

(4) 装料:温度稳定到一定值后,通过漏斗向料筒中装入称好试样,用活塞杆将料压实,开始用秒表计时。

(5) 取样:试样在料筒中经 5～6 min 熔融预热,装上导向套,在活塞顶部装上选定的负荷砝码,试样从出料口挤出。自柱塞第一道刻线与炉口平行时开始取样,到第二道刻线与炉口平行时取样截止。切取五个切割段,样品为聚乙烯,每隔 2 min 切一段;样品为聚丙烯,每隔 3 min 切一段。含有气泡的切割段弃去。

(6) 计算:取五个切割段,分别称其重量,并按下式计算熔融指数(MI):

$$(\mathrm{MI}) = \frac{m \times 600}{t} \ (\mathrm{g/10\ min})$$

式中:m 为五个切割段平均重量,g;t 为取样间隔时间,s。

(7) 清洗:测定完毕,挤出余料,拉出活底板。用清料杆由上推出出料口,将出料口残料清洗干净。把清料杆装上手柄、缠上棉纱、清理料筒。

【注释】

[1] 以 μPXRZ－400A 型熔融指数仪为例，如图 45－3 所示，熔融指数测定仪操作规程如下：

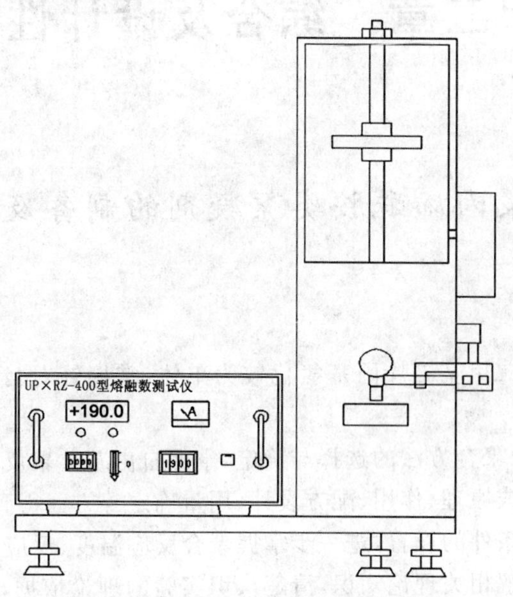

图 45－3　μPXRZ－400A 型熔融指数仪

(1) 接通电源，开启电源开关，绿色电源指示灯亮，设置测试温度，加热时红色指示灯亮。

(2) 待机 20 min，即预设温度稳定后方可开始工作。

(3) 试样准备，在天平上称取 4～5 g 试样以备测试。

(4) 加料，当温度稳定后即可加料(注意加料后不可用料杆挤压料，避免料杆变形、损坏)。取出料杆，轻放于耐高温的物体上，把漏斗插入料筒内，边加料边振动漏斗，使试料快速漏下。加料完毕，用压料杆将料压实，以减少气泡，再插入料杆，放好定位套，套上砝码托盘(加料操作必须在 1 min 内完成)。

(5) 加料完毕后，预热 4～6 min，加上所需砝码，准备切割取样。

(6) 当料杆下降到下标记线时，开始计时切割。下降到上标记线时停止试验。切割取样应在料杆的上下标记线之间。

(7) 每个样条切割间隔时间根据所测样品决定，一般每间隔 60 s 或 30 s 切割一次，每个样条长度一般在 20～50 mm 左右。

(8) 样条取舍称重，将肉眼可见气泡的样条丢弃，将保留的样条(至少三个)逐个称重，准确到 0.000 1 g，求出平均质量。

(9) 计算结果，求出熔融指数。

(10) 测试完毕，用干净纱布将料杆、料筒、口模趁热清洗干净(清洗仪器时要戴手套，谨防烫伤)，以备下次测试。

(11) 清洗完毕，套上加料杆，关掉电源开关，切断电源。

五、思考题

(1) 本实验测试温度为什么必须稳定？

(2) 熔融指数为什么不能用来比较结构不同的聚合物相对分子质量的大小？

(3) 根据所测样品的熔融指数，怎样判断其适宜的制品及加工方法。

第十二章 综合及设计性实验

实验46 聚丙烯酰胺类絮凝剂的制备及分子量测定

一、实验目的

(1) 以丙烯酰胺和二甲基二烯丙基氯化铵为单体,掌握针对目标产物进行聚合实验设计的基本方法。

(2) 进行聚合机理、聚合方法的选择与确定,掌握自由基共聚反应原理。

(3) 在反应体系组成原理、作用、配方设计、用量确定等方面得到初步锻炼。

(4) 了解聚合工艺条件的设置,进一步掌握聚合反应温度、反应时间等因素的确定。

(5) 进一步深入理解相关理论知识,清楚认识实验的理论依据,实现理论和实践的有机结合。

二、实验原理

聚丙烯酰胺是一类重要的水溶性聚合物,已成为当今世界上应用最广、效能最高的有机高分子絮凝剂,被广泛用于纺织印染、造纸、金属冶炼、煤炭等领域工业废水的处理。此外在采油添加剂、建筑、土壤改良、纺织、液体输送等方面也有较广的应用。聚丙烯酰胺类高分子絮凝剂的作用机理是酰胺基能与许多物质亲和,通过大分子上的电荷与粒子上反电荷间的静电吸引作用,吸附形成氢键,在被吸附的粒子间形成“桥联”,使数个或数十个粒子连在一起,形成絮团,加速粒子沉降。

丙烯酰胺均聚物及其共聚物可采用水溶液聚合、反相悬浮聚合、反相乳液聚合和反相微乳液聚合等方法制得。水溶液聚合法具有工艺简单、成本较低、操作安全方便、溶剂不必回收等优点,但所合成的高分子聚合物固含量较低,而且聚合物相对分子质量较高时溶解相当困难。反相悬浮聚合法主要用于制备珠状聚合物,但聚合物的相对分子质量控制和溶解速率等问题长期未解决,实际应用较少。反相乳液聚合法具有聚合速率快、产物相对分子质量高、相对分子质量分布窄、产品性能好、反应温度较低、热量能够均匀散发。然而反相乳液聚合体系中单个胶粒中聚合物链较多,相互缠结交联,影响聚合物的溶解性和絮凝效果,而且反相乳液自身稳定性较低,长期放置易发生分层现象,储存期较短。丙烯酰胺系反相微乳液聚合不仅能够克服溶液聚合产品相对分子质量偏低、固体产品溶解性较差的不足,而且聚合胶粒中聚合物链较少,缠结较少。微乳液体系为热力学稳定体系,可以长期存放,可获得分子量较高且溶解性较好的聚合物。丙烯酰胺和其他不饱和单体之间的反相微乳液共聚,能够减小单体之间的活性差异,有利于形成稳定的微乳液体系,获得组成更趋于均一的共聚产物。

聚丙烯酰胺的酰胺基团反应活性较高，通过化学反应，在其大分子链上引入不同离子基团，可得到性能不同、用途各异的聚丙烯酰胺类聚合物。例如，阴离子型聚丙烯酰胺具有良好的粒子絮凝性能，更适用于矿物悬浮物的沉降分离。阳离子型聚丙烯酰胺的相对分子质量通常比阴离子型或非离子型的相对分子质量低，但能够通过电荷中和作用，絮凝带负电荷的胶体，发挥脱色、除浊等作用，适用于染色、造纸、食品、发酵等有机胶体含量较高的工业废水处理。阳离子型聚丙烯酰胺一般由丙烯酰胺与阳离子单体通过自由基共聚制备，最常用的阳离子单体有：二甲基二烯丙基氯化铵（DMDAAC）、2-丙烯酰氧基三甲基氯化铵、N,N-二甲基丙烯酰氧乙基丁基溴化铵、水溶性氨基树脂、聚乙烯基亚胺等。

共聚物相对分子量越大，阳离子含量越高，絮凝效果越好。通过调节单体浓度和引发剂浓度、控制反应温度、选择聚合方法等，可提高聚合物相对分子质量。阳离子单体二甲基二烯丙基氯化铵具有正电荷密度高、水溶性好、分子量易控制、高效无毒、功能较强、价格低廉等优点。本实验通过丙烯酰胺与二甲基二烯丙基氯化铵共聚，制备阳离子型丙烯酰胺类絮凝剂。

三、仪器与药品

1. 仪器

机械搅拌器、恒温水浴锅、磁力搅拌器、JJ-4型六联电动搅拌器、722型分光光度计、红外光谱仪、玻璃仪器。

2. 药品

丙烯酰胺（AM）、二甲基二烯丙基氯化铵（DMDAAC）、Span80、Tween60、液体石蜡、过硫酸铵、无水亚硫酸钠、NaAc、丙酮、乙醇、NaCl（2mol/L）、K_2CrO_4（5%）、$AgNO_3$（0.05 mol/L）、高岭土模拟水样（质量分数0.5%）或煤泥水样。

四、实验设计

1. 提示

目标产物：丙烯酰胺与二甲基二烯丙基氯化铵阳离子型絮凝剂。

聚合机理及聚合方法：反相微乳液聚合。

聚合配方：Span80与Tween60的混合物做复合乳化剂，HLB值介于7.5～7.8之间；乳化剂浓度8%～10%；油水比（液体石蜡:水）1.60～1.70；电解质盐NaAc用量4%；水相单体总浓度50%～55%，AM/DMDAAC=2（质量比）；引发剂浓度0.5%～0.6%，其中$S_2O_8^{2-}$与SO_3^{2-}的物质的量比为0.8∶1。

聚合工艺：反应温度35～40℃；搅拌速度120 r/min；反应时间4 h。

2. 要求

(1) 根据目标产物性能，确定共聚物的分子结构。

(2) 确定聚合机理及聚合方法，阐述简要原因，写出各步基元反应。

(3) 根据提示计算出具体聚合配方。

(4) 确定聚合反应装置及主要仪器，绘出反应装置简图。

(5) 制定工艺流程，绘出工艺流程简图。

(6) 制备丙烯酰胺与二甲基二烯丙基氯化铵共聚物P(AM-DMDAAC)。

(7) 测定 P(AM-DMDAAC)的特性黏度。

(8) 测定 P(AM-DMDAAC)的阳离子度。

(9) 应用红外光谱仪表征 P(AM-DMDAAC)的结构。

(10) 研究 P(AM-DMDAAC)的絮凝性能。

3. 实验方法

(1) 配制微乳液

首先,按照一定的复合乳化剂/油质量比和 HLB 值,称取定量复合乳化剂溶解在油中,形成油相;其次,分别称取一定质量的 AM、DMDAAC、NaAc,溶解在蒸馏水中,配制一定浓度的单体水溶液;最后,在烧杯中加入适当比例的油相和水相,磁力搅拌,乳化形成稳定的微乳液。

(2) 聚合反应

在装有搅拌器、温度计、导气管和冷凝管的 250 mL 四颈瓶中,加入配制好的微乳液体系,置于恒温水浴中,通氮气并搅拌。将体系控制在一定温度下,约 0.5 h 后加入引发剂,待反应体系温度不再升高时,停止通氮气,恒温反应 4 h。将产物取出,用丙酮和无水乙醇溶液(体积比 1∶1)破乳沉淀,过滤,并用大量丙酮洗涤,真空干燥数小时,得到白色粉状产品。

(3) P(AM-DMDAAC)特性黏度的测定

根据国标 12005.1—89"聚丙烯酰胺特性黏度测定方法",测定 P(AM-DMDAAC)的特性黏度。准确称量干燥后的产物 0.1 g,用 50 mL NaCl 溶液溶解,转移至 100 mL 容量瓶中,用蒸馏水稀释至刻度,摇匀,采用乌氏毛细管黏度计,在(30±0.1)℃恒温水槽中,采用一点法,测定 P(AM-DMDAAC)的特性黏度([η])。

$$[\eta] = \frac{\sqrt{2(\eta_{sp} - \ln \eta_r)}}{c} \tag{46-1}$$

式中:$\eta_r = t/t_0$;$\eta_{sp} = \eta_r - 1$;c 为 P(AM-DMDAAC) 水溶液浓度(g/mL);t,t_0 分别为聚合物样品溶液液面及纯溶剂液面经过毛细管中刻线 a、b 所需时间(s)。

(4) P(AM-DMDAAC)阳离子度的测定

采用 $AgNO_3$ 溶液滴定法测定 P(AM-DMDAAC)的阳离子度。准确称取适量干燥后的 P(AM-DMDAAC)。置于 250 mL 锥形瓶中溶解,加入 5 滴 K_2CrO_4 指示剂,用 $AgNO_3$ 标准溶液滴定至砖红色(边摇边滴),即为终点。阳离子度计算公式如下:

$$DC = \frac{CVM}{m} \times 100\% \tag{46-2}$$

式中:DC 为阳离子度,%;C 为 $AgNO_3$ 标准溶液浓度,0.05 mol/L;V 为试样所消耗 $AgNO_3$ 溶液体积,L;m 为试样质量(g);M 为 DMDAAC 相对分子质量,126.22。

(5) P(AM-DMDAAC)的红外吸收光谱测试

将分离提纯后的聚合物 P(AM-DMDAAC)真空干燥 10 h 后,采用 KBr 压片法,在红外光谱仪上测定红外吸收光谱图,并进行谱图分析。

(6) P(AM-DMDAAC)絮凝性能的测试

在 100 mL 容量瓶中配制 0.1% P(AM-DMDAAC)溶液。

烧杯絮凝实验：在 6 个 250 mL 烧杯中各取待处理水样 100 mL，滴加一定量 0.1% P(AM-DMDAAC)溶液；在六联电动搅拌机上快速搅拌 1 min，转速为 350 r/min，使药剂充分分散；再慢速搅拌 3 min，转速为 150 r/min，静置沉降 10 min；取距烧杯液面下 1 cm 处的上层液，用分光光度计在波长 680 nm 处测定上清液的透光率。

量筒沉降实验：在 100 mL 具塞量筒中加入待处理水样，加入一定量絮凝剂，将量筒来回倒置 10 次，然后静置，测试絮团沉降速率。

五、思考题

(1) 查阅文献，对比丙烯酰胺类聚合物不同聚合方法的优缺点。

(2) 为了获得相对分子质量较高的聚合物，可采用哪些措施？

实验 47　醋酸乙烯酯乳液聚合——白乳胶的制备

一、实验目的

(1) 掌握醋酸乙烯酯白胶乳的制备方法及用途。

(2) 了解乳液的性质及测定方法。

二、实验原理

醋酸乙烯酯(VAc)乳液聚合产物——白胶乳，可用于漆、涂料和胶黏剂。该胶乳作为漆，具有水基漆的特点：黏度小，不用有机溶剂；作为涂料，对于纸张、织物、地板及墙壁等均可涂用；作为胶黏剂，无论木材、纸张及织物，凡是多孔性表面均可使用。因此，聚醋酸乙烯酯胶乳是很重要的高分子材料。

醋酸乙烯酯的乳液聚合机理与一般乳液聚合相同。采用水溶性的过硫酸盐为引发剂，为使反应平稳进行，单体和引发剂均需分批加入。乳液聚合常用的乳化剂有阳离子型、阴离子型和非离子型。阳离子型乳化剂能力差，且影响引发剂分解。阴离子型乳化剂在碱性溶液中稳定，但本实验反应后乳液略带酸性，故不适用。非离子型乳化剂形成的乳胶粒粒径较大，不利于长期稳定。因此本实验采用非离子型乳化剂聚乙烯醇(PVA)，为了增加乳化效果，OP－10 作助乳化剂；为了提高乳液的稳定性，加入少量十二烷基磺酸钠。

本实验采用种子乳液聚合方法，即将单体、引发剂等分两步加入，第一步加入少许单体、引发剂和乳化剂进行预聚合，生成粒径很小的乳胶粒，即种子。第二步均匀滴入单体和引发剂，可避免产生大量聚合热，有利于反应平衡进行。

三、仪器与药品

1. 仪器

四颈烧瓶(250 mL)、滴液漏斗(125 mL)、球形冷凝管、移液管(1 mL、10 mL)、烧杯(100 mL、250 mL)、量筒(25 mL、50 mL)、温度计(100℃)、加热装置、搅拌装置、水浴锅。

2. 药品

醋酸乙烯酯(精制)[1]、聚乙烯醇、过硫酸钾、去离子水、OP－10、十二烷基磺酸钠、氢氧化钠、邻苯二甲酸二丁酯。

四、实验步骤

1. 乳化剂的制备

在装有搅拌器、球形冷凝管、恒压滴液漏斗和温度计的250 mL四颈烧瓶中，加入40 mL去离子水、5 g聚乙烯醇及1 mL 10%的氢氧化钠溶液（用移液管吸取），开始搅拌，水浴加热，升温至90℃左右，使PVA溶解，当PVA溶解后，将体系冷却至75～78℃。

2. 引发剂溶液的配制

称取过硫酸钾0.4000～0.4500 g，放入洁净干燥的100 mL烧杯中，用移液管准确吸取去离子水40～45 mL，使引发剂溶液的浓度为10 mg $K_2S_2O_8$/1 mL H_2O，溶解后备用。

3. 白乳胶的制备

在上述四颈瓶中加入1 g十二烷基磺酸钠和0.5 g OP-10，搅拌溶解后，加入10 mL醋酸乙烯酯、15 mL过硫酸钾溶液，加热回流0.5 h，保持反应温度为75～78℃。40 mL醋酸乙酸酯逐滴加入反应瓶中（滴加速度为1滴/秒）[2]。单体滴加完毕，再加入15 mL过硫酸钾溶液，然后缓慢升温至90℃（控制升温速率为1℃/3min），反应0.5 h，聚合完毕。将体系冷却至50℃，加入3 g邻苯二甲酸二丁酯，搅拌5～15 min，充分混合后，停止搅拌，出料（pH＝4～6），得到白色黏稠的、均匀而无明显粒子的白乳胶，可稀释使用。

4. 乳液性能测定

（1）固含量的测定

取2克乳浊液（精确到0.002 g）置于已烘至恒重的玻璃表面皿上，于100℃烘箱中，烘至恒重，计算含固量（约4 h）。

$$固含量 = \frac{干燥后样品质量}{干燥前样品质量} \times 100\% \tag{47-1}$$

（2）转化率的测定

$$转化率 = \frac{固化量 \times 产品质量 - 聚乙烯醇质量}{单体质量} \times 100\% \tag{47-2}$$

（3）pH测定

用pH试纸测试乳液的pH。

（4）黏度测定

用NDJ-79旋转黏度计测定乳液黏度。选用1号转子，测试温度为25℃。

本实验约需8 h。

【注释】

[1] 醋酸乙烯酯单体必须是新蒸馏过的，因醛类和酸类有显著的阻聚作用，聚合物的相对分子质量不易增大，使聚合反应复杂化。

[2] 严格控制滴加速度，如果初始阶段滴加过快，乳液中出现块状物，导致实验失败。

五、思考题

(1) 以过硫酸盐作为引发剂进行乳液聚合时,为什么要控制乳液的 pH? 如何控制?

(2) 在实验操作中,单体为什么要分批加入?

(3) PVA 所起的作用是什么? 其用量是否越多越好?

实验 48 超高吸水性材料的合成及吸水性能测定

一、实验目的

(1) 合成一种具有超高吸水性能的聚丙烯酸钠。

(2) 了解反相悬浮聚合的原理和方法。

(3) 掌握吸水性树脂吸水性能的测定方法。

二、实验原理

超高吸水性材料通常是将一些水溶性高分子,如聚丙烯酸、聚乙烯醇、聚丙烯酰胺、聚氧化乙烯、聚乙烯基吡咯烷酮等进行轻微的交联而得到,其吸水量可达自重的几百倍乃至上千倍,可以作为工业用脱水剂和增稠剂。为了便于控制反应条件和简化最终产物的后处理,这类反应特别适合于在反相悬浮或反相乳液聚合体系中进行,即聚合是从较浓的单体水溶液开始,一般是 50%~80%单体的水溶液与水溶性引发剂一起分散,常用脂肪烃作为外分散相。

未经交联的聚丙烯酸钠是一种水溶性的聚电解质类聚合物,通过交联可赋予聚丙烯酸钠强吸水性。聚丙烯酸钠的羧酸钠侧基遇水后,电离生成羧酸根与 Na^+,Na^+ 是在水中可移动离子,主链网络骨架则均为带负电的阴离子,不能移动,其间的排斥作用产生网络扩张的动力。Na^+ 具有一定的活动性,但由于受网络骨架相反电荷的吸引、束缚,使得 Na^+ 存在于网络中,因此网络内部 Na^+ 浓度大于外部水中 Na^+ 浓度,离子网络内外产生渗透压,加上聚电解质本身的—COONa 基团亲水能力很强,水能在很短时间内大量进入网络。由于水的进一步渗透,部分 Na^+ 脱离高分子链向溶剂区扩散,导致渗透压下降,又导致高分子链上带净电荷。由于静电排斥作用,引起高分子链扩展,从而导致高分子网络的弹性收缩,这几种作用达到平衡时,就决定了其吸水性能。高吸水性树脂三维空间网络孔径愈大,网络结构愈大,吸水倍率就愈高。反之,孔径愈小,吸水倍率愈低。

聚丙烯酸钠高吸水性树脂能吸收大量水,并且保水性能优良。如果环境干燥会放水,环境潮湿会吸水。土壤添加少量高吸水性聚丙烯酸钠后,能提高某些豆类的发芽率和豆苗的抗旱能力,并且使土壤的透气性增加。高吸水性聚丙烯酸钠可用作增稠剂,加入少量可使黏度增加很大,用作化妆品乳液等的增稠剂。合成聚丙烯酸钠的反应式如下:

$$n\,H_2C{=}\underset{\substack{|\\ COOH}}{CH} \xrightarrow[NaOH]{\text{引发剂}} \left[CH_2 - \underset{\substack{|\\ COONa}}{CH} \right]_n$$

三、仪器与药品

1. 仪器

四颈瓶(250 mL)、烧杯(50 mL、500 mL)、量筒(10 mL)、球形冷凝管、恒压滴液漏斗(50 mL)、分水器、金属筛(100 目)、电热套、精密天平、烘箱、真空干燥箱。

2. 药品

丙烯酸、18% NaOH 溶液、N,N-亚甲基双丙烯酰胺、$K_2S_2O_8$、Span-60、环己烷。

四、实验步骤

1. 聚丙烯酸钠的合成

在装有搅拌器、恒压滴液漏斗、球形冷凝管和导气管的 250 mL 四颈瓶中加入 10 mL 丙烯酸,缓慢滴加 20 mL NaOH 溶液(质量分数为 18%),于冰水浴中混合均匀,中和后再加入 0.006 0 g N,N-亚甲基双丙烯酰胺和 0.047 0 g $K_2S_2O_8$,通入 N_2,搅拌均匀。将 0.6 g Span-60 溶于 44 mL 环己烷中,通过恒压滴液漏斗缓慢滴入三颈瓶中。滴加完毕,将滴液漏斗换成分水器,加热至 50~65℃,搅拌 3 h,然后升温至 100℃,回流 0.5 h,即可得到聚丙烯酸钠水凝胶[1]。将反应产物转移至烧杯中,于 110℃干燥 2 h,得到白色块状固体,将其粉碎,粉末样品置于真空干燥箱中,于 30℃下干燥 2 h。

2. 聚丙烯酸钠吸水性能的测定

称取 0.5 g 干燥的聚丙烯酸钠树脂放入烧杯中,加入 500 mL 蒸馏水,在室温下静置吸水 1 h 后,用 100 目的金属筛滤去未被吸收的液体,并将滤液称量。将所得数据代入式(48-1)计算,得出吸水率。本方法约需 8 h。

$$吸水率 = (加入的总液体量 - 滤出液体量)/树脂质量 \tag{48-1}$$

【注释】

[1] 实验中约蒸出 10 mL 水,所以最后所得的产物不呈粉末状,呈凝胶。

五、思考题

(1) 试比较反相悬浮聚合和普通悬浮聚合的异同和各自的特点。

(2) 分析影响最终聚合产物吸水率的主要因素。

实验 49 N-乙烯基咔唑的自由基沉淀聚合

一、实验目的

(1) 掌握 N-乙烯基咔唑的合成方法。

(2) 掌握聚乙烯咔唑自由基沉淀聚合的原理和方法。

(3) 了解聚乙烯咔唑的光电性质及其测试方法。

二、实验原理

自由基溶液聚合是一种常用的聚合方法,聚合体系中包括单体、溶剂和引发剂。如果聚合过程中，聚合物能够溶解在溶剂中，称为均相溶液聚合；如果聚合物不溶于溶剂，在聚合过程中聚合物沉淀出来，称为沉淀聚合或於浆聚合。N-乙烯基咔唑在乙醇中有一定的溶解度，在引发剂作用下能够发生聚合反应，聚乙烯咔唑(Poly(N-vinylcarbazole)，PVK)不溶于乙醇，在聚合过程中沉淀出来。该方法简单易行，成本低，产物后处理简单，获得的产物比较纯净。

PVK是一种经典且重要的空穴型导电聚合物(电导率δ约$10^{-5}\ cm^2 \cdot V^{-1} \cdot S^{-1}$)，由于其良好的光电导性能而引起人们的关注，在静电复印和激光打印等高技术领域中得到广泛应用。PVK常常作为蓝光材料或能量供体材料应用于有机发光二极管的光学活性层，可有效改善器件性能。在PVK合成中，通常采用咔唑与二氯乙烷反应制备氯乙基咔唑，然后，进行脱氯化氢，生成乙烯基咔唑，最后聚合得到PVK。氯乙基咔唑的合成是非常关键的。现在常以四丁基氯化铵(TBAC)或苄基三乙基溴化铵(TEBA)为相转移剂，咔唑和1,2-二氯乙烷通过相转移反应生成氯乙基咔唑，该方法反应条件温和，容易控制，获得的产物比较纯净且产率较高。将氯乙基咔唑和氢氧化钾的乙醇溶液加热回流，发生消除反应，氯乙基咔唑脱去氯化氢得到乙烯咔唑。乙烯咔唑在乙醇溶液中，以偶氮二异丁腈为引发剂，自由基聚合得到PVK。聚乙烯咔唑的合成反应如下所示：

$$\text{咔唑(N-H)} \xrightarrow[\triangle\ NaOH]{ClCH_2CH_2Cl} \text{N-}CH_2CH_2Cl \xrightarrow[\triangle]{KOH} \text{N-}CH{=}CH_2 \xrightarrow[\triangle]{AIBN} \text{-}[CH\text{—}CH_2]_n\text{-}$$

三、仪器与药品

1. 仪器

三颈瓶(250 mL、100mL)、圆底烧瓶(100 mL)、烧杯、抽滤瓶、布氏漏斗、微量进样器(100 μL)、真空泵、真空干燥器、油浴、磁力搅拌器、紫外-可见光吸收光谱仪、荧光光谱仪。

2. 药品

咔唑、1,2-二氯乙烷、四丁基溴化铵、氢氧化钠、氢氧化钾、去离子水、无水乙醇、无水甲醇、偶氮二异丁腈、二氯甲烷、四氢呋喃。

四、实验步骤

1. N-氯乙基咔唑的合成

将5 g咔唑、1.0 g四丁基溴化铵和30 mL NaOH水溶液(质量分数为50%)加入250 mL三颈瓶中，充分搅拌，再加50 mL 1,2-二氯乙烷，搅拌，升温至70℃，回流冷凝反应8 h，停止反应。旋蒸去除部分未反应的1,2-二氯乙烷，加入200 mL去离子水，得到浅褐色固体，固体用去离子水洗涤三次，收集固体，用无水乙醇重结晶，得到针状浅褐色的固体，于40℃真空干燥后，称重并计算产率。利用核磁氢谱验证产品结构。

2. N-乙烯基咔唑的合成

将3.81 g N-氯乙基咔唑、7.5 g KOH和60 mL无水乙醇依次加入100 mL圆底烧瓶中，磁力搅拌，升温至回流，反应6 h。反应结束后，冷却至室温，旋蒸去除溶剂。固体倒入100 mL水中，抽滤，滤饼用去离子水洗涤三次，收集固体，用甲醇重结晶两次，得到略带粉色的晶体。于40℃真空干燥后，称重并计算产率。利用核磁氢谱验证产品结构。

3. 聚乙烯咔唑的合成

在100 mL三颈瓶中，将4 g乙烯基咔唑和0.02 g引发剂偶氮二异丁腈溶于60 mL无水乙醇中，通入氮气，磁力搅拌使单体溶解，油浴升温至80℃，反应12 h后，冷却至室温，抽滤得到白色或淡黄色固体，并用甲醇沉淀三次，于40℃真空干燥后，称重并计算产率。利用核磁氢谱验证产品结构。

4. 聚乙烯咔唑的相对分子质量及分子量分布宽度测定

利用凝胶渗透色谱法测量PVK的相对分子质量及分子量分布，具体方法参见实验25。

5. 聚乙烯咔唑的光学性质测定

将合成的PVK溶于四氢呋喃，配制浓度为4 mg/mL的溶液，在石英玻璃上旋涂成膜，在紫外-可见光吸收光谱仪和荧光光谱仪上测其吸收光谱和荧光光谱。

用微量进样器取上述溶液，配制浓度为1.0×10^{-2} mg/mL和1.0×10^{-4} mg/mL的PVK稀溶液，分别用于测定PVK溶液的吸收光谱和荧光光谱。

用Origin软件画图并分析溶液中和薄膜中PVK光谱的变化。

五、思考题

(1) 氯乙基咔唑产率的影响因素有哪些？

(2) 如何控制PVK的分子量？

(3) PVK在溶液和薄膜中的光学性质为什么不同？

实验50 苯丙乳液的合成及性能测试

一、实验目的

(1) 了解自由基共聚合反应。

(2) 掌握乳液聚合的一般原理和合成方法。

(3) 掌握乳液聚合的预乳化法制备工艺。

(4) 掌握乳液稳定性的测试方法及相关操作。

二、实验原理

苯丙乳液是苯乙烯、丙烯酸酯类、丙烯酸类的多元共聚物的简称，是一大类容易制备、性能优良、应用广泛且符合环保要求的聚合物乳液。

单体是形成聚合物的基础，决定着其乳液产品的物理、化学及机械性能。合成苯丙乳液的共聚单体中，苯乙烯、甲基丙烯酸甲酯等为硬单体，赋予乳胶膜内聚力而使其具有一定的硬度、耐磨性和结构强度；丙烯酸丁酯、丙烯酸乙酯等为软单体，赋予乳胶膜以一定的柔韧性和耐久性。丙烯酸为功能性单体，可提高附着力、润湿性和乳液稳定性，并赋予乳液一定的反应特性，如亲水性、交联性等。除了丙烯酸以外，功能性单体还有丙烯酰胺、N-羟甲基丙烯酰胺、丙烯腈等。

单体的组成，特别是硬单体与软单体的比例，会使苯丙乳液的许多性能发生变化。其中最重要的是乳胶膜硬度和乳液的最低成膜温度会产生显著变化。共聚单体的组成与所得共

聚物的玻璃化温度 T_g 之间的关系如下式所示：

$$\frac{1}{T_g}=\frac{w_1}{T_{g1}}+\frac{w_2}{T_{g2}}+\cdots+\frac{w_i}{T_{gi}} \quad (50-1)$$

式中：w_i 为共聚物中各单体的质量分数；T_g 为共聚物玻璃化温度(K)；T_{gi} 为共聚物中各单体对应均聚物的玻璃化温度。共聚物的玻璃化温度 T_g 越高，膜越硬；反之，共聚物的玻璃化温度 T_g 越低，膜越软。调节苯丙乳液共聚单体的种类及它们之间的比例，可合成具有不同玻璃化温度 T_g 的乳液。苯丙乳液作为一类重要的中间产品或原料，可用作水性防锈涂料、荧光材料、水性上光油、建筑涂料、纸张黏合剂等，用途非常广泛。

本实验用苯乙烯、甲基丙烯酸甲酯、丙烯酸丁酯、丙烯酸进行四元乳液共聚，合成苯丙乳液。聚合引发剂为过硫酸钾，采用阴离子型十二烷基硫酸钠和非离子型 OP-10 的混合乳化剂，碳酸氢钠为 pH 调节剂，聚合工艺采用单体预乳化法，并连续滴加预乳化单体和引发剂溶液。

三、仪器与药品

1. 仪器

四颈瓶 (250 mL)、圆底烧瓶 (500 mL)、恒压滴液漏斗、Y 型管、温度计、球形冷凝管、锥形瓶、烧杯(50 mL、100 mL、250 mL)、培养皿、电动搅拌器、恒温浴、分析天平、烘箱、冰箱、红外光谱仪。

2. 药品

苯乙烯、甲基丙烯酸甲酯、丙烯酸丁酯、丙烯酸、OP-10、十二烷基硫酸钠、碳酸氢钠、过硫酸钾、氨水、对苯二酚、氯化钙。

四、实验步骤

1. 单体预乳化

在 500 mL 圆底烧瓶中，加入 100 mL 去离子水，1.5 g 碳酸氢钠，3.4 g十二烷基硫酸钠，3.4 g OP-10，搅拌溶解后再依次加入 2.7 g (2.8 mL)丙烯酸、12.7 g (13.2 mL)甲基丙烯酸甲酯、27.5 g (31.1 mL)丙烯酸丁酯、28.3 g (31.4 mL)苯乙烯，室温下搅拌 30 min。

2. 聚合

称取 1.5 g 过硫酸钾，置于锥形瓶中，用 30 mL 水溶解配制引发剂溶液，置于冰箱中备用。

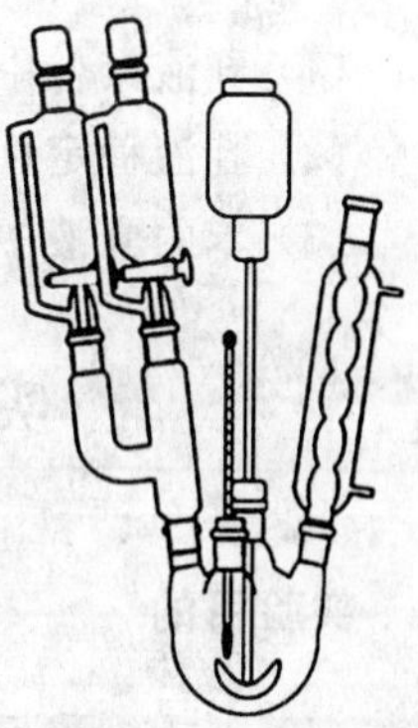

在如图 50-1 所示的聚合反应装置中[1]，加入 40 mL 单体预乳化液，搅拌并升温至 78℃，滴加 8 mL 引发剂溶液，约 20 min 滴完。然后同时分别滴加剩余的单体预乳化液和 14 mL 引发剂溶液，2.5 h 内滴加完毕。再在30 min内滴完剩余的 8 mL 引发剂溶液。缓慢升温至 90℃，熟化 1 h，冷却反应液至 60℃，加氨水调节 pH 至 8，出料。

图 50-1 苯丙乳液聚合反应装置图

3. 性能测定

(1) 固含量测定

称取少量苯丙乳液(约 2 g)于培养皿中，再加入微量阻聚剂对苯二酚，置于 120℃烘箱中，干燥 2 h，取出冷却后再称重(精确至 0.001 g)，计算固含量。

$$固含量 = (干燥后乳液质量/干燥前乳液质量) \times 100\%$$

(2) 凝胶率测定

将制备的苯丙乳液过滤，残余物置于烘箱中烘干称重，则凝胶率为：

$$凝胶率 = (凝胶物质量/单体总质量) \times 100\%$$

(3) 化学稳定性测定

在 20 mL 刻度试管中，加入 16 mL 苯丙乳液，再加 4 mL 5% $CaCl_2$ 溶液，摇匀，静置 48 h，观察是否出现沉淀或分层等不稳定现象。若不出现凝胶，且无分层现象，则化学稳定性合格。若有分层现象，量取上层清液和下层沉淀高度，清液和沉淀高度越高，则钙离子稳定性越差。

(4) 放置稳定性测定

在试剂瓶中倒入约 10 mL 苯丙乳液，置于 50℃烘箱中恒温放置 1～4 周，观察乳液是否有沉淀或分层等不稳定现象。

4. 结构表征

聚合物经四氢呋喃溶解后，采用涂膜法进行红外光谱测定，指出聚苯乙烯、聚甲基丙烯酸甲酯、聚丙烯酸丁酯的特征吸收峰。

本实验约需 8 h。

【注释】

[1] Y 型管同时接上两只恒压滴液漏斗，一只用于滴加单体预乳化液，另一只用于滴加引发剂溶液。

五、思考题

(1) 乳液聚合中单体为什么采用滴加方式？

(2) 乳液稳定性的影响因素有哪些？如何控制？

(3) 苯丙乳液中各组分的作用是什么？

实验 51 线型酚醛树脂的制备及固化

一、实验目的

(1) 掌握缩聚反应的原理和方法。

(2) 了解原料配比对高聚物性能的影响。

(3) 学习在苯酚存在下甲醛含量的测定方法。

(4) 掌握酚醛树脂的固化原理和方法。

二、实验原理

酚醛树脂是以酚类化合物(苯酚、甲酚、二甲酚或间苯二酚)与醛类化合物(甲醛、乙醛、多聚甲醛、糠醛)为原料，在酸性或碱性催化剂存在下，经缩聚反应制得的合成树脂的总称。

酚醛树脂是最早实现工业化的合成树脂，具有很多优点，如绝缘性能好、隔热、防腐、防潮、其模塑品强度高、尺寸稳定性好、耐高温、价廉等，因此在现代工业中得到了广泛应用。

本实验在酸性催化剂存在下，甲醛与过量的苯酚缩聚，制得热塑性酚醛树脂，反应式如下：

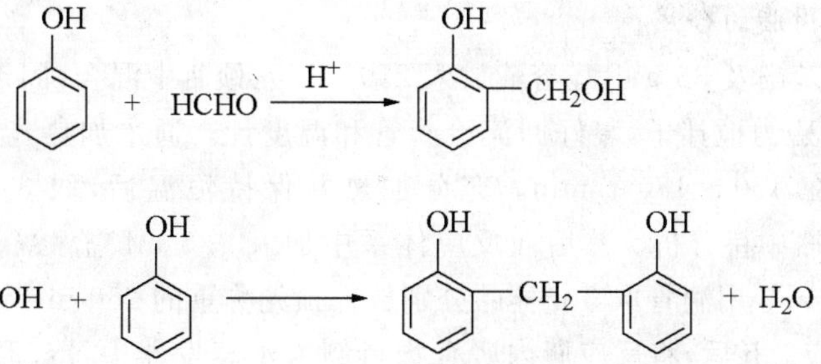

$$C_6H_5OH + HCHO \xrightarrow{H^+} o\text{-}HOC_6H_4CH_2OH$$

$$o\text{-}HOC_6H_4CH_2OH + C_6H_5OH \longrightarrow HOC_6H_4-CH_2-C_6H_4OH + H_2O$$

继续反应生成线形大分子：

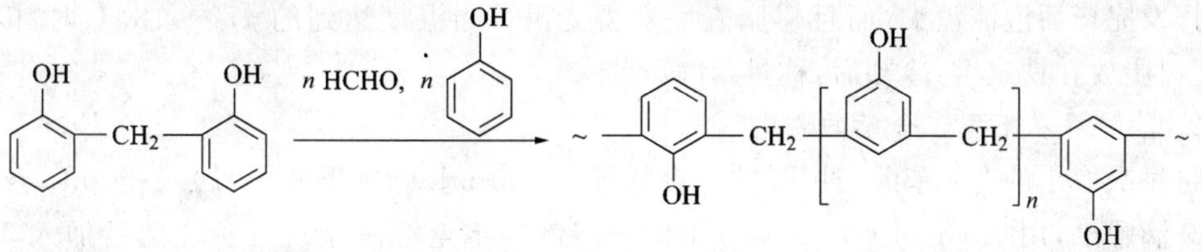

$$HOC_6H_4-CH_2-C_6H_4OH \xrightarrow{n\,HCHO,\ n\,C_6H_5OH} \sim C_6H_3(OH)-CH_2-\left[C_6H_3(OH)-CH_2\right]_n-C_6H_3(OH)\sim$$

线形酚醛树脂相对分子质量一般在 1 000 以下，聚合度约 4～10，可加热熔融，可溶于丙酮、酒精或碱性溶液中。

线形酚醛树脂中加入六亚甲基四胺进行固化，得到不溶不熔的体形聚合物：

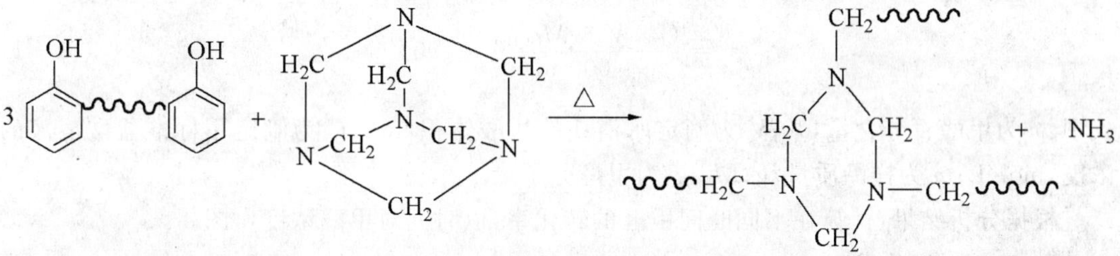

$$3\ HOC_6H_4\sim\sim C_6H_4OH + (CH_2)_6N_4 \xrightarrow{\triangle} \text{体形聚合物（N—}CH_2\sim\sim\text{交联结构）} + NH_3$$

根据甲醛与亚硫酸钠作用，生成氢氧化钠，然后根据标准盐酸溶液滴定生成的氢氧化钠所用的量，计算甲醛含量。其反应式如下：

$$HCHO + Na_2SO_3 + H_2O \longrightarrow H-\underset{SO_3Na}{\overset{H}{C}}-OH + NaOH$$

三、仪器和药品

1. 仪器

集热式磁力搅拌器、电动搅拌器、三颈瓶（250 mL）、冷凝管、温度计、抽滤装置、表面皿、移液管、锥形瓶。

2. 药品

苯酚、甲醛（30%水溶液）、盐酸（d=1.19）、NaOH 标准溶液（0.1 mol・L^{-1}）、Na_2SO_3溶

液(1 mol/L)、盐酸标准溶液(0.5 mol/L)、六亚甲基四胺。

四、实验步骤

1. 酚醛树脂的合成

将40 g苯酚及33 g甲醛溶液放入250 mL三颈瓶中混合,固定在集热式磁力搅拌器的水浴内,加入磁力搅拌子,装好回流冷凝管和温度计。通水加热,温度维持在(60±2)℃,搅拌速度控制在150～180 r/min。充分加热并保持恒温后,取3 g试样放入预先称重的250 mL锥形瓶中待分析。然后向反应体系中加入0.5 mL盐酸(0.5 mol/L),反应立即开始。每隔30 min用滴管取3 g样品分别放入预先称重的250 mL锥形瓶中,分别进行分析。

回流反应3 h后,将反应瓶内所有物料倒入水蒸发器中,冷却后倒去上层水,下层缩聚物用水洗涤数次,直至呈中性为止。然后用小火加热,以除去水及未反应的苯酚等挥发成分。挥发完毕后泡沫消失,而且树脂表面变得光滑。当温度达到约170～180℃时,停止加热,把树脂放在铁皮上,冷却后,称量,计算产率。

2. 苯酚存在下甲醛含量的测定

将每次取出的3 g苯酚与甲醛的混合物置于250 mL的锥形瓶中,加入25 mL蒸馏水,加入3滴酚酞,用0.1 mol·L^{-1} NaOH标准溶液滴定至溶液呈现红色。然后加入50 mL 1 mol·L^{-1} Na_2SO_3溶液,为了使Na_2SO_3与甲醛反应完全,振摇均匀后,将混合物在室温下放置2 h,然后用0.5 mol·L^{-1}标准盐酸溶液滴定至红色褪去。苯酚存在下甲醛含量的计算式:

$$x=\frac{C\times V\times M_{\mathrm{HCHO}}}{1\,000\ \mathrm{m}}\times 100\% \qquad (51-1)$$

式中:x为甲醛百分含量,%;V为滴定所消耗的盐酸体积,mL;C为滴定用标准盐酸溶液的浓度,mol/L;m为样品质量,g;M_{HCHO}为甲醛分子量。

根据分析结果,计算在不同时间甲醛的转化率,以时间对甲醛浓度作图。

3. 酚醛树脂的固化

称量所合成的5 g酚醛树脂,加入0.3 g六亚甲基四胺,在研钵中研磨混合均匀。将研细的粉末加入小试管中,小心加热,使其熔融,观察混合物的流动性变化。

五、思考题

(1) 计算配方中苯酚与甲醛物质的量的比,为什么要采用此配方?

(2) 苯酚与甲醛缩聚为什么既能生成线型缩聚物,又能生成体型缩聚物?

实验52　木材黏结用环保型脲醛树脂的合成及胶合性能的测定

一、实验目的

(1) 理解逐步加成的反应机理,掌握环保型脲醛树脂的合成方法和胶合试验。

(2) 掌握平板硫化机和电子万能试验机的使用方法。

(3) 掌握木材胶黏剂用树脂胶合强度的测定方法。

二、实验原理

随着木材加工行业的迅速发展，人们对木材工业用胶黏剂的需求量也大大增加。脲醛树脂胶黏剂(UF)、酚醛树脂胶黏剂(PF)、密胺树脂胶黏剂(MF)因原料充足、价格低廉而被广泛运用于木材加工行业中。其中脲醛树脂胶合强度高、固化快、操作性好，是用量最大的一种胶黏剂，约占80%以上。但脲醛树脂黏合剂的突出缺点之一是游离甲醛含量高，在加工过程中释放出刺激性有毒气体，危害健康，污染环境。因此，研究环保型脲醛树脂的合成及木材胶合试验具有非常重要的现实意义。本实验通过降低甲醛和尿素的物质的量的比(F/U)，并添加三聚氰胺改性剂来降低脲醛树脂甲醛的释放量。

脲醛树脂是由尿素与甲醛经加成聚合反应制得的热固性树脂，主要分为两个阶段，第一个阶段羟甲基脲生成，为加成反应阶段；第二阶段树脂化，为缩聚反应阶段。

1. 加成反应阶段

$$H_2NC(=O)NH_2 + H-C(=O)-H \longrightarrow \underset{\text{一羟甲基脲}}{HOCH_2NH-C(=O)-NH_2} \text{ 或 } \underset{\text{二羟甲基脲}}{HOCH_2NH-C(=O)-NHCH_2OH}$$

尿素与甲醛在中性或弱碱性介质(pH 为 7～8)中进行羟基化反应。当甲醛与尿素的物质的量的比(F/U)≤1 时生成稳定的一羟基甲基脲；然后再与甲醛反应生成二羟甲基脲；还可以生成少量的三羟甲基脲、四羟甲基脲，但是到目前为止，还未分离出四羟甲基脲。

2. 缩聚反应阶段

$$HOCH_2NH-C(=O)-NH_2 + HOCH_2NH-C(=O)-NHCH_2OH \xrightarrow{-H_2O} HOCH_2N(-C(=O)-NH_2)-CH_2-NH-C(=O)-NHCH_2OH$$

也可以在羟甲基与羟甲基间脱水缩合：

$$HOCH_2NH-C(=O)-NH_2 + HOCH_2NH-C(=O)-NHCH_2OH \xrightarrow{-H_2O} H_2N-C(=O)-NH-CH_2-O-CH_2-NH-C(=O)-NHCH_2OH$$

此外，还有甲醛与亚氨基间的缩合，均可生成低相对分子质量的线型和低交联度的脲醛树脂：

$$\begin{matrix}-NH-CH_2- \\ -NH-CH_2-\end{matrix} + HCHO \xrightarrow{-H_2O} \begin{matrix}-N-CH_2- \\ | \\ CH_2 \\ | \\ -N-CH_2-\end{matrix}$$

脲醛树脂的结构尚未完全确定，可认为其分子主链上还有以下结构：

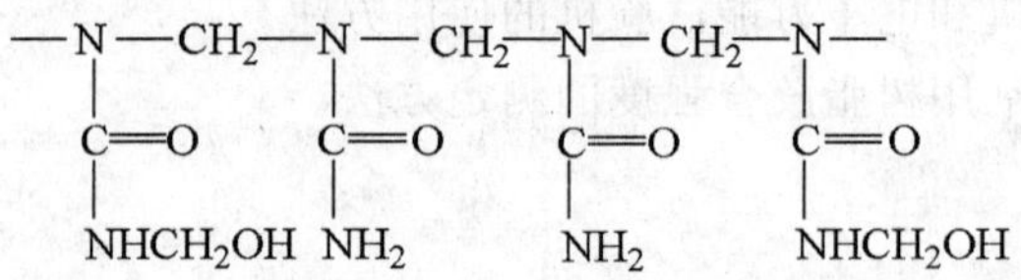

```
—N—CH₂—N—CH₂—N—CH₂—N—
 |       |       |       |
 C=O     C=O     C=O     C=O
 |       |       |       |
 NHCH₂OH NH₂     NH₂     NHCH₂OH
```

上述中间产物中含有易溶于水的羟甲基，可做胶黏剂使用，当进一步加热，或者在固化剂作用下，羟甲基与氨基进一步缩合交联成复杂的网状体型结构。

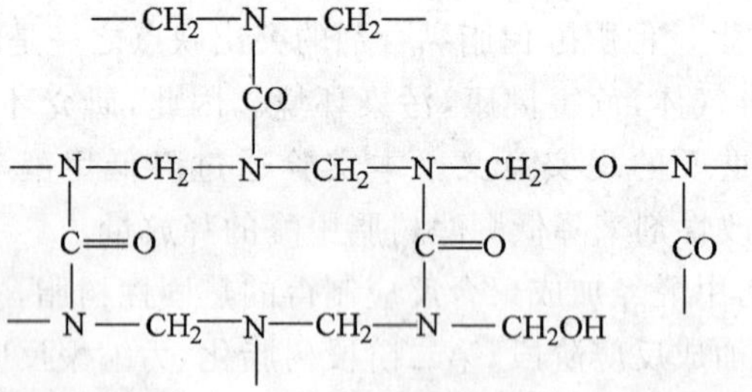

```
        —CH₂—N—CH₂—
             |
             CO
             |
—N—CH₂—N—CH₂—N—CH₂—O—N—
 |            |        |
 C=O          C=O      CO
 |            |        |
—N—CH₂—N—CH₂—N—CH₂OH
       |
```

三、仪器与药品

1. 仪器

电动搅拌器、水浴锅、三颈瓶(250 mL)、球形冷凝管、温度计、木板、游标卡尺、电子万能试验机、平板硫化机等。

2. 药品

甲醛、尿素、氢氧化钠、甲酸、三聚氰胺、氯化铵等。

四、实验步骤

1. 量取甲醛水溶液 37 mL，加入带有搅拌器、温度计、球形冷凝管的 250 mL 三颈瓶中，开动搅拌器，同时用水浴缓慢加热，开始升温至 45～50℃，用 5% NaOH 溶液[1]调节 pH 至 7.5～8.0(不能超过 8.0)，再加入第一批尿素约 20 g，升温至 85～90℃，反应 40 min。

2. 加入第二批尿素约 2.5 g，反应 30 min，然后用 5%甲酸溶液调节 pH 至 4.5～5.0[2]，控制温度 85～90℃继续反应[3]。此后不间断地用胶头滴管吸取少量脲醛胶液滴入冷水中，观察胶液在冷水中是否出现雾化现象。

3. 当出现雾化现象后，产生白色不溶颗粒物或悬浊时，用 5% NaOH 调节 pH 至7.5～8.0 左右，加入第三批尿素约 2.5 g，然后降温至 65℃，再加入 0.25 g 三聚氰胺，继续反应约 30 min。

4. 迅速冷却至 35～40℃[4]，用 5% NaOH 溶液调 pH 至 6.5～7.5，即可出料。

5. 在小烧杯内称取 100 g 树脂试样(精确到 0.1 g)，加入 1 g 氯化铵(精确到 0.1 g)，搅拌均匀，在试材的胶合面分别涂胶，涂胶量为 250 g/m^2(单面)。然后将两片试材平行顺纹对合在一起；陈放时间：30 min；预压压力(1.0±0.1) MPa，预压时间：30 min；热压压力(1.0±0.1) MPa，热压温度：110℃，热压时间：1 min。

胶合后的试材按图 52-1 的规格锯切成试件。

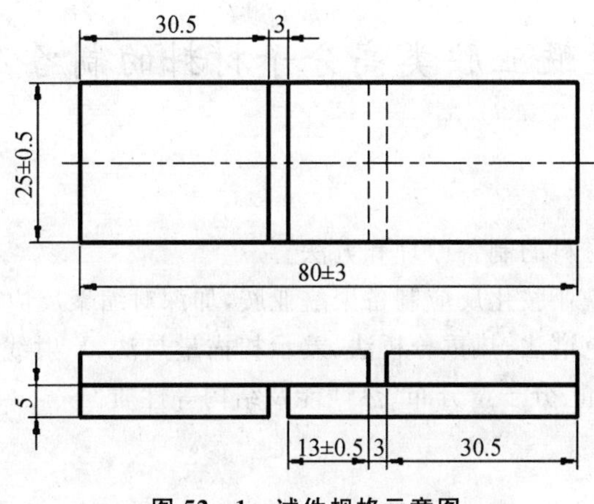

图 52－1 试件规格示意图

6. 胶合强度的测定

(1) 用游标卡尺测量试件胶接面的宽度与长度。

(2) 将试件夹在带有活动夹头的拉力试验机上，放置试件时，应使其纵轴与试验机的活动夹头的轴线一致，并保持试件上下夹持部位与胶接部位距离相等。试验以 5 880 N/M 的速度均匀加荷直至破坏。读取最大破坏荷重，读数应精确至 5 N。

(3) 胶合强度按下式计算：

$$\sigma = \frac{p}{a \cdot b}$$

测定胶合强度的试件不应少于 3 个，取其平均值。

式中：σ 为胶合强度，N/mm^2；p 为试件破坏时的最大荷重，N；a，b 为分别为试件胶接面的长度和宽度，mm。

本方法约需 8 h。

【注释】

[1] 配制氢氧化钠和甲酸溶液的浓度不能太高，否则加入一滴导致 pH 变化太大，不易控制。

[2] 调节 pH 时，速度一定要缓慢，不宜过酸过碱。特别是在酸性阶段，过酸会发生暴聚，生成不溶性物质。

[3] 注意控制温度，缩聚阶段反应放热，温度太高，反应过程不易控制，易出现凝胶现象；温度太低，反应时间加长，影响树脂的聚合度。

[4] 脲醛树脂在碱性条件下可发生水解，温度越高，水解越严重，故在反应结束后，要迅速降温至 40℃ 以下。

五、思考题

(1) 如何判断脲醛树脂合成反应的终点？

(2) 使用脲醛树脂胶接时，为什么要加固化剂？常用的固化剂有哪些？

(3) 为什么脲醛树脂具有黏结木、竹的能力？

实验 53 聚酰亚胺类高分子材料的制备及性能测试

一、实验目的

(1) 学习聚酰亚胺材料的制备原理和方法。

(2) 通过缩聚和热酰亚胺化反应制备聚酰亚胺,加深对缩聚反应的认识。

(3) 通过凝胶渗透色谱法、热重分析法、差示扫描量热法、X 射线衍射法的表征,初步了解聚酰胺的平均分子质量、分子量分布、热性能及结构等性质。

二、实验原理

聚酰亚胺最常用的合成方法是一步法和二步法。所谓二步法,以二酐和二胺为单体,先通过缩聚反应生成聚酰亚胺(PI)前驱体聚酰胺酸(PAA),再通过亚胺化处理生成聚酰亚胺。而一步法是直接用二酐和二胺通过缩聚反应生成聚酰亚胺,没有二步法中聚酰胺酸中间体这个过程。一步法步骤比较少,操作简单,但是所制备的聚酰亚胺可溶性差、加工困难,并且所用的酚类溶剂毒性大、味道难闻、污染环境。二步法的最大优点是所生成的聚酰亚胺前驱体聚酰胺酸具有良好的溶解性能,可以溶解在大多数极性非质子溶剂中,如 N-甲基吡咯烷酮(NMP)、N,N-二甲基甲酰胺(DMF)、N,N-二甲基乙酰胺(DMAc)、二甲基亚砜(DMSO)等,便于制备加工。因此,本实验采用二步法合成聚酰亚胺。

首先将双酚 A 二酐和双酚 A 二胺在非质子极性溶剂,如 DMAc、DMF、DMSO、NMP 中进行低温缩聚反应,制备聚酰胺酸溶液;然后通过热酰亚胺法脱水得到聚酰亚胺。其反应式如下:

Polymerization DMF

Poly (amide acid)

heating

Polyimide

三、仪器与药品

1. 仪器

磁力搅拌器、真空干燥箱、蒸馏装置、布氏漏斗、吸滤瓶、圆底烧瓶(100 mL),烧杯(20 mL,400 mL)、量筒、特制水平玻璃片。

2. 药品

双酚A二酐[1]、双酚A二胺、N,N-二甲基甲酰胺(使用前重新蒸馏)、甲醇、盐酸、二甲苯。

四、实验步骤

1. 聚酰胺酸的合成[2]

双酚A二酐(2.30 g,6 mmol)溶解于DMF中形成饱和溶液,置于用氮气冲洗过的干燥的100 mL圆底烧瓶中,加入等物质的量的双酚A二胺(2.46 g,6 mmol)的DMF饱和溶液,氮气保护下,电磁搅拌,室温下反应24 h,生成聚酰胺酸溶液。本实验约需24 h。

2. 聚酰亚胺的合成

方法一:向第1步制备出的聚酰胺酸溶液中加入16 mL二甲苯溶液,再将此聚酰胺酸溶液在160℃左右热环化6 h,热环化产生的水被二甲苯以共沸物的形式蒸出,将反应后的溶液滴到200 mL甲醇/水(体积比为1∶1)及2 mL HCl(2 mol/L)的混合溶液中析出沉淀,抽滤,60℃下真空干燥2 h,得到浅黄色聚酰亚胺。本实验约需8 h。

方法二:将第1步制备出的聚酰胺酸溶液浇注在特制水平玻璃片上,放在烘箱中,通过如下升温过程:60℃(20 min)→120℃(30 min)→165℃(2 h)→200℃(30 min)→250℃(20 min)→300℃(10 min),制备出浅黄色聚酰亚胺薄膜,本实验约需4 h。

3. 聚酰亚胺的表征

利用凝胶渗透色谱法测量聚酰亚胺的数均分子质量、质均分子质量及分子量分布,具体方法参见实验25。

利用热重分析法和差示扫描量热法测量聚酰亚胺的热分解温度和玻璃化转变温度,具体方法参见实验41和实验43。

利用X射线衍射法测量聚酰亚胺的无定形结构,具体方法参见实验27。

【注释】

[1] 二酐单体极易水解,在称量、溶解、加料过程中应防潮,保持器皿干燥。

[2] 聚酰胺酸的合成是一个亲核取代反应。二胺单体氨基上的N原子含有一对孤对电子,具有一定的亲核性。二酐单体酰基上的C原子由于氧原子的吸电子作用而具有一定的正电性,二胺单体N原子提供孤对电子进攻二酐单体酰基上带有部分正电荷的C,发生亲核取代反应。另外,生成聚酰胺酸的反应是一个放热反应,降低温度将会有利于反应的进行。

五、思考题

(1) 制备聚酰亚胺所采用的一步法和二步法各有什么特点?

(2) 简述由二酐和二胺单体通过缩聚反应制备聚酰胺酸的反应机理?

(3) 合成聚酰胺酸时,为什么必须采用干燥的圆底烧瓶?

实验54 硬质聚氨酯泡沫塑料的制备及性能测定

一、实验目的

(1) 了解制备硬质聚氨酯泡沫塑料的方法及反应原理,熟悉一步法聚氨酯发泡实验技术。

(2) 通过制备硬质聚氨酯泡沫塑料,加深了解原料各组分的作用。

(3) 学会分析影响硬质聚氨酯泡沫塑料性能的工艺因素。

二、实验原理

聚氨酯泡沫具有密度小、比强度高、绝热保温性能好、耐酸碱、耐老化、生产加工性能优良等特点,广泛应用于家电、建筑、冷藏、绝热、运输、包装、家具等领域。

聚氨酯泡沫的制造方法主要分为三种:预聚体法、半预聚体法和一步法。本实验主要采用一步法。一步法发泡是将聚醚或聚酯多元醇、多异氰酸酯、水以及其他助剂如催化剂、泡沫稳定剂等一次性加入,使链增长、气体发生及交联等反应在短时间内几乎同时发生,在物料混合均匀后,1~10 s内发泡,0.5~3 min发泡完毕,并得到具有较高分子量和一定交联密度的泡沫制品。要制得孔径均匀和性能优异的泡沫,必须采用复合催化剂、外加发泡剂和控制合适的条件,使三种反应得到较好的协调。在聚氨酯泡沫制备过程中涉及的主要反应如下:

1. 异氰酸酯与羟基反应

多异氰酸酯与多元醇(聚醚、聚酯或其他多元醇)反应生成聚氨基甲酸酯。

$$n\,\mathrm{OCN{-}R{-}NCO} + n\,\mathrm{HO{-}R'{-}OH} \longrightarrow \left[\overset{\displaystyle O}{\overset{\|}{C}} {-}NH{-}R{-}NH{-} \overset{\displaystyle O}{\overset{\|}{C}} {-}O{-}R'{-}O \right]_n$$

2. 异氰酸酯与水反应

带有异氰酸酯基团的化合物或高分子链节与水先形成不稳定的氨基甲酸,然后分解成胺和二氧化碳。

$$\mathrm{R{-}NCO} + \mathrm{H_2O} \longrightarrow \mathrm{R}{-}\overset{\displaystyle H}{\overset{|}{N}}{-}\overset{\displaystyle O}{\overset{\|}{C}}{-}\mathrm{OH} \longrightarrow \mathrm{R{-}NH_2} + \mathrm{CO_2}$$

胺基进一步与异氰酸酯基团反应生成含有脲基的高聚物。

$$\mathrm{R{-}NCO} + \mathrm{H_2N{-}R'} \longrightarrow \mathrm{R}{-}\overset{\displaystyle H}{\overset{|}{N}}{-}\overset{\displaystyle O}{\overset{\|}{C}}{-}\overset{\displaystyle H}{\overset{|}{N}}{-}\mathrm{R'}$$

上述两个反应都属于链增长反应,后者还生成二氧化碳。因而既可看成是链增长反应,又可视作发泡反应。通常在无催化剂条件下,上述异氰酸酯与胺基反应速率非常快,所以在反应中不但使过量的水与异氰酸酯反应,而且还能得到高收率的取代脲,且很少有过量的游离胺存在。因此,上述反应可以直接看作是异氰酸酯与水反应生成取代脲。

3. 异氰酸酯基和胺反应生成脲

反应式与胺基与异氰酸酯基团反应相同。

4．缩二脲反应

脲基中氮原子上的氢与异氰酸酯反应形成缩二脲。

上述四种反应综合为链增长反应、气体发生反应和交链反应三种不同类型。在聚氨酯泡沫制造过程中，这些反应都是以较快的速度同时进行。在催化剂存在下，有的反应甚至在几分钟内就能大部分完成。最后形成具有一定相对分子质量和交链度的聚氨酯泡沫体。

多余的异氰酸酯在适当催化剂作用下形成二聚体和三聚体。上述几个反应产生大量热，可促使反应体系温度迅速升高，使发泡反应在很短时间内完成，并且反应热为物理发泡剂气化提供了能量。

三、仪器与药品

1．仪器

电动搅拌器、塑料烧杯、秒表、模具、电子天平、游标卡尺、美工刀、铲刀、泡沫切割机、红外温度计、温度计、电子万能试验机、高低温试验箱、水分测定仪、冰箱、冰柜、锯条等。

2．药品

异氰酸酯、聚醚多元醇、五甲基二乙烯三胺（PC－5）、N，N－二甲基环己胺（PC－8）、2，4，6－三（二甲胺基）苯酚（DMP－30）、泡沫稳定剂 AK－8818、环戊烷、脱模剂。

四、实验步骤

1．组合聚醚的制备

按配方称取聚醚多元醇[1]，再准确加入各种催化剂、泡沫稳定剂、水，搅拌 10 min，搅拌均匀后加入环戊烷，混合均匀后，得到组合聚醚。

2．自由发泡小样实验

首先按配方称取组合聚醚料，保持料温 22℃，然后加入料温 22℃的异氰酸酯料（组合聚醚料：异氰酸酯料＝100：116）。用电动搅拌器搅拌 5 s，等到泡沫升到容器杯口后，迅速将料倒在报纸上，记录乳白时间、纤维时间、不黏时间。泡沫固化完全后去除表皮，测定泡沫的各种性能。

其中，乳白时间是自由发泡中从配料拌匀混合到开始发泡的时间，用秒表记录。纤维时间是自由发泡中从配料拌匀混合到泡沫不再进一步膨胀的时间，用秒表记录，这可通过用棒从泡沫体中能拉出“纤维”加以检验。用手指轻轻地接触试样泡沫体表面，当不再发黏时，记录试样从配料拌匀混合到泡沫不再发黏所需的时间即为不黏时间。

3．模具发泡实验

待泡沫熟化后测定泡沫性能。首先把自制的模具（39 cm×39 cm×10 cm）清理干净，涂上脱模剂，盖上模具盖，开始预热，模具温度应达到（39±2）℃，保温。然后根据自制模具的体积和硬泡的密度计算组合聚醚料和异氰酸酯料的用量，实际称量时，填充量要超过理论量的 5％～15％。按组合聚醚料：异氰酸酯料＝100：116 称取原料，保持料温都达到（22±1）℃，然后把组合聚醚和异氰酸酯混合，用电动搅拌器搅拌 7～9 s，将混合料迅速注入模具中，盖上模具盖儿，熟化后脱模。记录脱模时间并测定泡沫各项性能。

4．泡沫性能测定

（1）泡沫取样

发泡 0.5 h 后取样，取样时应首先去除自然表皮后，才能制得。

(2) 泡沫芯密度的测定

泡沫芯密度按 GB6343-95 规定进行试验。试样数量 5 个。

(3) 尺寸稳定性的测定

尺寸稳定性按 GB8811-88 规定进行试验,平均线性变化率按式(54-1)计算。

$$S=(S_L+S_W+S_T)/3 \tag{54-1}$$

式中:S—试样的平均线性变化率,%;S_L、S_W、S_T—分别为试样长度、宽度、厚度的尺寸变化率,%。

(4) 压缩强度的测定

压缩强度按 GB/T8813-2008 规定进行。试样尺寸(50±1) mm×(50±1) mm×(50±1) mm,试样数量 5 个。速度为 5 mm/min,施加负荷的方向应垂直于产品泡沫起发方向。

本方法约需 12 h。

【注释】

[1] 配方

原料	配比	原料	配比
聚醚多元醇 1	80	PC-8	0.4
聚醚多元醇 2	12	DMP-30	2.2
聚醚多元醇 3	8	水	2.0—2.5
Ak-8805	2.0	环戊烷	13
PC-5	0.15	异氰酸酯	114—116

五、思考题

(1) 分析聚氨酯泡沫密度的影响因素有哪些?

(2) 解释配方中各组分的性质和作用。

实验 55 聚 3-己基噻吩的合成及性能测试

一、实验目的

(1) 学习格氏试剂交换法(GRIM)反应的原理和方法。

(2) 通过格氏试剂交换法(GRIM)反应制备聚 3-己基噻吩,加深对偶联反应和立构规整度的认识。

(3) 通过热重分析法和差示扫描量热法对聚 3-己基噻吩进行测试,掌握聚合物材料热稳定性能的表征方法。

二、实验原理

聚噻吩类化合物具有电导率高、禁带宽度小、易加工成型等优点,可用作光伏电池、发光二极管、生物传感器、电磁屏蔽等领域的优质半导体材料。未经取代的聚噻吩没有任何取代基，分子链的刚性很大，不溶于任何溶剂，也不熔化，因此不具备可加工性能。烷基取代聚噻吩可降低分子链间的作用力，明显改善其溶解性。聚 3-己基噻吩(P3HT)是目前最为广泛应用的一类光电材料。P3HT 的结构不对称，两个噻吩单元连接时，有三种可能的化学结构：头头(HH)连接、头尾(HT)连接、尾尾(TT)连接。HH 连接和 TT 连接是一种结构缺陷，会造成噻吩环的空间扭曲，破坏共轭结构，妨碍分子链规整堆砌，限制了电荷在主链内部的传输，从而使电学、光学等其他性能下降，因此合成高立构规整度(HT 连接)的 P3HT 已成为研究的热点。

Mccullough 等人在 1992 年首次合成了规整的头尾连接的聚 3-烷基噻吩，其合成路线如下：

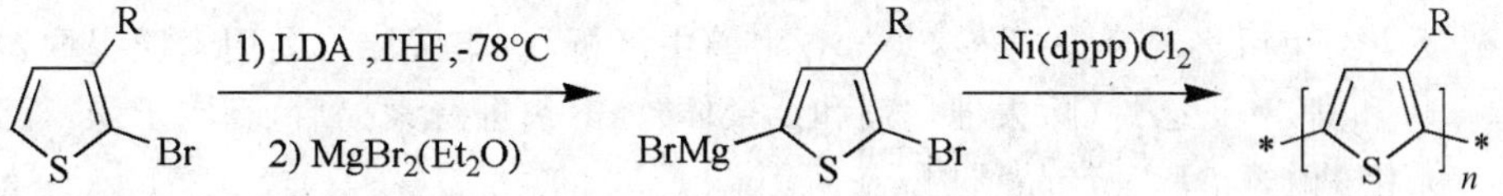

2-溴-3-烷基噻吩用二异丙基胺基锂(LDA)在低温下－78℃下反应，生成的 2-溴-3-烷基-5-锂噻吩与溴化镁反应，生成 2-溴-3-烷基-5-溴化镁噻吩，在 Ni(dppp)Cl_2的催化作用下进行偶联反应得到区域规整的头尾连接的聚烷基噻吩。通过这种方法制备的聚烷基噻吩，相对分子量在 2 万～4 万之间，分散度约为 1.4。McCullough 方法虽然可以得到接近 100%的 HT—HT 偶联的聚烷基噻吩，但是该方法步骤繁琐，且要求低温，反应不容易控制。

后来，Mcculfough 等进一步发展了 GRIM 方法，其合成路线如下：

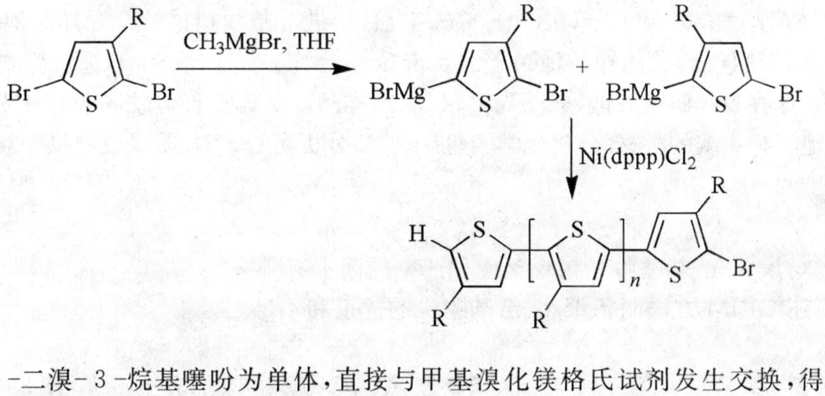

以 2,5-二溴-3-烷基噻吩为单体，直接与甲基溴化镁格氏试剂发生交换，得到两种同分异构体 5-溴-4-甲基-2-噻吩基溴化镁与 5-溴-3-甲基-2-噻吩基溴化镁的混合物(比例为 85∶15)。由于催化剂 Ni(dppp)Cl_2的立体选择性，两个混合物进行偶联，得到近 100% HT—HT 连接的区域规整的聚合物。由于 GRIM 方法中涉及活泼的格氏试剂，所以一些可能与格氏试剂反应的官能团不能出现在单体中。

三、仪器与药品

1. 仪器

温度计(200℃)、三颈瓶(100 mL)、不同容量的注射器若干(1 mL、2 mL、5 mL、10 mL

等)、磁力搅拌电热套、磁力搅拌转子、机械搅拌器、双排管、旋转蒸发仪、真空设备、氮气系统、索氏提取器、抽滤瓶、布氏漏斗、烧杯、玻璃塞、橡胶塞、翻口塞、玻璃棒、气球等。

2. 药品

2,5-二溴-3-己基噻吩、1,3-双二苯基膦丙烷合二氯化镍(Ni(dppp)Cl_2)、甲基溴化镁(12%的四氢呋喃溶液,约1mol/L)、甲醇、正己烷。

四、实验步骤

1. 聚3-己基噻吩的合成

取2,5-二溴-3-己基噻吩(1.62 g,5 mmol)于100 mL三颈瓶中,加入30 mL无水四氢呋喃,氮气保护下搅拌,然后用注射器慢慢滴加5 mL甲基溴化镁-四氢呋喃溶液(0.596 g,5 mmol),混合物在80℃下回流1 h后,加入27 mg Ni(dppp)Cl_2进行偶联反应,混合物继续回流2 h,反应结束后将混合物倒入200 mL甲醇中沉析,收集沉淀。利用索氏提取器,以甲醇(去除单体和盐)和正己烷(除去催化剂和低聚体)为溶剂进行索提后,真空干燥,得到目标聚合物。利用核磁氢谱验证产品结构。

2. 聚3-己基噻吩的表征

利用凝胶渗透色谱仪测量聚3-己基噻吩的数均分子量及分子量分布,对其规整度进行分析,具体方法参见实验25。

利用差示扫描量热仪测量聚3-己基噻吩的玻璃化转变温度,具体方法参见实验43。

利用热重分析仪测量聚3-己基噻吩的分解温度,对其热稳定性能进行分析,具体方法参见实验41。

利用紫外-可见光谱仪测量聚3-己基噻吩的吸收光谱。首先将待测样品倒入石英比色皿中,置于仪器液体样品测试附件内。安装完毕后开启仪器及联用电脑,进入setup操作界面,设置扫描范围为200 nm~800 nm。放入空白样,进行基线扫描。打开样品池顶盖,取出空白样,放入待测样品,关闭样品池顶盖。点击Scan操作界面上部Start,进行待测样品扫描。测试完毕后,保存吸收曲线数据,关闭光谱仪,取出样品。具体操作方法参见华中科技大学出版社出版,池玉梅主编的教材《分析化学实验》中仪器分析实验12及附录仪器操作规范。

五、思考题

(1) 影响聚3-己基噻吩立构规整度和产率的因素有哪些?

(2) 简述GRIM方法制备聚3-己基噻吩的优点和不足之处?

实验56 等离子体引发聚丙烯膜表面接枝聚合

一、实验目的

(1) 了解等离子体引发接枝聚合的原理和特点。

(2) 掌握聚合物表面改性的基本实验技术。

二、实验原理

通过等离子体技术引发表面接枝聚合,是不含反应性基团的聚合物材料表面改性的有效方法之一，可赋予聚合物表面高功能化。同化学接枝法、高能电子束辐照接枝法相比，等离子体引发接枝仅限于聚合物表面或很浅的表层，进行等离子体辐照不会对聚合物基材产生本体交联作用，因此不影响聚合物的本体性质。由于可接枝的单体种类繁多、性质不同，因此常常可以通过选择单体在表面引入功能基团，从而改善聚合物性能，如亲水性、疏水性、黏结性等，引入具有生物活性的分子或生物酶，则是提高聚合物材料生物相容性的常用方法。

聚丙烯具有良好的力学性能、电性能、化学性能等，被广泛应用于日常生活、工农业和军事等许多领域。但聚丙烯是典型的非极性聚合物，其亲水性、黏合性、抗静电性以及与其他极性聚合物的相容性差，限制了聚丙烯的应用。在饱和聚丙烯大分子骨架上，利用化学方法进行接枝改性，常用的方法有溶液共聚法、熔融接枝法等，用来接枝的单体主要有马来酸酐、丙烯酸、甲基丙烯酸、丙烯腈、丙烯酰胺、苯乙烯、甲基丙烯酸缩水甘油酯等。然而这些方法通常要求反应温度在200℃左右，易引起聚丙烯的热降解，而且接枝率较低，对反应设备要求较高。通过等离子体引发聚丙烯表面接枝共聚，既能完成化学合成法难以进行的固态表面接枝改性，又无需引发剂即可得到接枝共聚物，接枝单体选择范围更加广泛，接枝率更高。

等离子体引发接枝聚合采用非反应性气体对聚合物材料表面进行等离子体处理，非反应性气体（如 H_2、He、Ar）等离子体的高能粒子轰击聚合物材料表面时传递能量，使材料表面产生大量自由基。相邻高分子自由基可能复合而交联，也可能脱氢或脱去其他原子而形成双键，或者与等离子体中活性种反应生成一系列新的官能团，与反应器中的氧或处理完毕后接触到空气中的氧反应，从而在高分子材料表面引入含氧官能团。如果高聚物本身含有氧，则由大分子断裂分解而形成大分子碎片，进入等离子体内形成活性氧，其效果与氧等离子体处理相当。所以非反应性气体等离子体处理含氧高分子材料表面时，将出现交联、刻蚀、引入极性基团三者的竞争反应。对于不含氧的高分子材料，只是处理后与空气中的氧作用而引入极性基因。等离子体引发功能性单体，在聚合物表面接枝通常有三种方法：① 气相法。聚合物表面经等离子体处理后，接触汽化单体进行接枝聚合。此法由于单体浓度低，与材料表面活性点接触机会少，故接枝率低。② 脱气液相法。材料表面经等离子体处理后，不与空气接触，直接进入液态单体内进行接枝聚合。此法可提高接枝率，但同时产生均聚物而影响效果。③ 常压液相法。材料经表面等离子体处理后，接触大气，形成过氧化物，再进入液体单体，过氧化物受热分解成活性自由基，从而引发聚合，进行表面接枝改性。

三、仪器与药品

1. 仪器

HD－1A 型冷等离子体仪、Impact 400D 型傅立叶红外光谱仪、JC98A 接触角测量仪、恒温水浴、磁力搅拌器、三颈瓶（250 mL）。

2. 药品

聚丙烯熔喷纤维膜、丙烯酸（分析纯）、无水乙醇（分析纯）。

四、实验步骤

1. 聚丙烯膜的等离子体处理

对聚丙烯熔喷纤维膜进行预处理，用无水乙醇浸泡 1 h，超声波洗涤 30 min，用蒸馏水反复清洗，除去纤维膜表面杂质。

将干燥后的聚丙烯膜置于 HD-1A 型冷等离子体仪反应室的下电极上，关闭各路阀门，抽至一定真空，通入氩气，调节气体流量使真空计压力达到 25～30 Pa，启动射频电源，进行辉光放电，调节处理功率为 70 W，处理时间为 3 min。等离子体表面处理后的聚丙烯膜在空气中放置 5 min。

2. 聚丙烯膜的表面接枝聚合

将等离子体表面处理后的聚丙烯膜置于设有回流冷凝管和体积分数为 50% 的丙烯酸溶液的 250 mL 三颈瓶中，高纯氮气保护，三颈瓶放入设定温度的恒温水浴中，磁力搅拌下接枝聚合反应 2 h，反应温度控制在 50℃左右。

将反应后的聚丙烯膜用去离子水反复清洗，超声波洗涤 30 min，以除去聚丙烯膜上残留的未反应单体和均聚物，纯化后的膜再次干燥至恒重后，测定接枝率和表面水接触角等。

采用称重法，接枝前后的样品均干燥至恒重，称重，根据式(56-1)计算接枝率：

$$G(\%)=\frac{M_g-M_0}{M_0}\times 100\% \tag{56-1}$$

式中：G 为接枝率，%；M_0、M_g 分别为聚丙烯膜接枝前和接枝后的质量，g。

3. 接枝改性聚丙烯膜的表面分析

采用 Impact 400D 型傅立叶红外光谱仪分析样品表面化学结构，改性聚丙烯膜测试采用衰减全反射红外光谱法，扫描范围 4 000～400 cm^{-1}，分辨率 4 cm^{-1}。

采用 JC98A 接触角测量仪测定蒸馏水与改性聚丙烯膜表面的接触角，控制每滴液体量约 2 μL，接触后 30 s 内完成测试，在膜上 10 个不同位置进行测试，取测试结果的平均值。

五、思考题

(1) 等离子体引发表面接枝聚合中，影响接枝率的主要参数有哪些？

(2) 根据计算的接枝率，讨论接枝改性对聚丙烯膜亲水性的影响。

(3) 随着等离子体处理时间的延长，聚合物材料的接枝率增大，但增至一定值后，再延长处理时间，接枝率反而逐步降低。请从材料表面自由基角度进行解释。

实验 57　ATRP 聚合法制备两亲性嵌段液晶共聚物

一、实验目的

(1) 学习原子转移自由基聚合(Atom Transfer Radical Polymerization，ATRP)的原理和方法，熟悉原子转移自由基聚合的实验技术。

(2) 学习由大分子引发剂制备嵌段共聚物的合成及纯化方法，掌握冷冻-抽真空-融解通氮气循环实验技术。

(3) 通过热台偏光显微镜、差示扫描量热法、X 射线衍射法的表征，初步了解液晶聚合物的结构、相变行为等液晶性质。

(4) 通过聚合物在水溶液中的自组装，利用透射电子显微镜观察自组装形貌，初步了解两亲性嵌段共聚物的自组装行为。

二、实验原理

1. 大分子引发剂(PEG_{2000}-Br)的合成

从分子量 2000 的单甲基封端聚乙二醇出发，制备 ATRP-大分子引发剂。反应式如下：

$$H_3C{-}\left(OCH_2CH_2\right)_{45}{-}OH + Br{-}C(CH_3)_2{-}C(=O){-}Br \xrightarrow[CH_2Cl_2]{Et_3N} H_3C{-}\left(OCH_2CH_2\right)_{45}{-}O{-}C(=O){-}C(CH_3)_2{-}Br$$

2. 液晶单体的合成

由胆固醇酰氯与丙烯酸羟乙酯一步反应直接得到丙烯酸酯类液晶单体。反应式如下：

3. 两亲性嵌段液晶共聚物的合成

从 ATRP-大分子引发剂出发，利用活性自由基聚合液晶单体，制备两亲性嵌段液晶共聚物。反应式如下：

三、仪器与药品

1. 仪器

控温磁力搅拌器、Schlenk 管、旋转蒸发仪、离心机、凝胶渗透色谱、热台偏光显微镜、差示扫描量热仪、X 射线衍射仪、透射电子显微镜。

2. 药品

单甲基封端聚乙二醇(分子量为 2000)、2-溴异丁酰溴、三乙胺、二氯甲烷、吡啶、二甲苯、胆固醇酰氯、丙烯酸羟乙酯、溴化亚铜、五甲基二亚乙基三胺(PMDETA)。

四、实验步骤

1. 大分子引发剂(PEG_{2000}-Br)的合成

向接有恒压滴液漏斗的干燥的 250 mL 三颈瓶中加入二氯甲烷(100 mL)、聚乙二醇(5.5 g,5 mmol)和三乙胺(1.21 g,12 mmol),在冰浴条件下向该体系中缓慢滴加 2-溴异丁酰溴(2.37 g,11 mmol)的二氯甲烷溶液(20 mL),滴加过程在 2 h 内完成,始终保持氮气保护。滴加完毕后,缓慢升至室温,继续搅拌 48 h。反应结束后,过滤掉不溶物,滤液浓缩后加入 50 mL 蒸馏水,用二氯甲烷萃取三次(100 mL×3),合并有机相。依次用 1.0 mol/mol 的盐酸和 1.0 mol/mol 的氢氧化钠水溶液洗涤三次(30 mL×3),用无水硫酸钠干燥过夜。过滤浓缩,粗产品溶于 10 mL 二氯甲烷后,滴加到 300 mL 乙醚中沉淀,反复三次得到白色固体[1]。

利用核磁氢谱验证产品结构。

2. 液晶单体的合成

向接有恒压滴液漏斗的干燥的 100 mL 三颈瓶中加入二氯甲烷(20 mL)、丙烯酸羟乙酯(3.90 g,30 mmol)和吡啶(1.75 g,22 mmol),冰浴下向该体系中缓慢滴加胆固醇酰氯(9.0 g,20 mmol)的二氯甲烷溶液(20 mL),体系始终保持在氮气气氛下。滴加完毕后,缓慢升至室温,继续搅拌 6 h。反应结束,向体系中加入过量的 125 mL 二氯甲烷,依次用 1.0 mol/mol的盐酸(30 mL×3)和蒸馏水(100 mL×3)洗涤三次,用无水硫酸镁干燥过夜。过滤浓缩,柱层析分离纯化(silica gel,$CHCl_3$/Hexane 1∶1, CH_2Cl_2/Hexane 3∶1)得到白色固体[2]。

利用核磁氢谱验证产品结构。

3. 两亲性嵌段液晶共聚物的合成

将催化剂 CuBr(28.6 mg,0.2 mmol)、大分子引发剂 PEG-Br(0.213 g,0.1 mmol)和液晶单体(0.4 g,0.76 mmol)加入预置搅拌子的 Schlenk 管中(使用前真空火烤三次),搅拌均匀,经过三次抽真空通氮气后,氮气保护下加入甲苯(0.5 mL)和配体 PMDETA(34.6 mg,0.2 mmol),经三次冷冻、抽真空、融解通氮气循环除去反应液中的氧气。浸入事先加热好的油浴中,80℃[3]反应 24 h。反应过程中,溶液基本呈均相,深绿色透明。反应结束,反应瓶直接浸入液氮中 10 min,萃冷灭活自由基,然后将反应瓶浸入乙醇中,使其缓慢升至室温。反应混合物中加入 20 mL 二氯甲烷使其完全溶解,过中性氧化铝柱子以除去催化剂。滤液浓缩后在甲醇中沉淀,使用高速离心机得到固体产物,并通过反复溶解、沉淀、离心的方法除去单体,对聚合物进行纯化。室温下真空干燥 2 天,得到最终产品。

利用核磁氢谱验证产品结构,计算聚合度。

4. 两亲性嵌段液晶共聚物的表征

利用凝胶渗透色谱测量两亲性嵌段液晶共聚物的数均分子质量及分子量分布,具体方法参见实验 25。

利用热台偏光显微镜观察两亲性嵌段液晶共聚物的结构,具体方法参见实验 29。

利用差示扫描量热法测量两亲性嵌段液晶共聚物的相变温度和焓变数据,具体方法参见实验 43。

利用 X 射线衍射法中的小角 X 射线散射(SAXS)判断两亲性嵌段液晶共聚物的液晶

相[4]，具体方法参见实验 27。

5. *两亲性嵌段液晶共聚物在水溶液中的自组装行为研究*

首先将两亲性嵌段液晶共聚物溶解在选定的良溶剂中，配制成特定浓度的溶液。充分溶解 12 h 后，缓慢向配好的溶液中滴加去离子水并轻微摇动，滴加速度为每毫升原溶液中加入 2～3 μL/min 去离子水。每次滴加水后，溶液静置 10 min 使其达到平衡。通过紫外分光光度计对加水后的浊度进行监测，选择波长为 650 nm 处的透光率进行记录。当透光率发生突变时说明自组装过程开始进行，继续添加去离子水并记录透光率变化，直到透光率基本保持恒定或变化幅度较小时停止操作。由于紫外用比色皿体积(2.5 mL)的限制，加水量一般控制在 60%(质量百分比)之内。最终得到的混合溶液使用截留分子质量为 3 500 的再生纤维束膜进行透析，每 6 h 更换一次去离子水，透析过程持续 3 天，直至有机溶剂完全去除。上述所有操作通过恒温水浴严格地控制在特定温度下进行[5]。

利用透射电子显微镜观察两亲性嵌段液晶共聚物的自组装形貌，具体方法参见实验 31。

【注释】

[1] 第一步反应产率大约在 60%左右。

[2] 第二步反应产率大约在 80%左右。

[3] 第三步反应温度控制很重要，温度低于 70℃，聚合度不超过 10%；温度高于 100℃，分子量分布明显变宽。

[4] 该两亲性嵌段液晶共聚物展现为 SmA_d 近晶相。

[5] 聚合物初始浓度在 0.02%～1%(质量百分比)的范围内，溶液体系为 THF/Water 或 Dioxane/Water，操作温度通过恒温水浴控制在 5℃、15℃、25℃、40℃和 50℃。

五、思考题

(1) 如何利用核磁氢谱计算两亲性嵌段液晶共聚物的聚合度？

(2) 在 ATRP 反应中，“反应结束，反应瓶直接浸入液氮中 10 min，萃冷灭活自由基，然后将反应瓶浸入乙醇中，使其缓慢升至室温。”操作的目的是什么？能否直接打开瓶盖结束反应？

(3) 在自组装实验中，为什么透光率的变化可以用来跟踪和判断聚合物自组装的进程？

实验 58　RAFT 聚合法制备感光性树脂及性能研究

一、实验目的

(1) 学习可逆加成-断裂链转移自由基聚合(RAFT)的原理和方法，熟悉 RAFT 聚合法的实验技术。

(2) 学习三元嵌段共聚物 PCHIBNB 的合成、纯化方法及其感光特性的测试方法。

(3) 通过差示扫描量热法(DSC)、凝胶渗透色谱法(GPC)，初步了解 PCHIBNB 三元共聚物的热稳定性、相对分子质量的大小及分子量分布宽度。

二、实验原理

光刻胶是一种具有光敏性的薄膜材料，是光电信息产业中微细加工技术的关键性基础材料。通常光刻胶由成膜树脂、光致产酸剂、溶剂和其他一些添加剂组成。光刻胶的配置过程繁杂，且各种添加剂对光刻胶性质的影响较大，因此研究不使用任何产酸剂及添加剂就能独立显影的新型的光刻胶树脂具有良好的应用前景。

本实验首先用甲基丙烯酰氯(MAC)与邻硝基苄醇(NBA)发生亲核取代反应，制备了感光性单体甲基丙烯酸邻硝基苄酯(NBMA)；其次，用溴苯和α-溴代丁酸为原料，合成RAFT链转移剂α-羧基二硫代苯甲酸丙酯(CPDB)；最后，以偶氮二异丁腈(AIBN)为引发剂，CPDB为链转移剂，甲基丙烯酸环己酯(CHMA)、甲基丙烯酸异冰片酯(IBMA)、甲基丙烯酸邻硝基苄酯(NBMA)为单体，用RAFT聚合法合成三元嵌段共聚物PCHIBNB。合成反应式如下。

1. 感光性单体甲基丙烯酸邻硝基苄酯(NBMA)的合成

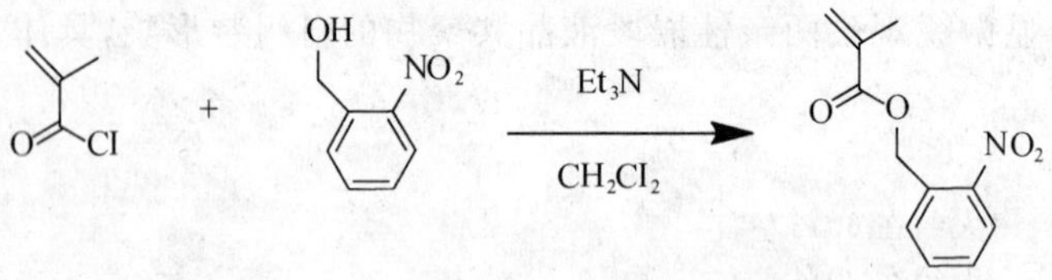

OH NO$_2$ + O Cl —Et$_3$N / CH$_2$Cl$_2$→ O O NO$_2$

2. 链转移剂α-羧基二硫代苯甲酸丙酯(CPDB)的合成

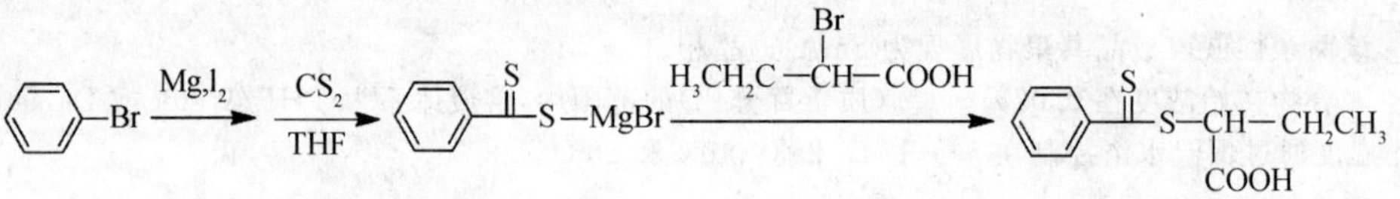

Ph—Br —Mg, I$_2$→ —CS$_2$ / THF→ Ph—C(=S)—S—MgBr —H$_3$CH$_2$C—CH(Br)—COOH→ Ph—C(=S)—S—CH(COOH)—CH$_2$CH$_3$

α-羧基二硫代苯甲酸丙酯(CPDB)

3. 三元嵌段共聚物PCHIBNB的合成

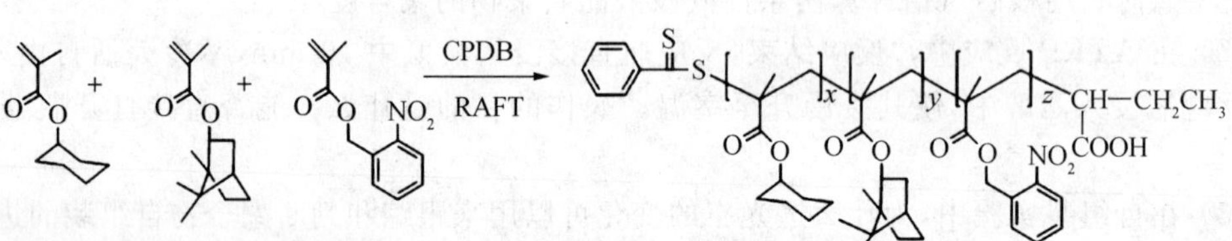

CHMA + IBMA + NBMA —CPDB / RAFT→ PCHIBNB

PCHIBNB

4. 三元嵌段共聚物PCHIBNB的感光反应

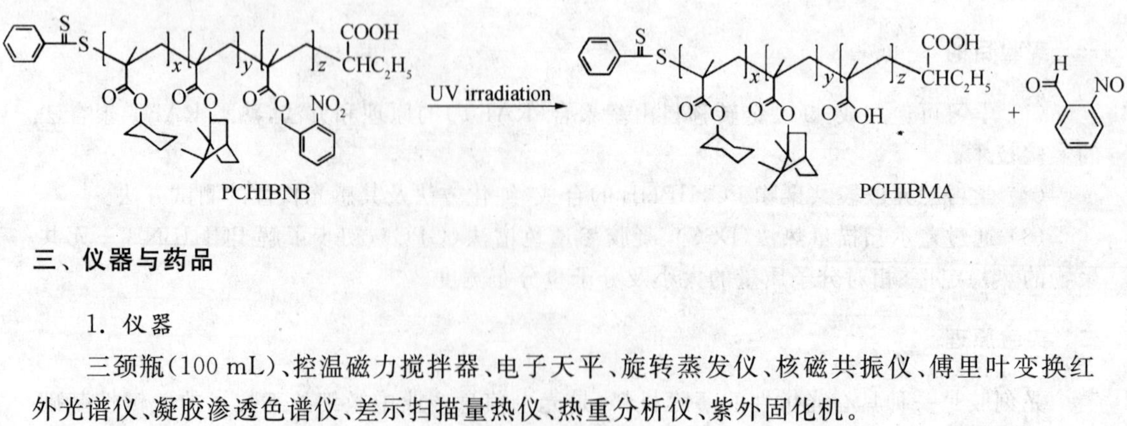

PCHIBNB —UV irradiation→ PCHIBMA + 邻亚硝基苯甲醛

PCHIBNB PCHIBMA

三、仪器与药品

1. 仪器

三颈瓶(100 mL)、控温磁力搅拌器、电子天平、旋转蒸发仪、核磁共振仪、傅里叶变换红外光谱仪、凝胶渗透色谱仪、差示扫描量热仪、热重分析仪、紫外固化机。

2. 药品

甲基丙烯酰氯(MAC)、邻硝基苄醇(NBA)、2-溴丁酸、二硫化碳、溴苯、镁粉、碘、α-溴代丁酸、甲基丙烯酸环己酯(CHMA)、甲基丙烯酸异冰片酯(IBMA)、无水四氢呋喃、偶氮二异丁腈(AIBN)、*N*,*N*-二甲基甲酰胺(DMF)、三乙胺(TEA)、无水二氯甲烷、饱和碳酸氢钠溶液、饱和氯化钠溶液、无水硫酸钠、乙酸乙酯、石油醚、硫酸镁、四氢呋喃(THF)、无水甲醇。

四、实验步骤

1. 甲基丙烯酸邻硝基苄酯(NBMA)的合成

在干燥的装有恒压滴液漏斗的 100 mL 三颈瓶中，加入邻硝基苄醇(2.56 g，1.67×10^{-2} mol)和无水二氯甲烷(30 mL)，搅拌溶解后，再加入三乙胺(3.7 mL，2.56×10^{-2} mol)。向该体系缓慢滴加含有甲基丙烯酰氯(2.33 g，2.23×10^{-2} mol)的二氯甲烷溶液(10 mL)，体系始终保持在氮气气氛下。滴加完毕，冰水浴条件下继续反应 24 h。将得到的粗产物依次用饱和碳酸氢钠、水、饱和氯化钠进行洗涤，有机层用无水硫酸钠干燥过夜。旋转蒸发除去残留溶剂，得到深红色油状液体。粗产物经柱层析分离纯化(silica gel，石油醚/乙酸乙酯为 10/1)，得到淡黄色油状液体 NBMA，产率约 85%。

利用红外光谱仪、核磁共振氢谱验证产品结构。

2. 链转移剂 α-羧基二硫代苯甲酸丙酯(CPDB)的合成

在干燥的装有恒压滴液漏斗的 100 mL 三颈瓶中，加入镁粉(1.00 g，0.042 mol)、无水四氢呋喃(40 mL)和 1 粒碘，缓慢滴加(5.24 mL，0.05 mol)溴苯，体系始终保持在氮气气氛下。滴加完毕，升温至 40℃，搅拌直至镁粉几乎完全反应后，缓慢滴加二硫化碳(3.03 mL，0.05 mol)，溶液由灰色变为红色，反应 4 h；再滴加 α-溴代丁酸(5.33 mL，0.05 mol)，升温至 90℃，加热回流约 60 h。反应结束后，加入 50 mL 冰水中，用乙酸乙酯(每次用量 30 mL)萃取三次，有机层用无水硫酸镁干燥过夜。旋转蒸发除去残留溶剂，得到红色油状物，放置几日结晶，得到红色固体 CPDB，产率约 75%。

利用红外光谱仪、核磁共振氢谱验证产品结构。

3. 三元嵌段共聚物 PCHIBNB 的合成

在 100 mL 圆底烧瓶中加入单体 CHMA(8.4 g，0.05 mol)、IBMA(11.1 g，0.05 mol)和 NBMA(22.1 g，0.10 mol)、链转移剂 CPDB(0.32 g，1.33×10^{-3} mol)、引发剂 AIBN(0.05 g，3.0×10^{-4} mol)和溶剂 DMF(10 mL，1.22×10^{-2} mol)，用氮气鼓泡除氧 30 min 后，迅速盖上橡胶塞，并用四氟胶带缠紧密封。浸入预先加热好的油浴 70℃中，磁力搅拌反应 12 h。反应结束后，在大量甲醇中沉淀析出，抽滤得到固体，于真空干燥箱中 30℃干燥 24 h，得到白色粉末状固体 PCHIBNB。

利用红外光谱仪、核磁共振氢谱验证产品结构。

4. 三元嵌段共聚物 PCHIBNB 的感光性能研究

将共聚物 PCHIBNB 溶解于四氢呋喃中，旋涂在玻璃片上，待溶剂蒸发后，将其置于紫外固化机内进行紫外照射，曝光强度为 0.5 mW/cm^2，曝光时间为 30 s、60 s、90 s、120 s 和 150 s。将曝光后的共聚物重新溶解，并在甲醇中沉淀析出，得到共聚物 PCHIBMA。利用红外光谱仪、核磁共振氢谱表征 PCHIBNB 经不同紫外曝光时间后的结构。

5. 三元嵌段共聚物 PCHIBNB 的表征

利用凝胶渗透色谱仪(GPC)测试三元嵌段共聚物 PCHIBNB 的数均相对分子质量及分子量分布宽度，具体方法参见实验 25。

利用热重分析仪测试三元嵌段共聚物 PCHIBNB 紫外曝光前后的 TGA 曲线，说明其热稳定性，具体方法参见实验 41。

利用差示扫描量热法(DSC)测试三元嵌段共聚物 PCHIBNB 的玻璃化转变温度，具体方法参见实验 43。

五、思考题

(1) 从结构上分析共聚物 PCHIBNB 具有感光特性的机理。

(2) 解析并对比共聚物 PCHIBNB 紫外曝光前后的红外谱图和核磁共振氢谱图。

(3) 分析 PCHIBNB 紫外曝光前后的 TGA 曲线，说明 PCHIBNB 具有感光特性。

实验 59　聚酰胺-胺树枝状高分子的制备及性能研究

一、实验目的

(1) 了解树枝状高分子的结构特点，学习发散法合成树枝状高分子的实验技术。

(2) 学习聚酰胺-胺树枝状高分子的合成及纯化方法。

(3) 通过差示扫描量热法(DSC)、凝胶渗透色谱法(GPC)，初步了解聚酰胺-胺树枝状高分子的热稳定性、相对分子质量的大小及分子量分布宽度。

二、实验原理

树枝状高分子(dendrimers)是由美国密西根化学研究所 Tomalia 博士等最早合成的一类新型高分子化合物的统称。它由中心核、内层重复单元和外层端基组成，其结构如图 59-1 所示。树枝状高分子具有高度的几何对称性、精确的分子结构、大量的表面官能团和内部空腔，而且分子链的增长可控，其粒径尺寸在 1～13 nm。与传统高分子聚合物的明显区别在于：树枝状高分子本质上呈单分散性，相对分子质量能达到 5×10^5～10×10^5，且在大小、形状上是均一的；同时又具有低黏度、高溶解性、可混合性以及高反应性等特点。树枝状高分子是一类新型的纳米级聚合物，因高度支化的结构和独特的单分散性，具有一系列特殊的性质和行为，引起了化学家们浓厚的研究兴趣，在众多领域中显示出良好的应用前景。其中，聚酰胺-胺(PAMAM)是研究较为广泛的树枝状高分子之一，既具有树枝状高分子的共性，又不失自身特色，因其形状及表面氨基的精细设置，故有“人工球状蛋白”之美称。

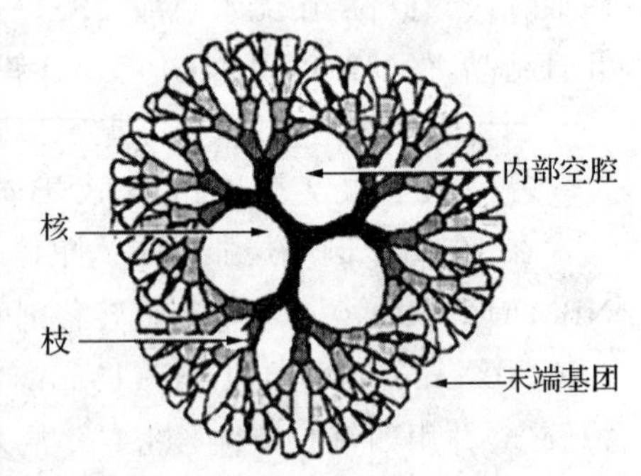

图 59-1　树枝状高分子结构示意图

本实验以乙二胺(EDA)为引发核，采用发散法，逐步合成不同代数的 PAMAM 树枝状高分子。第一步，以乙二胺为核，与丙烯酸甲酯（MA）进行 Michael 加成反应，制得 0.5 G PAMAM；第二步，用 0.5 G PAMAM 与过量的乙二胺进行酰胺化反应，制得 1.0 G PAMAM；第三步，交替进行 Michael 加成反应和酰胺化反应，制得 1.5 G PAMAM 和 2.0 G PAMAM 树枝状高分子。PAMAM 树枝状高分子合成反应式如下：

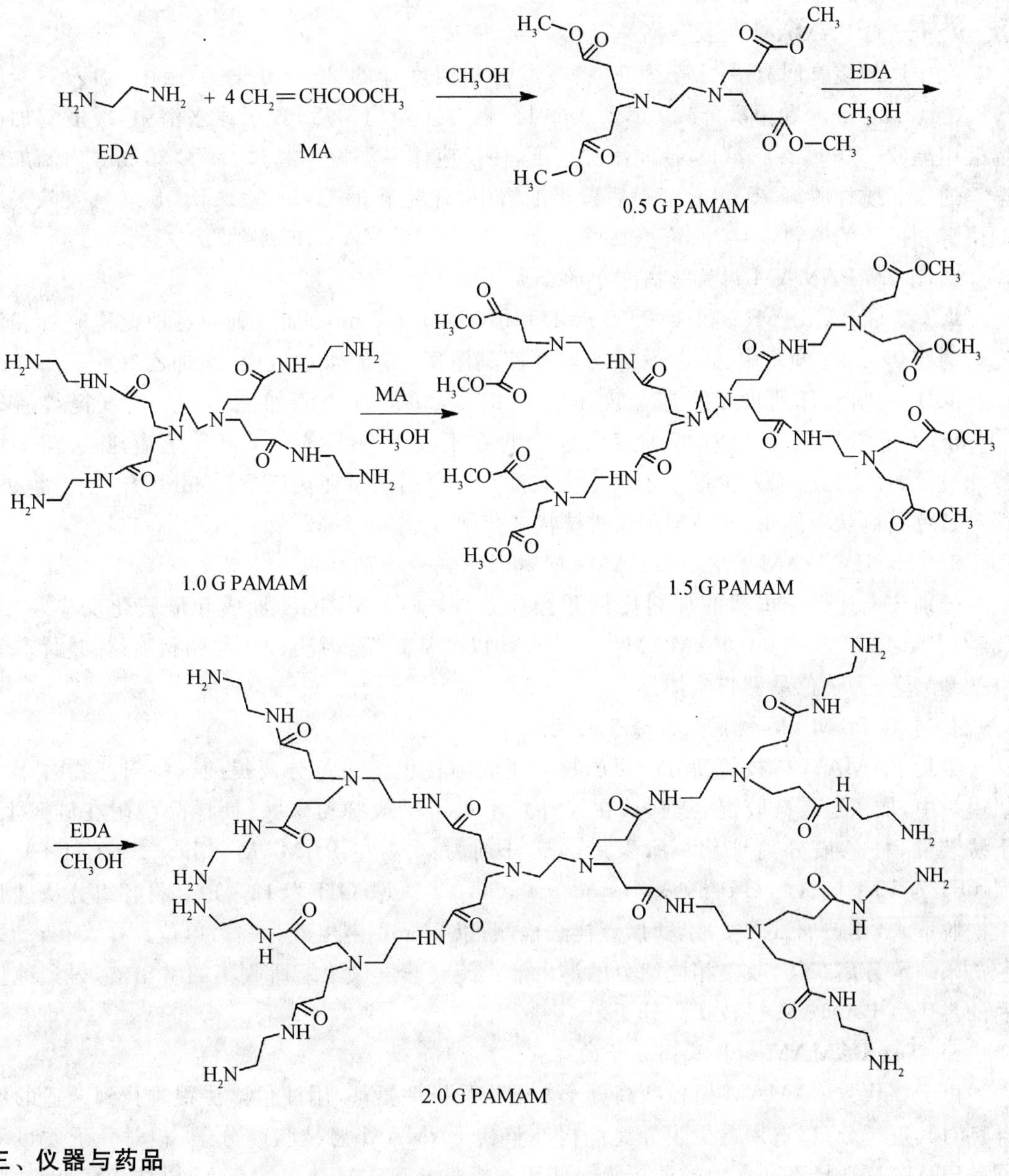

$$H_2N\text{—}CH_2CH_2\text{—}NH_2 + 4\,CH_2{=}CHCOOCH_3 \xrightarrow{CH_3OH} \text{0.5 G PAMAM} \xrightarrow[CH_3OH]{EDA}$$

EDA　MA

0.5 G PAMAM

$$\xrightarrow[CH_3OH]{MA}$$

1.0 G PAMAM　1.5 G PAMAM

$$\xrightarrow[CH_3OH]{EDA}$$

2.0 G PAMAM

三、仪器与药品

1. 仪器

三颈瓶（250 mL）、控温磁力搅拌器、磁力搅拌器、电子天平、循环水式真空泵、旋转蒸发仪、柱色谱、真空干燥箱、核磁共振仪、傅里叶变换红外光谱仪、质谱仪、热重分析仪、高效液相色谱分析仪、透析膜。

2. 药品

乙二胺(EDA)、丙烯酸甲酯(MA)、甲醇、二氯甲烷、三乙胺、柱层析硅胶(200～300 目)、氘代氯仿。

四、实验步骤

1. 0.5 G PAMAM 树枝状高分子的合成

在干燥的装有回流冷凝管、恒压滴液漏斗和温度计的 250 mL 三颈瓶中,加入乙二胺(18.0 g,0.30 mol)和甲醇(64.0 g,2.0 mol),磁力搅拌均匀后,置于冰水浴中,缓慢滴加丙烯酸甲酯(206.6 g,2.4 mol),控制滴加速度,使反应体系温度不超过 20℃,30 min 内滴加完毕。通氮气搅拌脱氧 20 min,密封后置于油浴中,升温至 35℃,反应 24 h。旋转蒸发除去溶剂甲醇和过量的原料,得到淡黄色黏稠状液体 0.5 G PAMAM,产率约 98.1%。

2. 1.0 G PAMAM 树枝状高分子的合成

取 0.5 G PAMAM(20.2 g,0.05 mol)和甲醇(64 g,2 mol)加入到带有回流冷凝管和温度计的 250 mL 三颈瓶中,磁力搅拌均匀并使其溶解,置于冰水浴中,滴加乙二胺(72.0 g,1.2 mol),控制滴加速度使反应温度不超过 20℃,30 min 内滴加完毕。通氮气搅拌脱氧 20 min,置于 25℃恒温油浴中反应 24 h。产物在不高于 60℃条件下减压蒸馏,除去溶剂甲醇和过量的乙二胺(加入少量正丁醇作为共沸剂);再用油泵在负压下(1 mm Hg)抽至恒重,得到黄色黏稠状液体 1.0 GAMAM 树枝状高分子,产率约 98.2%。

3. 1.5 GPAMAM 和 2.0 G PAMAM 树枝状高分子的合成

分别按上述反应步骤的加料比例和操作条件,重复 Michael 加成和酰胺化反应,得到 1.5 G PAMAM 和 2.0 G PAMAM。半代产物以酯基封端,为淡黄色黏稠状液体;整代产物以氨基封端,为黄色黏稠状液体。

4. 半代 PAMAM 树枝状高分子的纯化

半代 PAMAM 树枝状高分子粗产物采用吸附柱色谱进行分离提纯。将粗产物溶于二氯甲烷中,加入适量硅胶混合均匀,在红外灯下烘干呈成细粉末状,使样品吸附在硅胶上。干法装柱,柱色谱分离纯化。所采用的展开剂为:0.5 G PAMAM(silica gel,CH_2Cl_2 ∶ MeOH 为 15∶1)、1.5 G PAMAM(silica gel,CH_2Cl_2 ∶ MeOH 为 12∶1)。将各组分从硅胶上洗脱下来,用玻璃试管接液,薄层点样法检测;以 20 mL 淋出液为一个单位点样,碘蒸气显色法来确定分离产物,收集相同组分的淋出液。旋转蒸发仪浓缩所收集的淋出液,得到纯化后的半代数 PAMAM 树枝状高分子。

5. 整代 PAMAM 树枝状高分子的纯化

由于整代数 PAMAM 树枝状高分子末端为强极性氨基,用柱色谱法很难找到合适的展开剂对其进行分离,选用透析膜分离法提纯整代 PAMAM 树枝状高分子,相对分子质量不同的PAMAM选择不同孔径的透析膜。使用透析膜分离法提纯 PAMAM 树枝状高分子时,主要难点在于:高代数的 PAMAM 黏度大,粘在透析膜上,样品回收率不高,无法收集微量样品。具体操作步骤如下:

(1) 将 PAMAM 树枝状高分子样品溶解在甲醇中并装入透析膜内,透析膜两端用夹子夹紧。置于大烧杯中,并在烧杯中加入 10～15 倍量的透析液(甲醇)浸没透析膜。采用机械搅拌器搅拌甲醇,使之呈流动状态。

(2) 每 6 h 更换一次透析液，保持透析膜两侧的小分子浓度差，持续透析 48 h。

(3) 将透析膜取出，放入 40℃恒温真空干燥箱内除去溶剂甲醇；而且由于压力作用，进一步使反应原料及低代数小分子从透析膜中渗出，最终实现产物的分离提纯。

6. 不同代数 PAMAM 树枝状高分子的表征

利用红外光谱仪（采用溴化钾压片法，将少量不同代数 PAMAM 树枝状高分子和乙二胺分别涂在溴化钾压片上，在红外灯下烘干）、核磁共振氢谱 ^1H－NMR 和核磁共振碳谱 ^{13}C－NMR（观测频率为 500 MHz，氘代氯仿 $CDCl_3$ 作溶剂）验证不同代数 PAMAM 树枝状高分子的结构。

利用质谱仪对提纯后的 PAMAM 样品进行分子量表征，溶剂为甲醇，毛细管温度为 220℃，毛细管电压为 45 V，喷雾电压为 5.2 kV，进样速度为 1 μL/min，碰撞气体为高纯氦气，溶剂为氯仿。

采用热重法（TG）测试提纯后的不同代数 PAMAM 的热分解行为。每个样品约 20 mg，N_2 氛围，实验温度范围为 50～800℃，升温速度为 20℃/min，样品池为铝坩埚加盖。具体方法参见实验 41。

利用高效液相色谱仪对不同代数 PAMAM 树枝状高分子进行高效液相色谱分析。色谱柱为 Sepelco LC－18 柱（250 mm×4.6 mm），检测器为 UV－100 可变波长紫外检测器，λ＝210 nm。

五、思考题

(1) 采用发散法合成 PAMAM 树枝状高分子的过程中，可能存在的主要副反应有哪些？

(2) 分析不同代数 PAMAM 树枝状高分子的红外光谱图、核磁共振氢谱图，总结半代、整代 PAMAM 的结构特点。

(3) 树枝状高分子是否可以采用 GPC 测定其相对分子质量？为什么？

实验 60　氢转移加成聚合法制备旋光性聚氨酯及性能研究

一、实验目的

(1) 了解旋光性聚合物的分子结构特点，学习氢转移加成聚合法制备旋光性聚合物的实验技术。

(2) 掌握外消旋联萘二酚和相转移催化剂氯化苄基辛可尼定的合成及提纯方法。

(3) 通过 IR、^{1}HNMR、TGA、DSC、黏度法、圆二色谱仪、红外辐射仪等，初步了解旋光性聚氨酯 BPU 的结构特征及性能。

二、实验原理

旋光性聚合物是近几年发展起来的一类新型功能高分子材料，已被广泛地应用于不对称手性催化剂的合成、手性拆分、非线性光学材料、液晶、光开关、医药及生物医用等众多领域。目前旋光性聚合物主要有丙烯酸酯类、聚酯类、聚酰胺类、聚酰亚胺类和聚氨酯类等。具有扭转、非共平面特殊刚性结构的联萘及其衍生物是一类良好的手性引入基团，其独特的芳香结构作为链段被引入到高分子链中，能够大大提高聚合物的热稳定性。因此含联萘基团的旋光性聚合物一直是研究的热点。

本实验首先是2-萘酚在三氯化铁催化条件下进行氧化偶联反应，合成外消旋1,1′-联萘-2′,2-二酚(BINOL)：

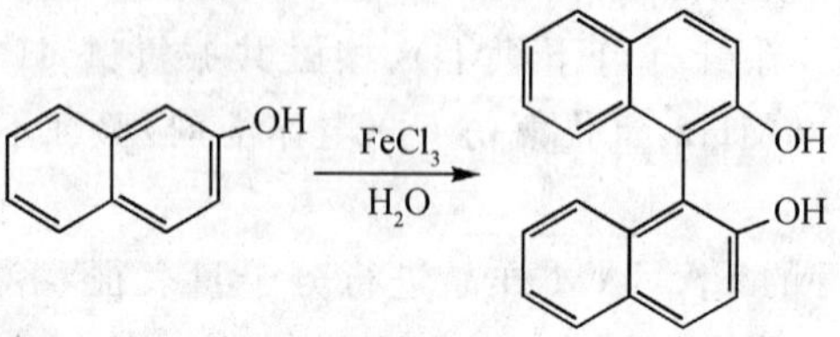

$FeCl_3$ / H_2O

其次，以辛可尼定为原料，合成相转移催化剂氯化苄基辛可尼定：

$+ PhCH_2Cl \xrightarrow{EtOH}$

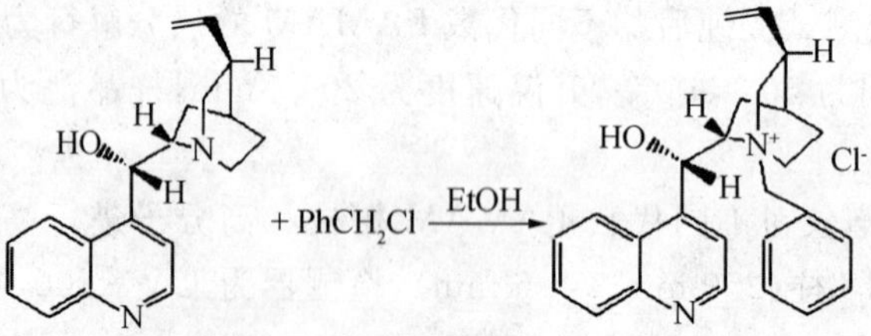

第三，采用化学拆分法，利用相转移催化剂氯化苄基辛可尼定作为拆分剂，对外消旋联萘二酚进行拆分，得到R型和S型两种光学纯对映体。

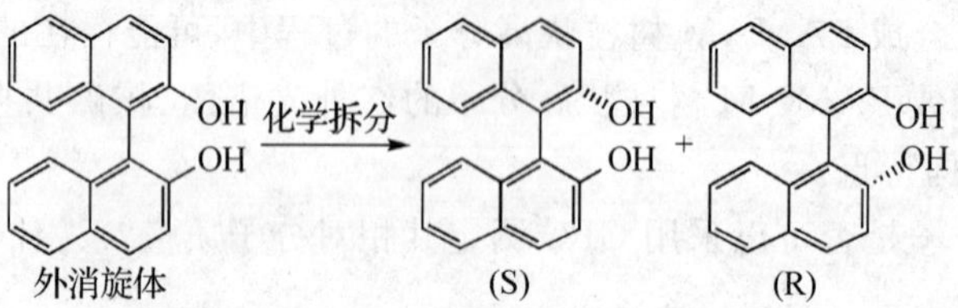

外消旋体 —化学拆分→ (S) + (R)

第四，旋光性联萘二酚的酚羟基氢与二异氰酸酯进行氢转移加成反应，将联萘基团引入聚氨酯中，制备含联萘基团的旋光性聚氨酯(BPU)。BPU的合成反应式如下：

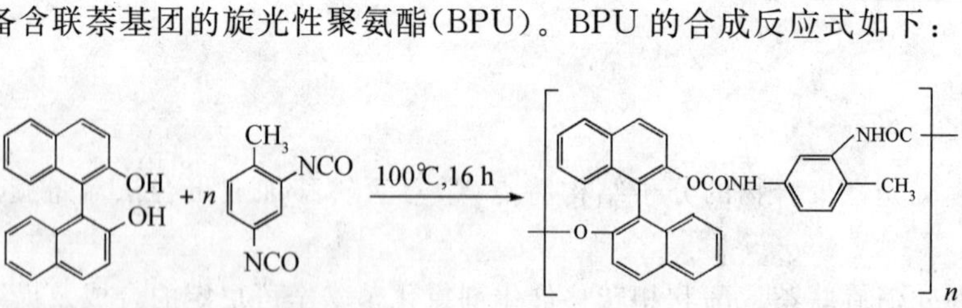

100℃,16 h

三、仪器与药品

1. 仪器

三颈瓶(250 mL、500 mL)、控温磁力搅拌器、电子天平、循环水式真空泵、旋转蒸发仪、真空干燥箱、乌氏黏度计、恒温玻璃缸水浴槽(玻璃缸水槽、加热棒、控温仪、搅拌器等)、熔点仪、旋光仪、核磁共振仪、傅里叶变换红外光谱仪、紫外-可见光谱仪、热重分析仪、圆二色谱仪、红外辐射仪。

2. 药品

2-萘酚、三氯化铁、甲苯、辛可尼定、苄基氯、无水乙醇、丙酮、乙酸丁酯、无水硫酸钠、饱和食盐水、盐酸(2 mol/L)、四氢呋喃、N,N-二甲基乙酰胺(DMAc)、甲苯-2,4-二异氰酸酯(TDI)、NaOH 固体、稀盐酸、N,N-二甲基甲酰胺(DMF)。

四、实验步骤

1. 外消旋联萘二酚(BINOL)的合成

在干燥洁净的 250 mL 三颈瓶中加入 2-萘酚(22 g,0.152 6 mol)和三氯化铁(50 g,0.308 2 mol),并用 150 mL 去离子水溶解,通氮气保护,剧烈磁力搅拌,于 50℃下反应 1 h,反应液由黄绿色变为浅绿色,停止反应;冷却至室温,抽滤,水洗固体至灰绿色或黄色,置于烘箱中干燥。干燥后,固体用甲苯重结晶、热过滤,析出白色针状外消旋 1,1′-联萘-2′,2-二酚晶体。

利用红外光谱仪、核磁共振氢谱验证产品结构。

2. 相转移催化剂氯化苄基辛可尼定的合成

将 250 mL 无水乙醇置于 500 mL 圆底烧瓶中,加入辛可尼定(29.4 g,0.1 mol)和氯化苄(12.7 g,0.1 mol),磁力搅拌,加热回流约 3.5 h,得到深红色溶液。减压抽滤,除去部分溶剂,直至反应液成为一种黏稠状液体,冷却至室温,加入 100 mL 水,待固体全部析出后,抽滤,固体产物用丙酮洗至白色,同时收集滤液。固体产物在乙醇/水(3∶10)的混合溶剂中多次重结晶,得到白色晶体;滤液经减压蒸馏,蒸除大部分丙酮,静置一段时间后,有深红色的晶体析出,在乙醇/水(3∶10)的混合溶剂中重结晶,得白色晶体,置于烘箱中烘干,得到相转移催化剂氯化苄基辛可尼定。

利用红外光谱仪、核磁共振氢谱验证产品结构。

3. 外消旋联二萘酚(BINOL)的拆分

在 500 mL 圆底烧瓶中加入外消旋联萘二酚(17.2 g,0.060 mol)、乙酸丁酯(300 mL)和氯化苄基辛可尼定(12.9 g,0.031 mol),磁力搅拌,加热回流约 6 h,冷却至室温,在 0～5℃静置 2 h,抽滤,收集滤饼,并将滤液浓缩。滤液再用乙酸丁酯(200 mL)溶解,依次用盐酸(100 mL,2 mol/L)和饱和食盐水(100 mL)洗涤。有机层用无水硫酸钠干燥,浓缩,得到浅灰色固体(S)-联萘二酚。比旋光度和熔点分别为:$[a]_{25}=-35.4°$(THF 为溶剂),T_m 为 211.1～213.5℃。

将滤饼用乙酸丁酯(200 mL)溶解,并加入盐酸(200 mL,2 mol/L),搅拌,用分液漏斗分出盐酸层。将有机层依次用盐酸(100 mL,2 mol/L)和饱和食盐水(100 mL)洗涤,有机层用无水硫酸钠干燥,浓缩,得到浅灰色固体(R)-联萘二酚。比旋光度和熔点分别为:$[a]_{25}=+35.1°$(THF 为溶剂)、T_m 为 212.6～214.5℃。

拆分过程中盐酸的反应液用碳酸钾中和至中性,析出淡黄色固体,抽滤、烘干,回收拆分剂。将回收的拆分剂在乙醇/水(3∶10)的混合溶剂中重结晶进行提纯,拆分剂可重复利用。

利用熔点仪、旋光仪测试产物的熔点和旋光度,通过红外光谱仪、核磁共振氢谱验证产品结构。

4. 旋光性聚氨酯(BPU)的合成

在干燥洁净的 250 mL 圆底烧瓶中加入(R)-BINOL 或(S)-BINOL(17.2 g,0.060 mol),并

溶解于 DMAc(10 mL)中，通入 N_2 保护，磁力搅拌，加入 TDI(10.5 g，0.06 mol)，升温至 100℃，反应 16 h，冷却至室温。加入少量 NaOH 固体，继续反应 0.5 h(中和未反应的 BINOL)，将反应液倒入 150 mL 无水乙醇中，析出白色絮状沉淀，用稀盐酸调节 pH 至中性，抽滤，固体产物用无水乙醇洗涤，于 80℃下烘干，为白色粉末状产物。产物用 DMF 溶解后，在无水乙醇中沉淀、析出，得到旋光性聚氨酯 BPU，产率约为 62.3%。

5. 旋光性聚氨酯的结构表征与性能测试

采用红外光谱仪(溴化钾压片法)、核磁共振氢谱 ^{1}H-NMR(观测频率为 500 kHz，氘代氯仿做溶剂)、紫外-可见光谱仪(样品质量浓度为 0.04 mg/mL)验证旋光性聚氨酯的结构。

采用 TGA 和 DSC 测试旋光性聚氨酯的热稳定性：样品约 20 mg，N_2 氛围，实验温度范围 50～600℃，升温速度 20℃/min，样品池为铝坩埚加盖。具体方法参见实验 41、43。

采用黏度法测试旋光性聚氨酯的特性黏度：30℃恒温水浴中，用乌式黏度计测定，溶剂为 DMF，浓度为 0.5 g/L。具体方法参见实验 22。

采用圆二色谱仪测试旋光性聚氨酯的圆二色谱图：溶剂为 DMF，样品质量浓度为 0.04 mg/mL，测试温度为 20～25℃，石英管长为 0.1 cm。

采用 IR-1 红外辐射仪在热红外波段(8～14 μm)测试旋光性聚氨酯的红外发射率。

五、思考题

(1) 如何检验所合成的联萘二酚的光学纯度？

(2) 拆分实验中关键步骤是什么？如何控制反应条件才能分离好旋光异构体？

附　录

附录1　常用高聚物鉴别方法

识别判断高分子材料及品种时，首先要区分无机类材料或有机高分子类材料；大类分出后，再分别加以分析。高分子材料可以采用高分子化合物官能团的定性分析，这些方法操作简便、耗时少、反应快，立即可知结果。现将一些高分子材料的鉴别方法简介如下。

1. 聚醋酸乙烯酯树脂

(1) 将试样与几毫升稀盐酸一起加热约10 min，然后用氨水调节至弱碱性。在该溶液中（不超过1 mL）加入1～2滴5%的硝酸镧溶液和1滴0.05 mol/L碘-碘化钾溶液。如果有醋酸乙烯酯存在，将迅速出现深蓝色。

(2) 取试样浸在1%间苯二酚-浓盐酸溶液中，几分钟后取出试样，夹在滤纸之间压紧，10～15 min后，若出现玫瑰色，说明有聚醋酸乙烯酯存在。

(3) 取少许试样于试管中，加入碘-硼酸溶液（0.15 g碘化钾和0.07 g碘溶于100 mL水中，再加硼酸0.5 g）。如出现红褐色，则为聚醋酸乙烯酯；如出现蓝黑色，则可能为聚乙烯醇。

(4) 取几毫升试样与试管中，使其溶于2 mL热乙酐中，待冷却后加3滴50%硫酸，立即观察颜色变化，10 min后观察颜色。接着水浴加热到100℃，观察颜色。如果有聚醋酸乙烯酯存在，开始为无色或微黄色，10 min后为无色或蓝灰色，加热至100℃后为海绿色，然后为棕色。

2. 丙烯酸及丙烯酸酯树脂类

(1) 取试样0.5～1.0 g进行干馏，馏出物用无水氯化钙干燥，然后进行蒸馏。几滴蒸馏物中加入等量新蒸馏的苯肼，脱水后加入5 mL甲苯，回流30 min，然后再加5倍体积于85%的甲酸溶液和1滴30%的过氧化氢，振荡几分钟。如果有丙烯酸或丙烯酸酯存在，则溶液变为暗绿色，必要时可进行适当加热。

(2) 将聚丙烯酸甲酯树脂膜或胶液放入试管中，加入少量丙酮并加热，使树脂膜部分溶解，冷却后取2～3滴溶液置于点滴板上，再加1滴浓硫酸，放置20～30 min，观察其颜色，若逐渐显示亮褐色，则为丙烯酸甲酯。

(3) 取试样0.5 g于试管中加热分解，管口盖上纸片三层，防止单体逸出，冷却后加入密度为1.4 g/cm^{3}的浓硝酸数毫升，产生微热，冷却后加入体积为硝酸一半的水量，再加锌粒（不宜过多，否则影响显色）。如果是聚甲基丙烯酸甲酯类树脂，则呈现蓝色。

(4) 聚丙烯酸乙酯、聚丙烯酸丁酯还可以采用红外光谱法进行分析。

3. 硝基类

以二苯胺-硫酸溶液（0.1 g二苯胺溶解于30 mL水和10 mL浓硫酸中制得）作为试剂。将胶膜放在板上，加1滴试剂。如呈现深蓝色，则表示含有硝基。

4. 聚乙烯醇缩醛树脂类

(1) 将树脂膜置于试管中，添加1.5 mL 10%的盐酸，加热使其缓慢溶解。冷却后，加入0.1 mL 1 mol/L的碘溶液，放置数小时后，若变为黑紫色，则可判断聚乙烯醇缩醛树脂。

(2) 取试样少许，加入2 mL硫酸和几粒铬酸晶体，在60～70℃水浴上加热10 min，呈现紫色的为聚乙烯醇缩甲醛树脂；呈现紫红色的为聚乙烯醇缩乙醛树脂；呈现红色的为聚乙烯醇缩丁醛树脂。

5. 淀粉类

将材料试样先用乙醇溶液（$V_{乙醇}:V_{水}=1:1$）湿润，收集于试管中。然后加入少量10%的氢氧化钠溶液，再将试管置于水浴中加热，使其完全溶解。冷却后，加水稀释至100 mL，加入数滴1 mol/L的盐酸使其呈弱酸性，用碘溶液进行显色反应。如果呈现介于蓝色和紫红色的中间色，则说明是淀粉。

6. 聚丙烯腈树脂类

反应试剂：① 甲溶液：醋酸铜 2.86 g 溶于 1 000 mL 水中。② 乙溶液：联苯胺 14 g 溶于 1 000 mL 醋酸中，取此溶液 67.5 mL，再加水 52.5 mL，在室温下混合均匀。③ 两种溶液分别储存于密封的棕色玻璃瓶中，使用时取等体积混匀。

取少量试样于坩埚内，加入少量锌粉和几滴 25%的硫酸混合物。用浸润反应试剂的滤纸盖住坩埚，滤纸上有蓝色斑点出现，表明有丙烯腈存在。

7. 聚乙烯醇树脂类

将少量试样加入碘-硼酸溶液后，加入少量硫在二硫化碳中的溶液，在试管口覆盖一张醋酸铅试纸，在 150～180℃油浴上加热。如果是聚乙烯醇，将产生硫化氢，试纸变黑。

8. 纤维素类

取试样 0.1 g 于坩埚内，加入 1 mL 浓磷酸，升温到 40℃，在坩埚口覆盖一片用 10%醋酸苯胺溶液(10%苯胺溶于 10%醋酸溶液)浸润的试纸。如果试纸呈现粉红至红色，则说明为纤维素类材料。

9. 聚苯乙烯及其共聚物类

用 4 滴发烟硝酸(密度为 1.5 g/cm^3)处理样品并蒸发至干。将残留固体放入一支耐热试管中，将试管置于小火焰上加热，试管口上盖一张预先浸有 2,6-二溴醌基-4-氯酰亚胺乙醚溶液并晾干的滤纸。裂解进行的时间不超过 1 min，取下滤纸并置于氨蒸气中或用 1～2 滴稀氨水处理。如果呈现蓝色，说明样品为聚苯乙烯及其共聚物。

10. 醇酸树脂类

取少量试样于试管中加热，如果试管壁上有分解物，冷却后为针状结晶(邻苯二甲酸)，则是醇酸树脂类材料。

11. 硅树脂类

取少量试样置于凯氏测氮烧瓶中，加入 2 mL 浓硫酸、1 滴 60%的过氯乙酸以及少许沸石，缓慢加热至沸腾，冷却至室温，再加 4 滴过氯乙酸，加热沸腾 3～4 min。如果有白色沉淀生成，则说明为硅树脂类材料。溶液用水稀释，残留一部分不溶物。

12. 聚酰胺树脂类

(1) 取试样 0.1～0.2 g 于小试管中，管口用脱脂棉花塞住，小火加热，分解生成的气体为棉花吸收，冷却后取出棉花，涂上 10 滴 1%的二甲基苯胺甲醛的甲醇溶液，加入 0.5 mL 浓盐酸使其呈酸性。如果呈现红色，说明有聚酰胺类胶黏剂存在。这种方法也可用于下列几种合成树脂的鉴别：聚氨基甲酸酯呈现黄色；环氧树脂呈现紫色；聚碳酸酯呈现蓝色。

(2) 取试样 0.4 g 于试管中，加入 4 mL 6 mol/L 盐酸，将管口密封，在 110℃下加热 4 h，冷却后，再经 2 h后，如有结晶析出，即为聚酰胺。再与已知的聚酰胺样品对比，进一步证实属于何种类型，见附表 1-1。

附表 1-1 尼龙加热与冷却后离析情况比较表

类别与状态	尼龙-66	尼龙-610	尼龙-6	尼龙-1010
热时	熔	熔	熔	少量不熔
冷时	己二酸析出 熔点 150℃	己二酸析出 熔点 130℃	熔	氨基酸的 盐酸盐全部固化

(3) 聚酰胺(尼龙)可通过测定熔点区分不同的种类，附表 1-2 列出不同尼龙的熔点范围。

附表 1-2 各种尼龙的熔点范围

聚酰胺类型	熔点范围℃/℃	聚酰胺类型	熔点范围℃/℃
尼龙-6	215～225	尼龙-1010	190～200
尼龙-66	250～260	尼龙-11	180～190
尼龙-610	210～220	尼龙-12	170～180

13. 环氧树脂

(1) 在树脂膜上滴5滴浓硝酸，放置数分钟后，将反应物移入试管中，加入6 mL丙酮，然后再加入0.5 mol/L氢氧化钾乙醇溶液，使其显碱性。如果呈现的颜色由红变紫，说明为双酚A型的环氧树脂胶。

(2) 取少量试样于试管中，加热到240～250℃，试管口上用新配制的5%亚硝基铁氰化钠和5%吗啉水溶液润湿的试纸盖上。如果试纸呈现蓝色，说明是环氧树脂。

(3) 取试样0.5～1.0 g，加入0.03 g对苯二胺和8 mL去离子水，煮沸3 min。如果呈现桃红色，证明是环氧树脂。

(4) 取少量试样放于试管中，加入3 mL 2-乙氧基乙醇和5滴对甲基吡啶，在120℃下加热，如果逐步出现蓝色，表明有环氧基存在。

(5) 取几毫克试样，溶于0.5 mL二氧杂环己烷中，加入0.5 mL 0.5%2-甲基-3,5-二硝基苯磺酸的二氧杂环己烷溶液，30 min后加入2 mL 5%正丁胺的二甲基甲酰胺溶液。如果立即出现蓝绿色，说明有游离的环氧基存在。

(6) 醇酸树脂改性的环氧树脂，可溶于含乙醇钾的溶剂中，3 h后凝胶。加水产生沉淀，说明有环氧树脂存在，此沉淀可作分析试样。如果有酚醛树脂和氨基树脂同时存在，可在盐酸存在下用蒸汽蒸馏8 h，加水分解后加溶剂(乙氧基乙醇)萃取，对萃取液进行分析。如果是用芳香胺固化的环氧树脂，则芳香胺在加热时分解变为酚，此时通过鉴定酚，加以证实。

14. 聚氨酯类(含异氰酸根)

在树脂中加入1 mL 10%的氢氧化钠溶液并加热，若显紫色，表明有—CO—NH—基团存在，则为聚氨酯类树脂。

15. 酚醛树脂

(1) 靛酚反应：将胶层置于试管中加热至有气体放出，将逸出的气体导入另一盛水的试管中，加入约1 mL的2,6-二溴苯醌氯酰亚胺，使其充分悬浊之后，加入0.1 mol/L的氢氧化钠溶液使其呈弱碱性。如果呈现蓝至紫蓝色，说明为酚醛胶黏剂。

(2) 与靛酚实验一样，将逸出的气体导入水中，过滤并收集滤液，加入1～2滴密隆试剂(配制方法：5 g水银溶于5 mL发烟硝酸中，并用去离子水稀释到100 mL)，并加热至沸腾，维持2 min。如果呈现红色，说明是热塑性酚醛树脂；如果呈现紫色，说明是热固性酚醛树脂。

16. 脲醛树脂类

(1) 取固体试样几毫克于试管中，加1滴浓盐酸，加热到110℃，冷却后加1滴苯肼，置于油浴中195℃加热5 min，冷却后，加3滴氨水(1∶1)和5滴10%硫酸镍，混合均匀后，加入10～12滴氯仿，进一步振荡。如果在氯仿层中出现紫色至红色，说明有尿素存在。

(2) 将0.25 g粉末试样和125 mL 5%硫酸置于圆底烧瓶中，加热到没有甲醛味为止，用酚酞作指示剂，加入氢氧化钠溶液中和。然后加1滴0.5 mol/L的硫酸和1 mL 10%的尿素酶。在此溶液上部悬挂一张红色石蕊试纸，烧瓶盖上瓶塞。如果短时间内石蕊试纸呈现蓝色，说明有尿素存在。

17. 三聚氰胺-甲醛树脂

(1) 将0.5 g粉末试样放入18 mL不锈钢超声波振荡器中，加入10 mL 25%的浓氨水，用软铝片盖严，边振动边加热至160℃，未硬化试样加热5 h，已硬化试样需加热10～20 h。反应完成后，倒入已盛有30 mL去离子水的烧杯中，缓慢加热煮沸30 min，约10 min后补充被蒸发的水，用3号垂熔漏斗收集未溶解物，用沸水冲洗3次，每次水量5 mL。然后加入2 g苦味酸和150 mL去离子水，加热溶解。有三聚氰胺苦味酸盐析出，说明有三聚氰胺存在。

(2) 将 0.5 g 粉末试样和 25 mL 80%的硫酸放入烧瓶中，回流加热 30 min，取 10 mL 溶液，置于蒸发皿中蒸发浓缩后，移入试管中加 0.25 g 铝粒，通入氮气，在 1.3～2.7 kPa 下加热到 300℃。如果在试管壁上出现白色反应升华物，说明有三聚氰胺存在。

(3) 嘧胺树脂可用生成氯代三聚氰胺并与硫代硫酸盐产生显色反应的方法检测。将一小块试样放入微型试管中，加 1 滴浓盐酸处理。在甘油浴中将混合物逐渐升温加热至 190～200℃，直至把氯化氢除赶除尽(用刚果红试纸检测不再产生颜色变化)。冷却后加入约 50 mg 硫代硫酸钠。将一片用 3%过氧化氢润湿的刚果红试纸盖在试管口上，并加热至 140℃。如果试纸呈现蓝色，说明有三聚氰胺存在。

附录2 常用单体的性质及精制

烯类单体在储存过程中，为了避免发生自聚，常常加入少量阻聚剂。因此，在其使用前必须进行精制。

1. 苯乙烯(St)

纯净的苯乙烯(Styrene)为无色或淡黄色透明液体，沸点为 145.2℃，相对密度 $d_4^{20}=0.906\ 0\ g/cm^3$，折射率 $n_D^{20}=1.546\ 9$。为了防止自聚，商品苯乙烯常加入少量阻聚剂对苯二酚，呈黄色。同时在存储过程中苯乙烯还可能溶入水分和空气，因此使用前必须精制。

用于自由基聚合的苯乙烯精制方法：在 250 mL 分液漏斗中，加入 150 mL 苯乙烯，用 5%～10% NaOH 水溶液反复洗涤数次，每次用量约 30 mL，直至无色。再用蒸馏水洗涤，除去残留的碱液，洗至中性。用无水氯化钙干燥。在氢化钙存在下进行减压蒸馏，得到精制苯乙烯。

用于阴离子聚合的苯乙烯精制方法：在 250 mL 分液漏斗中，加入 150 mL 苯乙烯，用 5%～10% NaOH 水溶液反复洗涤数次，每次用量约 30 mL，直至无色。再用蒸馏水洗涤至中性，用无水氯化钙干燥。最后用 5 A 分子筛浸泡一周，然后在氢化钙或钠丝存在下进行减压蒸馏，得到精制苯乙烯。精制后的苯乙烯在高纯氮保护下密封，于冰箱中保存待用。

苯乙烯在不同压力下的沸点如附表 2-1 所示。

附表 2-1 苯乙烯的沸点和压力的关系(1 mmHg=0.133 kPa)

压力/kPa	压力/mmg	沸点/℃	压力/kPa	压力/mmg	沸点/℃
0.67	5	18	1.33	10	30.8
2.66	20	44.6	5.32	40	59.8
7.98	60	69.5	13.30	100	82.1
26.60	200	101.4	53.20	400	122.6
101.08	760	145.2			

精制后的苯乙烯纯度可用色谱法、溴化法，或者通过测定其折射率检验其纯度。折射率与温度的关系如附表 2-2 所示。

附表 2-2 苯乙烯的密度、折射率与温度的关系

温度/℃	相对密度/g/cm³	折射率
20	0.906 0	1.546 9
25	0.901 9	1.543 9
30	0.897 5	1.543 1
50	0.880 0	

2. 丁二烯(Bt)

纯净的丁二烯(Butadiene)为无色气体，室温下有种适度甜感的芳烃气味。丁二烯沸点为－4.413℃，相

对密度 $d_4^{20}=0.6211$ g/cm³，折射率 $n_D^{-25}=1.4293$，饱和蒸气压(21℃)为 245.27 kPa，燃烧热为 2 541.0 kJ/mol，引燃温度为 415℃，临界温度为 152.0℃，临界压力为 4.33 MPa，能溶于丙酮、苯、乙酸、酯等多数有机溶剂。丁二烯是一种非常不稳定的气体，与空气中的氧或其他氧化剂接触即可发生反应，生成过氧化聚合物。这种过氧化聚合物又可分解为醛，醛可再聚合。这种分解、聚合过程中会产生大量热，一旦发生自聚十分危险。因此在丁二烯单体中常加入抗氧剂叔丁基邻苯二酚。因过氧化聚合物在 27℃以下较稳定，所以丁二烯的贮存温度应低于 27℃。

丁二烯常温下为气体，采用吸收的方法进行精制。其具体方法如下：将丁二烯气体通过 0.4 nm 分子筛吸收水分；然后将装有正己烷的吸收瓶置于冰盐浴中，待正己烷温度降到丁二烯沸点后，通入气态丁二烯，进行吸收，这样相当于经过一个蒸馏过程。

3. 异丁烯(IB)

异丁烯(Isobutene)为无色气体，熔点为－185.4℃，沸点为－6.3℃，相对密度 $d_4^{20}=0.5951$ g/cm³，饱和蒸气压(0℃)为 131.52 kPa，燃烧热为 2 705.3 kJ/mol，引燃温度为 465℃，临界温度为 144.8℃，临界压力为 3.99 MPa，爆炸极限(体积分数)为 1.8%～8.8%，不溶于水，易溶于醇、醚和硫酸。异丁烯常温下为气体，因此采用吸收的方法进行精制。其具体方法如下：将异丁烯气体通过三异丁基铝溶液除水，吸收瓶置于液氮-正己烷溶液浴中冷却成液态。

4. 甲基丙烯酸甲酯(MMA)

纯净的甲基丙烯酸甲酯(Methyl methacrylate)是无色透明的液体，沸点为 100.3℃；相对密度 $d_4^{20}=0.937$ g/cm³，折射率 $n_D^{20}=1.4138$。商品甲基丙烯酸甲酯常加入少量阻聚剂对苯二酚，故呈现黄色，因此使用前必须精制。具体方法如下：首先在 250 mL 分液漏斗中加入 150 mL 甲基丙烯酸甲酯(MMA)单体，用 5%～10% NaOH 水溶液反复洗涤数次，每次用量 30 mL，直至无色。再用蒸馏水洗涤，除去残留的碱液，洗至中性。用无水硫酸钠干燥，静置过夜。在氢化钙存在下进行减压蒸馏，得到精制甲基丙烯酸甲酯。

甲基丙烯酸甲酯在不同压力下的沸点如附表 2-3 所示。

附表 2-3 甲基丙烯酸甲酯的沸点与压力的关系(1 mmHg=0.133 kPa)

压力/kPa	压力/mmg	沸点/℃	压力/kPa	压力/mmg	沸点/℃
3.19	24	10	4.66	35	20
7.05	53	30	10.77	81	40
16.49	124	50	25.14	189	60
37.11	279	70	50.80	397	80
72.75	547	90	101.08	760	100.6

精制后的甲基丙烯酸甲酯可通过测定其折射率、溴化法或气相色谱法检验其纯度。

5. 乙酸乙烯酯(VAc)

纯净的乙酸乙烯酯(Vinyl Acetate)为无色透明液体，沸点为 72.5℃，冰点－100℃，相对密度 $d_4^{20}=0.9342$ g/cm³，折射率 $n_D^{20}=1.3956$。20℃时乙酸乙烯酯在水中溶解度为 2.5%，可与醇混溶。为了防止自聚，商品乙酸乙烯酯常加入 0.01%～0.03%阻聚剂对苯二酚，聚合反应前必须进行精制。其具体方法如下：在 500 mL 分液漏斗中，加入 200 mL 乙酸乙烯酯，用饱和亚硫酸氢钠溶液洗涤三次，每次用量 50 mL。接着蒸馏水洗涤三次，每次用量 50 mL。再用用饱和碳酸钠溶液洗涤三次，每次用量 50 mL。然后用蒸馏水洗涤三次至中性。最后将乙酸乙烯酯放入干燥的 500 mL 磨口锥形瓶中，用无水硫酸钠干燥，静置过夜。将经过干燥、洗涤的乙酸乙烯酯，在装有韦氏分馏柱的精馏装置中进行精馏。为了防止瀑沸和自聚，在蒸馏瓶中加入几粒沸石，收集 71.8～72.5℃馏分。

精制后的乙酸乙烯酯的纯度可用气相色谱或溴化法进行检验。

6. 丙烯腈(AN)

纯净的丙烯腈(Acrylonitrile)为无色透明液体，沸点 为 77.3℃，相对密度 $d_4^{20}=0.8060$ g/cm³，折射率

$n_D^{20}=1.3911$。20℃时，丙烯腈在水中的溶解度为7.3%。丙烯腈有剧毒，绝对不能入口或接触皮肤。其所有操作应在通风橱中进行，操作过程必须仔细，仪器装置要严密，毒气应排出室外，残渣要用大量水冲掉。

丙烯腈的精制方法如下：在500 mL圆底烧瓶中加入250 mL工业丙烯腈进行常压蒸馏，收集76～78℃馏分。用无水氯化钙干燥3 h后，过滤至装有分馏装置的蒸馏烧瓶中，加几滴高锰酸钾溶液进行分馏，收集77～77.5℃的馏分，得到精制的丙烯腈，高纯氮保护下密闭避光保存备用。

精制后的丙烯腈的纯度可用2,3-二巯基丙醇法或亚硫酸钠法进行检验。

附录3 常用引发剂精制

引发剂在放置过程中常自行分解而失去活性。为了保证引发剂的高活性，在使用前必须进行提纯处理。

1. 偶氮二异丁腈(AIBN)的精制

偶氮二异丁腈(Azobisisobutyronitrile)为白色结晶，熔点为102～104℃，不溶于水，溶于乙醇、乙醚、甲苯和苯胺，有毒，易燃。偶氮二异丁腈的提纯步骤如下：在装有回流冷凝管的150 mL锥形瓶中，加入50 mL乙醇(95%)，水浴加热至接近沸腾，迅速加入5 g偶氮二异丁腈，摇荡，使其全部溶解(注意：若煮沸时间长，偶氮二异丁腈分解严重)。热溶液迅速抽滤(过滤所用漏斗及吸滤瓶必须预热)。滤液冷却后得白色结晶偶氮二异丁腈，过滤后，结晶置于真空干燥箱中干燥，称重。产品放在棕色瓶中，低温保存备用。

2. 过氧化二苯甲酰(BPO)的精制

过氧化二苯甲酰(Benzoyl Peroxide)为白色结晶粉末，熔点为103～106℃，溶于丙酮、乙醚、氯仿和苯，微溶于水和乙醇(见附表3-1)。过氧化二苯甲酰性质极不稳定，受到摩擦、撞击、光照、高温、加热，均易引起爆炸。常采用重结晶法提纯过氧化二苯甲酰。其提纯步骤如下：在100 mL烧杯中加入5 g过氧化二苯甲酰和20 mL氯仿，不断搅拌使之溶解、过滤，滤液直接滴入50 mL用冰盐冷却的甲醇中，有白色针状结晶生成。用布氏漏斗过滤，再用冷的甲醇洗涤三次，每次用量5 mL，抽干。反复重结晶两次后，将结晶物置于真空干燥箱中室温干燥，称重。将产品放入棕色瓶中，在干燥器中保存备用。注意：因为温度过高时，过氧化二苯甲酰易分解，引起爆炸，故重结晶时溶解温度不宜过高。如考虑甲醇有毒，可用乙醇代替，但丙酮和乙醚对过氧化二苯甲酰有诱导分解作用，不适合做重结晶溶剂。

附表3-1 过氧化二苯甲酰的溶解度(20℃)

溶剂	溶解度，g/100mL	溶剂	溶解度，g/100mL
石油醚	5	甲醇	10
乙醇	15	甲苯	110
丙酮	146	苯	164
氯仿	316		

3. 过硫酸铵($(NH_4)_2S_2O_8$)和过硫酸钾($K_2S_2O_8$)的精制

过硫酸铵(Ammonium Persulfate)又称过二硫酸铵，由浓硫酸铵溶液电解后结晶制得，是无色单斜晶体，有时略带淡绿色。过硫酸铵相对分子质量为228.20，相对密度$d_4^{20}=1.982$ g/cm³。过硫酸铵120℃时完全分解，溶于水(溶解速度比过硫酸钾快)，有强氧化性。

过硫酸钾(Potassium Persulfate)通常由过硫酸铵溶液加氢氧化钾或碳酸钾溶液加热去氨和二氧化碳而制得。过硫酸钾是白色晶体，无味，有潮解性，相对分子质量为270.32，相对密度$d_4^{20}=2.477$ g/cm³，折射率$n_D^{20}=1.461$。100℃时过硫酸钾完全分解，溶于水，有强氧化性。

过硫酸铵和过硫酸钾可以用碘量法测定其纯度。过硫酸盐的主要杂质是硫酸氢铵(或硫酸氢钾)和硫酸铵(或硫酸钾)，可用少量水反复重结晶进行精制。其方法如下：将过硫酸盐在40℃水中溶解并过滤，滤液用冰水混合物冷却，过滤出结晶，并以冰水洗涤，直至用$BaCl_2$溶液检验滤液无SO_4^{2-}为止，将白色晶体置于真空干燥箱中干燥，称重。将产品放在棕色瓶中，低温保存备用。上述三种引发到相关数据见附表3-2。

附表 3-2　常用引发剂的相关数据

引发剂	反应温度(℃)	溶剂	分解速率常数 k_d(s^{-1})	半衰期 $t_{1/2}$(h)	分解活化能 E_d(kJ/mol)	存储温度(℃)	通常使用温度(℃)
偶氮二异丁腈	70	甲苯	4.0×10^{-5}	4.8	121.3	10	50～90
	80		1.55×10^{-4}	1.2			
	90		4.86×10^{-4}	0.4			
	100		1.60×10^{-3}	0.1			
过氧化二苯甲酰	49.4	苯乙烯	5.28×10^{-7}	364.5	124.3	25	60～100
	61.0		2.28×10^{-7}	74.6			
	74.8		1.83×10^{-6}	10.5			
	100.0		4.58×10^{-6}	0.42			
	60.0	苯	2.00×10^{-6}	96.0			
	80.0		2.50×10^{-6}	7.70			
	85.0		8.90×10^{-6}	2.20			
过硫酸钾	50	KOH (0.1mol/L)	9.10×10^{-7}	212	140	25	50(与还原剂一起使用)
	60		3.16×10^{-6}	61			
	70		2.33×10^{-6}	8.3			

4. 四氯化钛($TiCl_4$)的精制

四氯化钛(Titanium Tetrachloride)由二氧化钛、碳粉和淀粉调和后，在600℃时通入氯气制得。四氯化钛是无色或淡黄色液体，相对分子质量为189.68，熔点为-30℃，沸点为136.4℃，相对密度 $d_4^{20}=1.726$ g/cm^3，蒸气压1.33 kPa，溶于冷水、乙醇、稀盐酸。四氧化钛在潮湿空气中分解为二氧化钛和氯化氢，并伴随烟雾产生。四氯化钛中常含 $FeCl_2$，可加入少量铜粉，加热与之作用，过滤，滤液减压蒸馏。将产品放在棕色瓶中密闭存放，置于冰箱内保存备用。

5. 三氟化硼乙醚[$BF_3(CH_3CH_2)_2O$]的精制

三氟化硼乙醚(Boron Trifluoride Ethyl Ether)由硼酸和萤石粉反应，经乙醚吸收制得，也可由无水乙醚与三氟化硼气相反应制得。三氧化硼乙醚是无色透明液体，接触空气易被氧化，色泽变深，相对分子质量为141.93，相对密度 $d_4^{20}=1.12$～1.14 g/cm^3。常用减压蒸馏进行精制，具体方法如下：在500 mL蒸馏瓶中加入200 mL商品三氟化硼乙醚、10 mL乙醚和2 g氢化钙一起进行减压蒸馏，沸点46℃/10 mmHg，折射率 $n_D^{20}=1.348$。产品存放于棕色瓶中。

附录4　常用有机溶剂精制

1. 环己烷(C_6H_{12})

环己烷(Cyclohexane)为无色液体，有汽油气味，沸点为80.7℃，相对密度 $d_4^{20}=0.779$ g/cm^3，折射率 $n_D^{20}=1.4266$。环己烷易挥发，易燃烧，其蒸气和空气可形成爆炸混合物，爆炸极限为1.2%～8.4%(体积分数)。环己烷不溶于水，当温度高于57℃时，溶于无水乙醇、甲醇、乙醚、苯、丙酮等多数有机溶剂中。

环己烷含有的主要杂质是苯，作为一般溶剂使用时，不需要特殊处理。若要除去苯，可用冷的浓硫酸与浓硝酸的混合液洗涤数次，使苯硝化后溶于酸中除去，然后用蒸馏水洗至中性。作为离子型溶液聚合用的溶剂，必需除净环己烷中所含的水。纯化方法：用活化好的0.4 nm分子筛先浸泡两周，再压入钠丝，以除去最后残存的微量水分(水含量应小于 10×10^{-6})。处理好的环己烷在高纯氮保护下密闭保存，使用前用高纯氮吹 10 min,以除去体系中微量的氢气。

2. 正己烷(C_6H_{14})

正己烷(n-Hexane)为无色挥发性液体,带有微弱的特殊气味,沸点为 68.74℃,熔点为-95℃,相对密度 $d_4^{20}=0.6594$ g/cm^3,不溶于水,能与醇、醚和三氯甲烷混溶。市售正己烷含量为 95%,纯化方法:先用浓硫酸洗涤数次,接着用 0.1 mol/L 高锰酸钾的 10%硫酸溶液洗涤,再用 0.1 mol/L 高锰酸钾的 NaOH 溶液洗涤,最后用水洗,干燥蒸馏。

正己烷用作离子型溶液聚合的溶剂时,精制处理方法与环己烷相同。

3. 抽余油

抽余油为无色透明液体,不溶于水,相对密度 $d_4^{20}=0.65\sim0.67$ g/cm^3,溶解度参数约为 7.25。抽余油中水分的除去方法:将新蒸馏的抽余油用活化好的分子筛浸泡 1~2 周,再加入钠丝,除去最后残存的微量水分(水含量应小于 1×10^{-5})。处理好的抽余油在高纯氮保护下密封保存,使用前用高纯氮吹 10 min,以除去体系中微量的氢气。

4. 苯(C_6H_6)

苯(Benzene)是无色液体,有芳香气味,熔点为 5.5℃,沸点为 80.1℃,相对密度 $d_4^{20}=0.8790$ g/cm^3,折射率 $n_D^{20}=1.5011$,易挥发,易燃,不溶于水,可溶于乙醇、乙醚、丙酮、四氯化碳等有机溶剂。苯有毒,能致癌。苯蒸气与空气可形成爆炸性混合物,爆炸极限为 1.5%~8.0%(体积分数)。

苯中常含有噻吩(沸点为 84℃),二者不能用分级结晶或分馏的方法分开,可利用噻吩比苯更易磺化的特点除去噻吩。纯化方法:将苯用相当于其体积 10 倍的浓硫酸反复振摇洗涤(可分多次进行),至酸呈无色或微黄色,检验噻吩是否仍存在。噻吩的检验方法:取 3 mL 处理过的苯,用 10 mg 靛红与 10 mL 浓硫酸的混合溶液振摇后,静置片刻。若有噻吩存在,则溶液显浅蓝色。分出苯层,苯依次用蒸馏水、10%碳酸钠溶液、蒸馏水洗涤至中性;再用无水氯化钙干燥 1~2 周,分馏得到精制的苯。

苯用作离子型溶液聚合的溶剂时,则需进一步精制。可压入钠丝进一步干燥,并在高纯氮保护下密闭保存,使用前通入高纯氮吹 10 min,以除去体系中微量的氢气。

5. 甲苯(C_7H_8)

甲苯(Methylbenzene)为无色易挥发的液体,有芳香气味,沸点为 110.6℃,熔点为-94.9℃,相对密度 $d_4^{20}=0.866$ g/cm^3,折射率 $n_D^{20}=1.4969$,不溶于水,可溶于乙醇、乙醚、丙酮。其化学性质类似于苯,蒸气可与空气形成爆炸性混合物,爆炸极限为 1.2%~7.0%(体积分数)。甲苯中常含有甲苯噻吩(沸点为 112~113℃),处理方法与苯相同。因为甲苯比苯更容易磺化,用浓硫酸洗涤时,温度要控制在 30℃以下。

6. 氯仿($CHCl_3$)

氯仿(Chloroform)又名三氯甲烷,常温下为无色透明易挥发的液体,略带香甜气味,沸点为 61.2℃,熔点为-63.5℃,相对密度 $d_4^{20}=1.4916$ g/cm^3,折射率 $n_D^{20}=1.4455$,黏度为 0.563 mPa·s(20℃)。不易燃烧,微溶于水,溶于乙醇、乙醚、苯、石油醚等。稳定性较差,450℃以上发生热分解,进一步氯化为 CCl_4。氯仿在日光下易氧化成氯气、氯化氢和光气(剧毒),故氯仿应贮于棕色瓶中。商品氯仿约含有 1%乙醇做稳定剂,以消除氯仿分解产生的光气。

除去乙醇的具体方法如下:依次用相当于氯仿体积 5%的浓硫酸、蒸馏水、稀 NaOH 溶液、蒸馏水洗涤。再以无水氯化钙进行干燥,静置过夜,常压蒸馏,得到精制的氯仿。精制后的无水氯仿应用棕色瓶保存并储存于阴凉处,避免光化作用产生光气。

注意:氯仿不能用金属钠干燥,以免发生爆炸。氯仿中所含乙醇可用碘仿反应进行检验,氯仿中所含的游离氯化氢可用硝酸银醇溶液进行检验。

7. 四氯化碳(CCl_4)

四氯化碳(carbon tetrachloride)又名四氯甲烷,是无色液体,有愉快的气味,熔点为-22.8℃、沸点为 76.8℃,相对密度 $d_4^{20}=1.5947$,折射率 $n_D^{20}=1.4601$,不燃烧,微溶于水,溶于乙醇、乙醚、苯、甲苯、氯仿、石油醚等有机溶剂。四氯化碳毒性极大,有较强的刺激性和麻醉性,空气中最高允许浓度 25 mg/m^3(或0.001%)。

目前四氯化碳主要是用二硫化碳经氯化制得,所以四氯化碳中二硫化碳含量较高,约 4%。精制方法是将 1 000 mL 四氯化碳与 5%氢氧化钾溶液 60 mL 置于等量的水中,再加 100 mL 乙醇,剧烈振摇约30 min

(50～60℃)，分离出四氯化碳；先用蒸馏水洗，再用少量浓硫酸洗至无色，最后用去离子水洗至中性，用无水氯化钙干燥，静置过夜，常压蒸馏制得精制的四氯化碳。注意：四氯化碳不能用金属钠干燥，以免发生爆炸。

8. 四氢呋喃(C_4H_8O)

四氢呋喃(Tetrahydrofuran)为无色透明的液体，有毒，有乙醚气味，易燃烧，沸点为66℃，凝固点为－108.6℃，相对密度 $d_4^{20}=0.8892$ g/cm³，折光率 $n_D^{20}=1.4071$，溶于水和多数有机溶剂，其蒸气与空气能形成爆炸性混合物，爆炸极限为1.2%～7%(体积分数)。

商品四氢呋喃含量为95%，纯化方法是加入固体氢氧化钾干燥数天后进行过滤；加少许氢化铝锂，或者直接在搅拌下分次加入少量氢化铝锂，直到不产生氢气为止；在搅拌下蒸馏(蒸馏时不宜蒸干，应剩下少许于蒸馏瓶内)，压入钠丝保存。

四氢呋喃用于离子型聚合时，则需要进一步精制。将上述精制后的四氢呋喃在高纯氮保护下，从活性聚苯乙烯中蒸出，高纯氮保护，压入钠丝，棕色瓶中密闭保存。

附录5　常用单体的物理常数

单体名称	相对分子质量	密度20℃/(g/cm³)	熔点(℃)	沸点(℃)	折射率(20℃)
乙烯	28.05	0.384(－10℃)	－169.2	－103.7	1.3630(－100℃)
丙烯	42.07	0.5193	－185.4	－47.8	1.3567(－70℃)
异丁烯	56.11	0.5951	－185.4	－6.3	1.3962(－20℃)
丁二烯	54.09	0.6211	－108.9	－4.4	1.4292(－25℃)
异戊二烯	68.12	0.6710	－146	34	1.4220
苯乙烯	104.2	0.9060	－30.6	145	1.5468
α-甲基苯乙烯	108.2	0.9062(25℃)	－23.2	161	1.5395(25℃)
氯乙烯	62.50	0.9918(－15℃)	－153.8	－13.4	1.380
乙酸乙烯酯	86.09	0.9317	－93.2	72.5	1.3959
丙烯腈	53.06	0.8086	－83.8	77.3	1.3911
丙烯酸	72.06	1.0511	13	141.6	1.4224
甲基丙烯酸	86.09	1.0153	16	163	1.4314
丙烯酸甲酯	86.09	0.9535	＜－70	80	1.3984
丙烯酸正丁酯	128.17	0.8970	－64	145	1.4185
甲基丙烯酸甲酯	100.12	0.9440	－48.2	100.5	1.4142
甲基丙烯酸正丁酯	142.20	0.8940	＜50	160～163	1.4230
丙烯酸羟乙酯	116.12	1.10		92(1.6 kPa)	1.4500
甲基丙烯酸羟乙酯	130.14	1.196		135～137(9.33 kPa)	
丙烯酰胺	71.08	1.122(30℃)	84.8	125(3.33 kPa)	
己内酰胺	113.16	1.02	70	139(1.67 kPa)	1.4784
己二酸	146.14	1.366	153	265(13.3 kPa)	
己二胺	116.2		39～40	100(2.67 kPa)	
癸二酸	202.3	1.2705	134.5	185～195(4 kPa)	
顺丁烯二酸酐	98.06	1.48	52.8	200	

续表

单体名称	相对分子质量	密度 20℃/(g/cm³)	熔点(℃)	沸点(℃)	折射率(20℃)
邻苯二甲酸酐	148.12	1.527 0(4℃)	130.8	284.5	
对苯二甲酸二甲酯	194.19	1.283	140.6	288	
乙二醇	62.07	1.108 8	−12.3	197.2	1.431 8
甲醛	30.03	0.81 5	−92	−21	
苯酚	94.11	1.071(41℃)	43	182	1.542 5(41℃)
双酚 A	228.29	1.195	153.5	250(1.73 kPa)	
环氧丙烷	58.08	0.830	−112.13	34	1.366 4
环氧氯丙烷	92.53	1.181	−57.2	116.2	1.437 5
甲苯-2,4-二异氰酸酯	174.16	1.22	20～21	251	1.569 0
2-乙烯基吡啶	105.14	0.975		48～50(1.46 kPa)	1.549 0
4-乙烯基吡啶	105.14	0.976		62～65(3.3 kPa)	1.550

附录 6 常用单体及聚合物的折射率和密度

单体	折射率 n_D^{20}		密度(g/cm³,25℃)		体积收缩(%)
	单体	聚合物	单体	聚合物	
氯乙烯	1.380(15℃)	1.54～1.56	0.919	1.406	34.4
丙烯腈	1.388 8(25℃)	1.518 0(25℃)	0.800	1.170	31.0
苯乙烯	1.545 8	1.5935	0.905	1.062	14.5
丁二烯	1.429 2(−25℃)	1.514 9	0.627 6	0.906	44.4
异戊二烯	1.422 0	1.519 1	0.680 5	0.906	33.2
偏二氯乙烯	1.424 9	1.654	1.213(20℃)	1.710(20℃)	28.6
甲基丙烯腈	1.401(25℃)	1.520	0.800	1.100	27.0
乙酸乙烯酯	1.395 6	1.466 7	0.934	1.191	21.6
丙烯酸甲酯	1.420 1	1.472 5	0.952	1.223	22.1
丙烯酸乙酯	1.406 8	1.468 5	0.919	1.095	16.1
丙烯酸正丁酯	1.419 0	1.463 4	0.894	1.055	15.2
甲基丙烯酸甲酯	1.414 7	1.492	0.940	1.179	20.6
甲基丙烯酸乙酯	1.414 3	1.435	0.911	1.110	17.8
甲基丙烯酸正丙酯	1.419 1	1.484	0.902	1.06	15.0
甲基丙烯酸正丁酯	1.423 9	1.483 1	0.889	1.055	14.3

附录7 常用加热液体介质的沸点

介质	沸点(℃)	介质	沸点(℃)	介质	沸点(℃)
水	100	乙二醇	197	二缩三乙二醇	282
甲苯	111	间甲酚	202	邻苯二甲酸二甲酯	283
正丁醇	117	四氢化萘	206	邻羟基联苯	285
氯苯	133	萘	218	二苯酮	305
间二甲苯	139	正癸醇	231	对羟基联苯	308
环己酮	156	甲基萘	242	六氯苯	310
乙基苯基醚	160	一缩二乙二醇	245	邻三联苯	330
对异丙基甲苯	176	联苯	255	蒽	340
邻二氯苯	179	二苯基甲烷	265	蒽醌	380
苯酚	181	苊烯	277	邻苯二甲酸二异辛酯	370
十氢化萘	190	甲基萘基醚	275		

附录8 常用冷却剂的配制

配　方	冷却温度(℃)
冰＋水混合物	0
冰(100 份)＋氯化铵(25 份)	－15
冰(100 份)＋硝酸钠(50 份)	－18
冰(100 份)＋氯化钠(33 份)	－21
冰(100 份)＋氯化钠(40 份)＋氯化铵(20 份)	－25
冰(100 份)＋六水氯化钙(100 份)	－29
冰(100 份)＋氯化钠(13 份)＋硝酸钠(37.5 份)	－30.7
冰(100 份)＋碳酸钾(33 份)	－46
冰(100 份)＋六水氯化钙(143 份)	－55
干冰＋乙醇	－72
干冰＋丙酮	－78
液氮＋丙酮	－76
液氮	－196(沸点)

附录9 常用干燥剂的性质

干燥剂	酸碱性质	特点和使用注意事项
氯化钙	中	脱水量大,作用快,易分离;不可用于干燥醇、胺、酚、酸和酯
硫酸钠	中	脱水量大,作用慢,易分离,价格低,效率低
硫酸镁	中	比硫酸钠作用快,效率高,是良好的干燥剂
硫酸钙	中	脱水量小,作用快,效率高,易分离
硫酸铜	中	效率高,价格较贵
碳酸钾	碱性	脱水量和效率一般,适用于酯和腈类,不能用于酸性化合物
硫酸	酸性	脱水效率高,适用于烷基卤化物和脂肪烃,不能用于碱性化合物
五氧化二磷	酸性	脱水效率高,适用于干燥中性和酸性气体,以及烃、卤代烃、醚类及腈中痕量水,不适用于碱、酮及易聚物质
氢化钙	碱性	作用慢,效率高,适用于碱性、中性和弱酸性化合物,不能用于对碱敏感的化合物
钠	碱性	作用慢,效率高,不可用于卤代烃、醇、胺等敏感物的干燥,应注意:过量干燥剂的分解和安全
氧化钙,氧化钡	碱性	作用慢,效率高,适用于醇和胺,不适用于对碱敏感的化合物
氢氧化钾,氢氧化钠	碱性	快速有效,几乎限于干燥胺

除了上述干燥剂介质外,分子筛是一种常用的干燥剂,是一种具有均一微孔结构而且能将不同大小分子分离的固体吸附剂。分子筛加工时可调节其微孔大小,可吸附比自身孔径小的物质。例如 0.4 nm 分子筛是一种硅铝酸钠,微孔直径为 0.45 nm,能吸附直径 0.4 nm 的分子,吸水量 210 g/g;0.5 nm 的分子筛是一种硅铝酸钙,微孔直径为 0.55 nm,能吸附直径 0.5 nm 的分子,吸水量 210 g/g。

市售分子筛经活化后方能使用,活化方法是在马弗炉中于 150℃左右预热 1~1.5 h,然后升温至 400℃左右烘 2 h,再升温至 500℃烘 1 h ,停止加热,自然冷却至 200℃,即从炉中取出置于干燥器中(干燥器最好预热,以防炸裂),活化过的分子筛应立即使用。使用过的分子筛可经过再生后循环使用,最好用于处理同一溶剂。再生方法是将用过的分子筛在空气中彻底晾干,再置于真空烘箱中减压将残存溶剂去掉(2~3 天),也可在 60℃下减压烘 7~8 h,然后再按活化步骤在马弗炉中进行活化处理。

附录10 聚合物分级用的溶剂及沉淀剂

聚合物	溶剂	沉淀剂
聚己内酰胺	含水苯酚	苯酚
	甲酚	环己烷
	甲酚+苯	汽油
尼龙-66	甲酸	水
	甲酚	甲醇
聚乙烯	甲苯	正丙醇
	二甲苯	丙二醇
	二甲苯	正丙醇
	α-氯代萘	邻苯二甲酸二丁酯

续表

聚合物	溶剂	沉淀剂
聚氯乙烯	环己烷	丙酮
	硝基苯	甲醇
	四氢呋喃	甲醇、丙醇
	环己酮	正丁醇、甲醇
聚苯乙烯	苯	乙醇、甲醇
	甲苯	甲醇
	丁酮	正丁醇
	三氯甲烷	甲醇
聚乙烯醇	水	丙醇
	乙醇	苯
聚丙烯腈	羟乙腈	苯-乙醇
	二甲基甲酰胺	庚烷
	二甲基甲酰胺	庚烷-乙醚
聚三氟氯乙烯	1-三氟甲基-2,5-氯代苯	邻苯二甲酸二乙酯
聚乙酸乙烯酯	丙酮	水
	苯	石油醚
聚甲基丙烯酸甲酯	丙酮	水、己烷
丁苯橡胶	苯	甲醇
硝化纤维素	丙酮	水
	丙酮	石油醚
	乙酸乙酯	正庚烷
醋酸纤维素	丙酮	乙醇
	丙酮	水
	丙酮	乙酸丁酯
乙基纤维素	乙酸甲酯	丙酮-水(1∶3)
	苯-甲醇	庚烷

附录 11　常见单体的链转移常数

附表 11-1　单体的链转移常数 C_M

单体	温度(℃)	链转移常数 C_M
苯乙烯	27	0.31×10^{-4}
	50	0.62×10^{-4}
	60	0.79×10^{-4}
	70	1.16×10^{-4}
	90	1.47×10^{-4}

续表

单体	温度(℃)	链转移常数 C_M
甲基丙烯酸甲酯	50	0.15×10^{-4}
	60	0.18×10^{-4}
	70	0.23×10^{-4}
	80	0.25×10^{-4}
	100	0.38×10^{-4}
丙烯腈	60	0.26×10^{-4}
氯乙烯	60	12.3×10^{-4}
顺丁烯二酸酐	75	750×10^{-4}
乙酸乙烯酯	50	0.25×10^{-4}
	60	2.5×10^{-4}

附表 11-2 常见引发剂的链转移常数 C_I

引发剂	单体	温度(℃)	链转移常数 C_I
过氧化二苯甲酰	苯乙烯	60	0.101
		70	0.12
		80	0.13
	甲基丙烯酸甲酯	60	0
	顺丁烯二酸酐	75	2.63
		60	0.09
偶氮二异丁腈	苯乙烯	50	0
		60	0.012
	甲基丙烯酸甲酯	60	0
2,4-二氯过氧化二苯甲酰	顺丁烯二酸酐	60	0.17

附表 11-3 溶剂或分子量调节剂的链转移常数 C_S(60℃)

溶剂或分子量调节剂	苯乙烯	甲基丙烯酸甲酯	乙酸乙烯酯
苯	0.018×10^{-4}	0.04×10^{-4}	1.07×10^{-4}
甲苯	0.125×10^{-4}	0.17×10^{-4}	20.9×10^{-4}
乙苯	0.67×10^{-4}	1.35×10^{-4}(80℃)	55.2×10^{-4}
环己烷	0.024×10^{-4}	0.10×10^{-4}(80℃)	7.0×10^{-4}
二氯甲烷	0.15×10^{-4}	0.76×10^{-4}(80℃)	4.0×10^{-4}
三氯甲烷	0.5×10^{-4}	0.45×10^{-4}	0.0125
四氯化碳	92×10^{-4}	5×10^{-4}	0.96
正丁硫醇	22	0.67	～50
正十二硫醇	19		

附录12　自由基共聚的竞聚率

单体1	单体2	r_1	r_2	$r_1 \times r_2$	T(℃)
苯乙烯	乙基乙烯基醚	80±40	0	0	80
	异戊二烯	1.38±0.54	2.05±0.45	2.83	50
	乙酸乙烯酯	55±10	0.01±0.01	0.55	60
	氯乙烯	17±3	0.02	0.34	60
	偏二氯乙烯	1.85±0.05	0.085±0.01	0.157	60
丁二烯	丙烯腈	0.3	0.02	0.006	40
	苯乙烯	1.35±0.12	0.58±0.15	0.78	50
	氯乙烯	8.8	0.035	0.31	50
丙烯腈	丙烯酸	0.35	1.15	0.401	50
	苯乙烯	0.04±0.04	0.40±0.05	0.016	60
	异丁烯	0.02±0.02	1.8±0.2	0.036	50
甲基丙烯酸甲酯	苯乙烯	0.46±0.026	0.52±0.026	0.24	80
	丙烯腈	1.224±0.10	0.150±0.08	0.184	80
	氯乙烯	10	0.10	1.0	68
氯乙烯	偏二氯乙烯	0.3	3.2	0.96	60
	乙酸乙烯酯	1.68±0.08	0.23±0.02	0.39	60
四氟乙烯	三氟氯乙烯	1.0	1.0	1.0	60
顺丁烯二酸酐	苯乙烯	0.015	0.040	0.006	50

附录13　常见官能团的测定

一、酸值的测定

酸值是中和1 g待测物中的酸性物质所消耗的KOH的质量(mg)，酸值大小反映了脂肪酸中游离酸含量的多少。测定方法是将聚合物溶于一些惰性溶剂中(如甲醇、乙醇、丙酮、苯和氯仿等)，以酚酞为指示剂，用0.01～0.1 mol/L的KOH醇溶液滴定。

准确称取适量样品[1]，放入100 mL锥形瓶中，用移液管加入20 mL溶剂，轻轻摇动锥形瓶使样品全部溶解[2]。然后加入2～3滴0.1%的酚酞指示剂，在不停摇动下用刚经过标定的0.1mol/L KOH-醇标准溶液滴定至溶液呈粉红色，维持15～30 s不褪色即为滴定终点。用相同方法进行空白滴定，重复两次。结果按下式计算：

$$酸值 = \frac{(V - V_0)C \times 56.11}{m}$$

式中：V、V_0——分别为样品滴定、空白滴定所消耗的KOH—醇标准溶液的体积，mL；

C——KOH—醇标准溶液的浓度，mol/L；

m——样品质量，g；

56.11——KOH 的摩尔质量，g/mol。

【注释】

[1] 为了使测定结果更准确，可按下表称取样品。

称取样品量(g)	酸值范围(mg KOH/g)
2.5±0.05	330～100
5±0.05	15～30
10±0.05	5～15
20±0.05	0～5

[2] 如有不溶解，可在水浴上摇动加热，瓶口加冷凝管回流，以防乙醇蒸发。

二、羟值的测定

羟值是滴定 1 g 待测样品时所消耗的 KOH 的质量(mg KOH/g)。测定原理是在酸性条件下，用酸酐对样品中羟基进行酰化，用 KOH 滴定此反应过程中所消耗的酸酐的量，即可求出羟值。常用的酸酐有醋酸酐和邻苯二甲酸酐。

在一洁净、干燥的棕色瓶内，加入 100 mL 新蒸吡啶和 15 mL 新蒸醋酸酐[1]混合均匀后备用。称取 2 g 样品(精确到 1 mg)，放入 100 mL 磨口锥形瓶内，用移液管准确移取 10 mL 上述配好的醋酸酐-吡啶溶液，放入锥形瓶内，并用 2 mL 吡啶[2]冲洗瓶口，然后在瓶口装上带有干燥管的回流冷凝管。轻轻摇动锥形瓶使样品溶解。待样品溶解完全后，将锥形瓶放在油浴中，于 100℃[3]下保持 1 h，加入 5 mL 蒸馏水，10 min 后从油浴中取出锥形瓶，用 5 mL 吡啶冲洗冷凝管[4]。冷却至接近室温时取下冷凝管，加入 3～5 滴 0.1% 酚酞-乙醇溶液，用 0.1 mol/L 的 KOH 标准溶液滴定。同时用相同方法进行空白滴定，重复两次。按下式计算羟值：

$$羟值=\frac{(V_0-V)C\times 56.11}{m}$$

式中：V_0、V——分别为样品滴定、空白滴定所消耗的 KOH 标准溶液的体积，mL；

C——KOH 标准溶液的浓度，mol/L；

m——样品质量，g；

56.11——KOH 的摩尔质量，g/mol。

对于端羟基聚合物，测得的羟值可以用来计算其数均相对分子质量。若聚合物分子是双端羟基的，则其数均相对分子质量可表示为：

$$\overline{M}_n=\frac{2\times 56.11\times 1\,000}{羟值}$$

【注释】

[1] 本方法中试剂用量以相对分子质量 1 000～2 000 的双端基聚四氢呋喃为依据。如测定其他含羟基的样品，试剂的配制及用量可根据具体情况适当调整。

[2] 冲洗瓶口用 2 mL 吡啶即可。如样品在稍加热的情况下仍溶解得不好，可再加入少量溶剂，但要适量，否则酸酐浓度过低，将不利于酰化反应进行。

[3] 酰化反应不要在回流条件下进行，因为在回流温度下醋酸酐-吡啶溶液颜色会加深而干扰测定。温度稍低一点，虽反应速率降低，但因酸酐过量，酰化反应仍能进行完全。

[4] 反应结束后，用吡啶仔细冲洗冷凝管。

三、环氧值的测定

环氧值是表征环氧树脂中环氧基含量的物理量，为 100 g 环氧树脂中含有环氧基的物质的量(mol/100 g)。如相对分子质量为 340 的环氧树脂，每个分子含有 2 个环氧基，则 340 g 树脂中含有 2 mol 环氧基，其环氧值为 0.58×(2×100÷340)。环氧值和环氧基的百分含量有如下换算关系：

$$环氧值 = \frac{环氧基百分含量}{43} \times 100$$

准确称取 1.5 g 样品(准确至 1 mg)[1]，放于碘瓶中，用移液管加入 20 mL 3.6%盐酸-丙酮溶液[2]，加盖摇匀。待样品完全溶解后，在阴凉处(15℃左右)放置 1.5 h，再加 3 滴 0.1%甲基红-乙醇指示剂。用 0.1 mol/L NaOH标准溶液滴定，至红色褪去变成黄色为终点。用相同方法进行空白滴定，重复两次。按下式计算环氧值：

$$环氧值 = \frac{(V_0 - V)C}{10m}$$

式中：V_0、V——分别为样品滴定、空白滴定所消耗的 NaOH 标准溶液体积，mL；

C——NaOH 标准溶液的浓度，mol/L；

m——样品质量，g。

【注释】

[1] 低相对分子质量的环氧树脂在室温下为黏稠液体，取样可用一支洁净的玻璃棒挑取一小团树脂粘到已准确称重的锥形瓶底内壁上(注意不要让树脂拉出的丝粘到瓶口上)。

[2] 将 1 mL 浓盐酸溶液在 40 mL 丙酮中均匀混合即可，应现配现用。

四、胺值的测定

胺值是 1 g 样品碱度相当于 KOH 的毫克数(KOH mg/g)。测定原理是利用氨基能与酸结合成盐，用盐酸-异丙醇标准溶液滴定，按其消耗量来计算总胺值。称取 1 g 样品(精确至 1 mg)，置于干燥的 250 mL 锥形瓶中，加入 20 mL 无水乙醇。样品溶解后，加入 2 滴 0.1%甲基红-乙醇溶液和 4 滴 0.1%溴甲酚绿-乙醇溶液，摇匀，然后用 0.1 mol/L 盐酸-异丙醇标准溶液滴定至出现粉红色为终点。结果按下式计算：

$$胺值 = \frac{CV \times 56.11}{m}$$

式中：V——滴定所消耗的盐酸-异丙醇标准溶液体积，mL；

C——盐酸-异丙醇标准溶液的浓度，mol/L；

m——样品质量，g。

五、双键含量的测定

测定聚合物的不饱和键主要是根据碘和溴与双键进行定量加成反应。聚合物与双键的加成程度常以碘值表示。所谓碘值是指每 100 g 样品所吸收的碘的质量(g)，以(gI_2/100 g)试样表示。碘值的大小能反应聚合物的不饱和程度。测定原理是样品在溶剂中溶解后，加入韦氏试剂。经一特定的反应时间，再加入碘化钾溶液和水，用硫代硫酸钠标准溶液滴定分析出的碘，从而测定聚合物中碳碳双键的含量。

准确称取 1 g 试样(精确到 1 mg)放入干燥的 250 mL 碘量瓶中，加入 6 mL 三氯甲烷，使试样完全溶解。精确吸取 2 mL 韦氏试剂[1]加入瓶中，瓶塞用 150 g/L 碘化钾溶液湿润后，立即将瓶盖紧，摇动碘量瓶，使瓶中溶液充分混合，并置于 25℃以下暗处。对于碘值低于 150 的试样，放置 1 h；对于碘值高于 150 的试样以及聚合物和已经氧化的物质，放置 2 h。

将碘量瓶从暗处取出，加 3 mL 150 g/L 碘化钾溶液和 10 mL 水。用 0.1 mol/L 硫代硫酸钠标准溶液滴定，直至碘的黄色几乎消失时，加入 2 mL 淀粉指示液，继续滴定，并剧烈摇动，直至蓝色刚好消失。用相

同方法进行空白滴定,重复两次。结果按下式计算:

$$碘值(gI_2/100\ g)=\frac{C(V_0-V)\times 0.126\,9}{m}\times 100$$

$$不饱和值=\frac{C(V_0-V)}{m}$$

式中:V、V_0——分别为样品滴定、空白滴定所消耗的硫代硫酸钠标准溶液体积,mL;

C——硫代硫酸钠标准溶液的浓度,mol/L;

m——样品质量,g;

0.126 9——与1.00 mL 硫代硫酸钠标准溶液(1.000 mol/L)相当的碘的质量(g)。

六、异氰酸根值的测定

异氰酸根值是指样品中异氰酸根基团(—NCO)的质量分数(以%表示)。测定原理是样品中的异氰酸酯基易与过量的胺反应,用酸标准溶液回滴剩余的胺,根据所消耗的酸标准溶液的量可算出异氰酸酯基的含量。二正丁胺法是一种常用的比较适于进行化学分析测定异氰酸值含量的方法。

准确称取约含1.1 mmol —NCO基的样品加入250 mL碘瓶中[1],加入25 mL无水甲苯,盖上塞子并使之溶解[2],用移液管加入25 mL 0.1 mol/L的二正丁胺溶液,加塞摇匀。15 min后加入100 mL异丙醇、4~6滴0.1%溴甲酚绿指示剂,用0.1 mol/L盐酸标准溶液滴定由蓝色至黄色为终点。用相同方法进行空白滴定,重复两次。结果按下式计算:

$$w(-NCO)=\frac{(V_0-V)C\times 4.2}{100m}\times 100\%$$

式中:V_0、V——样品滴定、空白滴定所消耗的HCl标准溶液体积,mL;

C——HCl标准溶液的浓度,mol/L;

m——样品质量,g。

七、游离甲醛含量的测定

聚合物中的游离甲醛与亚硫酸钠反应生成与甲醛等当量的羟甲基磺酸钠和氢氧化钠,再加入过量的盐酸溶液中和反应产生的氢氧化钠,再用氢氧化钠标准溶液回滴过量的盐酸,结合空白试验,可计算溶液中甲醛的含量。

量取20 mL 15%亚硫酸钠溶液于250 mL锥形瓶中,加入2滴0.1%百里酚酞指示剂,逐渐滴入0.1 mol/L氢氧化钠溶液恰好使溶液呈微蓝色。在另一个250 mL锥形瓶内(温度控制在0℃),准确称取样品5 g左右(精确至1 mg),加入50 mL蒸馏水,轻轻振荡使样品溶解。用移液管加入10.00 mL 0.5 mol/L HCl标准溶液。在样品溶液中滴加0.1%百里酚酞指示剂15—20滴,并且迅速加入上述已被中和的15%亚硫酸钠溶液,用0.1 mol/L氢氧化钠标准溶液滴定至溶液刚出现蓝色时为止。用相同方法进行空白滴定,重复两次。结果按下式计算:

$$F=\frac{(V_0-V)C\times 0.030\,03}{m}\times 100\%$$

式中:F——样品中游离甲醛的百分含量,%;

V_0、V——样品滴定、空白滴定所消耗的NaOH标准溶液体积,mL;

C——NaOH标准溶液的浓度,mol/L;

m——样品质量,g;

0.030 03——与1 mL NaOH标准溶液(0.1 mol/L)相当的甲醛的质量(g)。

附录 14 常见聚合物的英文名称及缩写

聚合物名称	英文名称	缩写
高密度聚乙烯	High density polyethylene	HDPE
中密度聚乙烯	Medium density polyethylene	MDPE
低密度聚乙烯	Low density polyethylene	LDPE
线型低密度聚乙烯	Linear low density polyethylene	LLDPE
超高分子量聚乙烯	Ultra high molecule weight polyethylene	UHMWPE
聚丙烯	Polypropylene	PP
聚苯乙烯	Polystyrene	PS
高密度聚苯乙烯	High density polystyrene	HDPS
高抗冲击聚苯乙烯	High impact polystyrene	HIPS
聚丁二烯	Polybutadiene	PB
聚氯乙烯	Polyvinyl chloride	PVC
聚四氟乙烯	Polytetrafluoroethylene	PTFE
聚异丁烯	Polyisobutylene	PIB
聚乙酸乙烯酯	Polyvinyl acetate	PVAc
聚乙烯醇	Polyvinyl alcohol	PVA
聚乙烯醇缩甲醛	Polyvinyl formal	PVFM
聚丙烯腈	Polyacrylonitrile	PAN
聚丙烯酸	Polyacrylic acid	PAA
聚丙烯酸甲酯	Polymethyl acrylate	PMA
聚丙烯酸乙酯	Polyethyl acrylate	PEA
聚丙烯酸丁酯	Polybutyl acrylate	PBA
聚丙烯酸β-羟乙酯	Polyhydroxyethyl acrylate	PHEA
聚丙烯酸缩水甘油酯	Polyglycidyl acrylate	PGA
聚甲基丙烯酸甲酯	Polymethyl methacrylate	PMMA
聚甲基丙烯酸乙酯	Polyethyl methacrylate	PEMA
聚甲基丙烯酸正丁酯	Poly(n-butyl methacrylate)	PnBMA
聚丙烯酰胺	Polyacrylamide	PAAM
聚N-异丙基丙烯酰胺	Poly(n-isopropyl acrylamide)	PNIPAM
聚乙烯基吡咯烷酮	Polyvinyl pyrrolidone	PVP
聚对苯二甲酸乙二醇酯	Polyethylene terephthalate	PET
聚碳酸酯	Polycarbonate	PC
聚氨酯	Polyurathane	PU

续表

聚合物名称	英文名称	缩写
聚酰胺	Polyamide	PA
聚酰亚胺	Polyimide	PI
聚酰胺-酰亚胺	Polyamide-imide	PAI
聚甲醛	Polyoxymethylene	POM
酚醛树脂	Phenol-formaldehyde resins	PF
环氧树脂	Epoxy resin	EP
脲醛树脂	Urea-formaldehyde resins	UF
三聚氰胺-甲醛树脂	Melamine-formaldehyde resins	MF
天然橡胶	Natural rubber	NR
异戊橡胶	Isoprene rubber	IR
聚异戊二烯(顺式)	Cis-polyisoprene	CPI
聚异戊二烯(反式)	Trans-polyisoprene	TPI
丁二烯橡胶	Butadiene rubber	BR
丁苯橡胶	Styrene-butadiene rubber	SBR
丁腈橡胶	Nitrile-butadiene rubber	NBR
氯丁橡胶	Chloroprene rubber	CR
乙丙橡胶	Ethylene-propylene copolymer	EPR
聚硫橡胶	Polysulfide rubber	PSR
聚氧化乙烯	Polyethylene oxide	PEO
聚氧化丙烯	Polypropylene oxide	PPO
聚硅氧烷	Polysilicones	PSI
聚甲基硅氧烷	Polymethyl siloxane	PMS
聚二甲基硅氧烷	Polydimethyl siloxane	PDMS
乙酸纤维素	Cellulose acetate	CA
硝酸纤维素	Cellulose nitrate	CN
羧甲基纤维素	Carboxymethyl cellulose	CMC
甲基纤维素	Methyl cellulose	MC
聚苯醚	Polyphenylene oxide	PPO
聚苯硫醚	Polyphenylene sulfide	PPS
聚芳砜	Polyarylsulfone	PASU
丙烯腈-丁二烯-苯乙烯共聚物	Acrylonitrile-butadiene-styrene copolymer	ABS
丙烯腈-丙烯酸-苯乙烯共聚物	Acrylonitrile-acrylic Acid-styrene copolymer	AAS
丙烯腈-甲基丙烯酸甲酯共聚物	Acrylonitrile-methyl methacrylate copolymer	PAMMA
苯乙烯-马来酸酐共聚物	Styrene-maleic anhydride copolymer	SMA
丙烯腈-苯乙烯共聚物	Acrylonitrile-styrene copolymer	AS
苯乙烯-丁二烯-苯乙烯嵌段共聚物	Styrene-butadiene-styrene copolymer	SBS

续表

聚合物名称	英文名称	缩写
乙烯-乙酸乙酯共聚物	Ethylene-ethyl acetate copolymer	EVA
氯乙烯-乙酸乙酯共聚物	Vinyl chloride-ethyl acetate copolymer	PVCA
热塑性弹性体	Thermoplastic elastomer	TPE
热塑性聚烯烃	Thermoplastic polyolefine	TPO
不饱和树脂	Unsaturated polyesters	UP

附录15　常用的密度梯度管溶液体系

溶液体系	密度范围(g/cm^3)	溶液体系	密度范围(g/cm^3)
甲醇-苯甲醇	0.80～0.92	水-溴化钠水溶液	1.00～1.41
异丙醇-水	0.79～1.00	水-硝酸钙水溶液	1.00～1.60
乙醇-水	0.79～1.00	四氯化碳-二溴丙烷	1.60～1.99
异丙醇-一缩乙二醇	0.79～1.11	二溴丙烷-二溴乙烷	1.99～2.18
乙醇-四氯化碳	0.79～1.59	1,2-二溴乙烷-溴仿	2.18～2.29
甲苯-四氯化碳	0.87～1.59		

附录16　典型的半结晶高聚物的结晶度及密度*

聚合物名称	结晶度范围(%)	密度(g/cm^3)		
		ρ_c**	ρ_a***	ρ_t****
高密度聚乙烯	70～80	1.0	0.85	0.95
低密度聚乙烯	45～55	1.0	0.85	0.92
等规聚丙烯	70～80	0.95	0.85	0.905
无规聚丙烯	50～60	0.95	0.85	0.896
聚对苯二甲酸乙二醇酯	30～40	1.50	1.33	1.38
尼龙-66	35～45	1.24	1.07	1.14
尼龙-6	35～45	1.23	1.08	1.14
聚甲醛	70～80	1.54	1.25	1.41
聚四氟乙烯	60～80	2.35	2.00	2.1

*:GW Ehrenstein, RP Theriault. *Polymeric materials: structure, properties, applications*. Hanser Verlag. 2001, 67 - 78. ISBN: 1 - 56990 - 310 - 7. http://books.google.com/books? id = _ad2mQ - b5cUC&pg=PA67.

:结晶区密度;*:非晶区密度;****:典型的实测密度

附录 17 聚合物特性黏度-相对分子质量关系式 $[\eta]=K\cdot\overline{M_n^{\alpha}}$ 的参数

说明：OS 表示渗透压法；LS 表示光散射法；E 表示端基滴定法；SD 表示超级离心沉淀和扩散法；DV 表示扩散和黏度法；CM 表示冰点降低法。

聚合物	溶剂	温度(℃)	$K\times 10^3$(mL/g)	α	是否分级	测定方法	相对分子质量范围 $\times 10^{-4}$
聚乙烯(低压)	十氢萘	135	67.7	0.67	分	LS	3～100
聚乙烯(低压)	α-氯萘	125	43	0.67	分	LS	5～100
聚乙烯(低压)	四氢萘	130	0.51	0.725	分	LS	4.8～95
聚乙烯(低压)	四氢萘	120	0.236	0.78	分	OS	0.1～11
聚乙烯(低压)	苯	25	83	0.53	分	OS,CM	0.05～126
聚乙烯(低压)	苯	25	9.18	0.743	分	LS	3～70
聚乙烯(低压)	苯	30	61	0.56	分	OS,CM	0.05～126
聚乙烯(低压)	甲苯	25	87	0.56	分	OS	14～34
聚乙烯(低压)	甲苯	30	20	0.67	分	OS	5～146
聚乙烯(低压)	环己烷	25	40	0.72	分	OS	14～34
聚乙烯(低压)	环己烷	30	26.5	0.69	分	OS,CM	0.05～126
聚乙烯(低压)	四氯化碳	30	29	0.68	分	OS,CM	0.05～126
聚乙烯(高压)	十氢萘	70	38.7	0.738	分	OS	0.26～3.5
聚乙烯(高压)	十氢萘	135	46	0.73	分	LS	2.5～64
聚丙烯(无规立构)	十氢萘	135	15.8	0.77	分	OS	2.0～40
聚丙烯(无规立构)	十氢萘	135	10.0	0.80	分	LS	2～62
聚丙烯(等规立构)	十氢萘	135	11.0	0.80	分	LS	2～62
聚丙烯(等规立构)	四氢萘	135	8.0	0.80	分	LS	2～11
聚丙烯(间同立构)	庚烷	135	10.0	0.80	分	LS	10～100
聚氯乙烯	环己酮	25	208	0.56	分	OS	6～22
聚氯乙烯	环己酮	25	174	0.55	分	LS	15～52
聚氯乙烯	四氢呋喃	20	1.63	0.92	分	OS	2～17
聚氯乙烯	四氢呋喃	30	63.8	0.65	分	LS	3～32

续表

聚合物	溶剂	温度(℃)	$K\times 10^3$(mL/g)	α	是否分级	测定方法	相对分子质量范围$\times 10^{-4}$
聚苯乙烯(自由基聚合)	苯	25	9.18	0.743	分	LS	3～70
		25	11.3	0.73	分	OS	7～180
	氯仿	25	11.2	0.73	分	OS	7～150
		30	4.9	0.794	分	OS	19～273
	甲苯	25	13.4	0.71	分	OS	7～150
		30	9.2	0.72	分	LS	4～146
聚苯乙烯(阴离子聚合)	苯	30	11.5	0.73	分	LS	25～300
	甲苯	30	8.81	0.75	分	LS	25～300
聚苯乙烯(全同立构)	苯	30	9.5	0.77		OS	4～75
	甲苯	30	11.0	0.725	分	OS	3～37
	氯仿	30	25.9	0.734	分	OS	9～32
聚甲基丙烯酸甲酯	苯	25	4.68	0.77	分	LS	7～630
	氯仿	25	4.8	0.80	分	LS	8～140
	丁酮	25	7.1	0.72	分	LS	41～340
		20	5.5	0.73	—	SD	4～800
	丙酮	25	7.5	0.70	分	LS,SD	2～740
		30	7.7	0.70	—	LS	6～263
聚丙烯酸甲酯	丙酮	25	19.8	0.66	分	LS	30～250
	苯	25	2.58	0.85	分	OS	20～130
聚丙烯酰胺	水	30	6.31	0.80	分	SD	2～50
聚乙烯醇	水	25	459.5	0.63	分	黏度	1.2～19.5
		30	66.6	0.64	分	LS	3～12
聚乙酸乙烯酯	苯	30	22	0.65	分	LS	34～102
		30	56.3	0.62	分	OS	2.5～86
	丙酮	20	15.8	0.69	分	LS	19～72
		25	21.4	0.68	分	OS	4～34
	丁酮	25	13.4	0.71	分	LS	25～346
	氯仿	25	20.3	0.72	分	OS	4～34
	甲醇	25	38.0	0.59	分	OS	4～22

续表

聚合物	溶剂	温度(℃)	$K\times 10^{3}$(mL/g)	α	是否分级	测定方法	相对分子质量范围$\times 10^{-4}$
聚丙烯腈	二甲基甲酰胺	25	24.3	0.75	分	LS	3～25
	二甲基亚砜	20	32.1	0.75	分	DV	9～40
聚异丁烯	甲苯	15	24	0.65	分	DV	1～146
	苯	24	107	0.50	分	DV	18～188
	四氯化碳	30	29	0.68	分	OS	0.05～126
聚丙烯酸	NaCl 水溶液(1 mol/L)	25	15.47	0.90	分	OS	4～50
聚甲基丙烯酸	丙酮	25	5.5	0.77	分	LS	28～160
		30	28.2	0.52	分	OS	4～45
	苯	25	2.58	0.85		OS	20～130
	甲苯	30	7.79	0.697	分	LS	25～190
丁苯橡胶(低温乳液聚合)	苯	25	52.5	0.667	分	OS	1～160
	甲苯	30	16.5	0.78	分	OS	3～35
天然橡胶	苯	30	18.5	0.74	分	OS	8～28
	甲苯	25	50.2	0.667	分	OS	7～100
涤纶树脂	苯酚-四氯化碳(1:1)	25	21.0	0.82	分	E	5～25
聚乙烯醇	水	25	67	0.55	分	LS	2～20
		30	66.5	0.64	分	OS	0.6～10
聚碳酸酯	氯仿	25	12.0	0.82	分	LS	1～7
	二氯甲烷	25	11.1	0.82	分	SD	1～27
聚二甲基硅氧烷	甲苯	25	21.5	0.65	—	OS	2～130
	丁酮	30	48	0.55	分	OS	5～66
聚酰胺-66(尼龙-66)	邻氯苯酚	25	168	0.62	—	LS,E	1.4～5
	间甲苯酚	25	240	0.61		LS,E	1.4～5
	甲酸(90%)	25	35.3	0.786		LS,E	0.6～6.5
聚己内酰胺(尼龙-6)	间甲苯酚	25	320	0.62	分	E	0.05～0.5
	甲酸(85%)	25	22.6	0.82	分	LS	0.7～12
聚甲醛	二甲基甲酰胺	150	44	0.66	—	LS	8.9～28.5

附录18 1836稀释型乌氏黏度计毛细管内径与适用溶剂(20℃)

毛细管内径(mm)	适用溶剂
0.37	二氯甲烷
0.38	三氯甲烷
0.39	丙酮
0.41	乙酸乙酯,丁酮
0.46	乙酸乙酯/丙酮(1/1)
0.47	四氢呋喃
0.48	正庚烷
0.49	二氯乙烷;甲苯
0.54	氯苯;苯;甲醇;对二甲苯;正辛烷
0.55	乙酸乙酯
0.57	二甲基甲酰胺;水
0.59	二甲基乙酰胺
0.61	环己烷;二氧六环
0.64	乙醇
0.66	硝基苯
0.705	环己酮
0.78	邻氯苯酚;正丁醇
0.80	苯酚/四氯乙烷(1∶1)
1.07	96%硫酸;93%硫酸;间甲酚

附录19 聚合物的玻璃化转变温度及熔点

聚合物	重复单元	T_g(℃)	T_m(℃)
聚乙烯	$-CH_2-CH_2-$	−168(−120)	146
聚丙烯(全同)	$-CH_2-\underset{\displaystyle CH_3}{\underset{\vert}{CH}}-$	−10	200
(无规)		−20	—
聚异丁烯	$-CH_2-\underset{\displaystyle CH_3}{\underset{\vert}{\overset{\displaystyle CH_3}{\overset{\vert}{C}}}}-$	−70(−73)	128
聚异戊二烯(顺式)	$-CH_2-\underset{\displaystyle CH_3}{\underset{\vert}{C}}=CH-CH_2-$	−73	28
(反式)		−60(−58)	74

续表

聚合物	重复单元	T_g(℃)	T_m(℃)
聚1,4-丁二烯(顺式)	$-CH_2-CH=CH-CH_2-$	−108(−95)	11.5
(反式)		−83(−18)	142
聚1,2-丁二烯(全同)	$-CH_2-CH(CH=CH_2)-$	−4	124.3
聚氯代丁二烯	$-CH_2-C(Cl)=CH-CH_2-$	−45	43
聚1-丁烯	$-CH_2-CH(CH_2-CH_3)-$	−25	138
聚1-戊烯	$-CH_2-CH(CH_2-CH_2-CH_3)-$	−40	130
聚1-己烯	$-CH_2-CH(CH_2-CH_2-CH_2-CH_3)-$	−50	
聚1-辛烯	$-CH_2-CH(CH_2-(CH_2)_4-CH_3)-$	−65	55
聚1-十二烯	$-CH_2-CH(CH_2-(CH_2)_8-CH_3)-$	−25	
聚4-甲基-1-戊烯	$-CH_2-CH(CH_2-CH(CH_3)-CH_3)-$	29	250
聚甲醛	$-CH_2-O-$	−83(−50)	180
聚甲基乙烯基醚	$-CH_2-CH(O-CH_3)-$	−13(−20)	150
聚乙基乙烯基醚	$-CH_2-CH(O-CH_2-CH_3)-$	−25(−42)	
聚异丁基乙烯基醚	$-CH_2-CH(O-CH_2-CH(CH_3)-CH_3)-$	−27(−18)	
聚正丁基乙烯基醚	$-CH_2-CH(O-CH_2-CH_2-CH_2-CH_3)-$	−52(−55)	
聚乙烯基叔丁基醚	$-CH_2-CH(O-C(CH_3)_3)-$	88	

续表

聚合物	重复单元	T_g(℃)	T_m(℃)
聚二甲基硅氧烷	$—Si(CH_3)_2—O—$	−123	−29
聚苯乙烯(无规)	$—CH_2—CH(C_6H_5)—$	100(105)	
聚苯乙烯(全同)	$—CH_2—CH(C_6H_5)—$	100	243
聚 α-甲基苯乙烯	$—CH_2—C(CH_3)(C_6H_5)—$	192(180)	
聚邻甲基苯乙烯	$—CH_2—CH(C_6H_4\text{-}o\text{-}CH_3)—$	119(125)	
聚间甲基苯乙烯	$—CH_2—CH(C_6H_4\text{-}m\text{-}CH_3)—$	72(82)	
聚对甲基苯乙烯	$—CH_2—CH(C_6H_4\text{-}p\text{-}CH_3)—$	110(126)	
聚对氯苯乙烯	$—CH_2—CH(C_6H_4\text{-}p\text{-}Cl)—$	128	
聚联苯乙烯	$—CH_2—CH(C_6H_4—C_6H_5)—$	138(145)	
聚 2,5-二氯苯乙烯	$—CH_2—CH(C_6H_3\text{-}2,5\text{-}Cl_2)—$	130(115)	
聚 α-乙烯基萘	$—CH_2—CH(C_{10}H_7)—$	162	

续表

聚合物	重复单元	T_g(℃)	T_m(℃)
聚丙烯酸甲酯	$-CH_2-CH(COOCH_3)-$	3(6)	
聚丙烯酸乙酯	$-CH_2-CH(COOCH_2CH_3)-$	−24	
聚丙烯酸丁酯	$-CH_2-CH(COOCH_2CH_2CH_2CH_3)-$	−56	
聚丙烯酸	$-CH_2-CH(COOH)-$	106(97)	
聚丙烯酸锌	$-CH_2-CH(COOZn)-$	>300	
聚甲基丙烯酸甲酯	$-CH_2-C(CH_3)(COOCH_3)-$		
(无规)		105	
(间同)		115(105)	>200
(全同)		45(55)	160
聚甲基丙烯酸乙酯	$-CH_2-C(CH_3)(COOCH_2CH_3)-$	65	
聚甲基丙烯酸正丙酯	$-CH_2-C(CH_3)(COOCH_2CH_2CH_3)-$	35	
聚甲基丙烯酸正丁酯	$-CH_2-C(CH_3)(COOCH_2(CH_2)_2CH_3)-$	21	
聚甲基丙烯酸正己酯	$-CH_2-C(CH_3)(COOCH_2(CH_2)_4CH_3)-$	−5	
聚甲基丙烯酸正辛酯	$-CH_2-C(CH_3)(COOCH_2(CH_2)_6CH_3)-$	−20	
聚氟乙烯	$-CH_2-CHF-$	−40(−20)	190
聚氯乙烯	$-CH_2-CHCl-$	87(81)	212
聚偏二氟乙烯	$-CH_2-CF_2-$	−40(−46)	210
聚偏二氯乙烯	$-CH_2-CCl_2-$	−19(−17)	198

续表

聚合物	重复单元	T_g(℃)	T_m(℃)
聚 1,2-二氯乙烯	$-CH(Cl)-CH(Cl)-$	145	
聚氯丁二烯	$-CH_2-C(Cl)=CH-CH_2-$	50	
聚三氟氯乙烯	$-CF_2-CF(Cl)-$	45	220
聚四氟乙烯	$-CF_2-CF_2-$	−120(−65)	327
聚全氟丙烯	$-CF_2-CF(CF_3)-$	11	
聚丙烯腈(间同)	$-CH_2-CH(CN)-$	104(130)	317 (分解)
聚甲基丙烯腈	$-CH_2-C(CH_3)(CN)-$	120	
聚乙酸乙烯酯	$-CH_2-CH(OCOCH_3)-$	28	
聚乙烯醇	$-CH_2-CH(OH)-$	85(99)	258
聚乙烯基甲醛	$-CH_2-CH(CHO)-$	105	
聚乙烯基丁醛	$-CH_2-CH(CH_2-CH_2-CH_2-CHO)-$	49(59)	
聚乙烯基咔唑	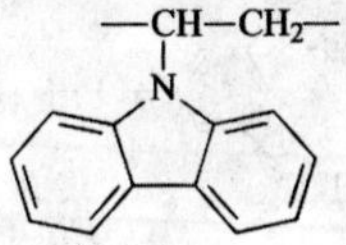 $-CH(N\text{-carbazolyl})-CH_2-$	208(150)	
乙基纤维素	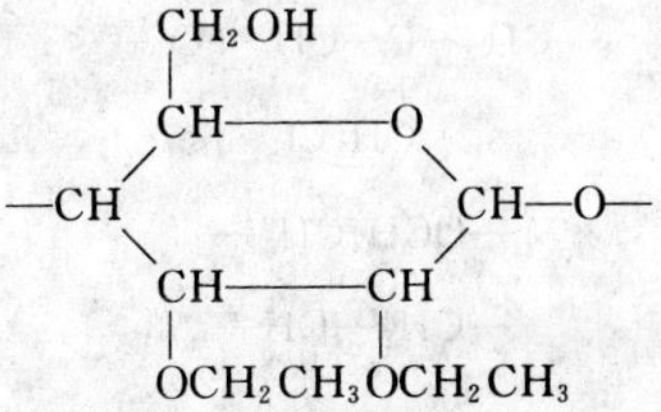 $-CH-[CH(CH_2OH)-O-CH(-O-)-CH(OCH_2CH_3)-CH(OCH_2CH_3)]$ (ring)	43	

续表

聚合物	重复单元	T_g(℃)	T_m(℃)
三硝基纤维素	$-CH(-CH(CH_2NO_2)-O-)CH-O-$，环上 $CH-CH$ 各连 NO_2	53	
聚碳酸酯	$-O-C_6H_4-C(CH_3)_2-C_6H_4-O-\overset{O}{\overset{\|}{C}}-$	150	295
聚己二酸乙二酯	$-O(CH_2)_2OCO-(CH_2)_4-CO-$	−70	
聚辛二酸丁二酯	$-O(CH_2)_4OCO-(CH_2)_6-CO-$	−57	
聚对苯二甲酸乙二醇酯	$-\overset{O}{\overset{\|}{C}}-C_6H_4-\overset{O}{\overset{\|}{C}}-O-CH_2-CH_2-O-$	69	280
聚对苯二甲酸丁二醇酯	$-\overset{O}{\overset{\|}{C}}-C_6H_4-\overset{O}{\overset{\|}{C}}-O-(CH_2)_4-O-$	40	230
尼龙 6	$-NH-(CH_2)_5-CO-$	50(40)	270(228)
尼龙-10	$-NH-(CH_2)_9-CO-$	42	177(192)
尼龙-11	$-NH-(CH_2)_{10}-CO-$	43(45)	198
尼龙-12	$-NH-(CH_2)_{11}-CO-$	42(37)	179
尼龙-66	$-NH(CH_2)_6NHCO(CH_2)_4CO-$	50	280
尼龙-610	$-NH(CH_2)_6NHCO(CH_2)_8CO-$	40	165(215)
聚 2,6-二甲基对苯醚	$-C_6H_2(CH_3)_2-O-$	220(210)	338
聚氯醚	$-CH_2-C(CH_2Cl)_2-CH_2-O-$	10	
聚环氧乙烷	$-OCH_2CH_2-$	−67	66
聚乙烯基吡啶	$-CH_2-CH(C_5H_4N)-$	8	

续表

聚合物	重复单元	T_g(℃)	T_m(℃)
聚苊烯	$-\overset{H}{\underset{\vert}{\overset{\vert}{C}}}-\overset{H}{\underset{\vert}{\overset{\vert}{C}}}-$（苊环）	264(321)	

注:括号中的数据也有文献报道

附录20　高分子科学实验文献知识

查阅资料是科研工作者的基本功,通过文献资料可以了解高分子学科的研究现状与最新进展。高分子科学与工程是一门涉及化学、化工、材料、力学、生物、环境等多学科的交叉学科,信息分布的范围十分广泛,如何从文献资料和网络资源中快速、准确、全面地找到所需的知识,是利用好信息资源的首要问题。目前与高分子学科相关的文献资料已经相当丰富,如化学辞典、手册、理化数据和光谱资料等,其数据来源可靠、查阅简便,并不断对信息进行补充更新,是学习和研究的有力工具。随着计算机技术与互联网技术的发展,网络资源发挥着越来越重要的作用,了解一些与高分子学科相关的网络资源是非常必要的。文献资料和网络资源不仅可以帮助人们了解高分子化合物的物理性质、解释实验现象、预测实验结果和选择正确的合成方法,还能使实验人员避免重复劳动,取得事半功倍的效果。

1. 常用工具书

(1)《材料科学与工程手册之八:高分子材料篇》师昌绪,李恒德,周廉. 化学工业出版社,2004.

本书由师昌绪院士、李恒德院士、周廉院士主编,组织十余位院士、数百位专家共同完成,是我国第一部规模巨大、全面系统介绍材料科学与工程技术的大型工具书。全书按照材料科学与工程的研究方法,对材料的成分-加工-合成-结构-性质-使用效能进行论述,介绍了各种不同材料的性能、制造方法、工艺应用、研究成果和最新进展,代表当前材料科学与工程应用的发展水平。该书编写人员均为我国材料科学领域的专家、学者、工程技术人员,所以本书具有综合性、知识性、科学性、先进性、权威性和适用性,它的出版使我国材料科学界完成一项基础建设工作。全书分上、下两卷,共13篇。上卷包括:第1篇基础篇,第2篇制备和加工篇,第3篇组织结构篇,第4篇性能与测试篇,第5篇使用行为篇,第6篇金属材料篇;下卷包括:第7篇无机非金属材料篇,第8篇高分子材料篇,第9篇复合材料篇,第10篇半导体材料篇,第11篇特种功能材料篇,第12篇生物医用材料篇,第13篇生态环境材料篇。书后有中英文索引,方便读者查阅。本书适用于从事材料科学与工程的科技人员、技术人员、设计人员、管理人员及各行业与材料有关的人员阅读,也可供大专院校材料专业师生参考。

(2)《高分子材料手册》杨鸣波,唐志玉. 化学工业出版社,2009.

《高分子材料手册》分为上、下两册,是反映当代高分子科学和高分子材料发展水平的大型专业工具书。内容包括:高分子材料概论、塑料工程、有机纤维、橡胶工程、高分子胶黏剂、功能高分子和皮革材料。本书的取材和编写以"系统、全面、新颖、实用、方便"为特点,整体结构上既立足全局,又突出重点。全书以高分子材料品种为基础,以加工成型和改性为线索,以获得优质产品或某些特定性能为目标,对高分子材料给予了全面系统的总结。本书完整地反映了高分子材料工程领域的现状和所取得的成就,具有很强的科学性、先进性和实用性。本书主要供从事高分子材料科学研究和高分子工程(塑料工业、橡胶工业、涂料工业、胶黏剂工业、皮革制造业等)技术人员查阅使用,也可供高等院校材料专业师生参考。

(3) *Polymer Handbook*(*4th Edition*) Brandrup, J.; Immergut, E. H.; Grulke, E. A. John Wiley & Sons, 2005.

这本手册选择收录了2500多种高分子化合物的350多种性质的实验数据,是最广泛的高分子化合物物理化学性质的数据库,包含了与高分子实验研究、理论研究和应用相关的各种聚合物、单体以及其他辅助材料的数据,是高分子科学家、研究员、技术员和相关专业的学生从事高分子学科理论和应用研究所必需的一本工具书。Knovel 公司制作了整本手册的 PDF 版本，放在网上可以下载，链接如下：

http://www.knovel.com/web/portal/browse/display? _EXT_KNOVEL_DISPLAY_bookid=1163

(4) *Polymer Data Handbook* Mark, J. E. Oxford University Press, 1999.

这本手册以标准化的和易阅读的表格形式提供了 200 多种重要的高分子化合物的合成、结构、性质和应用等数据。以下几种高分子化合物被收录在这本手册中：① 各种商业化的高分子化合物；② 尚未商业化但具有商业化前景和某种特殊功能的高分子化合物，如导电聚合物、非线性光学聚合物等；③ 当前研究热门的聚合物，如用作研究高分子链硬度、自组装和生物化学过程的高分子化合物。

2. 常用文献检索工具

(1) ISI Web of Knowledge.

ISI Web of Knowledge 是一个综合性、多功能的研究平台，涵盖了自然科学、社会科学、艺术和人文科学等方方面面的高品质、多样化的学术信息。配以强大的检索和分析工具，ISI Web of Knowledge 使各种宝贵资源触手可及。利用 ISI Web of Knowledge 的跨库检索功能，用户可以同时检索多种资源。该平台具有综合性学科资源，如著名的引文数据库 Web of Science；也有专科资源，如 BIOSIS Previews 和 CAB Abstracts。同时，ISI Web of Knowledge 还拥有分析工具，如 JCR，Journal Use reports；文献管理工具，如 EndNote。所有这些相互裨益，形成了覆盖深度、广度和容量都无与伦比的组合。ISI Web of Knowledge 可以使科研人员自由选择多种检索途径，发现所有相关数据，把握整体趋势和模式，通过一次互补资源的跨库检索，对现有研究形成全面而广泛的了解。

(2) SciFinder Scholar

SciFinder Scholar 是美国化学学会(ACS)旗下的化学文摘服务社(Chemical Abstract Service，简称 CAS)所出版的《化学文摘》(Chemical Abstract, CA)的在线版数据库学术版，数据回溯至 1907 年，除了可以查询每日更新的 CA 外，读者还可自行以图形结构式进行检索。它是全世界最大、最全面的化学和科学信息数据库。《化学文摘》是化学和生命科学研究领域中不可或缺的参考和研究工具，也是资料量最大、最具权威的出版物。网络版 SciFinder Scholar 更整合了 Medline 医学数据库、欧洲和美国等近 50 家专利机构的全文专利资料，以及《化学文摘》1907 年至今的所有内容。它所涵盖的学科有应用化学、化学工程、普通化学、物理、生物学、生命科学、医学、聚合体学、材料学、地质学、食品科学和农学等诸多领域。它可以通过网络直接查看该刊自 1907 年以来的所有期刊文献和专利摘要，以及四千多万的化学物质记录和 CAS 注册号。

(3) Google Scholar(谷歌学术搜索，简称 GS)

谷歌学术搜索是一个可以免费搜索学术文章的网络搜索引擎，索引了出版文章中文字的格式和科目，能够帮助用户查找包括期刊论文、学位论文、书籍、预印本、文摘和技术报告在内的学术文献，内容涵盖自然科学、人文科学、社会科学等多种学科。Beta 版本于 2004 年 11 月发行，收录了欧洲和美洲地区最大学术书版商们共同评定(peer-reviewed)的文章，这在一般搜索引擎大部分是被忽略的。这个功能和 Elsevier，CiteSeerX 和 getCITED 所提供的免费概况查阅是类似的。它也与 Elsevier 的 Scopus 以及 Thomson ISI 的 Web of Science 网络科学中的订阅工具类似。目前，Google 公司与许多科学和学术出版商进行了合作，包括学术、科技和技术出版商，例如 ACM、Nature、IEEE、OCLC 等。这种合作使用户能够检索特定的学术文献，通过 Google Scholar 从学术出版者、专业团体、预印本库、大学范围内以及从网络上获得学术文献，包括来自所有研究领域的同级评审论文、学位论文、图书、预印本、摘要和技术报告。

3. 常用期刊文献

(1) Chinese Journal of Polymer Science(高分子科学英文版)

《高分子科学英文版》是国内最重要的高分子学科的英文学术期刊，1983 年创办，现为双月刊。该期刊由中国化学会和中国科学院化学研究所共同主办，中国科学技术协会主管。该期刊主要刊登国内外高分子化学、高分子合成、高分子物理、高分子物理化学和高分子应用等领域中基础研究和应用基础研究的论文、研究简报、快报和重要综述文章。

(2) 高分子学报

《高分子学报》是 1957 年创办的中文学术期刊，曾用名为《高分子通讯》，为月刊，由中国化学会、中国科学院化学研究所主办,中国科学院主管。该期刊主要刊登高分子化学、高分子合成、高分子物理、高分子物理化学、高分子应用和高分子材料科学等领域中基础研究和应用基础研究的论文、研究简报、快报和重要专论文章。

(3) Macromolecules

Macromolecules 是关于高分子的档次最高的杂志。

网址:pubs. acs. org/journals/mamobx/index. html

(4) Biomacromolecules

网址:pubs. acs. org/journals/bomaf6/index. html

(5) Macromolecular Rapid Communications

网址:www3. interscience. wiley. com/journal/10003270/home

(6) Soft Matter

网址:www. rsc. org/publishing/journals/SM/

(7) Polymer

网址:www. elsevier. com/locate/polymer

(8) Journal of Polymer Science Part A: Polymer Chemistry

网址:http://www3. interscience. wiley. com/journal/117932467/grouphome/home. html

(9) Journal of Polymer Science Part B: Polymer Physics

网址:http://www3. interscience. wiley. com/journal/117932503/grouphome/home. html

4. 网络资源

(1) 美国化学学会(ACS)数据库(http://pubs. acs. org)

美国化学学会(American Chemical Society,简称 ACS)成立于 1876 年,现已成为世界上最大的科技协会之一,其会员数超过 16 万。多年以来,ACS 一直致力于为全球化学研究机构、企业及个人提供高品质的文献资讯及服务,在科学、教育、政策等领域提供了多方位的专业支持,成为享誉全球的科技出版机构。ACS 的期刊被 ISI 的 Journal Citation Report(JCR)评为:化学领域中被引用次数最多的化学期刊。网站除了具有索引与全文浏览功能外,还具有强大的搜索功能,查阅文献非常方便。

(2) 英国皇家化学学会(RSC)期刊及数据库(http://www. rsc. org)

英国皇家化学学会(Royal Society of Chemistry)出版的期刊及数据库是化学领域的核心期刊和权威性数据库。

(3) 美国专利商标局网站数据库(http://www. uspto. gov)

该数据库用于检索美国授权专利和专利申请,免费提供 1790 年至今的图像格式的美国专利说明书全文,1976 年以来的专利还可以看到说明书全文。专利类型包括:发明专利、外观设计专利、再公告专利、植物专利等。该系统检索功能强大,可以免费获得美国专利全文。

(4) 中国专利检索(http://www. sipo. gov. cn/zljs/)

中国国家知识产权局的中国专利检索面向公众免费提供自 1985 年 9 月 10 日以来公布的全部中国专利信息,包括发明、实用新型和外观设计三种专利的著录项目及摘要,并可浏览各种说明书全文及外观设计图形。

(5) 中国期刊全文数据库(http://www. cnki. net)

收录 1994 年至今的 5 300 余种核心与专业特色期刊全文,累积全文 600 多万篇,题录 600 多万条。分为理工 A(数理科学)、理工 B(化学化工能源与材料)、理工 C(工业技术)、农业、医药卫生、文史哲、经济政治与法律、教育与社会科学综合、电子技术与信息科学 9 大专辑,126 个专题数据库,网上数据每日更新。

(6) 万方数据(http://wanfangdata. corn. cn)

万方数据资源系统可查阅基础科学、农业科学、人为科学、医药卫生和工业技术等众多领域的期刊。还可检索数据库:包括企业与产品、专业文献、期刊会议、学位论文、科技成果、中国专利等。

(7) 中国聚合物网:http://www. polymer. cn/

中国聚合物网开通于 2003 年 8 月,是中国高分子聚合物领域的专业门户网站,已经成为中国聚合物学术界和产业界的信息交流平台和发展论坛，促进了中国高分子界学术、产业和市场的发展。网站以高分子聚合物为主线，内容涉及学术研究、产业发展、技术交流、成果转化、贸易合作、管理咨询等方面，又涵盖了树脂、塑料、橡胶、纤维、复合材料、涂料、油墨、黏合剂、热塑性弹性体、功能高分子、橡塑加工设备、仪器仪表等产品应用的市场信息，并及时发布业界政策、市场导向的新闻动态、市场趋势和专家评述。

(8) 高分子材料网：http://www.polymercn.net/

高分子材料网主要为大家提供高分子材料专业的有关资讯和专业知识，本站以“为高分子专业人士提供高分子技术交流平台”为宗旨，网站从高分子材料的主要应用划分为科学研究和应用领域两个板块，收录了最新的高分子科学知识，是广大高分子材料专业人士的网上家园！

参考文献

[1] *Atomic force microscopy* 来自 Wikipedia, the free encyclopedia,链接:http://en. wikipedia. org/wiki/Atomic_Force_Microscope.

[2] Chu P K, Chen J Y, Wang L P, et al. Plasma-surface modification of biomaterials. *Materials Science & Engineering*: *R*: *Reports*, 2002,36:143 - 206.

[3]《材料密度的测定及结晶度计算》来自百度文库,链接:http://wenku. baidu. com/view/5eae9ac158f5f61fb736664f. html.

[4] 曹同玉,刘庆普,胡金生. 聚合物乳液合成原理性能及应用. 北京:化学工业出版社, 2007.

[5] 陈镜泓,李传儒. 热分析及其应用. 北京,科学出版社,1985.

[6] Braun D. 聚合物合成和表征技术. 黄葆同,等译. 北京:科学出版社,1981.

[7] 大森英三. 功能性丙烯酸树脂. 北京:化学工业出版社,1993.

[8] 戴亚杰,董伟,张文龙,等. 材料科学与工艺. 2009,17(5):632 - 635.

[9] 丁孟贤. 聚酰亚胺-化学、结构与性能的关系及材料. 北京:科学出版社,2006.

[10] 杜奕. 高分子化学实验与技术. 北京:清华大学出版社,2008.

[11] Blout E R, Hohensetein W P, Marl H. 单体. 李斌才,等译. 北京: 科学出版社, 1966.

[12] 冯开才,李谷,符若文等. 高分子物理实验. 北京:化学工业出版社,2004.

[13] 复旦大学高分子科学系,高分子科学研究所. 高分子实验技术(修订版). 上海:复旦大学出版社,1996.

[14] 复旦大学高分子化学教研组. 高聚物分子量的测定. 上海:上海科技编译馆,1965.

[15] 郭玲香,高秋端. 赖氨酸修饰聚酰胺-胺树枝状高分子的制备及性能. 高等学校化学学报,2012,33(1):176 - 181.

[16] 甘文君,张书华,王继虎. 高分子化学实验原理与技术. 上海:上海交通大学出版社,2012.

[17] GB 1040 - 92. 塑料拉伸性能试验方法.

[18] GB 1040 - 92. 塑料拉伸性能试验方法.

[19] GB/T 6343 - 1995. 泡沫塑料和橡胶表观密度的测定.

[20] GB/T 8811 - 2008. 硬质泡沫塑料尺寸稳定性试验方法.

[21] GB/T 8813 - 2008. 硬质泡沫塑料压缩试验方法.

[22] GB/T 9341 - 2000 塑料弯曲强度测定方法.

[23] GB/T 9871 - 2008 硫化橡胶或热塑性橡胶老化性能的测定拉伸应力松弛试验.

[24] GB/T 1633 - 2000 热塑性塑料软化温度(VST)的测定.

[25] GB/T 8802 - 2001 热塑性塑料管材、管件维卡软化温度的测定.

[26] GB/T 11998 - 1989 塑料玻璃化温度测定方法:热机械分析法.

[27] GB/T 14074. 10 - 1993. 木材胶黏剂及其树脂检验方法——木材胶合强度测定法.

[28] GB/T 26689 - 2011. 冰箱、冰柜用硬质聚氨酯泡沫塑料.

[29]《光学显微镜法观察聚合物的结晶形态》来自百度文库,链接:http://wenku. baidu. com/view/fe143b6ea98271fe910ef920. html.

[30] Bhuvanesh G, Shalini S, Alok R. Plasma induced graft polymerization of acrylic acid onto polypropylene monofilament. *Journal of Applied Polymer Science*, 2008,107:324 - 330.

[31] 何曼君,陈维孝,等.高分子物理(第三版).上海:复旦大学出版社,2006.

[32] 何卫东. 高分子化学实验. 合肥:中国科学技术大学出版社, 2003.

[33]《红外光谱法鉴定聚合物的结构特征》来自百度文库,链接:http://wenku. baidu. com/view/2b906bd076a20029bd642d16. html.

[34]《红外光谱法测定物质的基团结构》来自百度文库,链接:http://wenku. baidu. com/view/bfe07ce819e8b8f67c1cb96f. html.

[35] http://blog. sina. com. cn/s/blog_531c0fc601009jvr. html.

[36] http://dict. youdao. com/wiki/%E9%85%8D%E4%BD%8D%E8%81%9A%E5%90%88/#

[37] http://jpkc. nuc. edu. cn/gfzhx/shiyanzhidao/1_4. doc.

[38] http://wenku. baidu. com/view/be7dfb69a98271fe910ef97c. html.

[39]《Introduction to Polarized Light Microscopy》来自 Nikon Microscopy,链接:http://www. microscopyu. com/articles/polarized/polarizedintro. html.

[40] 吉林化学工业公司设计院.聚乙烯醇生产工艺.北京:轻工业出版社,1974.

[41] Jia L, et al. Self-assembly of amphiphilic liquid crystal block copolymers containing a cholesteryl mesogen: effects of block ratio and solvent. Polymer, 2011,52(12):2565 - 2575.

[42] 贾林,具有刚性侧链液晶结构的嵌段大分子的设计、合成与溶液中自组装研究.中国科学院上海有机化学研究所博士学位论文, 2008.

[43] Kou R Q, Xu Z K, Deng H T, et al. Surface modification of microporous polypropylene membranes by plasma-induced graft polymerization of alpha-allyl glucoside. *Langmuir*, 2003,19:6869 - 6875.

[44] 李晨,王娟,田兆勇.甲基丙烯酸甲酯的乳液聚合.安徽化工,2008,34(4):36 - 37.

[45] 李和平.木材胶黏剂.北京:化学工业出版社,2009.

[46] 李其祥.化学工程与工艺专业实验.北京:化学化工出版社,2008.

[47] 李青山.微型高分子化学实验(第二版).北京:化学工业出版社,2009.

[48] 李再峰,冯增国,侯竹林.端羟基聚环氧氯丙烷醚合成及表征.聚氨酯工业,1998,13(3):16 - 18.

[49] 李子东.胶黏剂技术与手册.上海:上海科学技术出版社,1910.

[50] 李树新,王佩章,等.高分子科学实验.北京:中国石化出版社,2008.

[51] 梁晖,卢江.高分子化学实验.北京:化学工业出版社,2005.

[52] Lin C W, Lee W L. An investigation on the modification of polypropylene by grafting of maleic anhydride based on the aspect of adhesion. *Journal of Applied Polymer Science*, 1998,70:383 - 387.

[53] 刘长生,喻湘华.高分子化学与高分子物理综合实验教程.武汉:中国地质大学出版社,2008.

[54] 刘承美,邱进俊.现代高分子化学实验与技术.武汉:华中科技大学出版社,2008.

[55] 卢先明,甘孝贤,邢颖,等.端羟基聚环氧氯丙烷醚合成的可控性研究.聚氨酯工业,2009,14(5):15 - 18.

[56] He M, Zhou Y M, Dai J, et al. Synthesis and nonlinear optical properties of soluble fluorinated polyimides containing hetarylazo chromophores with large hyperpolarizability. *Polymer*, 2009,50:3924 - 3931.

[57] Pope M T,Jupp M D. Differential Thermal Analysis, Heyden, London, Chapter, 2,3,1977.

[58] [美]E. A. 柯林斯,J. 贝勒司,F. W. 毕尔梅耶.聚合物科学实验.北京:科学出版社,1983.

[59]《密度梯度管法测定高聚物的密度和结晶度》来自百度文库,链接:http://wenku. baidu. com/view/581e818a6529647d27285210. html.

[60] Stefan M C, Javier A E, Osaka I, et al. Grignard metathesis method(GRIM): toward a universal

method for the synthesis of conjugated polymers. *Macromolecules*, 2009,42(1),30－32.

[61] 南秋利,含联萘基团的新型旋光性聚氨酯的制备与性能表征.东南大学应用化学专业硕士论文,2007.

[62] 潘祖仁.高分子化学(第五版).北京:化学化工出版社,2011.

[63] 《偏光显微镜观察聚合物的结构》来自百度文库,链接:http://wenku. baidu. com/view/a882c5375a8102d276a22fed. html.

[64] 钱人元,等.高聚物的分子量测定.北京:科学出版社,1958.

[65] 钱庭宝.离子交换剂应用技术.北京:科学技术出版社,1984.

[66] 清华大学工化系高分子教研室.高分子化学实验.1979.

[67] 卿大咏,何毅,冯茹森.高分子实验教程.北京:化学工业出版社,2011.

[68] 邱建辉.高分子合成化学实验.北京:国防工业出版社,2008.

[69] Loewe R S, Khersonsky S M, McCullough R D. A simple method to prepare head-to-tail coupled, regioregular poly(3-alkylthiophenes) using grignard metathesis. *Advanced materials*, 1999,11(3):250－253.

[70] Loewe R S, Ewbank P C, Liu J S, et al. Regioregular, head-to-tail coupled poly(3-alkylthiophenes) made easy by the GRIM method: investigation of the reaction and the origin of regioselectivity. *Macromolecules*, 2001,34(13):4324－4333.

[71] *Scanning electron microscope* 来自 Wikipedia, the free encyclopedia,链接:http://en. wikipedia. org/wiki/Scanning_electron_microscope.

[72] 《S－4800 场发射扫描电子显微镜测聚合物》来自百度文库,链接:http://wenku. baidu. com/view/c270092ab4daa58da0114a5d. html.

[73] 《扫描电镜分析实验》来自百度文库,链接:http://wenku. baidu. com/view/d50a3617cc7931b765ce157c. html.

[74] 珊瑚化工厂. 有机玻璃.北京:上海人民出版社,1975.

[75] 邵毓芳,嵇根定.高分子物理实验.南京:南京大学出版社,1998.

[76] SN/T 3003－2011 塑料聚合物的热重分析法(TG)一般原则.

[77] 孙汉文,王丽梅,董建.高分子化学实验.北京:化学工业出版社,2012.

[78] 孙利民.聚醚多元醇的现状及发展趋势.聚氨酯工业,2006,2l(4):11－13.

[79] 孙载坚.塑料增韧.北京:化学工业出版社,1980.

[80] Tomalia D A, Baker H, Dewald J, et al. A new class of polymers: starburst-dendritic macromolecules. *Polymer J*, 1985,17(1):117－132.

[81] 《透射电子显微镜观察聚合物的微相分离结构》来自百度文库,链接:http://wenku. baidu. com/view/5ce31eff700abb68a982fbe1. html.

[82] 《透射电子显微镜样品制备》来自百度文库,链接:http://wenku. baidu. com/view/5d4885351066led9ad51f36f. html.

[83] *Transmission electron microscopy* 来自 Wikipedia, the free encyclopedia,链接:http://en. wikipedia. org/wiki/Transmission_electron_microscopy.

[84] U. S Patent 3766113

[85] Vasilieva Y A, Thomas D B, Seales C W, et al. Direct controlled polymerization of a cationie methacrylanndo monomer in aqueous media via the RAFT process. *Macromoleeules*, 2004, 37: 2728－2737.

[86] 万玉纲,杨吉晋,余学海.聚环氧氯丙烷的合成.聚氨酯工业,1998,13(4):22－25.

[87] 汪建新,娄春华,王雅珍.高分子科学实验教程.哈尔滨:哈尔滨工业大学出版社,2009.

[88] 韦春,桑晓明.有机高分子材料实验教程.长沙:中南大学出版社,2009.

[89]《X 射线衍射法分析聚合物晶体结构》来自百度文库，链接：http://wenku.baidu.com/view/546bb12a0066f5335a8121bd.html.
[90] XSX-2 型相衬生物显微镜使用说明书，江南光学仪器厂.
[91] 徐生，郭玲香.丙烯酰胺/二甲基二烯丙基氯化铵共聚物的反相微乳液聚合研究.精细石油化工，2006，23(1)：22-25.
[92] 焉国平，喻湘华.材料化学创新实验.北京：化学出版社，2010.
[93] 殷勤俭，周歌，江波.现代高分子科学实验.北京：化学工业出版社，2012.
[94] 虞志光.高聚物分子量及其分布的测定.上海：上海科学技术出版社，1984.
[95]《原子力显微镜》来自百度百科，链接：http://baike.baidu.com/view/152255.htm.
[96]《原子力显微镜实验报告》来自百度文库，链接：http://wenku.baidu.com/view/dde6e60003d8ce2f00662374.html.
[97] 张爱清.高分子科学实验教程.北京：化学工业出版社，2011.
[98] 张洪涛，黄锦霞.乳液聚合新技术及应用.北京：化学工业出版社，2007.
[99] 张文龙，乔思怡，戴亚杰，等.塑料助剂.2011，86(2)：26-29.
[100] 张兴英，李齐芳.高分子科学实验(第二版).北京：化学工业出版社，2007.
[101] 张玉龙，王化银.胶黏剂改性技术.北京：机械工业出版社，2006.
[102] 张玉龙，徐勤福.脲醛胶黏剂.北京：化学工业出版社，2010.
[103] 张玥.高分子科学实验.青岛：中国海洋大学出版社，2010.
[104] 赵德仁.高聚物合成工艺学.北京：化学工业出版社，2000.
[105] 赵立群，于智，杨凤.高分子化学实验.大连：大连理工大学出版社，2010.
[106] 周诗彪，肖安国.高分子科学与工程.南京：南京大学出版社，2011.
[107] 周智敏，米远祝.高分子化学与物理实验.北京：化学工业出版社，2011.
[108] 朱吕民，刘益军.聚氨酯泡沫塑料.北京：化学工业出版社，2004.